熔池熔炼—连续烟化法处理有色金属复杂物料

雷　霆　王吉坤　著

北　京
冶金工业出版社
2008

内容简介

本书共19章，第1章概论；第2章国内锡冶炼技术概况；第3章国外锡冶炼技术概况；第4章高钨电炉锡渣特性；第5章高钨电炉锡渣液态烟化小型试验；第6章熔池熔炼—连续烟化法处理高钨电炉锡渣工业试验；第7章烟化渣特性；第8章烟化泡沫渣特性；第9章炉渣渣型；第10章锑及其主要化合物的性质；第11章国内锑冶炼技术概况；第12章国外锑冶炼技术概况；第13章熔池熔炼—连续烟化法处理低品位锑矿的可行性；第14章熔池熔炼—连续烟化法处理低品位锑矿工业试验；第15章烟化法锑氧粉的还原熔炼；第16章铅冶炼技术概况；第17章炼铅炉渣的处理方法；第18章烟化法处理含锗鼓风炉炼铅炉渣；第19章烟化法处理含铟鼓风炉炼铅炉渣。

本书可供从事有色金属冶炼，尤其是从事锡、锑、铅、锌、锗、铟等有色金属冶炼的科研单位、生产企业的工程技术人员参考，也可供大专院校的教师和学生阅读。

图书在版编目(CIP)数据

熔池熔炼—连续烟化法处理有色金属复杂物料/雷霆，王吉坤著. —北京：冶金工业出版社，2008.4

ISBN 978-7-5024-4479-2

Ⅰ.熔…　Ⅱ.①雷…　②王…　Ⅲ.有色金属冶金—炉渣烟化(冶金)　Ⅳ.TF803.11

中国版本图书馆CIP数据核字(2008)第026417号

出版人　曹胜利

地　　址　北京北河沿大街嵩祝院北巷39号，邮编100009

电　　话　(010)64027926　电子信箱　postmaster@cnmip.com.cn

责任编辑　杨盈园　美术编辑　张媛媛　版式设计　张　青

责任校对　侯　瑂　责任印制　丁小晶

ISBN 978-7-5024-4479-2

北京百善印刷厂印刷；冶金工业出版社发行；各地新华书店经销

2008年4月第1版；2008年4月第1次印刷

850mm×1168mm　1/32；15.5印张；414千字；479页；1-3000册

48.00元

冶金工业出版社发行部　电话：(010)64044283　传真：(010)64027893

冶金书店　地址：北京东四西大街46号(100711)　电话：(010)65289081

(本书如有印装质量问题，本社发行部负责退换)

前　言

熔池熔炼工艺(Bath Smelting Process)是重有色金属火法冶金中正在研究和发展的很有前途和应用范围很广的一种熔炼工艺。该工艺与其他工艺相比,明显地具有流程短、备料工序简单、冶炼强度大、炉床能力高、节约能耗、控制污染、炉渣易于得到贫化和机械烟尘率低等一系列优点,从而获得了普遍重视。

“熔池熔炼”这一概念,实际上很早就已经在重有色金属冶炼工艺中得到了广泛的运用,如我们所熟知的铜锍、镍锍转炉吹炼,加拿大发明的诺兰达法(Noranda),日本的三菱法(Mitsubishi)以及我国研究成功的“白银炼铜法”(Baiyin Copper Smelting Process),处理炼铅鼓风炉炉渣的铅锌烟化法(Fuming Process),炼锡富渣以及富中矿的烟化法等,均属于熔池熔炼的范畴及在工业中实际应用的典范。QSL炼铅法,澳大利亚赛罗熔炼法(Sirosmelt Process)也是熔池熔炼的一种运用。

烟化炉烟化法是典型的“熔池熔炼”,已有50多年的历史,在我国工业生产中的运用已超过40余年,广泛而成功地用于炼铅炉渣的烟化和富锡渣以及富锡中矿的烟化处理,以便回收其中易挥发的有价金属,如Pb、Zn、Sn、Bi、Cd、Ge等。

针对高钨电炉锡渣熔点高、黏度大,不易处理的状况和我国锑挥发熔炼工艺中存在的主要问题,在查阅大量文献的基础上,我们完成了云南省自然科学基金项目“烟化法处理高钨、高硅电炉锡渣时钨、硅等的行为研究”、“烟化法锑氧粉还原反应机理及渣型研究”、云南省“九五”科技攻关项目“熔池熔炼—连续烟化法处理中低品位锑矿工业性试验研究”等课题，承担了云南省经济委员会关于“云南省锗产业发展研究”、云南省“十一五”重点科技攻关项目“光纤用四氯化锗产品开发”及横向项目“含铟鼓风炉炼铅炉渣处理工艺研究”等课题。本书正是在总结以上工作经验的基础上撰写而成的。

在上述历时10余年的各项课题研究中，在不同阶段，参加此项研究工作的有罗振乾教授、陈中华高级工程师、柯金星高级工程师、李长伟工程师、季龙官高级工程师、陶佑吉高级工程师、左发春高级工程师、姜家媛高级工程师、陈福亮高级工程师、张红耀高级工程师、王昭云高级工程师、李和平高级工程师、杨家明高级工程师、陈昆工程师、陈新工程师、柯昱工程师等课题组同仁，他们参与了试料的测试、小型试验、工业试验的设备安装、调试、投料试车等大量的工作，提出了许多好的建议，李永佳博士收集了大量资料并校核了全书，王振东硕士参与了实验室研究工作，在此一并表示感谢！

对云南冶金集团总公司，昆明理工大学，云南省科技厅自然科学基金处、工业及高新技术处，云南省经委重工处等单位的领导给予的大力支持，表示衷心感谢！

由于编写时间较为仓促，加之学识所限，书中不妥之处，恳请读者不吝赐教。

作 者

2007年10月

目　录

1 概　论

1.1 熔池熔炼工艺的技术特点

熔池熔炼工艺(Bath Smelting Process),是当前重有色金属火法冶金中正在研究和发展的很有前途和应用范围很广的一种新的熔炼工艺。

熔池熔炼工艺的技术特点是向熔池内部鼓入空气、富氧空气、工业纯氧或空气与燃料的混合气体,使熔体呈剧烈的沸腾状态,此时当炉料从炉顶以各种不同的方式加入熔池表面时,炉内液、固、气三相充分接触,为反应的传热、传质创造了极为有利的条件,促使反应的热力学和动力学条件达到较为理想的状态而使反应迅速进行。在熔炼过程中充分利用了矿石的内能(铁、硫等成分的反应热),使其向自热熔炼和降低能耗方向发展。

熔池熔炼工艺与其他方法相比,明显地具有流程短、备料工序简单、冶炼强度大、炉床能力高、节约能耗、控制污染、炉渣易于得到贫化等一系列优点,从而获得了普遍重视。

"熔池熔炼"这一概念,实际上很早就已经在重有色金属冶炼工艺中得到了广泛的运用。其最早的应用可追溯到19世纪末和20世纪初,将转炉吹炼铜锍和烟化炉贫化熔炼铅鼓风炉渣先后用于工业生产。此外,如我们所熟知的镍锍转炉吹炼,加拿大发明的诺兰达法(Noranda),日本的三菱法(Mitsubishi)以及我国研究成功的"白银炼铜法"(Baiyin Copper Smelting Process),处理炼铅鼓风炉炉渣的铅锌烟化法(Fuming Process),炼锡富渣以及富中矿的烟化法,等等,均属于熔池熔炼的范畴以及在工业生产中实际应用的典范。QSL炼铅法,澳大利亚赛罗熔炼法(Sirosmelt Process)等也是熔池熔炼的一种运用。

近几十年来,在有色金属火法冶炼技术方面,世界各国开发出的新冶炼工艺主要有:用于冶炼铜和镍的奥托昆普(Outokumpu)闪速熔炼(Flash Smelting)技术,三菱(Mitsubishi)熔炼技术(铜冶炼),诺兰达(Noranda)熔池熔炼技术(铜),顶吹旋转转炉技术(铜、镍和铅),采用含氧燃料的反射炉冶炼技术(铜、镍),电炉熔炼技术(铜和镍),帝国熔炼技术(锌),炼铅的 QSL(Queneau-Schuhmann-Lurgi)工艺,炼铜的肯那库—奥托昆普(Kennecott-Outokumpu)固体铜锍闪速—转换工艺,处理铜、镍、锡等复杂物料的奥斯麦特(Ausmelt)工艺,Contop 炼铜工艺,基夫赛特(Kivcet)炼铅工艺、瓦纽科夫(Vanyukov)熔池熔炼工艺以及在我国已成功投入工业应用的艾萨(ISA)炼铜工艺和富氧顶吹熔炼—鼓风炉还原炼铅工艺(ISA-YMG 法)等。

熔池熔炼按反应气体鼓入熔体的方式,分为侧吹、顶吹和底吹3种类型:

(1) 侧吹:富氧空气直接从设于侧墙而埋入熔池的风嘴鼓入铜锍—炉渣熔体内,未经干燥的精矿与熔剂加到受鼓风强烈搅拌的熔池表面,然后浸没于熔体之中,完成氧化和熔化反应。属于侧吹熔池熔炼的有白银炼铜法、诺兰达法(Noranda)、瓦纽科夫(Vanyukov)熔炼法等炼铜方法。

(2) 顶吹:喷枪从炉顶往炉内插入,喷枪出口浸没于熔体之中或距熔池液面一定高度。根据冶金反应的需要,喷入还原性或氧化性气体,在湍动的熔池内完成还原或氧化反应。属于顶吹的有艾萨熔炼法(Isassmelt)、三菱法和顶吹旋转转炉法等炼铜、炼镍、炼铅方法。

(3) 底吹:喷枪由炉底往炉内插入,浸没于熔体中,如一步炼铅的 QS 法,采用卧式长形圆筒反应器,在用隔墙分开的氧化段和还原段都设有数个底吹喷嘴。在氧化段喷吹氧气,使硫化铅精矿氧化成金属铅和高铅(锌)炉渣;在还原段,喷吹氧气和还原剂(粉煤和天然气)贫化炉渣,回收铅、锌。

1.2 烟化法简介

烟化炉烟化法是典型的熔池熔炼。1927 年世界上第一座工业烟化炉在美国东赫勒拿(East Helena)炼铅厂投入生产。我国对烟化炉的开发及半工业试验始于 1957 年,1959 年设计建成第一座工业试验炉,1962 年正式全面投产。烟化炉在我国工业生产中的应用已超过 40 余年,广泛而成功地用于炼铅炉渣的烟化和富锡渣以及富锡中矿的烟化处理,以便回收其中易挥发的有价金属,如 Pb、Zn、Sn、Bi、Cd、In、Ge 等。

烟化炉烟化法具有金属回收率高,生产能力较大,可用劣质煤粉作发热剂和还原剂,而且燃料消耗相对较少,易于实现过程的机械化和自动化,烟化产物可综合利用等优点,因此在世界各地被广泛采用。例如加拿大的特雷尔(Trail)炼铅厂,美国的埃尔帕索厂(El Paso)和东赫勒拿厂,澳大利亚的皮里港(Port Pirie)铅厂,哈萨克斯坦的契姆肯特(Чимкент)炼铅厂等都已先后采用了烟化炉烟化法来处理炉渣。我国的原云南会泽铅锌矿冶炼厂、株洲冶炼厂、云锡一冶、韶关冶炼厂等在 20 世纪 50 年代后期也开始逐渐使用烟化炉烟化法吹炼处理各种炉渣。烟化法金属挥发率一般为:Zn 85%~94%,Pb 98%~100%,Cd 100%,Ge 75%,In 70%~75%,Tl 75%,Se 95%,Te 95%,铜与贵金属不挥发留在炉渣内。

值得一提的是,用烟化炉烟化法处理锡炉渣和低锡物料,具有生产能力大、废渣含锡低、富集比大、金属回收率高、成本低等优点,已成为国内外处理锡炉渣及低锡物料行之有效而较有前途的方法,被各炼锡厂广泛采用。我国主要的炼锡厂在 20 世纪 60 年代以后逐渐推广使用该工艺。40 余年来,在锡炉渣及低锡物料的液态烟化技术方面积累了相当丰富的经验,烟化炉硫化挥发已发展成为处理锡粗炼富渣、富锡中矿等的行之有效的方法,以云南锡业公司第一冶炼厂为例,该厂采用烟化炉处理含锡 8%~10%的粗炼富渣和含锡 3%~6%的富锡中矿,烟化炉炉床能力达 18~25t/(m^2 · d),锡回收率 96%以上,弃渣含锡低于 0.1%。实践表明，工艺过程易于掌握，技术可靠，经济效益明显。但对于高钨、高硅的锡炉渣或低锡物料的处理仍很困难，有关资料认为，当炉渣硅酸度大于1.4或含WO_3高于2%时，将给正常的烟化作业带来困难。20世纪70年代，国内曾对此类锡炉渣进行过硫化挥发处理，没有获得成功。80年代末到90年代初，又对此类锡炉渣进行过固态硫化挥发小型试验，未获得进展。

烟化炉烟化法作为一种挥发工艺，就金属的挥发特性来说，具有一系列无法比拟的优越性，这是因为与静态熔池和固态料柱挥发相比，熔池熔炼强化了易挥发金属及其化合物进入气相的过程，在气泡中金属易挥发组分的分压增大及扩散阻力大大降低，从而加快了整个挥发过程。

国内外某些烟化炉的主要尺寸和参数可见表1-1、表1-2。

表1-1　国内部分烟化炉的主要尺寸和参数

名　称	云锡一冶		柳州冶炼厂	平桂冶炼厂
炉床面积/m^2	2.6	4	2.01	1.84
内形尺寸 长/mm	1220	1584	2012	2000
内形尺寸 宽/mm	214	2526	1000	920
内形尺寸 高/mm	5440	6800	2312	2350
风嘴数目/个	8	16	8	10
风嘴直径/mm			29	25
风嘴中心到炉底水套距离/mm	200	625（包括底衬砖）	145	110
炉料加料口尺寸/mm			200×240 ϕ200	240×260 ϕ200
三次风口直径/mm	ϕ100	ϕ100		
渣口内径/mm	ϕ130	ϕ130	100×100	60×60 60×150
渣口中心到炉底距离/mm	200	200	80	230
风口比/%			0.262	0.267
风口鼓风强度/$m^3\cdot(cm^2\cdot min)^{-1}$			0.664	0.651

续表 1-1

名　称	云锡一冶		柳州冶炼厂	平桂冶炼厂
一次风压/MPa	0.0657～0.0686	0.0657～0.0686		
二次风压/MPa	0.0883～0.108	0.0883～0.108	0.031	0.037
风量/$m^3 \cdot h^{-1}$	4500～5000	7000～8000		
一次风量比率/%	30	30		
二次风量比率/%	70	70		
炉内压力/Pa	−29.5～−98	−29.5～−98		
进料量/t·炉$^{-1}$	6～7	13～15		0.85～0.95
风煤比控制	0.7～0.9	0.7～0.9		
炉温/℃	1150～1250	1200～1300	1200～1250	1250～1300
冷却水温度/℃	<60	130～140(气化)		
炉床能力/t·$(m^2 \cdot d)^{-1}$	23～27	15～19		
弃渣含锡/%	0.10	0.01		

表 1-2　国外部分烟化炉的主要尺寸和参数

名　称	烟化炉编号									
	1	2	3	4	5	6	7	8	9	10
炉床面积/m^2	2.6	5.3	6.69	4.74	2.54	2.88	14.2	2.6	4	17.5
风口数/个	12	16	28	20	6	12	32	8	16	14
风口直径/mm	40				30		30			37.5
风量/$m^3 \cdot min^{-1}$	45～50	180	76	50.7	56.6	31.7	325.6			303
风速/$m \cdot s^{-1}$	55				230		273			335
渣池深/m	0.91	1.0	0.56	0.65	1.8	1.22	2.11			
渣量/t	8.5		15.2	12.0	10.0	11.0	90.0			

1.3　熔池熔炼—连续烟化法的优越性

熔池熔炼—连续烟化法，将熔池分为熔池熔炼区和连续烟化区，熔池同时起到熔炼和还原挥发作用。根据配料比，物料以固体冷料的形式加入，作业按加料—熔化—吹炼—放渣的程序在同一炉内循环进行，省去了常规烟化炉必需的化矿和保温设备，基建费用下降、工艺简单、能耗低。

在熔池熔炼过程中，由于喷吹作用，熔池内部熔体上下翻腾，形成了熔体液滴向上喷溅和向下溅落。向下溅落的熔体流或称熔体雨洗涤炉气中的机械粉尘，同时由于熔体与固体物料传热传质得到最大的改善，从而大大缩短了固体物料在炉内的停留时间，加快了固体物料的熔炼挥发，提高了炉床能力。工业实践结果表明，机械烟尘率低，常可达到小于 1.0%，挥发烟尘的质量高，富集比大，有利于再处理流程的简化和获得较优的技术经济指标。

以锑的冶炼为例，采用熔池熔炼—连续烟化挥发法与现行鼓风炉熔炼挥发法相比，具有一系列的优点，主要表现在：

(1) 对原料适应性强。粉矿块矿等都可直接入炉，省去了复杂的制团工序。熔池熔炼对入炉炉料的湿度、松散度和细度没有严格的要求，粉状锑精矿不需再经过造块及干燥处理，可以直接入炉熔炼。熔剂及返料，富块矿经破碎到小于 10 mm 粒度范围后，即可直接加入炉内熔炼，不需细磨；

(2) 可以因地制宜地采用低质煤代替鼓风炉所必需的优质冶金焦作为燃料和熔剂，降低冶炼加工成本；

(3) 不需要再增加外加热前床，渣含锑就可达到较低水平，依据烟化炉处理锡渣生产实例，预计渣含锑可小于 0.5%或更低，既提高了金属回收率，也节省了外加热前床的投资，节约了燃煤；

(4) 可以处理含锑品位为 15%～30%的中低品位锑矿，使矿山选冶回收率大幅度升高。以某锑矿为例，选 40%锑精矿的选矿回收率为 60%左右，如把精矿品位降至 15%～20%，选矿回收率可提高至 80%，加上冶炼回收率可再提高 5%～10%(对鼓风炉挥发熔炼)，如对直井式挥发熔炼，冶炼回收率将提高更大，即整个选冶回收率可提高 20%～25%。有效地利用了有限资源；

(5) 当处理硫化锑矿时，由于有可能按理论空气需要量控制鼓风量，空气过剩系数 α 不大于 1.0，冶金计算的结果表明，当精矿含硫达 20%左右时，烟气中二氧化硫浓度可以满足制酸要求，从而为解决烟化中二氧化硫对环境污染提供了可能性；

(6) 流程短，设备较简单，工艺过程容易掌握和控制，易于实现机械化和自动化，进一步提高劳动生产率，降低劳动强度。

由上述简单的比较可以看出，以锑为例，采用熔池熔炼—连续烟化挥发取代现行鼓风炉熔炼挥发，由于取消了复杂的备料、压团、干燥等工序，用低质煤代替鼓风炉必需的优质冶金焦，特别是当处理硫化锑矿或硫氧混合矿时，有可能最大限度地利用精矿的内能，取消外加热保温前床，节约燃煤，从而将极大地降低能耗和加工成本，提高金属回收率，增加经济效益。

2 国内锡冶炼技术概况

2.1 简述

锡是古老而稀少的金属。早在公元前约4000年，人类就炼制成锡和铜的合金——青铜皿。锡在地壳中的含量平均仅为$(1\sim2)\times10^{-6}$。世界锡资源主要集中于环太平洋东西两岸的发展中国家，已探明的储量约1101万t。我国锡矿资源居世界前列，已探明的储量有292万t，约占世界总储量的1/4，被公认为产锡大国之一。其中广西占37.3%，云南占36.3%，广东占8.9%，湖南占7.8%，其他占9.7%。

2000年，我国锡的保有金属储量为530万t，名列世界第一位。2002年，我国有色金属产量达到1012万t，跃居世界第一位，其中锡产量超过7万t。

我国炼锡历史悠久，是世界上最早生产锡和使用锡的国家之一。最早的炼锡炉是高约1 m的黏土竖坑炉，以木柴为燃料。19世纪初，英国康沃尔地区首先采用反射炉炼锡。由于反射炉炼锡简单，对物料适应性强，可处理任何类型的物料，因而受到欢迎并广泛应用，至今仍是炼锡工业的主要手段。随着锡矿资源的不断开采，高品位纯净矿石减少，脉锡矿石增加，各国锡冶炼工作者不懈努力，对低品位锡物料冶炼工艺和设备进行深入研究，创造性地发明了许多新方法。其中包括电炉、短窑、漩涡炉熔炼等。特别是烟化法引进炼锡工业，是锡冶炼工艺的重大革新之一。

2.2 锡及其主要化合物的物理化学性质

锡是化学元素周期表中第Ⅳ族元素，元素符号为Sn，源出于拉丁名字Stannum，英文名字为tin，原子序数为50，相对原子质量为118.69,有10种自然同位数。

锡的原子价有2价和4价。锡的4价化合物比2价化合物稳定,2价化合物有时可作为还原剂使用。锡无毒,可作为贮存器,大量用于食品行业。

2.2.1 金属锡的主要物理化学性质

2.2.1.1 金属锡的物理性质

锡在常温下为银白色,有金属光泽,浇注温度高于500 ℃时,金属锡锭表面因生成氧化物薄膜而呈珍珠色。锡相对较软,具有良好的展性。

锡有3种同素异形体:灰锡(α-Sn)、白锡(β-Sn)和脆锡(γ-Sn)。白锡展性仅次于金、银、铜,易制成厚0.04 mm的锡箔,白锡的展性随温度而变,在100 ℃附近最大,200 ℃时失去展性,但白锡的延性很差,不能拉丝。

锡条或锡片弯曲时,因孪生晶体间摩擦而发生响声,称为"锡鸣"。

锡的3种同素异形体(灰锡、白锡、脆锡)的转变情况见表2-1。

表2-1 锡的同素异形体转变温度和特征

项 目	同素异形体			
转变温度	灰锡 $\overset{18\ ℃}{\rightleftharpoons}$	白锡 $\overset{161\ ℃}{\rightleftharpoons}$	脆锡 $\overset{232\ ℃}{\rightleftharpoons}$	液态锡
晶体结构	等轴晶系	正方晶系	斜方晶系	
密度/g·cm^{-3}	5.85	7.5	6.55	6.988
外观特征	粉状	块状、有展性	脆性	
光谱揭示	Sn(Ⅳ)	Sn(Ⅱ)		

常见的是白锡(β-Sn)。白锡在13.2～161 ℃之间稳定,低于13.2 ℃即开始转变为灰锡。白锡转变为灰锡时,因体积增大而碎成灰末,称为"锡疫"。为了避免"锡疫",锡的贮藏温度不应低于10 ℃。灰锡重熔时可再转化为白锡,但氧化损失大。重熔时加入松香、氯化氨可减少损失。

锡的一些主要物理常数和热力学数据分别见表 2-2、表 2-3。

表 2-2 锡的一些主要物理常数

温度/℃	密度 /g·cm^{-3}	热导率 /W·(m·K)$^{-1}$	表面张力 /N·mm^{-1}	黏度 /mPa·s	电导率 /S·m^{-1}
−170		382			
0		62.8			α 3×10^{10}
					β 11.0×10^{8}
13	α 5.770				
18	β 7.290				
20		59.9			
100		60.7			15.5×10^{8}
200		56.5	685		20.0×10^{8}
280		34.1			
232(s)	7.170				22.0×10^{8}
232(l)	6.970			2.71	45.0×10^{8}
250	6.982	32.7		1.88	
300	6.920	33.7		1.66	46.8×10^{8}
351				1.52	
400	6.850	33.1	580	1.38	49.0×10^{8}
450				1.27	
500	6.780	33.1	565	1.18	51.5×10^{8}
600	6.710		550	1.05	54.0×10^{8}
700	6.695		535	0.95	56.3×10^{8}
800	6.570		520	0.87	58.7×10^{8}
900	6.578				61.2×10^{8}
1000	6.518				
1200	6.399				

表 2-3 锡的一些主要热力学数据

状态或转变点	$\Delta H^{\ominus}_{298}$ 或 L_t/J·mol^{-1}	$S^{\ominus}_{298}$ 或 ΔS_t/J·(mol·K)$^{-1}$
灰 锡	1967.796±125.604	44.17074±0.041868
转变点 13 ℃	2093.4±83.736	7.3269
白锡在标准状态	0.0	51.246432±0.041868

续表 2-3

状态或转变点	$\Delta H^{\ominus}_{298}$或L_t/J·mol^{-1}	$S^{\ominus}_{298}$或ΔS_t/J·(mol·K)$^{-1}$
熔点 232℃	7075.692±125.604	14.02578
C_p=221.9004+921.096×10^{-4}(T−273.15)(J/(kg·K))(273.15～503.15K)		
C_p=234.4608 J/(kg·K)(505～1273.15K)		
lg$p$=(8.23−15500T^{-1})×133.3 Pa(505～2900K)		
沸点 2623℃	296425.44	102.36726
气　态	301449.6−2093.4	168.476832

注:锡的沸点为(2270±10)℃。

2.2.1.2 金属锡的化学性质

锡的主要化学性质见表 2-4,其在水溶液中的电化学数据见表 2-5。

表 2-4 锡的主要化学性质

锡的状态	外界条件	发生的变化
固态	(1) 在空气中:常温下	稳定,因表面氧化膜致密可阻止继续氧化
	大于 150℃	生成 SnO 和 SnO_2
	赤热的高温下	迅速氧化为 SnO 挥发
	(2) 与水、水蒸气和 CO_2 接触	不起作用
	(3) 与氟和氯在常温下接触	生成 SnX_2 和 SnX_4
	(4) 在稀硫酸和稀盐酸中	溶解慢,生成 $SnCl_2$ 和 $SnSO_4$ 并放出氢气
	(5) 在稀硝酸中	溶解慢,生成 $Sn(NO_3)_2$ 和 NH_4NO_3
	(6) 在热的浓硫酸中	溶解快,生成 $Sn(SO_4)_2$ 并放出 SO_2
	(7) 在热的盐酸中	溶解快,放出 H_2,生成 SnCl、H_2SnCl_4 和 $HSnCl_3$

续表 2-4

锡的状态	外界条件	发生的变化
固态	通入氯气	全部变成 $SnCl_4$
	(8) 在接近 45% 的硝酸溶液中	锡溶解为黄色溶液，并放出气体 NO、N_2O、N_2 和 NH_3。溶液静置则被空气氧化生成不溶性盐而变得混浊。加盐酸可阻止沉淀发生
	(9) 在 45%以上的硝酸溶液中	锡不溶解，但氧化为白色的 $Sn(NO_3)_4$，可溶于水，但很快就成为 SnO_2 的水合物而沉淀。加入盐酸可阻止沉淀生成
	(10) 在氢氧化钠溶液中有氧化剂存在时	溶解缓慢，生成 $NaHSnO_2$、Na_2SnO_3 或 Na_4SnO_4、$Na_2Sn(OH)_6$①
熔融	(1) 与空气接触	能溶解微量氧②
大于 650 ℃时	(2) 与水蒸气接触	生成 SnO_2 和 H_2，并发热 96.71 kJ/mol
大于 610 ℃时	(3) 与 CO_2 气体接触	生成 SnO_2 和 CO
	(4) 与硫或 H_2S 接触	生成锡的硫化物

① 锡在碱溶液中的此性质可用于回收马口铁废料中的锡；

② 氧在熔融锡中的溶解度与温度的关系如下：

	温度/℃	536	600	700	751
溶解度/%	摩尔分数	0.0012	0.0042	0.019	0.036
	质量分数	0.00016	0.00056	0.0026	0.0048

并可概括为下式：

$$\lg(x^{1/2} \cdot c) = -5670T^{-1} + 4.12 \tag{2-1}$$

式中　x——锡的摩尔分数；

c——氧在锡中的溶解度，以原子百分率计。

表 2-5　锡在水溶液中的电化学数据

项　目	电化学数据
电极电位及标准电极电位/V	$Sn^{+2} + 2e \rightarrow Sn^0 - 0.136$ $Sn^{+4} + 2e \rightarrow Sn^{+2} + 0.15$
电化学当量/$g \cdot (A \cdot h)^{-1}$	Sn^{+2}:2.214;Sn^{+4}:1.107
氢在锡上的超电压/V	50 A/m^2时 1.026，100 A/m^2时 1.077

2.2.2　锡的氧化物

锡有两种最主要的氧化物，即氧化锡(SnO_2)和氧化亚锡(SnO)。

氧化锡是金属锡粉在空气中高温氧化后生成的高价稳定氧化物，它可被CO、H_2等还原为氧化亚锡，而氧化亚锡在空气中灼烧则生成氧化锡。锡的此两种氧化物都为不溶于水的固体。天然的氧化锡，称为锡石，是自然界中锡的主要存在形态。氧化锡(SnO_2)和氧化亚锡(SnO)的主要性质见表2-6。

表2-6　锡氧化物的主要性质

名　称	氧化锡(SnO_2)	氧化亚锡(SnO)
颜　色	天然的氧化锡(SnO_2)称锡石，是炼锡的主要矿物。根据含杂质不同呈黑色、褐色；人工制备的氧化锡(SnO_2)为白色结晶粉末	自然界中尚未发现天然的氧化亚锡(SnO)，人工制备的氧化亚锡(SnO_2)为具有金属光泽的蓝黑色结晶粉末
密度/$g \cdot cm^{-3}$	6.8～7.1	6.446
莫氏硬度	6～7	
熔点/℃	2000	1040
沸点/℃	2500	1425
在酸、碱溶液中	均不溶	易溶于许多酸、碱、盐溶液中
高温下反应	(1) 1080℃以上时，与熔融锡作用生成氧化亚锡(SnO)挥发； (2) 400℃以上时，与CO、H_2作用生成金属锡； (3) 与赤热的固体碳作用生成金属锡； (4) 赤热状态下与CCl_4或NH_4I等作用生成$SnCl_4$； (5) 与熔融的NaOH作用生成锡酸钠，可溶于水	(1) 在中性气氛中，385℃时开始发生歧化反应： $2SnO = Sn + SnO_2$ (2) 液态SnO可稳定在1000℃左右，然后显著挥发
独特反应	与金属锌和稀盐酸接触，还原为锡	

氧化锡(SnO_2)和氧化亚锡(SnO)的标准吉布斯自由能 $\Delta G^{\ominus}$ 的计算常采用表 2-7 中的各算式。

表 2-7　氧化锡(SnO_2)和氧化亚锡(SnO)的 $\Delta G^{\ominus}$ 计算式

名　称	$\Delta G^{\ominus}$/J·mol^{-1}
$SnO_{2(s)}$	−544309.808+211.893T±2344.608(770～980K)
$2SnO_{(s)}$	−579871.8+212.270T±1256.04(810～970K)
$2SnO_{(l)}$	−539259.840+178.986T±2344.608(1370～1520K)
$2SnO_{(g)}$	−80595.8−90.435T

2.2.3　锡的硫化物

锡的硫化物主要有硫化亚锡(SnS)和硫化锡(SnS_2)两种，三硫化锡(SnS_3)、四硫化三锡(Sn_3S_4)和五硫化四锡(Sn_4S_5)也有报道，但它们主要在地球化学中受关注。

硫化亚锡(SnS)的制备：可将锡箔与硫一起加热，在温度为 750～800 ℃的无氧气氛中制得，此时的硫化亚锡(SnS)为铅灰色细片状晶体；也可将硫化氢气体通入氯化亚锡水溶液中生成，此时的硫化亚锡(SnS)为黑色粉末。硫化亚锡(SnS)不易分解，是高温稳定的化合物。

硫化锡(SnS_2)的制备：一般采用干法制备。如将锡箔、硫与氯化铵混合后加热，在 500～600 ℃时即可制得，此时的硫化锡(SnS_2)为金黄色片状晶体，俗称"金箔"。硫化锡(SnS_2)仅在低温下稳定，温度高于 520 ℃时分解。

硫化亚锡(SnS)和硫化锡(SnS_2)的分解压力实测数据及其计算式见表 2-8，主要性质见表 2-9，硫化亚锡(SnS)的热力学数据见表 2-10。

表 2-8　硫化亚锡(SnS)和硫化锡(SnS_2)的分解压力实测数据及其计算式

温度/℃	350	400	450	500	783	882	980	1096	1196
SnS(高温下稳定)	$\lg p_{S_2}$/Pa				−8.79	−7.24	−5.57	−3.82	−2.41
	$\lg p_{S_2}=-15430/T+5.98$(Pa)								
SnS_2(小于 520 ℃时稳定)	−11.900	−9.867	−7.618	−6.058	$\lg p_{S_2}$/Pa				
	$\lg p_{S_2}=-19280/T+14.536$(Pa)								

表 2-9 硫化亚锡(SnS)和硫化锡(SnS_2)的主要性质

名 称	硫化亚锡(SnS)	硫化锡(SnS_2)
颜 色	铅灰色细片状晶体或黑色粉末	金黄色片状晶体
密度/$g \cdot cm^{-3}$	5.08	4.51
熔点/℃	880	低温下稳定(小于 520 ℃)
沸点/℃	1230	
在水中的溶解度积	1.6×10^{-28}	4.8×10^{-46}
在中等强度以上的盐酸中	溶 解	溶 解
主要化学反应	(1) 在空气中加热,硫化亚锡便氧化为硫化锡: $SnS + 2O_2 = SnO_2 + SO_2$; (2) 硫化亚锡在常温下能与氯气作用: $SnS + 4Cl_2 = SnCl_4 + SCl_4$; (3) 硫化亚锡不溶于稀的无机酸,但可溶于浓盐酸: $SnS + 2HCl = SnCl_2 + H_2S$; (4) 硫化亚锡还溶于碱金属多硫化物中,生成硫代锡酸盐	硫化锡易溶于碱性硫化物,特别是 Na_2S 中,生成硫代锡酸盐类: $Na_2S + SnS_2 = Na_2SnS_3$ $Na_2S + Na_2SnS_3 = Na_4SnS_4$

表 2-10 硫化亚锡(SnS)的主要热力学数据

<table>
<tr><td rowspan="3">熔点:880 ℃
沸点:1230 ℃</td><td>温度/℃</td><td colspan="2">1000</td><td colspan="2">1100</td><td>1200</td></tr>
<tr><td>蒸气压 p/kPa</td><td colspan="2">0.773</td><td colspan="2">3.053</td><td>101.31</td></tr>
<tr><td colspan="6">蒸气压计算式:$\lg p = -10470/T + 9.212$(Pa)(936~1084 K)</td></tr>
<tr><td rowspan="2">$Sn_{(l)} + 1/2S_{2(g)} =$
$SnS_{(s,l)}$</td><td>温度/℃</td><td>827</td><td>927</td><td>1027</td><td>1127</td><td>1227</td></tr>
<tr><td>$\Delta G^{\ominus}/J \cdot mol^{-1}$</td><td>−68747</td><td>−60750</td><td>−54554</td><td>−48441</td><td>−42496</td></tr>
</table>

2.2.4 锡的氯化物

锡的氯化物主要有氯化亚锡($SnCl_2$)和氯化锡($SnCl_4$)两种。

氯化亚锡($SnCl_2$)的制备:可由锡与氯气直接氯化合成氯化亚锡($SnCl_2$)或在氯化氢气体中加热金属锡制备无水氯化亚锡

($SnCl_2$)。用热盐酸溶解金属锡或者氧化锡可制取水合氯化亚锡($SnCl_2\cdot 2H_2O$),无水氯化亚锡比其水合氯化亚锡稳定。

氯化锡($SnCl_4$)的制备:最简单通用的制备方法是在110～115 ℃下将金属锡直接氯化而制得或将氯气通入氯化亚锡($SnCl_2$)的水溶液中制得。

氯化亚锡($SnCl_2$)和氯化锡($SnCl_4$)的主要性质见表2-11,水合氯化亚锡($SnCl_2\cdot 2H_2O$)在水中的溶解度见表2-12。

表2-11　氯化亚锡($SnCl_2$)和氯化锡($SnCl_4$)的主要性质

名　称	氯化亚锡($SnCl_2$)	氯化锡($SnCl_4$)
颜　色	$SnCl_2$为无色斜方晶体; $SnCl_2\cdot 2H_2O$为白色针状结晶	无色液体
密度/$g\cdot cm^{-3}$	3.95	2.23
熔点/℃	247	−33
沸点/℃	652	114.1
比热容/$J\cdot(mol\cdot K)^{-1}$	80.64	164.54
熔化热/$J\cdot mol^{-1}$	12769.74	9169.09
蒸发热/$J\cdot mol^{-1}$	86834.23	37388.12
溶解热/$J\cdot mol^{-1}$	22483.12(18 ℃时)	119323.80(18 ℃时)
溶解特性	易溶于水和多种有机溶剂(如乙醇、乙醚、丙酮、冰醋酸)	水解变得混浊,在常温下易蒸发,在潮湿空气中会冒烟
蒸气压/Pa	$\lg p=-597282.56T^{-1}+1030.58$ (520～925 K)	$SnCl_4$蒸气压的测定值为: 0 ℃:　727.27 Pa 20 ℃:2477.12 Pa 40 ℃:6775.42 Pa 60 ℃:16291.95 Pa 80 ℃:34223.76 Pa 100 ℃:66127.71 Pa 120 ℃:119376.52 Pa

续表 2-11

名　称	氯化亚锡($SnCl_2$)	氯化锡($SnCl_4$)
$\Delta G^{\ominus}$/J·mol^{-1}	$Sn_{(s)}+Cl_{2(g)}=SnCl_{2(s)}$ $\Delta G^{\ominus}=-349514.06+131.05T$ (298～520 K) $Sn_{(l)}+Cl_{2(g)}=SnCl_{2(l)}$ $\Delta G^{\ominus}=-333269.28+118.49T$ (520～925 K) $Sn_{(l)}+Cl_{2(g)}=SnCl_{2(g)}$ $\Delta G^{\ominus}=-247649.22+25.62T$ (520～925 K)	$Sn_{(l)}+2Cl_{2(g)}=SnCl_{4(s)}$ $\Delta G^{\ominus}=-512883.0+150.72T$ (500～1200 K)
主要化学反应	(1) 有氧时加热 $SnCl_2$,发生反应: $2SnCl_2+O_2=SnCl_4+SnO_2$ 若同时存在水蒸气,则: $SnCl_2+H_2O+1/2O_2=2HCl+SnO_2$ (2) 在水溶液中,Sn^{2+}易被负电性金属 Al、Zn、Fe 等置换成海绵锡; (3) 水溶液暴露在空气中时易氧化生成 SnOCl 沉淀; (4) 在水溶液稀释而不与氧接触时产生 Sn(OH)Cl 沉淀	(1) 与水混溶时形成许多结晶水合物,其稳定温度如下: $SnCl_4·3H_2O$　64～83 ℃ $SnCl_4·4H_2O$　56～63 ℃ $SnCl_4·5H_2O$　19～56 ℃ $SnCl_4·8(9)H_2O$ 低于 19 ℃; (2) Sn^{4+}也易被负电性金属从水溶液中置换出来 Sn^{2+}

表 2-12　水合氯化亚锡($SnCl_2·2H_2O$)在水中的溶解度

温度/℃	溶液密度/kg·L^{-1}	溶解度/kg·L^{-1}	溶解率/%
0	1.532	0.700	45.65
15	1.827	1.330	75
25			70.1
37.7～40.5	2.588	2.177	84.2

2.2.5　锡的无机盐

锡的无机盐主要有硫酸亚锡($SnSO_4$)、硫酸锡 $Sn(SO_4)_2$、锡酸钠(Na_2SnO_3)、锡酸钾(K_2SnO_3)、锡酸锌($ZnSnO_3$或 Zn_2SnO_4)及硅酸锡($SnSiO_3$)等。它们的制备及主要性质见表 2-13。

表 2-13 锡的一些无机盐的主要性质

名 称	制备方法	颜色	密度/$g \cdot cm^{-3}$	主要性质
硫酸亚锡（$SnSO_4$）	可由氧化亚锡和硫酸反应制取，也可由金属锡粒和过量的硫酸在 100 ℃下反应若干天后制取，或在中性的硫酸铜溶液中，用金属锡置换铜而制得	无色斜方晶体		在空气中常温下稳定；在水中的溶解度：20 ℃时为 352 kg/L，100 ℃时为 220 kg/L；约 360 ℃时分解出 SnO_2 和 SO_2
硫酸锡 $Sn(SO_4)_2$	可在热的浓硫酸中溶解锡而制得。若加过量的稀硫酸于水合 Sn(Ⅳ) 氧化物的水溶液中，加热可结晶出 $Sn(SO_4)_2 \cdot 2H_2O$			$Sn(SO_4)_2 \cdot 2H_2O$ 极易吸潮并强烈水解
锡酸钠（Na_2SnO_3）	将氧化锡与氢氧化钠一起熔化，然后采用浸出方法制取。工业上常用脱锡溶液中回收的二次锡作为制取锡酸钠的原料	白色结晶粉末		无味、易溶于水，不溶于乙醇、丙酮；水溶液呈碱性；常带有 3 个结晶水，加热至 140 ℃时失去结晶水；遇酸发生分解；放置于空气中易吸收水分和二氧化碳而变成碳酸钠和氢氧化锡
锡酸钾（K_2SnO_3）	将氧化锡与碳酸钾一起熔化，然后采用浸出方法制取。工业上也常用脱锡溶液中回收的二次锡作为制取锡酸钾的原料	白色结晶		易溶于水，溶液呈碱性，不溶于乙醇、丙酮；其最重要的用途是配制镀锡及其合金的碱性电解液
锡酸锌（$ZnSnO_3$）	利用锌盐的络合效应与化学共沉淀制取中间体羟基锡酸锌 $ZnSn(OH)_6$，然后将 $ZnSn(OH)_6$ 在一定条件下热分解即可制得	白色粉末	3.9	溶解温度大于 570 ℃，毒性很低；主要用于生产无毒的阻燃添加剂和气敏元件的原料
硅酸锡（$SnSiO_3$）	在通常的熔炼温度下，由氧化亚锡与酸性氧化物二氧化硅作用而生成			

2.3 国内锡冶炼技术概述

据统计，到20世纪90年代初，国内有大、中、小型炼锡厂16家。目前，云南锡业股份有限公司冶炼分公司（原个旧冶炼厂，由云南锡业公司第一冶炼厂、第二冶炼厂、第三冶炼厂合并组建）和广西大厂矿务局的来宾冶炼厂（现称来宾华锡冶化有限公司）是国内最大的专业炼锡厂。此外，原广州冶炼厂、柳州冶炼厂、平桂冶炼厂、赣南冶炼厂、赣州有色金属冶炼厂、栗木锡矿、湖南衡阳冶炼厂、鸡街冶炼厂、郴州地区有色冶炼厂等都具有一定的锡冶炼能力。国内已形成年冶炼精锡和焊锡10万t以上的生产能力。

炼锡厂处理的经各锡选矿厂产出的锡精矿，按含锡品位的高低，大致可分为三种类型：(1)高品位锡精矿，含锡60%以上，甚至超过70%；(2)中品位锡精矿，含锡30%～60%；(3)低品位锡精矿，含锡低于30%，甚至低于10%。此外，我国一些锡选矿厂在处理铁锡连生体矿时，还产出部分含锡5%～10%的锡矿（富中矿）和含锡1%～2%的难选锡中矿。若按矿物组成，又可分为以下几种主要类型：锡铁矿物精矿；锡石-硫化物精矿；锡、钨、钽、铌精矿；锡石-铁、铅氧化物精矿。其杂质元素一般有：铅、铋、铜、锌、砷、锑、铁、硫、钨、硅、钙、铝等。

各类锡精矿的处理，目前主要采用以还原熔炼为主的火法炼锡流程。此流程一般包括炼前处理、还原熔炼、炼渣和粗锡精炼等工序。锡的湿法冶金常用于处理低品位锡精矿和锡中矿。

锡精矿的炼前处理，主要有精选、焙烧、酸浸等方法。根据锡精矿的化学成分和炼锡厂所采用流程的不同，这些方法可单独使用，也可联合使用。锡精矿炼前处理的目的是除去精矿中的有害杂质、提高精矿的锡品位，从而简化冶炼流程，提高锡的冶炼回收率，并最大程度地综合回收伴生的有价金属，提高资源利用率。

2002年以前，国内炼锡采用的还原熔炼设备主要有反射炉和电炉两种，并且反射炉占主导地位，90%以上的锡精矿都是用反射炉处理的。基本的工艺流程除广州冶炼厂、赣南炼锡厂、郴州地区有色冶炼厂采用电炉还原熔炼—粗锡电解外，其余炼锡厂都采用反射炉还原熔炼—粗锡火法精炼—焊锡电解或真空蒸馏—炉渣烟化的工艺流程。我国锡冶炼工艺的特点是适于处理中等品位的锡精矿，并采用烟化炉烟化富渣取代传统的二段反射炉熔炼。烟化炉的普遍采用和不断完善，是炼锡工业的重大技术进步，促进了我国炼锡业的发展。

近些年来，国内发展的锡冶炼技术新工艺有：锡精矿反射炉连续熔炼工艺；难选锡中矿高温氯化工艺；焊锡真空蒸馏工艺；粗锡离心机除铁、砷工艺；钽铌粗精矿和钽铌锡炉渣的等离子电炉和电阻电弧炉熔炼工艺；奥斯麦特熔炼工艺；此外，对锡（无机锡和有机锡）的化工产品进行了研究开发与试制。值得一提的是，我国云锡公司引进奥斯麦特熔炼工艺的成功，改变了我国锡的还原熔炼基本上以反射炉为主（2002 年以前占 90%）的格局。

锡精矿还原熔炼过程中，不可避免地有一部分锡残留在渣中，如江西赣南炼锡厂采用电炉还原熔炼锡精矿，电炉渣中含锡为 4%～6%。对于锡的冶炼，降低一次渣含锡较困难。一次还原熔炼所产的炉渣称为富渣，为回收渣中的锡，必须对富渣进行处理。传统的二段熔炼法就是将富渣在反射炉中进行二次熔炼或三次熔炼，以降低渣中锡的损失。

烟化炉硫化挥发工艺自 20 世纪 50 年代成功地应用于处理含锡炉渣以来，发展很快。我国主要的炼锡厂在 20 世纪 60 年代以来逐渐推广使用，获得含锡较低的弃渣。20 世纪 60 年代后期该工艺得到进一步的发展，可用来处理富锡中矿和其他含锡较低的物料，把炉渣贫化和低锡物料的回收利用提高到一个新的水平。由于烟化炉硫化挥发技术能取代锡冶炼传统二段熔炼中的第二段作业，且能处理其他低品位含锡物料，已成为我国锡工业的重要生产手段之一。

2.4　锡精矿的焙烧

锡精矿的炼前处理主要有精选、焙烧、酸浸等方法。这里主要介绍焙烧作业。

锡精矿焙烧的主要作用是：除去精矿中的砷、硫、锑等杂质，使Fe_2O_3转变为Fe_3O_4便于磁选或转变为FeO便于浸出，使SnO_2转变为SnO或金属锡供酸浸，使铅、铋呈氯化物挥发；使高钨的锡精矿中的钨生成钨酸钠，便于水浸脱钨；将物料烧结变成烧结块。

锡精矿焙烧处理的物料主要包括：硫高而砷、锑少的精矿；砷、锑高的精矿；高铁的锡精矿；复杂低锡物料；高铅铋精矿；高铁的锡中矿；高钨的锡精矿等。

锡精矿的焙烧方法可分为：氧化焙烧，氧化还原焙烧，还原焙烧，氯化焙烧，苏打烧结焙烧等。

锡精矿焙烧的设备主要有多膛炉，回转窑，反射炉，液态化炉等。

某厂用于硫态化炉焙烧的锡精矿化学成分见表2-14，某厂回转窑焙烧脱砷、硫后的焙砂综合样成分见表2-15。

表2-14　某厂用于硫态化炉焙烧的锡精矿化学成分

序号	化学成分(质量分数)/%								
	Sn	Pb	Zn	Sb	As	S	Fe	SiO_2	CaO
1	55.44	0.21	0.99	0.14	2.04	6.34	15.02	5.20	1.35
2	51.33	0.37	0.83	0.19	2.16	6.33	16.01	6.06	1.12
3	49.24	0.41	0.91	0.22	2.09	5.80	13.66	7.56	1.30
4	53.27	2.05	2.16	0.55	1.27	3.51	7.51	6.19	0.70
5	52.99	0.18	1.21	0.10	2.05	6.79	11.79		

表2-15　某厂回转窑焙烧脱砷、硫后的焙砂综合样成分

名称	化学成分(质量分数)/%								
	Sn	As	S	Fe	Pb	Cu	Sb	Al_2O_3	SiO_2
焙砂Ⅰ	55.83	0.076	0.65	16.40	1.63	0.22	0.01	0.81	1.41
焙砂Ⅱ	44.78	0.148	0.21	22.40	0.88	0.45	0.01	1.32	2.86
焙砂Ⅲ	53.02	0.028	0.12	18.75	0.17	0.12	0.01	2.73	3.27
焙砂Ⅳ	45.56	0.38	0.07	15.85	4.00	0.36	0.01	2.63	8.04

2.5　锡精矿的还原熔炼

锡精矿除含有有价值的SnO_2外，还含有数量不等的其他金属矿物及各类脉石矿物，因此，还原熔炼的目的，在于将锡精矿中的SnO_2尽量还原成金属锡，同时使铁和脉石等造渣，有效地与锡分离。

根据锡精矿原料性质的不同，熔炼锡精矿的方法主要有反射炉还原熔炼法，电炉熔炼法，鼓风炉熔炼法或赛罗熔炼法，短窑熔炼法，顶吹转炉熔炼法，卡尔多炉熔炼法，奥斯麦特熔炼法，等等。这里主要介绍反射炉还原熔炼法、电炉熔炼法和奥斯麦特熔炼法。

2.5.1　反射炉还原熔炼法

反射炉炼锡已有200多年历史，它首先于18世纪在英国使用，19世纪初经设置蓄热室以后发展迅速，随着不断的革新与改进，相继增设了余热锅炉、水管冷却炉底和悬挂式炉顶，现已发展成为主要的炼锡设备。

锡精矿反射炉还原熔炼的主要优点是对原料要求不严(可处理粉矿，对粒度和水分无特殊要求)，固、液、气态燃料均可使用，炉内气氛容易控制，设备操作方便，对生产规模适应性强。

我国炼锡反射炉的炉床面积一般为5～50 m^2，炉床长宽比一般为(2～4)∶1，炉内高1.2～1.5 m。其供热方式见表2-16。

表2-16　我国炼锡反射炉的供热方式

厂　名	炉床面积/m^2	供热方式	备　注
云锡一冶	36.6，34.2，28.3	室式煤斗供粉煤喷烧	36.6 m^2炉为连续熔炼试验炉
	28.3，24.78，24.7，23.92	螺旋给煤和人工给煤	设有火仓5.3 m^2
	5.45	烧人工块煤	专门处理硬头火仓1.44 m^2

续表 2-16

厂 名	炉床面积/m^2	供热方式	备 注
柳州冶炼厂	24，20，18	抛煤机供粉煤喷烧	
来宾冶炼厂	50	粉煤喷烧	
平桂矿务局冶炼厂	26，20 14	粉煤喷烧 人工烧煤	设有火仓
其他厂家	5，6，7，10	人工烧煤	设有火仓

反射炉炼锡常采用以 $FeO-SiO_2$ 为主的高铁质炉渣和以 $FeO-CaO-SiO_2$ 为主的低铁质炉渣两种渣型。前者用于冶炼含铁 15%～20%或更高的锡精矿，后者用于冶炼含铁不很高的高硅质锡精矿或富渣再熔炼。

反射炉炼锡选择渣型时，应充分考虑所选择的渣型应能最大限度地能满足熔解炉料中的脉石成分和有害杂质，并尽可能少地熔解和夹带锡及其他有价金属，同时炉渣应有适当的熔点（1050～1200 ℃），较小的黏度（小于 2 Pa · s）和密度（小于 2.5～4.0 g/cm^3），较大的界面张力。就锡精矿的反射炉熔炼，适宜的硅酸度应控制在 1.0～1.5 之间。表 2-17 是国内部分锡冶炼厂反射炉炼锡的炉渣成分和硅酸度（*K*）值。

表 2-17 国内部分锡冶炼厂反射炉炼锡的炉渣成分和硅酸度（*K*）值

厂名	炉渣成分（质量分数）/%						硅酸度 *K* 值	锡精矿含铁/%
	Sn	SiO_2	FeO	CaO	Al_2O_3	其他		
云锡一冶	7～13	19～23	45～50	1.4～2.1	8～9		1.0～1.2	16.3～25.0
云锡三冶	8～10	24～28	35～45	1～3		Pb 1～2	1.1～1.2	13.58
柳州冶炼厂	11.1 12.6 15.9	19～26 23～25 22～25	30～42 18～25 14～28	5～15 5～10 6～12	5～8 6～10 6～10		1.0～1.4 1.3～2.5 1.1～2.0	6.4～22.5
来宾冶炼厂	7.9	26	37	8.3			1.34	8.91

续表 2-17

厂名	炉渣成分(质量分数)/%						硅酸度 K 值	锡精矿含铁/%
	Sn	SiO_2	FeO	CaO	Al_2O_3	其他		
平桂冶炼厂	8～12 6～9	14～22 18～22	35～38 25～30	3.5～6 5～8	4～8 8～12	WO_3 2～3 TiO_2 3～4	1.17 1.30～1.40	13.5～19.0
赣州有色金属冶炼厂	13.8～20.9 1.8～2.7	21.5～23 22.4～31	5.8～7.3 6.0～9.6	13.6～16.6 16.5～23.1		CaF_2 4～5 CaF_2 5～6	1.80～2.00 1.80～2.60	1.0～1.5
栗目锡矿冶炼厂	23.7	20.5	24.6	5.6		$(Ta,Nb)_2O_5$ WO_3	1.50	0.6～8.9

反映反射炉炼锡效果的主要技术经济指标有：炉床处理能力、锡的直接回收率、燃料消耗率、富渣率和渣含锡等。各指标计算式如下：

$$炉床处理能力[t/(m^2 \cdot d)]=\frac{总处理量}{炉床面积\times作业昼夜数} \tag{2-2}$$

$$锡的直收率(\%)=\frac{产出初锡含锡量(t)}{入炉物料含锡量(t)}\times100\% \tag{2-3}$$

$$燃料消耗率(\%)=\frac{消耗燃料量(t)}{总处理量(t)}\times100\% \tag{2-4}$$

$$富渣率(\%)=\frac{富渣产出量(t)}{总处理量(t)}\times100\% \tag{2-5}$$

$$富渣含锡率(\%)=\frac{富渣含锡量(t)}{富渣数量(t)}\times100\% \tag{2-6}$$

国内部分锡冶炼厂反射炉炼锡的主要技术经济指标见表 2-18。

表 2-18　国内部分锡冶炼厂反射炉炼锡的主要技术经济指标

主要技术指标	柳州冶炼厂	云锡一冶	平桂冶炼厂
熔炼温度/℃	1250～1350	1200～1350	1200～1350
熔炼周期/h·炉$^{-1}$	8～9.5	8	10～12
二次风温/℃	200～250	110～260	50～80
炉尾负压/Pa	30～35	0～50	微负压

续表 2-18

主要技术指标	柳州冶炼厂	云锡一冶	平桂冶炼厂
炉床能力/t·(m²·d)$^{-1}$	0.92～1.00	1.18～1.34	0.87～1.02
直收率/%	78～89	77～81	78～89
富渣率/%	42～47	37～41	36～47
烟尘率/%	11～15	12～15	5.8～9.1
燃料煤率/%	40～52		65～76

锡精矿经反射炉还原熔炼后，其产物主要有粗锡、炉渣和烟尘等，有时还产出硬头。国内部分锡冶炼厂反射炉炼锡产出的粗锡（甲锡）和烟尘成分见表 2-19，表 2-20。

表 2-19 国内部分锡冶炼厂反射炉炼锡产出的粗锡（甲锡）成分

厂名	化学成分（质量分数）/%						
	Sn	Pb	Cu	As	Sb	Bi	Fe
云锡一冶	78～85	15～23	0.2～0.4	0.4～0.8	0.04～0.06	0.1～0.3	0.03～0.05
（乙锡）	65～75	12～15	0.3～0.5	3.5～5.0	0.05～0.07	0.12～0.27	7～8
柳州冶炼厂	96.47	1.35	0.32	0.88	0.69	0.02	0.62
来宾冶炼厂	95.14	0.48	0.12	1.15	1.43	0.02	0.8～1.3
（乙锡）	73.73	0.47	0.23	6.22	3.24	0.02	10.12
平桂冶炼厂	92～96	1.5～2.5	0.5～1.5	0.6～2.0	0.5～1.4	0.15～0.20	0.02～0.15
（乙锡）	65～78	1.5～2.0	1.0～1.8	4～7	1～2	0.12～0.27	8～12
赣州有色金属冶炼厂	97～98	0.15～0.25	0.05～0.26	0.2～0.5	0.005～0.02	0.2～0.5	0.2～0.4
栗目锡矿选炼厂	97～98		0.60～1.12	0.2～0.8	0.06～0.20	0.06～0.20	0.024～0.400
衡阳冶炼厂	92～98	0.3～0.6	0.5～2.3	0.5～1.3	0.1～0.8	0.1～0.4	0.6～1.7

表 2-20　国内部分锡冶炼厂反射炉烟尘成分

厂名	烟尘名称	化学成分(质量分数)/%						
		Sn	Pb	As	Zn	FeO	SiO_2	CaO
云锡一冶	烟道尘	8～30	7～9	0.9～1.2	7～9			
	淋洗尘	18～32	10～12	1～3	10～12	2～4	11～12	1～2
	电收尘	38～46	15～17	1～3	13～20	1～2	2～3.5	0.1～0.3
柳州冶炼厂	布袋尘	43.09	1.37	2.82	9.19			
平桂冶炼厂	布袋尘	45～50	0.9～1.5	1.5～2.5		0.4～0.7	1.5～2.5	0.62
衡阳冶炼厂	布袋尘	45～57	0.85	0.7～1.6		2.05～6.79		
赣州有色金属冶炼厂	布袋尘	48.37	0.12	0.41		3.53	3.82	0.45
来宾冶炼厂	布袋尘	40～43	0.57	2.67	8.52	2.43	9.15	2.15

2.5.2　电炉熔炼法

电炉熔炼锡精矿的试验始于 20 世纪初。1934 年，电炉炼锡首先在非洲扎伊尔的马诺诺炼锡厂(Manono Tin Smelter)采用。1940 年在法国，1941 年在加拿大等国先后使用电炉熔炼锡精矿，以后逐渐在许多国家推广。目前采用电炉炼锡的国家主要有俄罗斯、巴西、日本、泰国、玻利维亚、南非等。我国电炉熔炼锡精矿始于 1958 年，1964 年，广州冶炼厂最先使用电炉炼锡，此外，赣南冶炼厂、郴州冶炼厂、赣州有色金属冶炼厂、原昆明冶炼厂等，都是我国采用电炉炼锡的主要厂家。

炼锡的电炉一般为电弧电阻炉，通常为圆形，由 3 根电极供入三相交流电，靠电极与熔渣接触处产生电弧，电流通过炉料和炉渣发热，从而进行还原熔炼。

电炉熔炼具有以下特点：在有效电阻（电弧）的作用下，熔池中的电能直接转变为热能，易获得较高而集中的炉温，适于熔炼熔点较高的炉料，如含钨、钽、铌等高熔点的锡精矿；电炉炼锡基本上是在密封状态下进行的，炉内可保持较高的一氧化碳浓度，还原性气氛强，适宜处理低铁锡精矿，锡的挥发损失小；具有炉床能力高、锡直收率高、热效率高、渣含锡低等优点。

炼锡电炉的功率一般为 250～1000 kV·A，最大的炼锡电炉功率达 4000 kV·A，我国广州冶炼厂炼锡电炉的功率和结构参数见表 2-21。

表 2-21　广州冶炼厂炼锡电炉的功率和结构参数

名　称	数　值	备　注
功　率	变压器/kV·A　800	
	一次电压/V　1000	
	二次电压/V　85，105	
	电流/A　2540	
结构参数	外形尺寸/mm×mm　ϕ3400×2984	
	炉膛有效尺寸/mm×mm　ϕ1920×1600	
	放锡口尺寸/mm×mm　ϕ50×800	
	放锡口中心线至炉底的高度/mm　130～150	
	炉门尺寸/mm　350～450	
	炉顶高度/mm　290～300	
	炉顶 3 个进料口直径/mm　360	最大行程 2 m
	电极升降速度/$m \cdot min^{-1}$　1.2	
	3 个电极孔的同心圆直径/mm　750	
	排烟口直径/mm　360～500	
	炉底面积/m^2　2.8	
	熔池深度/mm　600	

电炉炼锡的炉渣常采用$CaO-Al_2O_3-SiO_2$三元系组成为主的高钙硅质炉渣，一般成分(质量分数%)为：CaO 15～36，Al_2O_3 7～20，SiO_2 25～40，FeO 3～7，该炉渣熔点高，导电性小，电炉炼锡炉渣成分的一些实例见表2-22。

表2-22 电炉炼锡炉渣成分

炉渣序号	炉渣成分(质量分数)/%					
	Sn	FeO	SiO_2	CaO	Al_2O_3	MgO
1	0.25～0.9	3～5	26～32	32～36	10～20	
2	3～5	26～36	28～30	8～15	6～10	
3	3.72～8.17	9.26～11.63	25.0～43.5	9.31～14.78	8.28～13.33	
4	0.57	1.58	47.25	14.49	12.00	1.76
5	3.29	3.29	37.68	15.80	15.12	7.08
6	2.84	6.82	52.92	12.49	12.97	2.24
7	1.31	7.18	47.51	14.49	7.54	3.24
8	2.25	7.90	46.29	16.94	5.27	4.49
9	2～3	17.31～20.56	2.39～28.32	14.51～21.19		
10	4.5～12.0	45～57	25～28	8～10	5～12	
11	3～6	6.09	31.51	15.51	11.86	

反映电炉熔炼的主要技术经济指标是炉床处理能力、电耗、锡的回收率或直收率、渣含锡以及产渣率、熔剂率等，国内部分锡冶炼厂电炉炼锡的操作条件和主要技术经济指标见表2-23。广州冶炼厂电炉炼锡的金属产物成分和烟尘成分见表2-24和表2-25。

表2-23 国内部分锡冶炼厂电炉炼锡的操作条件和主要技术经济指标

操作条件及指标	广州冶炼厂	赣南冶炼厂	原昆明冶炼厂	来宾冶炼厂
原料类别	钨锡精矿	锡精矿	锡精矿	混合烟尘粒
操作条件：				
电压/V	85～105	85	100～200	65～170
电流/A	4400～5400	2715	2887～5774	4245～11103
温度/℃	1100～1500	1100～1500	1100～1400	1100～1500

续表 2-23

操作条件及指标	广州冶炼厂	赣南冶炼厂	原昆明冶炼厂	来宾冶炼厂
技术经济指标：				
吨矿电耗/kW·h	1276～1427	1000～1200	1100～1200	1000～1200
炉床能力/t·(d·炉)$^{-1}$	4.37～8.97	4.0～4.5	5.16	18
回收率(直收率)/%	89.26～93.47	91～94	85.2	大于 70
电极消耗/kg	5.34～7.15			
炉料锡品位/%	55.00～62.43			
产渣率/%	21.07～23.17			
渣含锡/%	4.21～8.65			
产尘率/%	3.12～4.73			
熔剂率/%	1.28～1.88(石灰石)			
还原剂率/%	11.04～13.64(煤)			

表 2-24 广州冶炼厂电炉炼锡的金属产物成分

产物名称	产物成分(质量分数)/%						备注
	Sn	Pb	Fe	As	Sb	其他	
甲锡	98～99.12	0.33～0.12	0.03～0.12	0.15～0.25	0.01～0.12	Cu:0.07～1.18 Bi:0.17～0.39	炼精矿
乙锡	88～92	0.8～2.3	3.52～8.73	0.7～3.0	0.02～0.10	Cu:0.06～0.60 Bi:0.18～0.70	炼精矿

表 2-25 广州冶炼厂电炉炼锡的烟尘成分 (质量分数/%)

Sn	Pb	Bi	As	S	FeO	SiO_2	CaO	Al_2O_3
57.45～60.09	0.42～0.65	0.056～0.328	0.65～1.16	2.05	1.03～2.35	0.32～2.82	1.62	2.37～6.42

2.5.3 奥斯麦特熔炼技术

奥斯麦特熔炼技术是 20 世纪 70 年代由澳大利亚联邦科学与工业研究组织(缩写为 CSIRO)，为处理低品位锡精矿和含锡复杂物料而开发的一种强化熔炼技术，也称为赛罗熔炼技术。

1981 年，该技术主要发明人弗罗伊德(J. M. Floyd)博士成立澳大利亚奥斯麦特公司(Ausmelt Limited)，将该技术应用于锡、锌、铜等金属的冶炼，因而该技术也统称为奥斯麦特技术(Ausmelt Technology)或顶吹浸没喷枪熔炼技术(top submerged lance technology)。

奥斯麦特熔炼技术的核心是通过将一支经特殊设计的喷枪，从炉顶部插入垂直放置的呈圆筒形炉膛内的熔体之中，空气(或富氧空气)和燃料(油、天然气或粉煤)从喷枪末端喷入熔体，在炉内形成剧烈翻腾的熔池，完成一系列的物理化学反应。

世界上第一座用于锡精矿熔炼的奥斯麦特炉，是 1996 年由秘鲁明苏(Minsur S. A.)公司冯苏锡冶炼厂(Funsur Tin Smelter)从澳大利亚奥斯麦特公司引进建成的。该座奥斯麦特炉内径 3.9 m，具有年处理锡精矿 3 万 t，生产精锡 1.5 万 t 的生产能力，建成投产后于 1997 年全面达到设计指标，1998 年后改用富氧(30%氧气)鼓风，使生产能力提高到年产 2 万 t 精锡。

我国云锡公司 1999 年决定引进奥斯麦特熔炼技术，用一座奥斯麦特炉取代使用的所有锡精矿还原熔炼反射炉和电炉设备，并对锡精矿还原熔炼系统及其配套工序和设施进行全面改造。经引进、消化吸收、建设和配套改造，云锡公司引进的奥斯麦特炉于 2002 年 4 月 11 日点火投料并一次试车成功，用一座奥斯麦特炉取代了原有的 7 座反射炉，一个月后，主要技术指标达到了设计能力。

云锡公司的奥斯麦特炉炼锡系统由炼前处理、配料、奥斯麦特炉、余热发电、收尘与烟气治理、冷却水循环、粉煤供应和供风系统等部分组成。其奥斯麦特炉是一个高为 8.6 m，外径 5.2 m，内径 4.4 m 的钢壳圆柱体，上接呈收缩状的锥体部分，再通过过渡段与余热锅炉的垂直上升烟道相接，炉子总高约 12 m，炉体内壁衬砖全部为优质镁铬砖，炉顶为倾斜的平板钢壳，内衬用带钢纤维的高铝质耐火材料浇注。炉顶分别设有喷枪口、进料口、备用烧嘴口、取样观察口。炉底则设有相互呈 90°配置的锡排放口和渣排放口。

云锡公司澳斯麦特炉的喷枪由经特殊设计的三层同心套管组成,中心是粉煤通道,中间层是燃烧空气,最外层是二次燃烧风。熔炼过程中,物料从炉顶进料口直接加入熔池,粉煤和空气通过插入熔体的喷枪喷入熔池,二次燃烧风则在熔池上部喷出,使过剩的碳、一氧化碳、氧化亚锡、硫化亚锡等在炉膛内氧化燃烧。喷枪固定在沿垂直轨道运行的喷枪架上,根据炉况变化,控制上下移动。更换喷枪时,需从烧嘴口插入备用烧嘴加热保持炉温。

云锡公司澳斯麦特炉还原熔炼锡精矿分周期性进行,每个周期分锡精矿还原熔炼阶段、渣还原阶段、排渣阶段等 3 个过程。

在锡精矿还原熔炼阶段,粉煤和空气通过喷枪喷入熔池,使熔池温度保持在 1150 ℃左右,通过调节风煤比,控制喷枪出口处的熔池表面保持有足够的还原性气氛。由炉顶连续加入的包括锡精矿、还原煤、返料及熔剂的物料,在熔池内完成一系列的物理化学反应,随着反应的进行,还原出的金属锡聚集在相对平静的炉底,每隔 2 h,从放锡口开口出锡 1 次。随着反应的进行,熔池深度从最初的 0.35 m 上升到 1.2 m 左右,放出第 3 次锡后,进入渣还原阶段。

在渣还原阶段,停止加入精矿,但继续加入还原煤,单独对渣进行还原,使渣含锡从 15%降到 5%左右,此阶段的熔池温度上升到 1250 ℃左右,持续时间约 1 h。

渣还原阶段结束后,停止加入一切物料,进入排渣阶段。此时,提起喷枪在熔体表面燃烧保温,从放渣口开口放出炉渣,一直到熔池深度降到 0.35 m 左右为止,持续时间约 1 h。

云锡公司澳斯麦特炉还原熔炼锡精矿,采用偏酸性的炉渣类型,其中 SiO_2、FeO、CaO 的含量之和约占炉渣重量的 80%,硅酸度 K 值控制在 1~1.2。此外,其工艺特点还有:冷却方式采用炉壁喷淋水冷却,喷枪的更换为不定期等。

云锡公司澳斯麦特炉熔炼系统的试生产情况见表 2-26。

表 2-26 云锡公司奥斯麦特炉熔炼系统的试生产情况

试生产情况	第一炉期	第二炉期
投料时间	2002 年 4 月投料,9 月 3 日停炉	2002 年 10 月 25 日点火,10 月 29 日进料生产,2003 年 5 月 28 日停炉
作业时间/d	138	211
冶炼/炉	303	602
处理物料/t	24731.159	51865.997
产出粗锡/t	9139.52	19955.73
每炉产锡/t	30.163	32.667
炉床指数/t·(m^{-2}·d^{-1})	14.6	17.36
余热发电/kW·h	724.56×10^4	2142.61×10^4
平均电量/kW·h·d^{-1}	5.25×10^4	5.25×10^4

澳斯麦特炉熔炼与反射炉熔炼的主要技术经济指标比较见表 2-27。

表 2-27 奥斯麦特炉熔炼与反射炉熔炼的主要技术经济指标比较

指 标	反射炉（2002 年 1～11 月）	奥斯麦特炉	
		第一炉期	第二炉期
炉床指数 t·(m^{-2}·d^{-1})	1.15	14.59	17.36
作业率/%	85.32	73.19	96.39
锡直收率/%	75.96	64.24	68.48
入炉品位/%	45.85	52.12	49.39
粗锡品位/%	83.27	90.44	88.91
乙锡比/%	29.39	17.69	21.37
产渣率/%	41.52	33.73	28.94
渣含锡/%	10.29	5.65	4.47
烟尘率/%	13.47	25.24	24.72
硬头率/%	1.09	0.39	0.14
熔剂率/%	3.43	4.06	0.05
锡金属平衡/%	98.55	98.70	99.34
锡回收率/%	98.03	98.02	99.15

2.6 锡炉渣的处理

无论采用反射炉、电炉或其他熔炼设备还原熔炼锡精矿，所产出的炉渣中含锡都较高，该类炉渣通常称为富渣，需要进一步处理以回收渣中的锡。处理锡炉渣的方法主要有两种：还原熔炼法和硫化挥发法。

在传统的两段炼锡法中，锡炉渣的处理采用再熔炼法，即再炼渣，以回收富渣中的锡并产出弃渣，使用最普遍的方法是加石灰石（或石灰）的再熔炼法和加硅铁的再熔炼法。所采用的还原熔炼设备主要有反射炉、电炉、短窑和鼓风炉。20 世纪 70 年代以来，为适应冶炼中、低品位锡精矿的需要，烟化法硫化挥发法处理锡炉渣获得了很大发展，成为处理锡炉渣的主要方法。

烟化法硫化挥发法处理锡炉渣，是从烟化炉两侧向炉内熔融的锡炉渣鼓入高压空气和燃料（粉煤或燃油）的混合物，将其强烈搅拌，并在适宜的时间加入硫化剂（黄铁矿粉末），使渣中的锡转变为硫化亚锡（SnS）挥发，部分锡以氧化亚锡（SnO）形式挥发，最后在空气中氧化为氧化锡（SnO_2）烟尘收集。

烟化过程中发生的主要化学反应为：

$$2FeS_2 \rightarrow 2FeS + S_2 \quad (2\text{-}7)$$

$$SnO \cdot SiO_2 + FeS \rightarrow SnS + FeO \cdot SiO_2 \quad (2\text{-}8)$$

$$SnO + CO \rightarrow Sn + CO_2 \quad (2\text{-}9)$$

$$CO_2 + C \rightarrow 2CO \quad (2\text{-}10)$$

$$Sn + FeS \rightarrow SnS + Fe \quad (2\text{-}11)$$

$$4SnO + 3FeS \rightarrow 3SnS + Fe_3O_4 + Sn \quad (2\text{-}12)$$

$$SnO + FeS \rightarrow SnS + FeO \quad (2\text{-}13)$$

总反应式为：

$$Sn^{2+}_{(s,l)} + S^{2-}_{(s,l)} \rightarrow SnS_{(g)} \quad (2\text{-}14)$$

工业实践中炉渣硅酸度控制在 1～1.5 之间，此时弃渣含锡较低，作业运行顺畅，挥发速率较快。推荐的适宜渣型的成分（质量分数%）：SiO_2 26～28，FeO 50～55，CaO 6～8，Al_2O_3＜10。如渣

中 SiO_2 和 Al_2O_3 含量较高，将导致炉渣熔点升高，黏度增大，在正常的作业温度下 1150～1280 ℃，炉渣的理化性质恶化，影响传热传质，降低硫化挥发速率，弃渣含锡高，甚至作业难以进行。

烟化炉硫化挥发的主要产物是含锡烟尘、弃渣和烟气。

云锡公司第一冶炼厂烟化炉处理的物料的化学成分见表 2-28，国内某些锡冶炼厂采用烟化炉等方法处理含锡物料时产出的弃渣成分见表 2-29，云锡公司第一冶炼厂烟化炉产出的烟尘和弃渣成分见表 2-30，国内部分炼锡厂烟化炉的主要指标见表2-31，云锡公司第一冶炼厂烟化炉的单耗见表 2-32。

表 2-28 云锡公司第一冶炼厂烟化炉处理的物料的化学成分

物料名称	化学成分(质量分数)/%					
	Sn	Pb	Zn	Cu	As	S
反射炉富渣	10.095	0.477	1.290	0.053	0.120	1.010
反射炉烟道灰	15.728	1.520	1.000	0.136	1.200	0.430
锡中矿	3.594	0.787	0.266	0.601	0.070	5.831
高硫锡中矿	4.300	0.159	0.135	0.261	1.550	22.540
烟化炉烟道灰	6.777	2.150	0.473	0.244	1.650	2.290
鼓风炉渣	4.784	5.049	0.804	0.200	2.250	1.470
电炉渣	6.723	0.144	0.292	0.013	0.200	1.050
黄铁矿	0.500	0.063	0.201	0.411	1.700	30.960
外购锡中矿	4.061	1.070	0.986	0.790	1.820	1.610
外购炉渣	5.924	0.349	0.744	0.798	1.100	2.460
其他锡中矿	2.164	0.980	0.843	0.980	1.750	2.333

物料名称	化学成分(质量分数)/%				
	Bi	FeO	CaO	MgO	SiO_2
反射炉富渣	0.021	43.600	4.155	1.006	22.340
反射炉烟道灰	0.041	14.000	10.400	0.267	30.630
锡中矿	0.093	50.429	1.502	0.386	2.240～33.839
高硫锡中矿	0.307	44.700	2.830	0.512	

续表 2-28

物料名称	化学成分(质量分数)/%				
	Bi	FeO	CaO	MgO	SiO_2
烟化炉烟道灰	0.071	42.260	8.301	0.560	
鼓风炉渣	0.035	38.020	8.926	2.140	23.520
电炉渣	0.019	31.390	15.140	1.286	23.260
黄铁矿	0.055	60.080	2.202	0.536	4.670
外购锡中矿	0.063	39.700	2.244	0.367	12.890
外购炉渣	0.133	23.670	6.109	1.341	24.780
其他锡中矿	0.137	48.620	2.593	0.534	14.870

表 2-29 国内某些锡冶炼厂采用烟化炉等方法处理含锡物料时产出的弃渣成分

设 备	处理物料	弃渣成分(质量分数)/%				
		FeO	CaO	SiO_2	Al_2O_3	MgO
烟化炉	锡炉渣	37	17	30	10	1
烟化炉	锡中矿	50～55	6～8	26～28	<10	
小型烟化炉	锡炉渣	20～25	20～25	30～35	12～15	
烟化炉	贫精矿	30～40	4～6	25～35	11～14	
鼓风炉	锡炉渣	20～33	19	26～37	8	

表 2-30 云锡公司第一冶炼厂烟化炉产出的烟尘和弃渣成分

名称	烟尘和弃渣成分(质量分数)/%									备注
	Sn	Pb	Bi	Zn	As	S	FeO	SiO_2	CaO	
含锡烟尘	45.78	9.49	0.13	9.88	3.01	1.08	4	3.4	0.22	1982年数据
弃渣	0.07～0.10	0.02～0.06		0.4～0.9	0.08～0.4	2～3	39～45	20～23	2～3	
含锡烟尘	49.2～51.5	5.7～10.9	0.6～0.7	6.77～7.80	4.6～5.8	1.36～1.55	2.4～2.5		0.14～0.2	1996年数据
弃渣	0.10	0.03	0.02	0.10	0.35	1.51	45～50	25～28	5～8	

表 2-31　国内部分炼锡厂烟化炉的主要指标

主要指标	炼锡厂名称			
	云锡一冶	柳州冶炼厂	广州冶炼厂	西弯冶炼厂
炉子结构	全水套	全水套	全水套	全水套
炉床面积/m²	2.62	2.01	1.8	1.84
装料量/t	7～8	2～2.5	1.5～2	2.5～2.8
作业方式	挥发	挥发	挥发	挥发
燃料种类	粉煤	粉煤	粉煤	粉煤
燃烧率/%	24～30	23.8	20	29～41

表 2-32　云锡公司第一冶炼厂烟化炉的单耗

指　标	20 世纪 70 年代		20 世纪 80 年代		1997 年	
	按 1 t 渣计①	按 1 t 锡计	按 1 t 物料计②	按 1 t 锡计	按 1 t 物料计③	按 1 t 锡计
煤耗/t	0.25	4.15	0.60～0.73	20～24	0.55～0.60	7.24～7.89
黄铁矿/t	0.092	1.575	0.080～0.150	2.67～5.00	0.096～0.110	1.260～1.450
石灰石/t	0.115	1.95				
电耗/kW·h	195	3295			32	421
水耗/t	41.5	697			70	921
压缩空气/m³	995	16839			1500～2600	19695～34216

① 进料品位按弃渣含锡和挥发率计为 6.9%；

② 进料品位按弃渣含锡和挥发率计为 3.1%；

③ 进料品位 7%～8%。

2.7　粗锡的火法精炼

锡精矿经还原熔炼后产出的粗锡，其一般成分见表 2-33。粗锡中含有许多杂质，不能满足工业上的要求，需进行精炼，除去粗锡中的杂质，使其成分达到表 2-34 中精锡牌号标准（GB 728—

1984)，同时，在精炼过程中，有效地回收有价金属，提高金属的综合利用率和降低精炼的成本。

表 2-33　粗锡的一般成分

编号	化学成分(质量分数)/%						
	Sn	Fe	As	Pb	Bi	Sb	Cu
1	99.79	0.0089	0.0100	0.0120	0.0025	0.0050	0.0020
2	99.83	0.0144	0.0183	0.0310	0.0030	0.0100	0.0250
3	94.68	1.2500	1.0700	1.1900	0.0500	1.2200	0.2000
4	96.47	0.6150	0.8800	1.3500	0.0200	0.6900	0.3200
5	79.99	3.1100	3.8200	9.0700	0.2950	0.0960	1.2900
6	81.54	3.2500	3.3300	9.1400	0.1840	0.0940	1.0700

表 2-34　精锡牌号标准(GB 728—1984)

品号	代号	Sn/%	杂质/%				用　途
			As	Fe	Cu	Pb	
高级锡	Sn-00	≥99.99	≤0.0007	≤0.0025	≤0.001	≤0.0035	供制造镀锡产品，含锡合金和其他产品用
特号锡	Sn-0	≥99.95	≤0.003	≤0.004	≤0.004	≤0.025	
1号锡	Sn-1	≥99.90	≤0.01	≤0.007	≤0.008	≤0.045	
2号锡	Sn-2	≥99.80	≤0.02	≤0.01	≤0.02	≤0.065	
3号锡	Sn-3	≥99.50	≤0.02	≤0.02	≤0.03	≤0.35	

品号	代号	Sn/%	杂质/%				用　途
			Bi	Sb	S	总和	
高级锡	Sn-00	≥99.99	≤0.0025	≤0.002	≤0.0005	≤0.01	供制造镀锡产品，含锡合金和其他产品用
特号锡	Sn-0	≥99.95	≤0.006	≤0.01	≤0.001	≤0.05	
1号锡	Sn-1	≥99.90	≤0.015	≤0.02	≤0.001	≤0.10	
2号锡	Sn-2	≥99.80	≤0.05	≤0.05	≤0.005	≤0.20	
3号锡	Sn-3	≥99.50	≤0.05	≤0.08	≤0.01	≤0.50	

粗锡中常见杂质有铁、砷、锑、铜、铅、铋和硫，它们对锡的性质影响较大。

粗锡精炼的方法分为两大类：火法精炼和电解精炼。

粗锡的火法精炼包括：熔析法和凝析法除铁、砷；加铝除砷、锑;加硫除铜;结晶分离法除铅、铋;氯化法除铅;加碱金属除铋;真空蒸馏除铅、铋。

2.7.1 熔析法、凝析法除铁、砷

熔析法、凝析法除铁、砷等杂质的理论依据是铁、砷等杂质在液态锡中的溶解度随温度变化而改变,并且它们能与锡结合,生成高熔点的金属间化合物。熔析法是将含铁、砷高的固体粗锡加热到锡的熔点以上,锡熔化为液体,高熔点金属间化合物仍保持固体状态,使固体从液体中分离出来以除去铁、砷。凝析法是将含铁、砷较低的已熔成液体的粗锡降温,由于溶解度降低,铁、砷及其化合物结晶为固体析出,分离出固体后,得到较纯的液体锡,达到锡与铁、砷分离的目的。

铁在锡液中的溶解度数据见表 2-35。粗锡中可能存在的化合物及其熔点见表 2-36。熔析的粗锡及产物成分见表 2-37。凝析的粗锡及产物成分见表 2-38。

表 2-35 铁在锡液中的溶解度数据

温度/℃	232	300	400	500
铁在锡液中的溶解度/%	0.0010	0.0046	0.0240	0.0820
温度/℃	600	700	800	900
铁在锡液中的溶解度/%	0.2200	0.8000	1.6000	2.8000

表 2-36 粗锡中可能存在的化合物及其熔点

化合物	熔点/℃	化合物	熔点/℃
$FeSb_2$	729 ℃分解	Fe_2As	931
FeS	1190	FeAs	1031
CuS	1135	Cu_3As	827
SnS	881	Cu_2Sb	586 ℃分解
SnAs	605	Cu_3Sb	684 ℃分解
Sn_3As_2	596		

表 2-37 熔析的粗锡及产物成分

名 称	产物成分(质量分数)/%				
	Sn	Fe	As	Cu	Sb
粗锡Ⅰ	84.91	7.95	2.32	0.16	1.59
粗锡Ⅱ	82.87	7.49	3.21	0.31	1.93
熔出锡Ⅰ	94.71	0.58	0.75	0.13	1.55
熔出锡Ⅱ	95.20	0.35	0.72	0.17	1.75
熔析渣Ⅰ	46.94	20.22	8.14	0.25	0.90
熔析渣Ⅱ	44.79	20.82	9.03	0.21	0.46

表 2-38 凝析的粗锡及产物成分

名 称	产物成分(质量分数)/%			
	Sn	Fe	As	Cu
粗锡Ⅰ	87.8800	0.1000	1.2000	1.2700
粗锡Ⅱ	87.4600	0.6500	1.3500	1.4000
产出锡Ⅰ	89.0100	0.0015	0.1400	0.1300
产出锡Ⅱ	89.3500	0.0016	0.1500	0.1200
炭渣Ⅰ	82.0500	1.0000	10.8000	1.5500
炭渣Ⅱ	75.8300	0.5150	9.8800	1.2800

此外,20 世纪 70 年代初,发展了粗锡离心过滤法除砷、铁工艺,我国在 20 世纪 80 年代中期开始试验和使用,欲取代过去长期使用的粗锡熔析—凝析加木屑搅拌除铁、砷的方法。离心过滤法是应用凝析原理,根据在不同温度下,锡、铁、砷的各种固体化合物开始析出的性质,设计金属离心机,控制温度过滤,使固、液两相分离,以除去铁、砷等杂质。我国使用的有两类流程,即固体粗锡熔化后凝析和液态粗锡直接凝析。国内炼锡厂采用离心机过滤除铁、砷的主要技术条件和指标对比见表 2-39、表 2-40。

表 2-39　离心机过滤除铁、砷的主要技术条件指标

技术条件	柳州冶炼厂			云锡公司第一冶炼厂（YC-CC-I）		
(1) 离心过滤器						
带孔转鼓尺寸/mm	ϕ500×200			ϕ500×200		
分离因数	3～23					
转速/r·min^{-1}	110～310					
最大提升高度/mm	1000			1250		
提升速度/m·s^{-1}	0.2					
(2) 过滤温度/℃				500		
粗锡和渣乙锡	520～750					
尘乙锡	500～600					
(3) 原料成分（质量分数）/%	Sn	Fe	As	Sn	Fe	As
Ⅰ	92.240	1.850	0.640	67.660	10.530	12.200
Ⅱ	95.720	1.500	0.340	72.780	6.120	5.780
Ⅲ	85.640	5.850	1.130	69.420	6.740	5.230
(4) 产品成分（质量分数）/%	Sn	Fe	As	Sn	Fe	As
Ⅰ	96.520	0.075	0.230	84.730	0.030	0.200
Ⅱ	98.990	0.063	0.220	86.650	0.150	0.144
Ⅲ	98.480	0.340	0.230	83.960	0.061	0.153
(5) 渣成分（质量分数）/%	Sn	Fe	As	Sn	Fe	As
Ⅰ	66.270	12.320	3.820	34.180	24.700	18.700
Ⅱ	54.060	16.090	1.690	31.850	27.300	25.620
Ⅲ	44.460	19.190	1.460	35.660	17.240	18.680
(6) 直收率/%	Ⅰ	Ⅱ	Ⅲ	Ⅰ	Ⅱ	Ⅲ
	94.72	94.81	91.44	82.99	87.47	80.89
(7) 渣率/%	Ⅰ	Ⅱ	Ⅲ	Ⅰ	Ⅱ	Ⅲ
	5.95	8.59	15.57	33.74	26.23	34.52
(8) 脱铁率/%	Ⅰ	Ⅱ	Ⅲ	Ⅰ	Ⅱ	Ⅲ
	96.33	92.04	95.38	99.95	98.96	99.75

续表 2-39

技术条件	柳州冶炼厂			云锡公司第一冶炼厂 (YC-CC-I)		
(9) 脱砷率/%	Ⅰ	Ⅱ	Ⅲ	Ⅰ	Ⅱ	Ⅲ
	67.46	40.48	83.81	99.64	97.54	99.09
(10) 金属平衡	Ⅰ	Ⅱ	Ⅲ	Ⅰ	Ⅱ	Ⅲ
	99.00	99.86	99.52	99.95	98.96	99.75

表 2-40 离心机与熔析炉除铁、砷的主要技术经济指标对比

名 称	熔析炉	离心机
劳动强度	手工操作,劳动强度大	机械作业,劳动强度小
车间粉尘质量浓度/mg·m^{-3}	2.3~2.5	1.2~1.6
操作人员/人·班$^{-1}$	8	3~6
浮渣产出率/%	35~38	30~35
浮渣含锡/%	36~44.3	<35
金属平衡/%	93.8	>98
脱铁率/%	91~94	>98
脱砷率/%	90~93	>98
锡直接回收率/%	76~80	81~85
浮渣物理性质	块大,需破碎	浮渣松散,不需破碎
1 t原料消耗煤/kg	75	35
生产能力/t·班$^{-1}$	8.0	15

2.7.2 加铝除砷、锑

粗锡经过熔析法、凝析法除铁、砷后,虽然大部分的砷已除去,但锡中的砷含量大多仍为 0.5%左右,且含锑量无明显变化,达不到精锡的要求,因而需采用加铝法进一步除砷、锑。加铝除砷、锑的基本原理是铝和砷、锑能生成高熔点化合物,这些高熔点化合物的密度比锡的小,因而能从锡液中结晶析出。加铝除砷、锑作业常在精炼锅中进行，其技术经济指标与粗锡含锑、砷量及生产的精锡牌号有关。

2.7.3 加硫除铜

加硫除铜的基本原理是基于硫和铜的亲和力大于硫和锡的亲和力，元素硫加入锡液后，溶于锡液中，在强烈搅拌下，锡液中的铜与硫充分结合生成稳定的高熔点硫化亚铜（Cu_2S，熔点 1130 ℃），硫化亚铜不溶于锡液而浮于液面成为浮渣除去。加硫除铜作业在凝析除砷、铁与加铝除锑、砷之间，并且在同一个精炼锅中进行。

加硫除铜的技术经济指标如下：铜渣率 2%～5%，锡的直接回收率为 97%～99%，除铜率大于 96%，耗硫量为 0.2～4 kg/t 粗锡，铜渣成分为 Sn 55%～65%，Cu 10%～22%，Fe 0.5%～2.0%，As 1%～2%，S 3%～6%。

2.7.4 结晶分离法除铅、铋

粗锡中一般含有铅、铋，结晶分离法除铅、铋是使含铅、铋的粗锡在连续的温度梯度加热和冷却的过程中产生晶体和液体，二者逆向运动，铅、铋在晶体中逐渐减少，在液体中逐渐增多，最后使铅、铋集中在液体中，而晶体锡得到提纯。粗锡结晶分离铅、铋的数据见表 2-41。

表 2-41 粗锡结晶分离铅、铋的数据

原料成分（质量分数）/%			晶体成分（质量分数）/%			液体成分（质量分数）/%		
Sn	Pb	Bi	Sn	Pb	Bi	Sn	Pb	Bi
86.30	10.95	1.13	92.40	5.12	0.65	80.22	16.80	4.44
85.73	10.43	1.37	87.02	8.51	0.80	80.63	15.10	2.25
77.85	17.65	2.00	88.65	7.45	1.26	69.73	24.88	2.52
77.85	17.65	2.00	82.80	13.40	1.50	74.22	21.80	2.50
73.48	23.34	2.33	82.70	13.29	1.63	63.95	31.69	3.04

目前采用结晶分离法除铅、铋的主要设备是机械化的结晶分离机或称为螺旋结晶机。根据加热方式的不同，它们又可分为电热机械结晶机（电热螺旋结晶机）和煤热机械结晶机（煤热螺旋结晶机）两类，其主要技术经济指标见表 2-42。

表 2-42 结晶分离法除铅、铋的主要技术经济指标

名　称	电热结晶机	煤热结晶机
结晶机尺寸/m	ϕ0.68×6	ϕ0.52×4.90
槽容量/t	3～4	5～6
作业时间/$h \cdot 槽^{-1}$	连续作业	12～14
处理量/$t \cdot d^{-1}$	27	10
螺旋杆转速/$r \cdot min^{-1}$	0.67～1.50	1.2
锡直收率/%	96.9	
铅直收率/%	97	
金属总回收率/%		>99
除铅率/%		97～99
除铋率/%		96～97
1 t 粗锡能耗	耗电 38.1 kW·h	煤耗 5%～6%
精锡产率/%		约 80
焊锡产率/%		10～15
渣率/%	2.7	

2.7.5 氯化法除铅

氯化法除铅的基本原理是基于锡和铅对氯的亲和力不同，在液态粗锡中加入氯化亚锡，发生下列反应：$[Pb]+(SnCl_2)\rightleftharpoons(PbCl_2)+[Sn]$，使铅转变为氯化铅形成浮渣而除去。氯化法除铅作业在精炼锅中进行，氯化剂一般采用浓缩的 $SnCl_2$ 或含结晶水的氯化亚锡。氯化亚锡用量对除铅的影响见表 2-43，粗锡含铅与氯化剂消耗的关系见表 2-44。

表 2-43　氯化亚锡用量对除铅的影响

粗锡中含铅/%	加入 $SnCl_2 \cdot H_2O$ 占锡质量分数/%									
	8		10		20		30		40	
	平衡时渣中及氯化物浮渣中含铅									
	锡中含铅	渣中含铅	锡中含铅	渣中含铅	锡中含铅	渣中含铅	锡中含铅	渣中含铅	锡中含铅	渣中含铅
1.0	0.66	6.70	0.50	4.90	0.32	3.35	0.24	2.50	0.19	2.01
0.8	0.53	5.30	0.40	3.90	0.26	2.69	0.19	2.01	0.15	1.61
0.6	0.39	4.07	0.30	2.90	0.18	2.02	0.14	1.51	0.11	1.21
0.5	0.33	3.39	0.25	2.50	0.16	1.69	0.12	1.26	0.09	1.01
0.4	0.26	2.69	0.20	2.00	0.13	1.35	0.09	1.61	0.08	0.81
0.3	0.20	2.06	0.15	1.50	0.10	1.02	0.07	0.76	0.06	0.61
0.2	0.13	1.37	0.10	1.00	0.06	0.68	0.05	0.51	0.04	0.41
0.1	0.07	0.68	0.05	0.50	0.03	0.34	0.02	0.25	0.02	0.20

表 2-44　粗锡含铅与氯化剂消耗的关系

粗锡含铅/%	0.045～0.055	0.055～0.065	0.065～0.075	0.075～0.085	0.085～0.090
1 kg 铅的氯化剂用量/kg	70	65	60	55	50
粗锡含铅/%	0.090～0.100	0.100～0.120	0.140～0.150	0.300～0.500	>0.500
1 kg 铅的氯化剂用量/kg	48	45	40	7	6

2.7.6　加碱金属除铋

该法仅在国外某些工厂使用。我国的炼锡厂皆不使用此种方法除铋。加碱金属除铋常使用的试剂有钙镁和镁钠两种,其除铋的基本原理是基于铋与钙镁等生成的化合物熔点较高、密度较小,不溶于锡而浮到锡液面上,形成浮渣而与锡分离。一般浮渣成分(%)为:Sn 92～97,Bi 1.5～2.0。加碱金属除铋作业在精炼锅中进行,碱金属以镁粉和锡钙合金的形式加入。粗锡加碱金属除铋的钙镁消耗量见表 2-45。

表 2-45 粗锡加碱金属除铋的钙镁消耗量

粗锡中含铋（质量分数）/%	1 t 锡的钙、镁消耗量/kg	
	钙	镁
0.06～0.12	0.08	0.30
0.12～0.30	0.10	0.35
0.30～0.60	0.20	0.50
>0.60	0.28～0.30	0.55～0.60

2.7.7 真空蒸馏法除铅、铋

真空蒸馏法除杂质的原理是根据杂质金属的沸点比锡低、蒸气压比锡大的性质，在高温下使金属杂质挥发除去。以铅、铋、锑等为例，在相同温度下，它们的蒸气压比锡大 100 倍，故在较高温度下，它们将比锡更易挥发，从而达到与锡分离的目的。锡和铅在不同合金成分和不同温度下的蒸气压数据见表 2-46。

表 2-46 锡和铅在不同合金成分和不同温度下的蒸气压数据

合金含铅（质量分数）/%	压 力	蒸气压/Pa			
		1000 ℃	1100 ℃	1200 ℃	1300 ℃
50	p_{Pb}	98.600	345.200	1006.400	2519.400
	p_{Sn}	0.004	0.027	0.144	1.733
20	p_{Pb}	34.000	118.600	346.600	409.200
	p_{Sn}	0.004	0.037	0.197	2.693
5	p_{Pb}	7.571	39.057	81.313	203.949
	p_{Sn}	0.006	0.041	0.220	2.773
0.1	p_{Pb}	0.157	0.552	1.493	4.026
	p_{Sn}	0.006	0.042	0.227	2.853

真空蒸馏法除铅、铋的优点是流程短、金属回收率高，消耗低、生产费用比电解法少，污染程度轻，设备简单，占地面积小。

目前我国采用真空蒸馏法除铅、铋的设备主要有柳州冶炼厂的自导电热式真空蒸馏炉和云锡公司的内热式多级连续蒸馏真空炉。其技术条件、作业指标和产物成分等见表 2-47～表 2-49。

表 2-47　真空蒸馏法除铅、铋的主要技术条件

名称	自导电热式真空蒸馏炉		内热式多级连续蒸馏真空炉	
技术条件	炉内真空度/Pa	<66.66	炉内工作压力/Pa	4.06～2.67
	炉温/℃	1000～1150	炉温/℃	350～400
	作业电压/V	5～10	作业电压/V	18～20
	工作电流/A	2000～3000	工作电流/A	3000
	蒸发面积/cm^2	1250	炉内发热器容量/kV·A	90～92
	电流密度/A·mm^{-2}	326	冷却水耗量/$m^3 \cdot h^{-1}$	2.0～2.5
	铅挥发速率/g·$(min \cdot cm^2)^{-1}$	0.291～0.376	日处理量/t	4～5,8～10
	进、排料周期/min	10	产品质量分数/%	Sn>95 Pb 3.30～4.31 Bi<0.07
	每次进料量/kg	14～15		
	焊锡在高温区停留时间/min	40～50		

表 2-48　真空蒸馏法除铅、铋的作业指标

作业指标	焊锡直收率/%	铅挥发率/%	1 t焊锡电耗/kW·h	1 t焊锡水耗/t	焊锡直收率/%	铅挥发率/%	铋挥发率/%	1 t焊锡电耗/kW·h
	>99	>85	400	18	>99	>90	>90	380～400

表 2-49　真空蒸馏法除铅、铋的产物成分

名称	产物	产物成分(质量分数)/%						
		Sn	Pb	Bi	As	Sb	Cu	In
自导电热式真空蒸馏炉	焊锡:	63～67	33～36	0.05～0.09		0.2～0.30		
	产物:粗锡	94～96	2～5					
	粗铅	0.6～1.2	98.0～98.5	1.20～1.90				
内热式多级连续蒸馏真空炉	原料:焊锡Ⅰ	65.55	33.50	0.417	0.133	0.118	0.154	0.020
	产物:粗锡Ⅰ	95.74	3.62	0.069	0.114	0.133	0.307	0.026
	精锡Ⅰ	99.56	0.37	0.009	0.076	0.050	0.029	
	原料:焊锡Ⅱ	33.36	65.31	0.166	0.130	0.210	0.205	0.002
	产物:粗锡Ⅱ	95.28	3.93	0.055	0.076	0.050	0.029	0.016

2.8　锡的电解精炼

锡的电解精炼包括粗锡电解精炼(获得精锡)和焊锡电解精炼(获得精焊锡)。

锡的电解精炼与火法精炼相比,具有以下一些特点:(1)流程较为简单,能在一次作业中除去多种杂质,产出纯度很高的锡产品;(2)有用金属富集程度高,粗锡中的杂质,除铟、铁外,几乎都进入阳极泥,回收这些金属较容易;(3)锡的直收率高,电解精炼仅产出一种精炼渣——阳极泥(进入的锡约6%),而火法精炼入浮渣的锡约为13%;(4)劳动条件较好,工艺过程可实现机械化。但电解精炼使锡大量积压在生产过程中,周转慢,投资费用较高。通常,粗锡多采用火法精炼,但对一些含杂质铋、锑和贵金属金、银等较高的粗锡,多选用电解精炼,或将火法精炼和电解精炼同时使用。

2.8.1 粗锡电解精炼

粗锡的电解精炼分为酸性电解精炼和碱性电解精炼。

酸性电解精炼使用较多,其电解液又可分为硫酸盐电解液(即硫酸—硫酸亚锡—磺酸盐电解液)、盐酸盐电解液(即氯化物电解液)和硅氟酸盐电解液等。

碱性电解精炼使用较少,其电解液有硫代锡酸盐(Na_4SnS_4-Na_2S)电解液和苛性碱锡酸盐(Na_2SnO_3-$NaOH$)电解液等。

粗锡中除含主金属锡外,还含有杂质元素如锌、铁、铟、铅、铋、锑、砷、铜、银等。粗锡中各主要元素的标准电极电位 $\varepsilon^{\ominus}$ 见表2-50。

表2-50 粗锡中各主要元素的标准电极电位 $\varepsilon^{\ominus}$

电极电位	Zn^{2+}/Zn	Fe^{2+}/Fe	In^{3+}/In	Sn^{2+}/Sn	Pb^{2+}/Pb	H^+/H_2
$\varepsilon^{\ominus}/V$	−0.763	−0.440	−0.340	−0.136	−0.126	0

电极电位	Sb^{3+}/Sb	Bi^{3+}/Bi	As^{3+}/As	Cu^{2+}/Cu	Ag^+/Ag
$\varepsilon^{\ominus}/V$	+0.100	+0.200	+0..300	+0.340	+0.800

含锡电解液中的电解质在其水溶液中将离解为相应的正、负离子,例如:

在硫酸盐酸性电解液中,将离解为Sn^{2+}、SO_4^{2-}、H^+、OH^-等离子;

在硅氟酸盐酸性电解液中,将离解为Sn^{2+}、SiF_6^{2-}、H^+、OH^-等离子;

在氯化物酸性电解液中,将离解为Sn^{2+}、Cl^-、H^+、OH^-等离子;

在硫代锡酸钠碱性电解液中，将离解为 Na^+、SnS_4^{4-}、S^{2-}、H^+、OH^- 等离子；

在锡酸钠碱性电解液中，将离解为 Na^+、H^+、OH^-、$Sn\{OH\}_6^{2-}$ 等离子。

锡电解精炼过程中，在阴极和阳极间通电时，阴、阳极将发生不同的反应，任何能够得到电子的还原反应都可能在阴极发生，反之，任何能够失去电子的氧化反应都可能在阳极上发生。

在阴极上发生的主要反应有：

$$Sn^{2+} + 2e \rightarrow Sn \quad \varepsilon^{\ominus} = -0.136\ V \tag{2-15}$$

$$H_3O^+ + e \rightarrow 1/2H_2 + H_2O\text{（酸性电解液）} \quad \varepsilon^{\ominus} = 0.000\ V \tag{2-16}$$

$$H_2O + e \rightarrow 1/2H_2 + OH^-\text{（碱性电解液）} \quad \varepsilon^{\ominus} = -0.828\ V \tag{2-17}$$

$$O_2 + 2H_2O + 4e \rightarrow 4OH^-\text{（碱性电解液）} \quad \varepsilon^{\ominus} = -0.828\ V \tag{2-18}$$

$$Sn^{4+} + 2e \rightarrow Sn^{2+} \quad \varepsilon^{\ominus} = +0.150\ V \tag{2-19}$$

$$SnS_4^{4-} + 4e \rightarrow Sn + 4S^{2-}\text{（碱性电解液）} \quad \varepsilon^{\ominus} = -0.700\ V \tag{2-20}$$

$$Sn(OH)_6^{2-} + 4e \rightarrow Sn + 6OH^-\text{（碱性电解液）} \quad \varepsilon^{\ominus} = -0.920\ V \tag{2-21}$$

在阳极上发生的主要反应有：

$$Sn - 2e \rightarrow Sn^{2+} \quad \varepsilon^{\ominus} = -0.136\ V \tag{2-22}$$

$$Sn + 6OH^- - 4e \rightarrow Sn(OH)_6^{2-}\text{（碱性电解液）} \quad \varepsilon^{\ominus} = -0.920\ V \tag{2-23}$$

$$Sn + 4S^{2-} - 4e \rightarrow SnS_4^{4-}\text{（碱性电解液）} \quad \varepsilon^{\ominus} = -0.700\ V \tag{2-24}$$

$$2H_2O - 4e \rightarrow O_2 + 4H^+\text{（酸性电解液）} \quad \varepsilon^{\ominus} = +1.229\ V \tag{2-25}$$

$$4OH^- - 4e \rightarrow O_2 + 2H_2O\text{（碱性电解液）} \quad \varepsilon^{\ominus} = +0.401\ V \tag{2-26}$$

$$Sn^{2+}-2e \rightarrow Sn^{4+} \quad \varepsilon^{\ominus}=+0.150\ V \tag{2-27}$$

$$Fe^{2+}-e \rightarrow Fe^{3+} \quad \varepsilon^{\ominus}=+0.771\ V \tag{2-28}$$

$$2Cl^{-}-e \rightarrow Cl_2 \quad \varepsilon^{\ominus}=+1.358\ V \tag{2-29}$$

影响粗锡电解精炼的主要因素有面积电流密度、温度、搅拌、电解液成分、添加剂等。考核电解精炼效果的主要指标有槽电压、电流效率、电耗、回收率、残极率、各种单耗等。我国某炼锡厂采用硫酸亚锡—甲酚磺酸—硫酸电解液，对粗锡电解精炼时的主要控制条件和技术经济指标见表2-51。粗锡电解时锡的分布、杂质分布和电解产物阴极锡的化学成分见表2-52～表2-54。

表2-51 粗锡电解精炼时的主要控制条件和技术经济指标

电解液类型	硫酸亚锡—甲酚磺酸—硫酸电解液
电解液成分/g·L^{-1}	Sn^{2+}：20～30；甲酚磺酸：18～22；Sn^{4+}：小于4；Cr^{6+}：2.5～3.0；$Sn_{总}$：23～33；乳胶：0.5～1.0；游离硫酸：60～70；β-萘酚：0.04～0.06；总酸：85～90
技术条件	槽电压/V：0.2～0.4；面积电流/A·m^{-2}：100～110； 电解液温度/℃：35～37； 电解液循环方式：上出下进，循环量为5～7 L/min； 电解周期：阴极4 d，阳极8 d
主要技术指标	电流效率/%：70～80；阳极泥率/%：2.5～3.5； 残极率/%：35～40；冶炼回收率/%：99.5
1 t产品消耗	甲苯酚/kg：5.4～8.2；β-萘酚/kg：0.2～0.4；乳胶/kg：0.50～1.00； 氯化钠/kg：1.8～3.4；铬酸钾/kg：1.3～2.7；硫酸/kg：30～42； 煤耗/kg：300；直流电耗/kW·h：140～180； 综合电耗/kW·h：376～410； 水耗/t：150～180

表2-52 粗锡电解时锡的分布

投入率/%		产出率/%	
阳极板	97.74	阴极片	66.57
电解液	1.24	残电解液	1.35
隔膜阳极板	1.02	残阳极板	30.41
		阳极泥	0.73
		阳极渣	0.68
		损　失	0.26
合　计	100.00	合　计	100.00

表 2-53　粗锡电解时杂质的分布

电解产物	杂质成分(质量分数)/%					
	Pb	Bi	Cu	Fe	As	Sb
阴极锡	0.60	0.70	0.80	5.00	4.70	9.00
阳极泥	97.00	97.00	95.00	81.00	93.00	83.00
电解液	1.00	0.05	0.50	10.00	0.30	6.00
其他	1.40	2.25	3.70	4.00	2.00	2.00
合计	100.00	100.00	100.00	100.00	100.00	100.00

表 2-54　粗锡电解产物阴极锡的化学成分

编号	化学成分(质量分数)/%						
	Sn	Pb	Bi	Fe	Cu	As	Sb
1	99.984	0.0063	0.0023	0.0025	0.0011	0.0008	0.0008
2	99.950	0.0075	0.0093	0.0019	0.0010	0.0060	0.0040
3	99.980	0.0100	0.0010	0.0050	0.0020	0.0005	0.0008

2.8.2　焊锡电解精炼

焊锡电解精炼时采用的电解液由 $SnSiF_6$-$PbSiF_6$-H_2SiF_6-H_2O 溶液组成,并加入一定的添加剂,用粗焊锡做阳极,合格焊锡做阴极的始极片。生产中电解液用两种方法制备,一种是用硅氟酸溶解氧化亚锡和氧化铅制取,另一种是用硅氟酸浸出锡氧化渣制取。国内某些锡冶炼厂焊锡电解精炼的生产实践数据见表2-55。

表 2-55　国内某些锡冶炼厂焊锡电解精炼的生产实践数据

名　称	广州冶炼厂	云锡一冶	鸡街冶炼厂
电解液类型	$SnSiF_6$-$PbSiF_6$-H_2SiF_6 电解液	$SnSiF_6$-$PbSiF_6$-H_2SiF_6 电解液	$SnSiF_6$-$PbSiF_6$-H_2SiF_6 电解液
电解液质量浓度 /$g \cdot L^{-1}$	Sn^{2+}:2.85～9.40; Pb^{2+}:3.00～10.00; $H_2SiF_{6游}$:61～115; HBF_4:10～15; 牛胶:0.15; β-萘酚:0.004	Sn^{2+}:4.00～32.96; Pb^{2+}:6.36～53.32; $H_2SiF_{6总}$:114～158; $H_2SiF_{6游}$:40～82	Sn^{2+}:10.00～25.00; Pb^{2+}:20.00～30.00; $H_2SiF_{6总}$:150～180; $H_2SiF_{6游}$:120～140

续表 2-55

名　称	广州冶炼厂	云锡一冶	鸡街冶炼厂
杂质金属质量浓度/g·L^{-1}		As≤0.160　Sb≤0.015 Bi≤0.010　Cu≤0.070 Fe≤6.000	As:0.514　Sb:0.044 Cu:0.007　Zn:0.025 Fe:0.630
阳极成分(质量分数)/%	Sn:50.62～53.68; Pb:40.53～36.45; Bi:10.92～5.25; As:4.10～2.15; Sb:3.30～2.15; Cu:1.00～0.40; Fe:0.10～0.01; Ag:0.15	Sn:85.14; Pb:13.97; As:<0.05; Fe:<0.01;	Sn:24.10～55.68; Pb:73.40～42.04;
技术条件	槽电压/V:0.25～0.45; 面积电流/A·m^{-2}: 87～115; 电解液温度/℃:33～35; 电解液循环量/L·min^{-1}: 3.6～4.3 阳极周期/d:3～4; 阴极周期/d:6～8	槽电压/V:0.25～0.35; 面积电流/A·m^{-2}: 100～140; 电解液温度/℃:16～35; 电解液循环量/L·min^{-1}: 15～20 阳极周期/d:4	面积电流/A·m^{-2}: 80～120; 电解液循环量/L· min^{-1}:15～20 阳极周期/d:4
主要技术指标/%	电流效率:89～94; 冶炼回收率:98.0	电流效率:58～91; 阳极泥率:3～5; 冶炼回收率:99.2	电流效率:90～94; 阳极泥率:6.07; 残极率:55 冶炼回收率:98.5
1t 产品消耗		β-萘酚/kg:10.24; 牛胶/kg:600; 酸耗/kg:10.27; 电耗/kW·h:292	β-萘酚/kg:3; 牛胶/kg:150; 酸耗/kg:12.61; 电耗/kW·h:351
阴极产物成分(质量分数)/%	Sn:61.54～63.03; Pb:38.21～33.80; Bi:0.012～0.025; As:0.012～0.013; Sb:0.005～0.004; Cu:0.006; Fe:0.008～0.010	Sn:83.50～84.18; Pb:15.20～15.56; Sb:小于 0.003	Sn、Pb:≥99.5; Bi:≤0.004; As:≤0.008; Sb:≤0.040; Cu:≤0.002; Fe:≤0.001; Al:≤0.005; Zn:≤0.005
阳极泥成分(质量分数)/%			Sn:30～40; Pb:18～21; Bi:3～12; As:3～8; Sb:4～7; Cu:3～8; Ag:1.2～3.5

2.9 国内各主要炼锡厂锡冶炼工艺流程

云锡公司第一冶炼厂、来宾冶炼厂采用的反射炉一次熔炼—烟化炉硫化挥发法处理锡精矿工艺流程如图 2-1、图 2-2 所示，其相应的技术经济指标见表 2-56。

表 2-56 部分炼锡厂主要技术经济指标

技术经济指标	云锡一冶	来宾冶炼厂
(1) 反射炉还原熔炼		
入炉物料锡品位/%	42.89～43.99	
返回品搭配率/%	38.79～40.45	
炉床指数/t·(m^{-2}·d^{-1})	1.12～1.21	1.2
锡直接回收率/%	76.10～77.69	82.0
渣含锡/%	9.85～10.65	8.0～12.0
产渣率/%	39.40～40.92	
烟尘率/%	14.22～16.16	
硬头率/%	1.07～1.48	
乙锡:甲锡/%	29.50～35.12	
吨炉料煤耗/t	1.68～1.95	
金属平衡/%	98.32～99.35	
(2) 粗锡精炼		
火法精炼锡直收率/%	80.50～85.27	75.00
碳、铝渣产率/%	5.75～10.10	
硫渣产率/%	4.00～6.00	
吨精焊锡煤耗/t	1.51～1.64	
火法精炼金属平衡/%	99.51～99.53	
电解锡直收率/%	89.00	
电解金属平衡/%	97.80	
(3) 烟化炉硫化挥发		
炉床指数/t·(m^{-2}·d^{-1})	22.45～25.84	15～18
锡挥发率/%	98.00～99.02	>95
弃渣含锡/%	0.08～0.09	<0.2
煤耗/t·t^{-1}	0.55～0.60	
黄铁矿消耗/t·t^{-1}	0.10～0.11	
电耗/kW·h·t^{-1}	256.91～275.51	

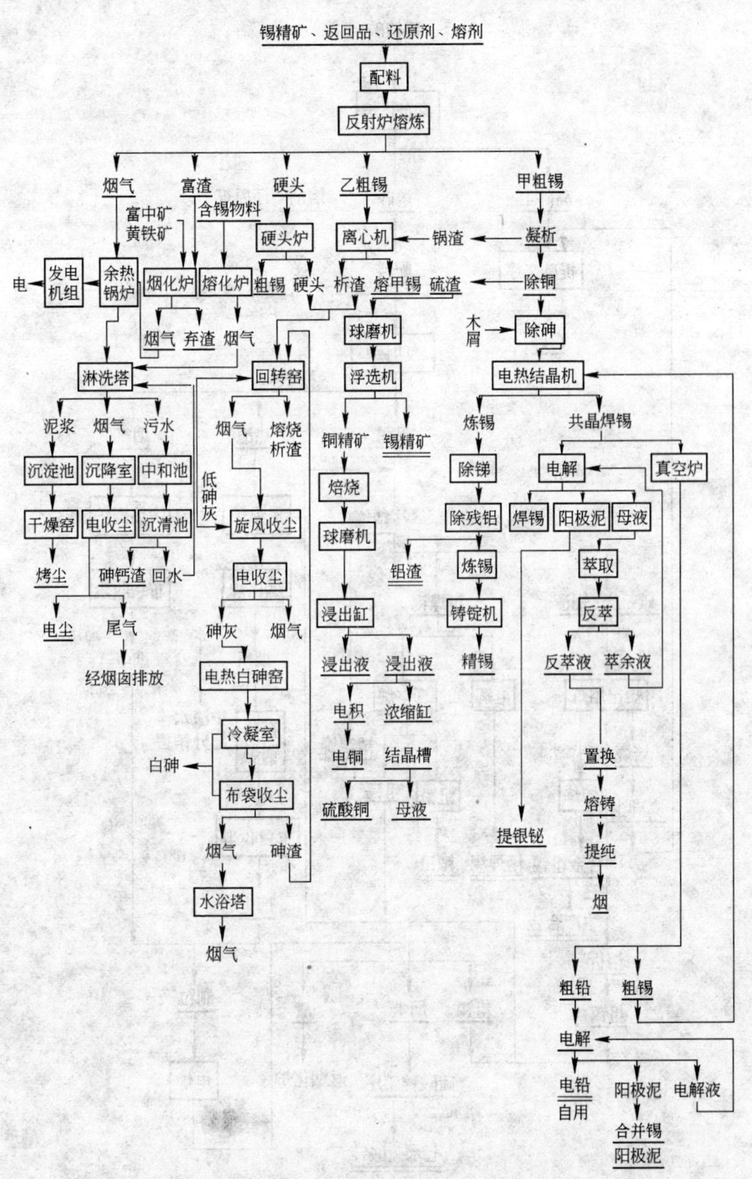

图 2-1 云锡公司第一冶炼厂采用反射炉一次熔炼—烟化炉硫化挥发法处理锡精矿工艺流程

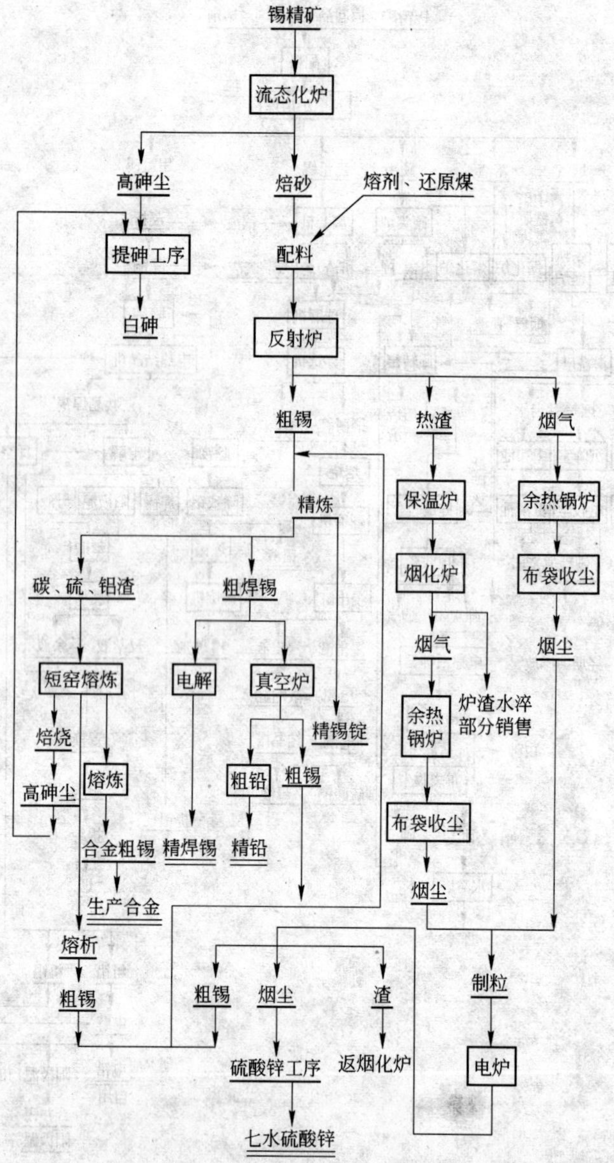

图 2-2　来宾冶炼厂采用反射炉一次熔炼—烟化炉硫化挥发法处理锡精矿工艺流程

赣州有色金属冶炼厂采用两次反射炉熔炼处理锡精矿工艺流程如图 2-3 所示。

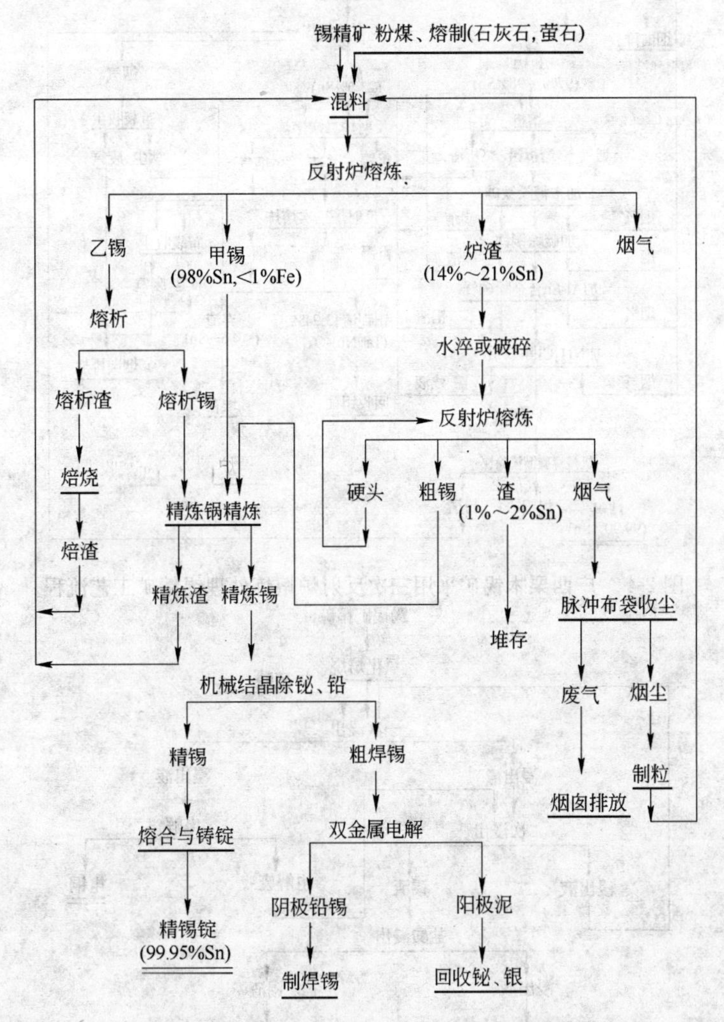

图 2-3　赣州有色金属冶炼厂采用两次反射炉熔炼处理锡精矿工艺流程

广西栗木锡矿采用三次反射炉熔炼处理锡精矿工艺流程及对黝锡矿的湿法预处理工艺流程和湿法冶炼流程如图 2-4～图 2-6 所示。

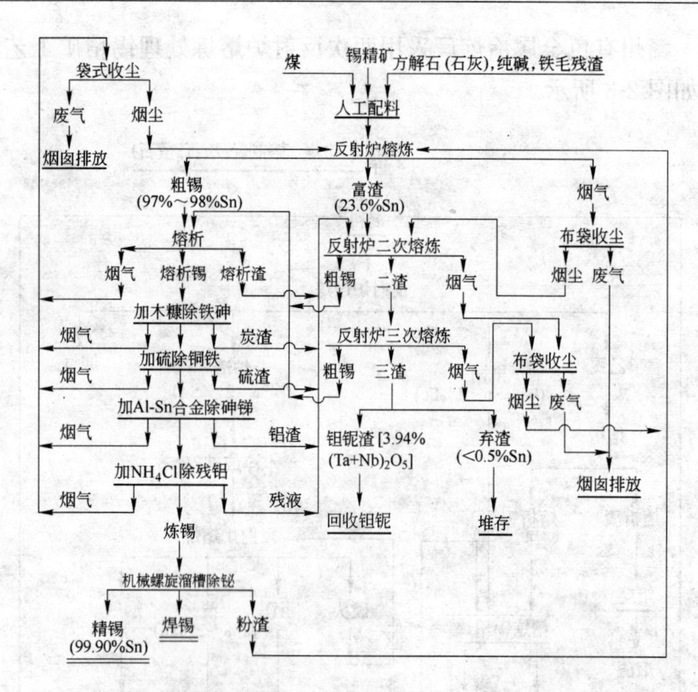

图 2-4　广西栗木锡矿采用三次反射炉熔炼处理锡精矿工艺流程

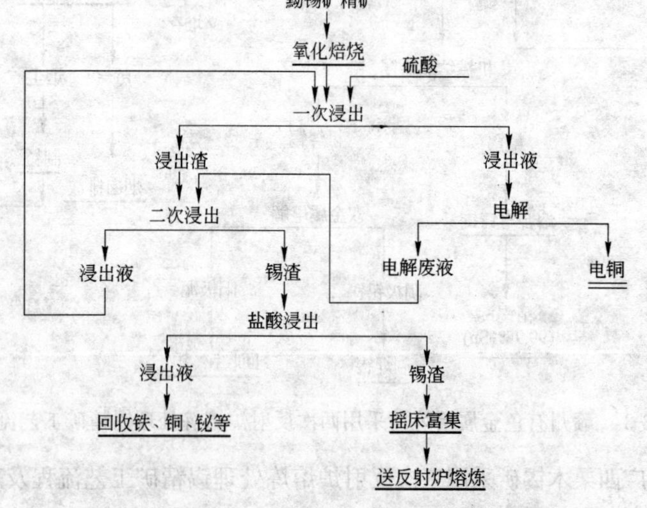

图 2-5　广西栗木锡矿黝锡矿湿法预处理工艺流程

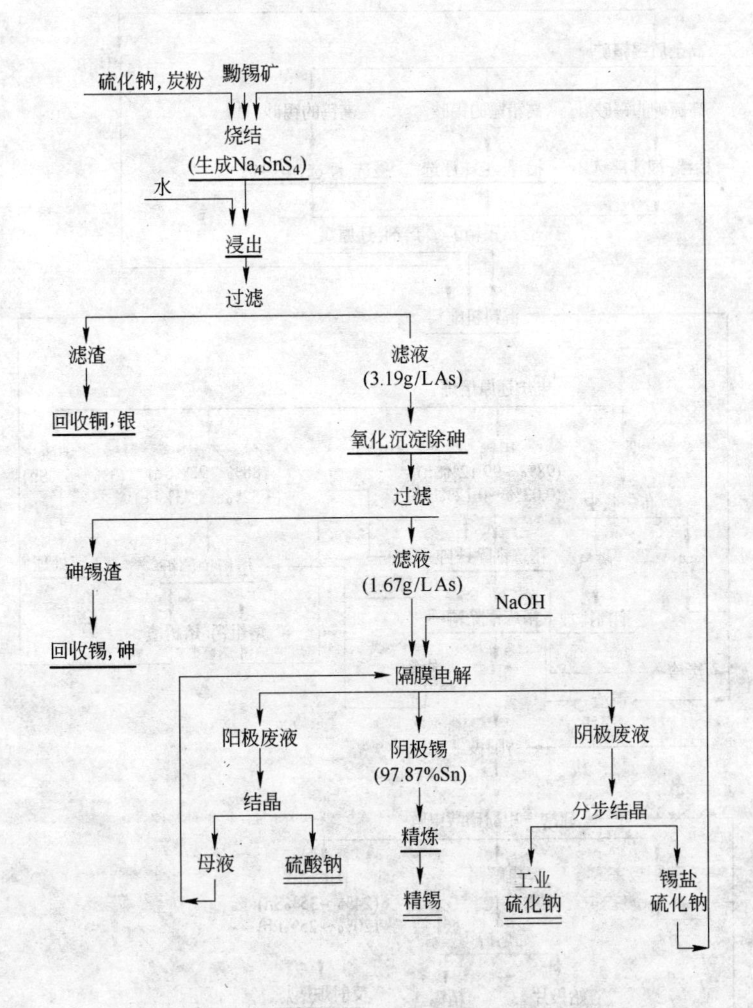

图 2-6　广西栗木锡矿黝锡矿湿法冶炼工艺流程

广州冶炼厂采用炉前精选—电炉一次熔炼处理锡精矿工艺流程如图 2-7 所示。

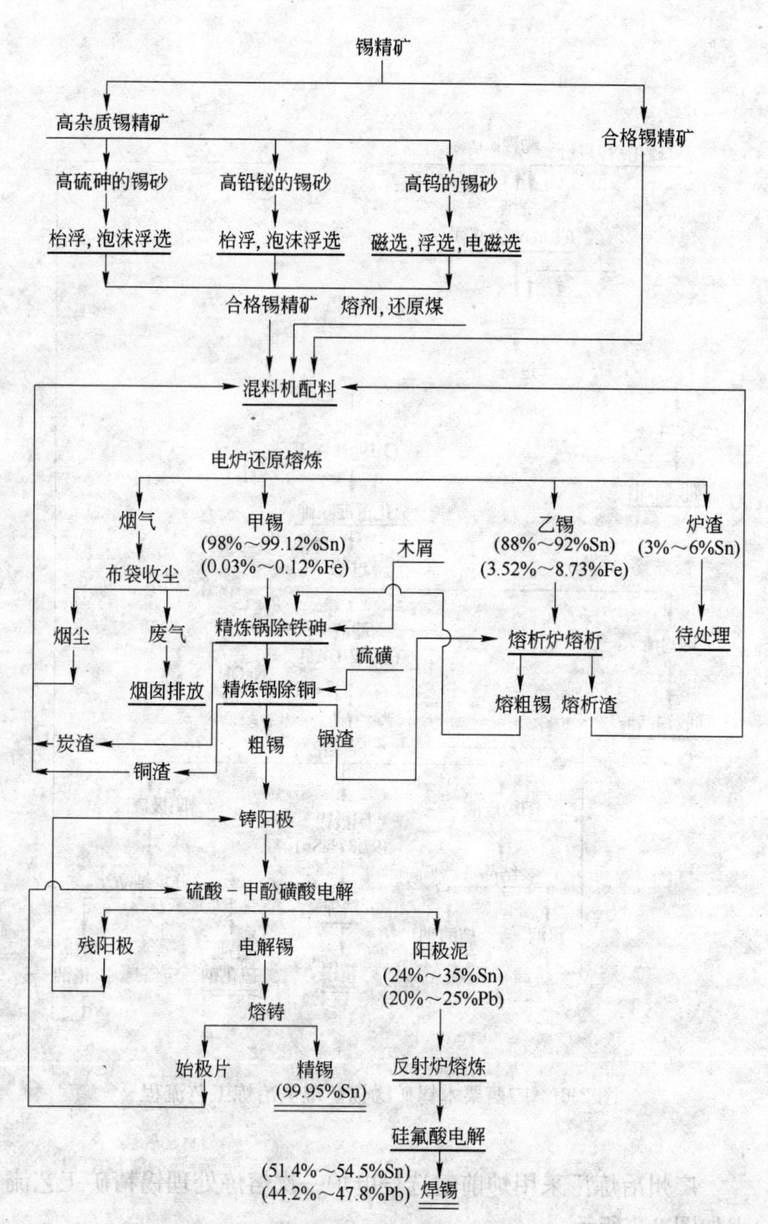

图 2-7　广州冶炼厂采用炉前精选—电炉一次熔炼处理锡精矿工艺流程

云南个旧鸡街冶炼厂采用锡铅混合精矿制粒—鼓风炉熔炼—炉渣烟化法硫化挥发处理锡精矿的工艺流程如图 2-8 所示。

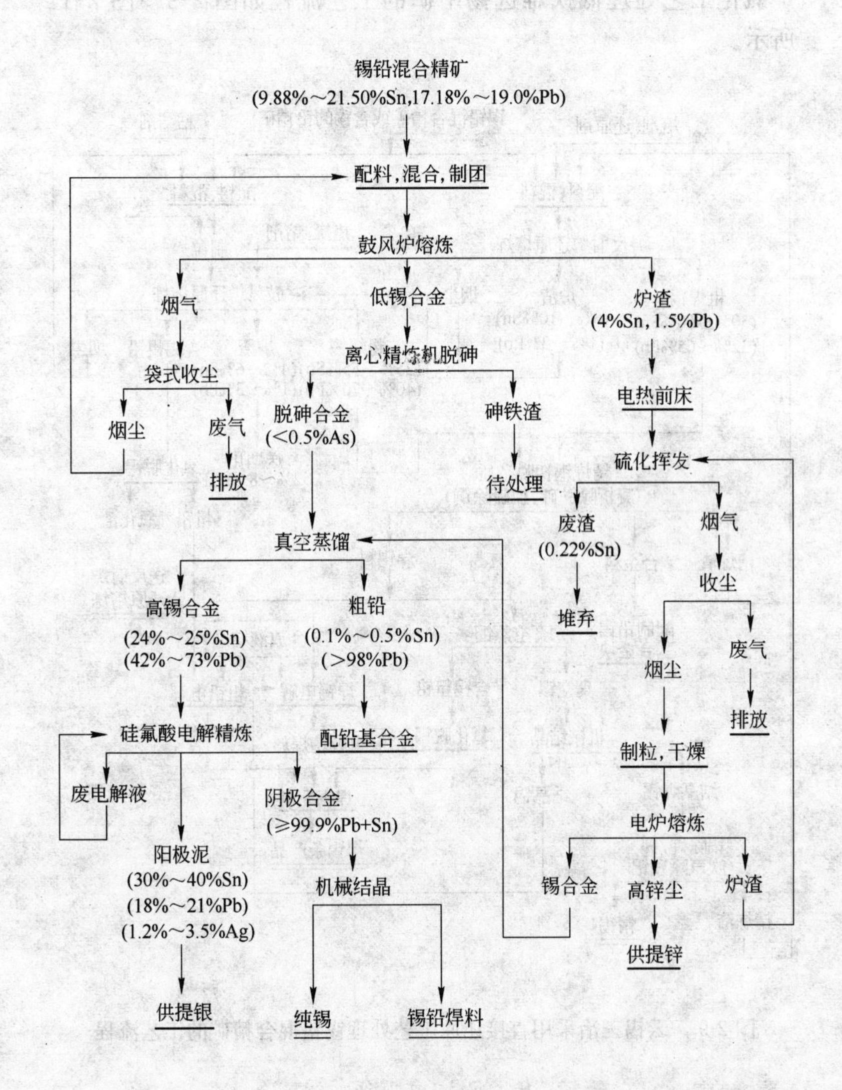

图 2-8 云南个旧鸡街冶炼厂采用锡铅冶炼工艺流程

云锡三冶采用直接还原工艺处理锡铅混合精矿的工艺流程、回转窑高温氯化工艺处理高铁难选锡中矿的工艺流程和采用鼓风炉氯化工艺处理低铁难选锡中矿的工艺流程如图 2-9～图 2-11 所示。

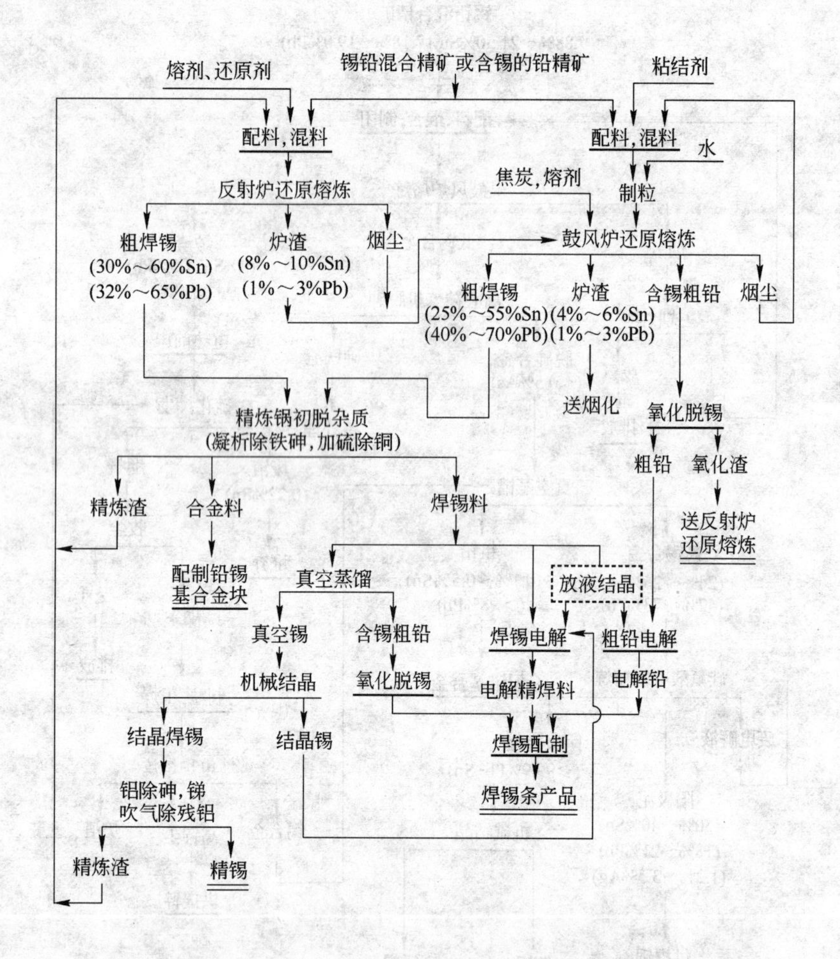

图 2-9　云锡三冶采用直接还原工艺处理锡铅混合精矿的工艺流程

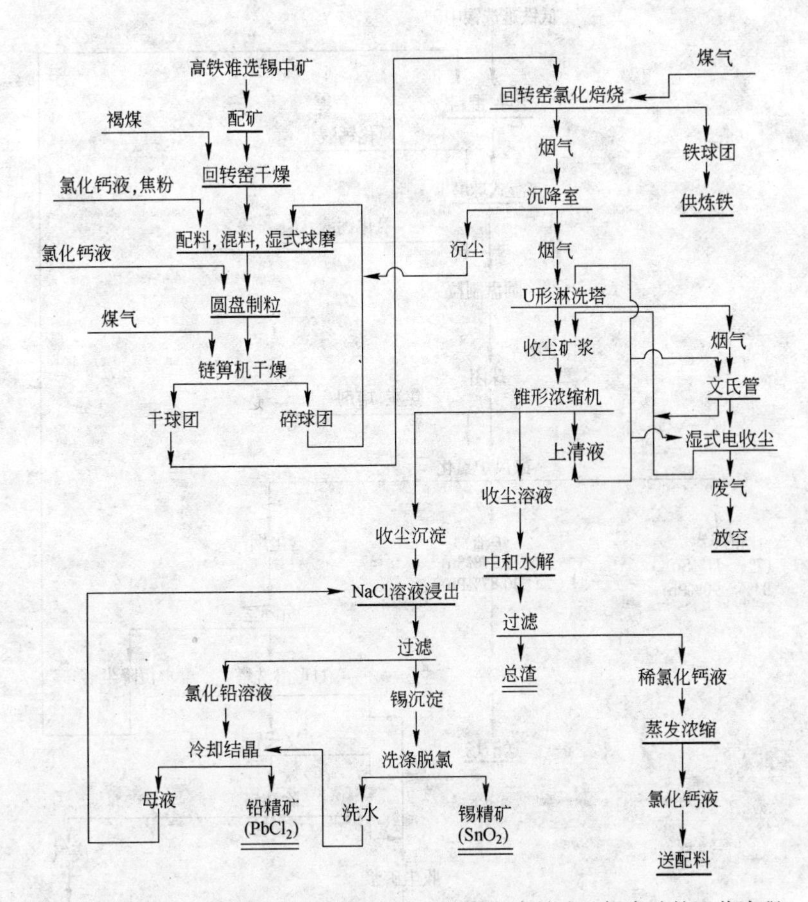

图 2-10 云锡三冶采用回转窑高温氯化工艺处理高铁难选锡中矿的工艺流程

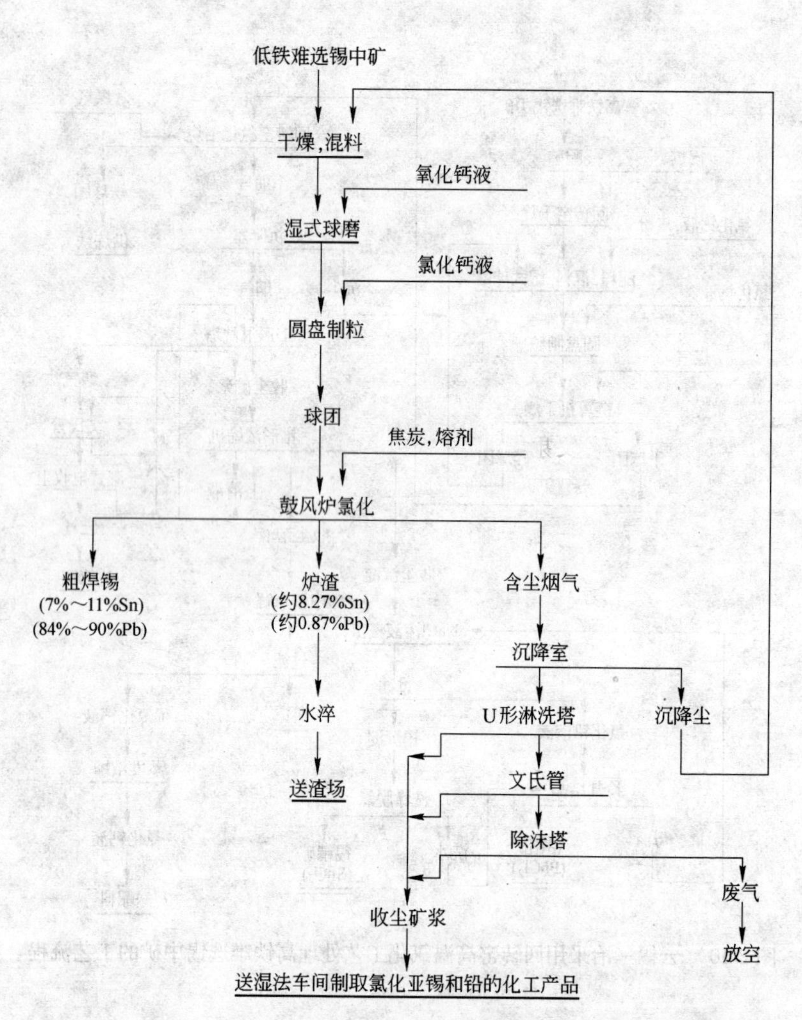

图 2-11　云锡三冶采用鼓风炉氯化工艺处理低铁难选锡中矿的工艺流程

3 国外锡冶炼技术概况

3.1 概述

国外锡的工业储量约为 774 万 t，远景储量可达 3413.2 万 t，80%以上的锡资源集中在发展中国家。世界各国精锡产量中，马来西亚、泰国、印度尼西亚、玻利维亚、英国和前苏联等 7 个主要产锡国的产量占世界精锡产量的 85%～90%。

在锡冶炼工艺方面，目前，国外仍以还原熔炼为主。还原熔炼的设备主要是反射炉，其次为电炉或短窑，个别厂家用鼓风炉和顶吹转炉等。采用反射炉炼锡的厂家有马来西亚的巴生炼锡厂(Klang Smelter)和玻利维亚文托(Vinto)炼锡厂等。电炉炼锡于 1934 年在扎伊尔马诺诺炼锡厂(Manono Tin Smelter)首先采用，以后逐渐在许多国家得到推广，如巴西、前苏联、日本、法国和加拿大等，最近几年建立电炉炼锡的还有泰国、玻利维亚、德国、南非等。用短窑炼锡的厂家有印尼的佩尔蒂姆炼锡厂(Peltim Tin Smelter)、玻利维亚奥鲁罗炼锡厂(Oruro Tin Smelter)等。用鼓风炉炼锡的主要是英国的卡佩尔帕斯炼锡厂(Capper Pass Smelter)。

国外锡冶炼技术发展趋势主要体现在以下几方面：(1)锡冶炼流程的不断改进和发展，如两段熔炼法的改进；(2)重视锡精矿的炼前处理；(3)锡的还原熔炼仍以反射炉为主；(4)锡的火法精炼仍占优势；(5)炉渣的熔炼以烟化炉挥发最有前景；(6)重视综合利用；(7)处理低品位锡精矿是大势所趋。

锡炉渣的熔炼是两段炼锡法的组成部分，锡精矿的还原熔炼已将大部分锡与铁分离，而将铁和少部分锡留在富渣中，锡炉渣的熔炼就是处理富渣以回收这部分锡并产出废渣。目前国外炼锡厂常用加石灰石(石灰)熔炼法和加硅铁(硅)熔炼法,前者多用于处理反射炉富渣,后者用于处理电炉熔炼富渣。近些年来,采用烟化炉硫化挥发法,取得很大成就,将逐渐取代熔炼法。采用烟化法处理锡炉渣的国家主要有:前苏联、英国、玻利维亚和德国等。

3.2　锡精矿的还原熔炼

3.2.1　反射炉熔炼

国外采用反射炉炼锡的厂家主要有马来西亚的巴生炼锡厂、巴特沃思炼锡厂(Butter-Worth Tin Smelter)、印度尼西亚佩尔蒂姆炼锡厂、玻利维亚文托炼锡厂、俄罗斯新西伯利亚炼锡厂(Новосибирский Оловянный Завод)和美国得克萨斯炼锡厂(Texas Tin Smelter)等。它们的供热方式、炉渣成分、主要技术经济指标、反射炉炼锡产物、烟尘成分,分别见表 3-1～表 3-4。马来西亚巴生炼锡厂反射炉熔炼的物料、金属平衡和热平衡见表 3-5。

表 3-1　国外部分炼锡厂炼锡反射炉的供热方式

厂　名	炉床面积/m²	供热方式	备　注
马来西亚 巴生炼锡厂	1 号炉:40 2 号炉:24 3 号炉:40	烧重油 两个燃烧器	设有蓄热室预热空气
马来西亚 巴特沃思炼锡厂	44.6 (5 台)	烧重油	设有蓄热室预热空气
印度尼西亚 佩尔蒂姆炼锡厂	49.5 (3 台)	烧重油	每台反射炉设有两台换热器预热空气
玻利维亚 文托炼锡厂	50(2 台) 36(2 台)	烧重油	水冷炉底 平炉顶
俄罗斯新西伯 利亚炼锡厂	24 (3 台)	烧重油	
美国得克 萨斯炼锡厂	44.6 (5 台)	烧天然气, 设有蓄热室预热空气	1978 年改用氧气顶吹转炉后拆除

表 3-2 国外部分炼锡厂反射炉炼锡的炉渣成分和硅酸度(K)值

厂名	炉渣成分(质量分数)/%						硅酸度 K 值	精矿含铁/%
	Sn	SiO_2	FeO	CaO	Al_2O_3	其他		
马来西亚巴特沃思炼锡厂	15.9~17.6	10~12	20~25	5~9	6~7	12.6~19.6	2.0~2.2	0.009
玻利维亚文托炼锡厂	9.0~12.0	30	30	14	11		1.5	12.44
俄罗斯新西伯利亚炼锡厂	4.0~12.0	22~30	17~22	14~15	12~14		1.2~1.6	4.800~7.500

表 3-3 国外部分炼锡厂反射炉炼锡的主要技术经济指标

名称	玻利维亚文托炼锡厂	俄罗斯新西伯利亚炼锡厂
熔炼温度/℃	1200~1280	1150~1400
熔炼周期/h·炉$^{-1}$	24	6
炉床能力/t·(m^{-2}·d^{-1})		1.80
直收率/%	1.30	85~90
烟尘率/%		73~84
吨炉料重油耗量/kg	150	200~250

表 3-4 国外部分炼锡厂反射炉炼锡产出的粗锡和烟尘成分

厂名	粗锡成分(质量分数)/%								
	Sn	Pb	Cu	As	Sb	Bi	S	Fe	Zn
俄罗斯新西伯利亚炼锡厂	97.0~98.5	0.30	0.22	0.30	0.10	0.01	0.05	1.5	
	烟尘成分(质量分数)/%								
玻利维亚文托炼锡厂	50~60						0.70~0.90		
	70						2~4		3~6

表 3-5　马来西亚巴生炼锡厂反射炉熔炼的物料、金属平衡和热平衡

项目	物料名称	物料平衡			金属平衡	
		质量/t	含锡/%	质量分数/%	锡金属量/t	比率/%
收入	锡精矿	28163	74.73	72.90	21050	90.15
	浮　渣	2459	69.60	6.37	1719	7.36
	烟　尘	853	68.18	2.20	582	2.49
	无烟煤	6507		16.84		
	石灰石	653		1.69		
产出	粗　锡	22079	99.01	57.15	21858	93.60
	一次渣	3871	17.80	10.02	689	2.95
	烟　尘	694	67.52	1.80	469	2.01
	残余物	314	84.32	0.81	265	1.14
	损　失	11677		30.22	70	0.30
	合　计	38635	268.65	100.18	23351	100.00

热收入			热支出		
项　目	1 t矿热收入/GJ	比率/%	项　目	1 t矿热支出/GJ	比率/%
重油燃烧	3.376	41.04	氧化物的分解	3.792	46.10
无烟煤燃烧	3.252	39.54	炉渣带走热(1250 ℃)	0.159	1.93
炉渣生成热	0.010	0.12	粗锡带走热(800 ℃)	0.226	2.75
炉料的显热	0.024	0.29	烟气带走热(1000 ℃)	0.551	31.02
80 ℃重油的显热	0.012	0.15	热损失	1.497	18.20
850 ℃热风的显热	1.438	17.48			
吸入 30℃空气的显热	0.007	0.09			
锡蒸气氧化热	0.106	1.29			
合　计	8.225	100.00	合　计	6.225	100.00

3.2.2　电炉熔炼

国外，采用电炉炼锡的主要厂家有扎伊尔马诺诺炼锡厂、巴西锡公司(Cia. Estanifero do Brazil)炼锡厂、俄罗斯新西伯利亚炼锡厂、日本生野炼锡厂(Ikuno Tin Plant)、南非范得比杰帕克炼锡厂(Vanderbijlpark Tin Plant)、纳米比亚扎伊普拉特斯炼锡厂(Zaaiplaats Tin Plant)、玻利维亚文托炼锡厂、德国杜伊斯堡炼锡厂(Duisburg Tin Smelter)等。它们的炉膛直径、功率、炉渣成分、主要技术经济指标、电炉炼锡的金属产物、烟尘成分等分别见表3-6～表3-10。

表 3-6　国外部分炼锡厂炼锡电炉的炉膛直径和功率

厂　名	炉膛直径/mm	功率/kV·A	备　注
扎伊尔马诺诺炼锡厂	2500	1000	敞开式炉
巴西锡公司炼锡厂		600	两个顶电极
俄罗斯新西伯利亚炼锡厂	3340	1400	电极 ϕ400mm
日本生野炼锡厂	1950	1360	电极 ϕ250mm
	1650	1050	电极 ϕ250mm
南非范得比杰帕克炼锡厂	1520 电弧炉	350	电极 ϕ203mm
纳米比亚扎伊普拉特斯炼锡厂	2390	350	电极 ϕ203mm
玻利维亚文托炼锡厂	炉外径 5800	3300	电极 ϕ700mm
德国杜伊斯堡炼锡厂	2900	2000	电极 ϕ405mm

表 3-7　国外部分炼锡厂电炉炼锡炉渣成分

厂 名	炉渣成分(质量分数)/%						备注
	Sn	SiO_2	FeO	CaO	Al_2O_3	其　他	
新西伯利亚炼锡厂	0.3	4～50	20～30	7～9	14～17	MgO:2～3	精矿
生野炼锡厂	10～15	25～30	15.4～23.2	6～10	6～10		精矿
	0.5～1.0	30～35	3.9～6.5	22			富渣

续表 3-7

厂名	炉渣成分(质量分数)/%						备注
	Sn	SiO_2	FeO	CaO	Al_2O_3	其　他	
马诺诺炼锡厂	23～27	25～35	23～35	2～3		$(Ta,Nb)_2O_5$：17～22	精矿
	1.5	25～35	8～10	15～20	6	MgO：9，MnO：3，TiO_2：1～2，$(Ta,Nb)_2O_5$：17～22	富渣
范得比杰帕克炼锡厂	SnO_2：30	15	25	12	5	$(Ta,Nb)_2O_5$：10	精矿
	SnO_2：2	30	14	25	5	MgO：2，C：2，$(Ta,Nb)_2O_5$：20	富渣烟尘
扎伊普拉特斯炼锡厂	SnO：30	15	25	12	15	MgO：1，$(Ta,Nb)_2O_5$：10	精矿
	SnO_2：30 Sn：1～2	30	14	25	5	MgO：2，C：2，$(Ta,Nb)_2O_5$：20	富渣
杜伊斯堡炼锡厂	1.9～7.9	26.8～37.6	2.1～6.2	27.2～37.4	6.3～11.2	Pb：<0.02，Zn：<0.2～8.0	富渣(1)
	4.0～19.1	25.9～32.9	16.0～23.5	15.9～26.6	2.2～10.9	Pb：0.04～0.60，Zn：<2.30～5.20	富渣(2)
	0.3～1.0	37.1～39.3	0.3～2.8	37.9～50.4	6.4～13.5	Pb：<0.02，Zn：0.30～0.50	废渣

表 3-8　国外部分炼锡厂电炉炼锡的主要技术经济指标

主要技术经济指标	新西伯利亚炼锡厂		杜伊斯堡炼锡厂
	流程 1	流程 2	
炉床能力/t·(m^{-2}·d^{-1})	4.59	5.10	6.60
电极消耗/kg	6.07	6.28	2.00～2.30
吨矿电耗/kW·h	1028	870	750～950
回收率/%	88.75	88.98	99.50
直收率/%	79.35	76.91	72.57～80.90
炉料锡品位/%	44.20	39.80	56.70～59.50

续表 3-8

主要技术经济指标	新西伯利亚炼锡厂		杜伊斯堡炼锡厂
	流程 1	流程 2	
产渣率/%			27.60～37.20
渣含锡/%			8.30～19.10
产尘率/%			5
熔剂率/%	8.78(石灰石)	8.40(石灰石)	2.26～6.37(石灰石)
还原剂率/%	8.90(焦粉)	8.24(焦粉)	11.40～11.90(焦粉)

表 3-9 国外部分炼锡厂电炉炼锡的金属产物成分

厂 名	产物名称	产物成分(质量分数)/%						备 注
		Sn	Pb	Fe	As	Sb	其他	
新西伯利亚炼锡厂	粗锡	99		0.5～0.6				炼精矿，随后加硅铁炼富渣
	贫硅铁	3～4		50～65			Si:18～25	
生野炼锡厂	粗锡	87～90		8～10				炼精矿
	硬头	45～50		45～50				炼富渣
	贫硅铁	2～3		75～78			Si:15～18	加石英砂和焦炭炼硬头
	粗锡	80～85		10～15				
范得比杰帕克炼锡厂	硬头	50		50				加木炭、石灰石、铁矿石炼富渣
扎伊普拉特斯炼锡厂	硬头	50		50				加木炭炼富渣
杜伊斯堡炼锡厂	粗锡	78.4～99.3	0.05～9.90	0.1～2.2	0.1～2.0	0.03～2.80	Cu:0.03～3.40	炼精矿或制粒炉料
	硬头	40.0～58.9	1.2～4.1	5.1～26.2	0.8～7.1	0.1～1.8	Cu:0.06～1.50 Zn:0.20～3.90	炼富渣

表 3-10 新西伯利亚炼锡厂电炉炼锡的烟尘成分 (质量分数/%)

Sn	FeO	SiO_2	CaO
48～55	1.5～2.0	8～15	2～4

3.2.3 短窑熔炼

世界上采用短窑炼锡规模最大的厂家是印度尼西亚的佩尔蒂姆炼锡厂。此外,玻利维亚的奥鲁罗炼锡厂、德国的杜伊斯堡炼锡厂等也采用短窑熔炼。国外部分炼锡厂炼锡短窑的规格、处理的物料、主要技术条件和技术经济指标、短窑炼锡的产物成分等见表3-11～表3-13。

表 3-11 国外部分炼锡厂炼锡短窑的规格及处理的物料

厂 名	短窑规格/m×m	处理的原料
佩尔蒂姆炼锡厂	ϕ3.6×8 (3 台)	一次熔炼:精矿(Sn:>70%)、硬头、制粒的烟尘;二次熔炼:富渣
奥鲁罗炼锡厂	ϕ2.8×1.95	低品位锡精矿;含锡约 58%的富精矿
杜伊斯堡炼锡厂	ϕ3.6×8	厂外残渣(含锡铅,呈氯化物或块状);厂内返回品(包括硬头和烟尘)

表 3-12 佩尔蒂姆炼锡厂短窑炼锡的主要技术条件和技术经济指标

名 称	数 据	名 称	数 据
熔炼温度/℃	熔炼精矿时:1100 熔炼富渣时:1250	吨锡消耗还原剂/t 吨锡电耗/kW·h	0.33 208.04
吨料熔炼时间/h	熔炼精矿:0.7 熔炼富渣:1.3	吨锡耗冷却水/m^3	5.88
床能力/t·(m^{-2}·d^{-1})	熔炼精矿:1.36 熔炼富渣:0.80	富渣率/% 尾渣率/%	25 15
年工作日/d	300	富渣含锡/%	15～25
耐火材料寿命/月	8	尾渣含锡/%	1.0～1.5
燃油量/L·h^{-1}	熔炼精矿:200 熔炼富渣:280	熔炼含锡 70%的精矿的总回收率/%	98.5～99.0

表 3-13 国外部分炼锡厂短窑炼锡的产物成分

<table>
<tr><td rowspan="2">厂名</td><td rowspan="2">产物名称</td><td colspan="7">产物成分(质量分数)/%</td></tr>
<tr><td>Sn</td><td>Pb</td><td>Fe</td><td>As</td><td>Sb</td><td colspan="2">其他</td></tr>
<tr><td rowspan="5">佩尔蒂姆炼锡厂</td><td>粗锡</td><td>99.79～99.83</td><td>0.012～0.031</td><td>0.089～0.144</td><td>0.010～0.188</td><td>0.005～0.010</td><td colspan="2">微量 Cu、Bi、Ni、Co、Zn、Cd</td></tr>
<tr><td>硬头</td><td>71.94</td><td>0.100</td><td>24.630</td><td>0.008</td><td>0.006</td><td colspan="2">Cu:0.021
Ni:0.019</td></tr>
<tr><td>富渣</td><td>15～23</td><td colspan="7">SiO_2:8～20,FeO:20～26,CaO:2～4,MgO:2～4</td></tr>
<tr><td>尾渣</td><td>0.80～1.20</td><td colspan="7">SiO_2:18～24,FeO:14～21,CaO:6～9,MgO:2～4</td></tr>
<tr><td>烟尘</td><td>60～72</td><td colspan="7">SiO_2:0.2～2.0,FeO:1～4,CaO:1.1～2.3,S:0.2～3.0,C:1～2</td></tr>
<tr><td rowspan="4">奥鲁罗炼锡厂</td><td colspan="8">冶炼含锡 58.55%的精矿</td></tr>
<tr><td>产物</td><td>金属锡</td><td>浮渣</td><td>硬头</td><td>锍</td><td>烟尘</td><td>富渣</td><td>废渣</td></tr>
<tr><td>含锡/%</td><td>99.35</td><td>68.09</td><td>48.48</td><td>3.48</td><td>39.35</td><td>2.05</td><td>1.27</td></tr>
<tr><td>锡分布率/%</td><td>79.32</td><td>4.86</td><td>2.97</td><td>0.14</td><td>3.90</td><td>0.12</td><td>1.11</td></tr>
<tr><td>杜伊斯堡炼锡厂</td><td colspan="8">产物有:黄渣,炉渣,氧化物烟尘,粗焊锡,粗锡和含锡 30%、含铁 50%的硬头</td></tr>
</table>

3.2.4 鼓风炉熔炼

国外,仅有英国卡佩尔·帕斯炼锡厂用鼓风炉熔炼低品位锡精矿,其鼓风炉结构参数、处理的物料熔炼产物成分等见表 3-14。

表 3-14 英国卡佩尔·帕斯炼锡厂鼓风炉炼锡的主要数据

<table>
<tr><td>结构参数</td><td colspan="6">炉缸尺寸/m×m 6×2</td></tr>
<tr><td>处理的物料</td><td colspan="6">含锡 20%的精矿、残渣、烟尘和再生物料,先与溶剂混合、制粒,再吸风烧结成块</td></tr>
<tr><td rowspan="2">产物主要成分(质量分数)/%</td><td rowspan="2">炉渣</td><td>Sn</td><td>SiO_2</td><td>FeO</td><td>CaO</td><td>其他</td></tr>
<tr><td>4.5</td><td>20</td><td>35</td><td>12</td><td>ZnO、Al_2O_3 及其他氧化物</td></tr>
</table>

3.2.5 奥斯麦特熔炼

也称赛罗熔炼(Sirosmelt)或“顶吹沉浸喷枪”熔炼,它首先由奥斯麦特公司于1996年在秘鲁冯苏尔冶炼厂投入使用，1997年达到设计规模后，年处理锡精矿3万t，生产约1.5万t精锡，1998年改用富氧鼓风后，年处理能力增大到4万t精矿，产出约2万t精锡。其使用的锡精矿成分和还原熔炼后炉渣的成分见表3-15。

表3-15　冯苏尔冶炼厂使用的锡精矿成分和还原熔炼后炉渣的成分

锡精矿成分（质量分数）/%	Sn	Pb	As	Cu	Bi	Sb
	51.300	0.100	0.310	0.130	0.002	0.028
	Zn	Fe	SiO_2	Al_2O_3	Ca	S
	0.091	5.029	12.360	1.199	0.177	1.010
炉渣成分（质量分数）/%	Sn	FeO	SiO_2	CaO	Al_2O_3	
	8～10	28	36	18	9	

3.3　粗锡的精炼

国外炼锡厂对粗锡的精炼，以火法精炼为主，也有的厂家采用电解精炼。国外部分炼锡厂粗锡精炼的方法和指标见表3-16。

表3-16　国外部分炼锡厂粗锡精炼的方法和指标

厂　名	精炼方法和指标
玻利维亚文脱炼锡厂	（1）火法精炼：采用离心机除铁；除铁后含锡98%、含铁小于0.22%，含砷、锑小于0.60%的大部分粗锡铸成阳极进行电解精炼。一部分粗锡在除铁后继续用火法精炼除杂质，即加硫除铜、加铝除砷锑、加氯化亚锡除铅、电热连续结晶机分离铅铋、真空蒸馏法精炼等，产出精锡。 （2）电解精炼：采用硫酸、甲酚、苯酚磺酸电解液，其质量浓度(g/L)为：H_2SO_4 100，Sn^{2+} 8～10，Sn^{4+} 1.5～2.5，胶250 mg/L。操作时控制电解液温度40℃，pH值为0.5，面积电流90 A/m²，槽电压0.17 V，残极率30%，生产两种电锡，成分分别为含锡99.95%和99.85%。电流效率90%，吨锡电耗187 kW·h
俄罗斯新西伯利亚炼锡厂	采用火法精炼。精炼锅为50 t、30 t、15 t三种，全部采用电加热。粗锡精炼以离心过滤和真空蒸馏为基础，即离心过滤除铁砷，真空蒸馏除铅、铋、铟和锑，加试剂精炼除砷等

续表 3-16

厂　名	精炼方法和指标
秘鲁冯苏尔炼锡厂	采用全火法精炼工艺。还原熔炼过程中产出的粗锡先被铸成大块锡锭，粗锡锭首先在由炉顶进料的反射炉型熔析炉中做熔析处理，经熔析处理后的熔粗锡送入精炼锅，按常规精炼方法分别脱除砷、铁、铜、锑等杂质，再用连续结晶机脱去铅和铋，最终产出含锡大于 99.95%的精锡
印度尼西亚佩尔蒂姆炼锡厂	采用常规火法精炼工艺。降温搅拌加入锯木屑，然后鼓入空气凝析除铁，并利用离心除渣机清除凝析除铁浮渣、加硫除铜、加铝除砷锑、连续结晶机除铅、铋。产出精锡成分(%)为：Sn 99.935，Fe 0.0063，Pb 0.0285，Cu 0.0024，Bi 0.0027，As 0.0130，Co 0.0010，Ni 0.0042，Zn 0.0002，Cd 0.0002

3.4 国外炼锡厂主要工艺流程

马来西亚巴特沃斯炼锡厂采用两次反射炉处理锡精矿工艺流程，如图 3-1 所示。

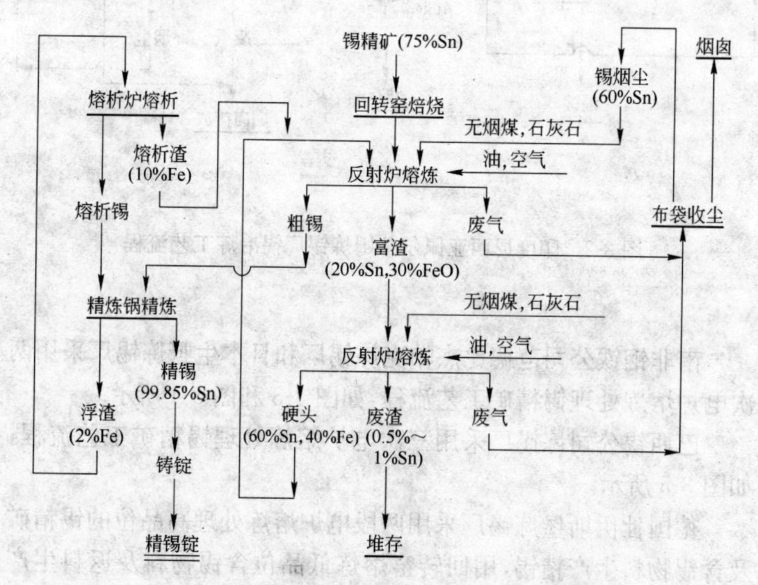

图 3-1 马来西亚巴特沃斯炼锡厂锡冶炼工艺流程

印度尼西亚佩尔蒂姆炼锡厂采用两次短窑熔炼处理锡精矿工艺流程，如图 3-2 所示。

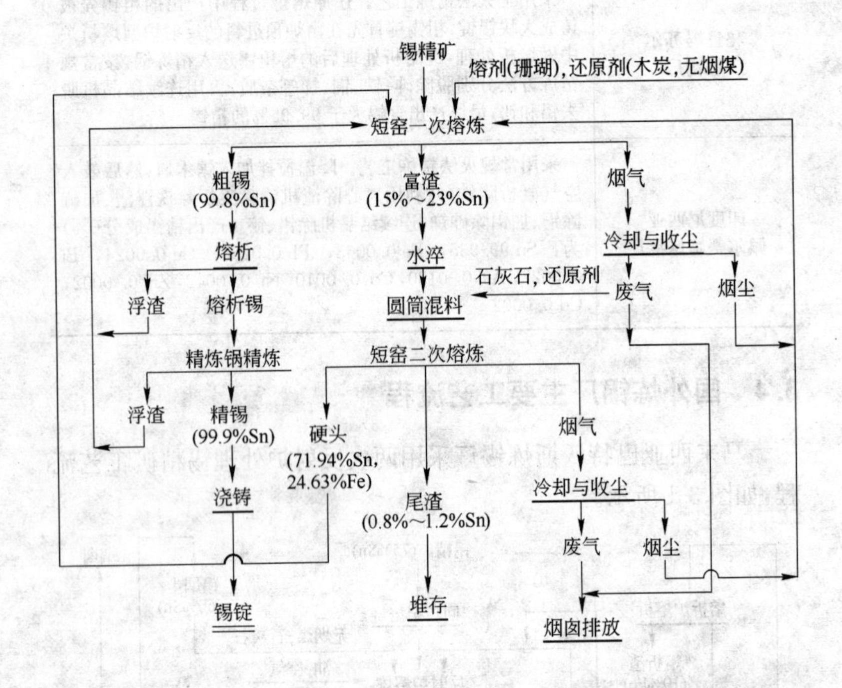

图 3-2　印度尼西亚佩尔蒂姆炼锡厂锡冶炼工艺流程

南非钢铁公司范德比杰帕克炼锡厂和日本生野炼锡厂采用两次电炉熔炼处理锡精矿工艺流程，如图 3-3 和图 3-4 所示。

巴西锡公司炼锡厂采用三次电炉熔炼处理锡精矿工艺流程，如图 3-5 所示。

德国杜伊斯堡炼锡厂采用两段电炉熔炼处理高品位的锡精矿及含锡物料生产精锡，用回转窑熔炼低品位含锡物料及返料生产焊锡的工艺流程，如图 3-6 所示。

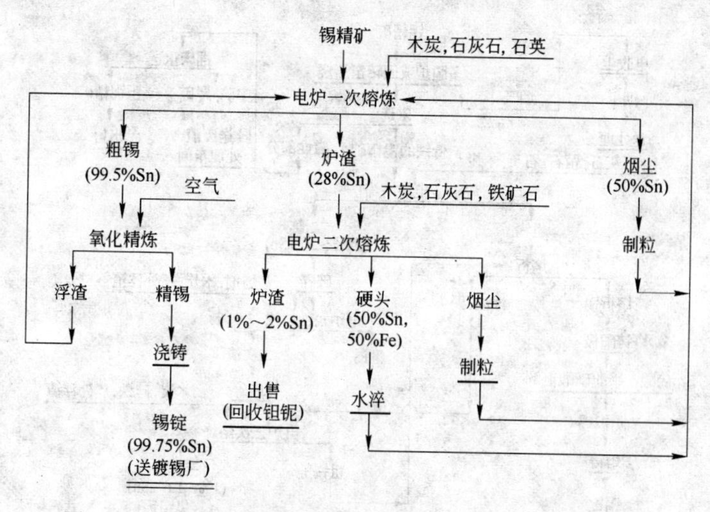

图 3-3 南非钢铁公司范德比杰帕克炼锡厂锡冶炼工艺流程

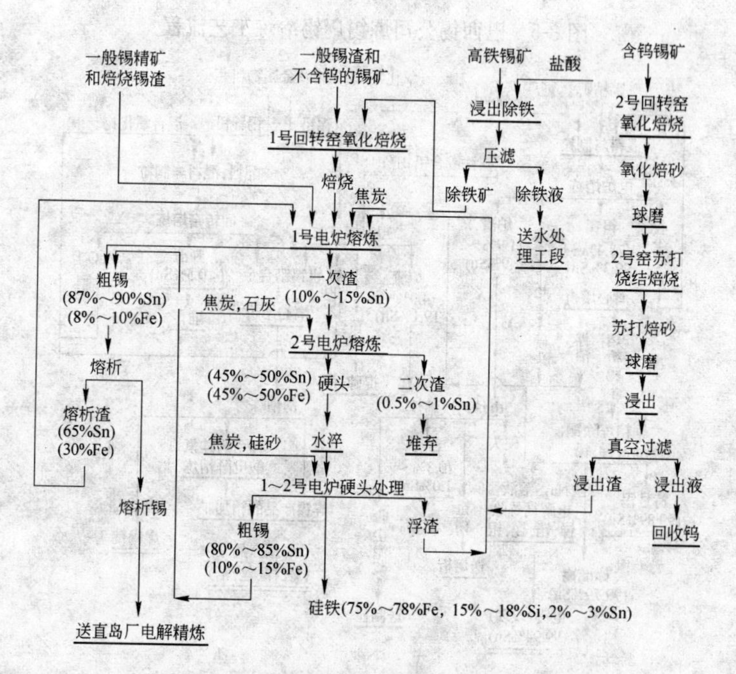

图 3-4 日本生野炼锡厂锡冶炼工艺流程

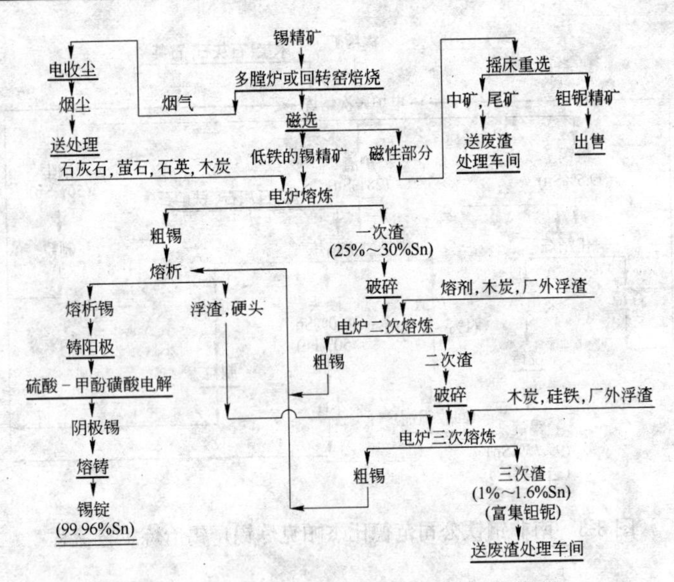

图 3-5 巴西锡公司炼锡厂锡冶炼工艺流程

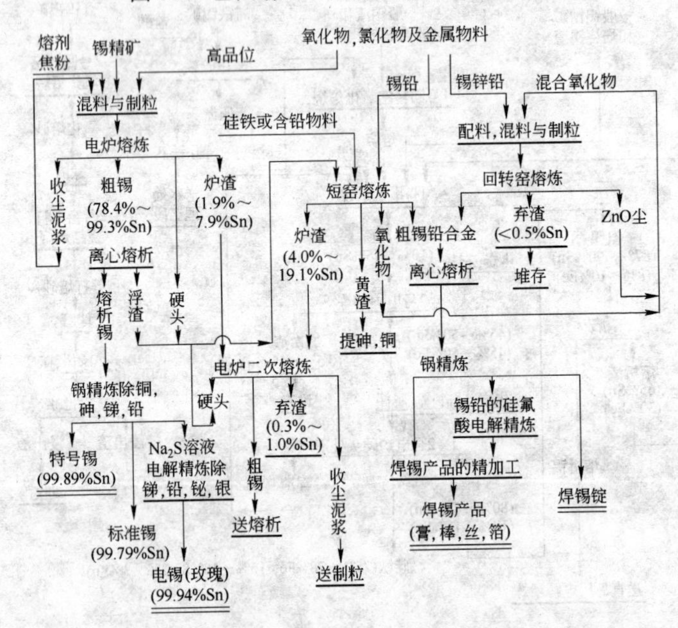

图 3-6 德国杜伊斯堡炼锡厂锡冶炼工艺流程

玻利维亚文脱炼锡厂采用反射炉熔炼—烟化炉硫化挥发法处理锡精矿的工艺流程，如图 3-7 所示。

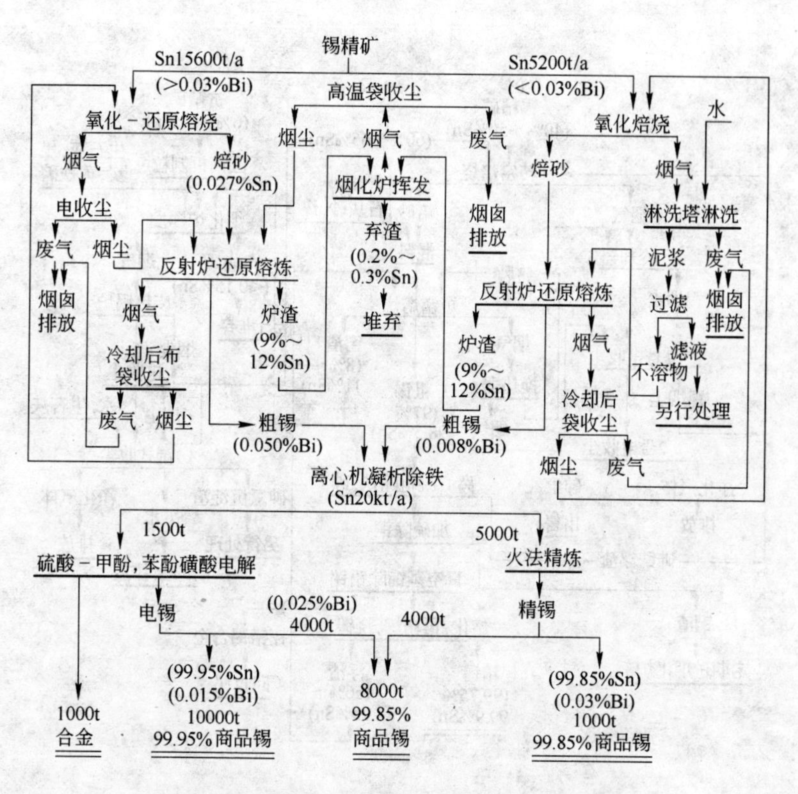

图 3-7 玻利维亚文脱炼锡厂锡冶炼工艺流程

德国弗赖贝格炼锡厂(Freiberg Tin Plant)采用短窑熔炼—烟化炉硫化挥发法处理锡精矿的工艺流程，如图 3-8 所示。

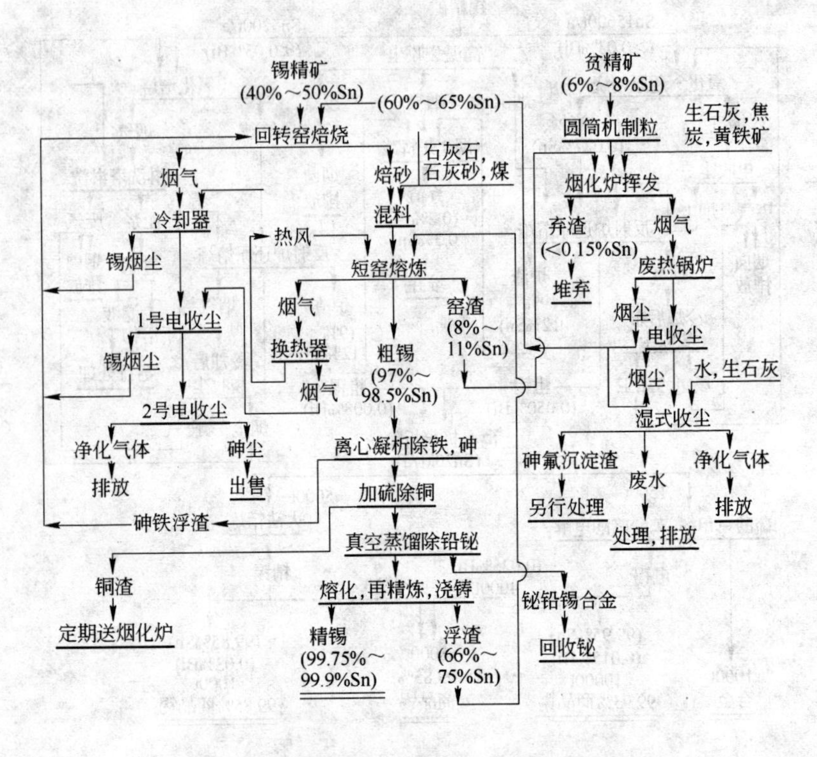

图 3-8 德国弗赖贝格炼锡厂锡冶炼工艺流程

俄罗斯新西伯利亚炼锡厂采用炼前处理—电炉熔炼—烟化炉硫化挥发法处理富渣和贫精矿的工艺流程，如图 3-9 所示。

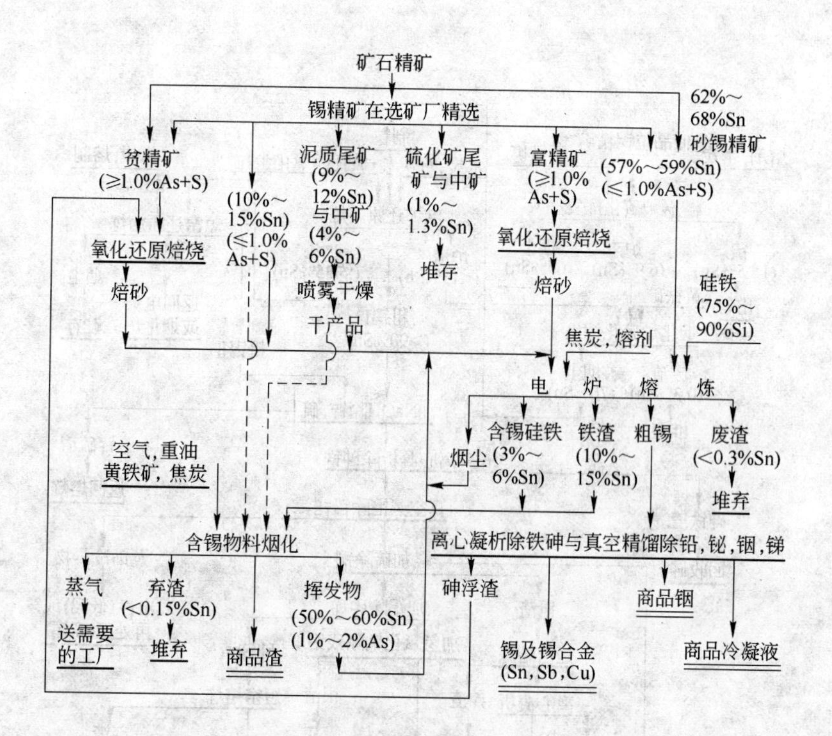

图 3-9 俄罗斯新西伯利亚炼锡厂锡冶炼工艺流程

玻利维亚文脱炼锡厂采用炼前漩涡炉与烟化炉硫化挥发—电炉与短窑熔炼处理低品位锡精矿的工艺流程，如图 3-10 所示。

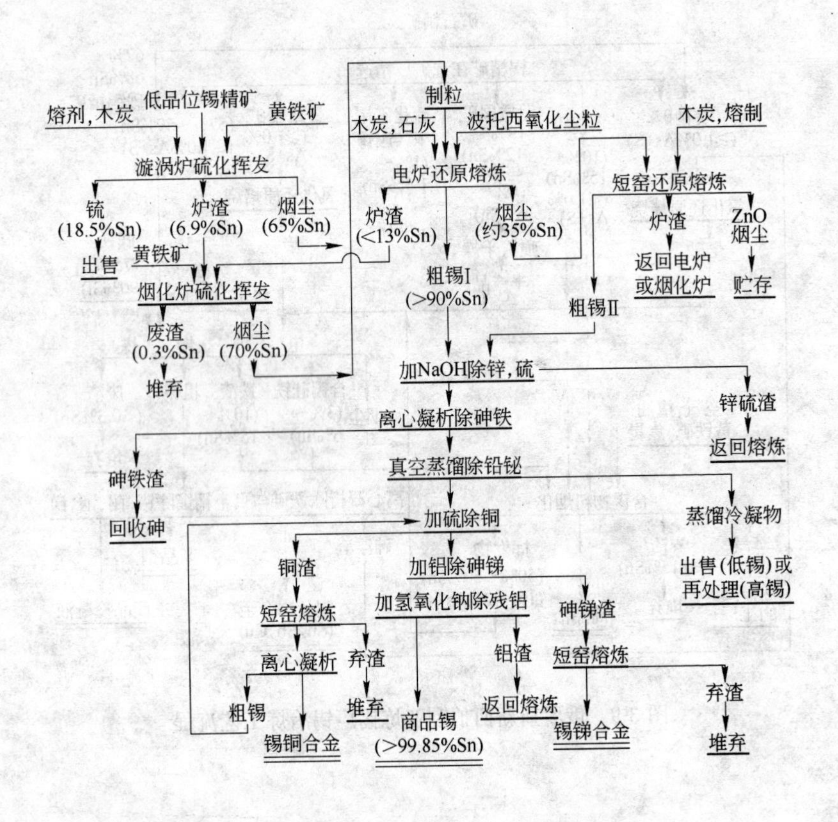

图 3-10 玻利维亚文脱炼锡厂锡冶炼工艺流程

前苏联梁赞有色金属冶炼厂(Завод Рязцветмет)采用炼前烟化炉硫化挥发—烟化尘浸出—电炉熔炼处理锡精矿的工艺流程，如图 3-11 所示。

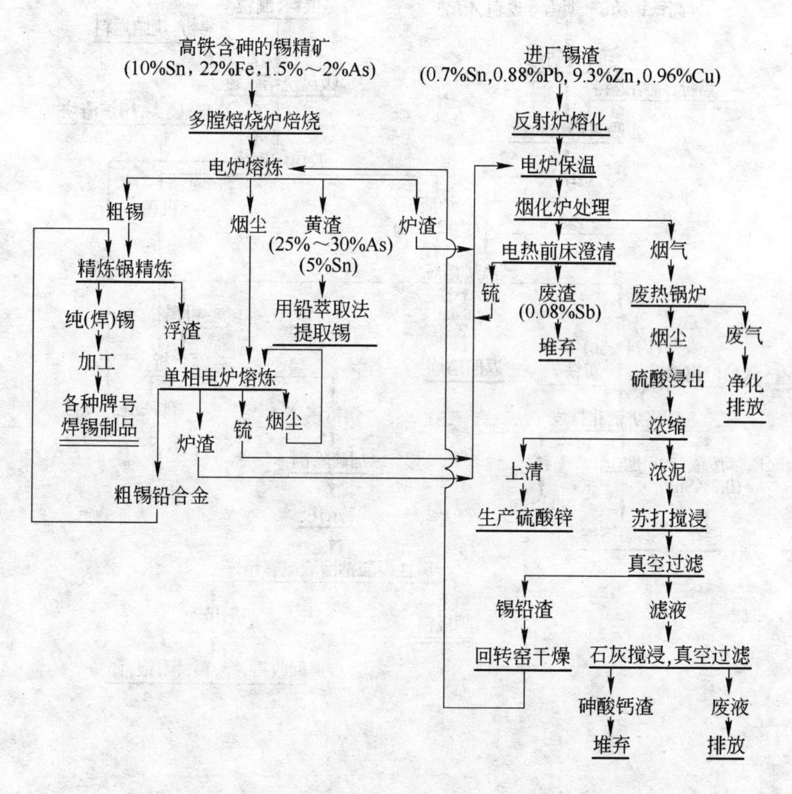

图 3-11　前苏联梁赞有色金属冶炼厂锡冶炼工艺流程

英国卡佩尔帕斯炼锡厂采用炼前制粒烧结—鼓风炉熔炼—炉渣烟化炉硫化挥发处理锡精矿的工艺流程，如图 3-12 所示。

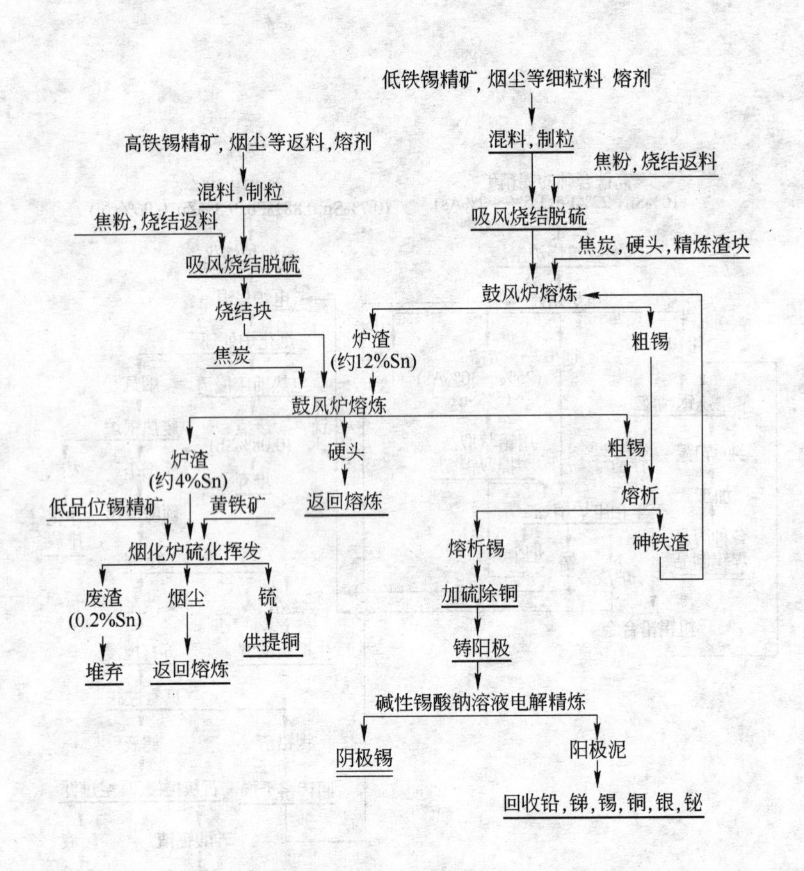

图 3-12 英国卡佩尔帕斯炼锡厂锡冶炼工艺流程

美国得克萨斯炼锡厂采用顶吹转炉处理锡精矿和低锡物料的工艺流程，如图 3-13 所示。

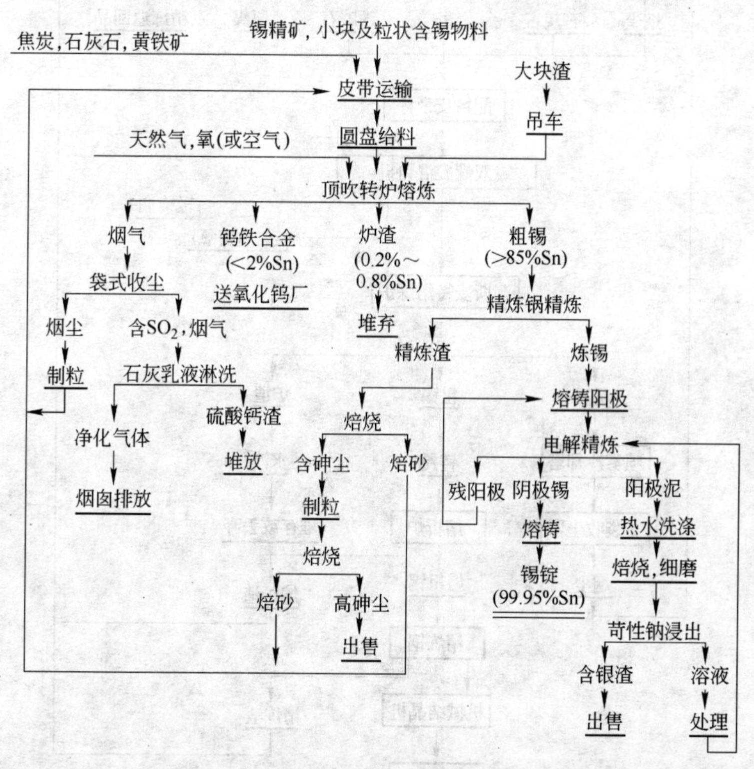

图 3-13　美国得克萨斯炼锡厂锡冶炼工艺流程

秘鲁冯苏尔炼锡厂采用赛罗熔炼技术处理锡精矿的工艺流程，如图 3-14 所示。

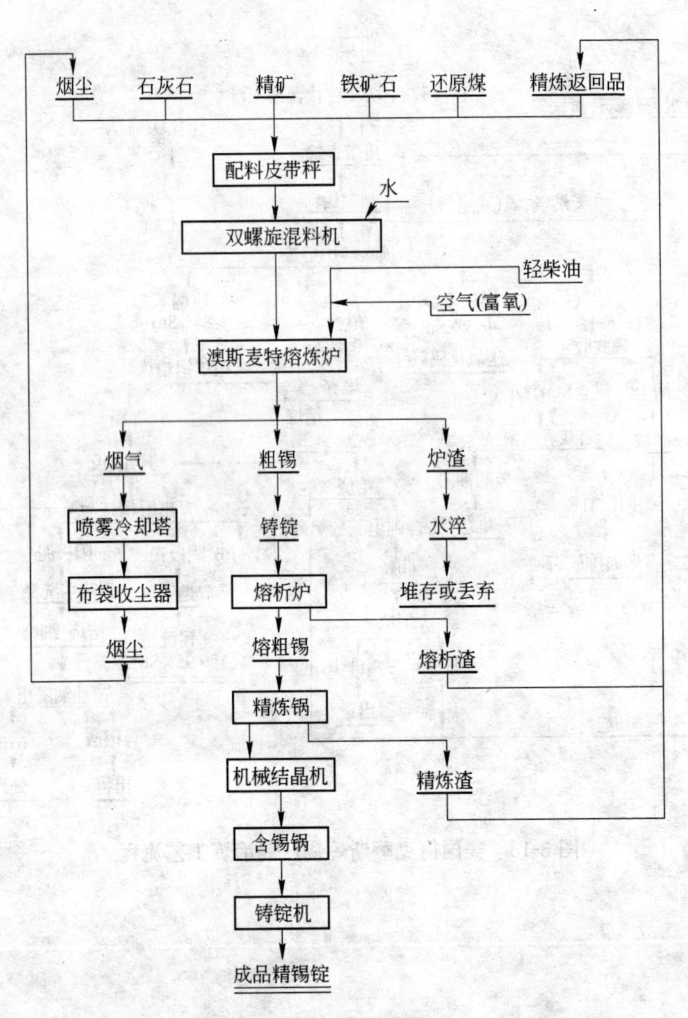

图 3-14　秘鲁冯苏尔炼锡厂锡冶炼工艺流程

加拿大新布伦瑞克炼锡厂(New Brunwick Tin Smelter)采用湿法冶金处理锡精矿的工艺流程,如图 3-15 所示。

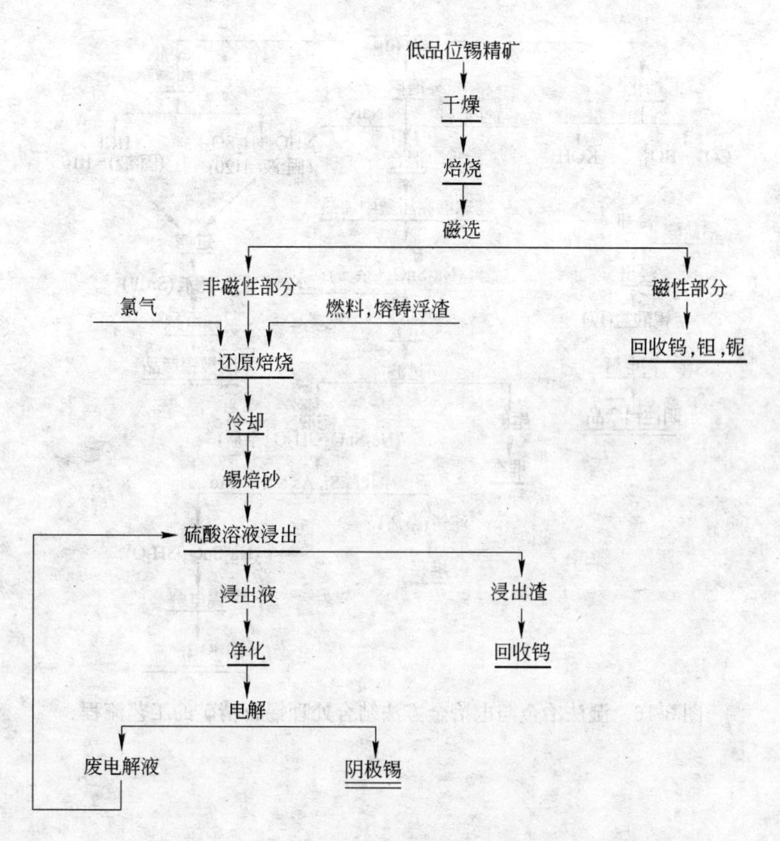

图 3-15 加拿大新布伦瑞克炼锡厂锡冶炼工艺流程

采用湿法冶金与电冶金方法结合处理埃及艾格拉(Igla)锡石精矿的工艺流程，如图 3-16 所示。

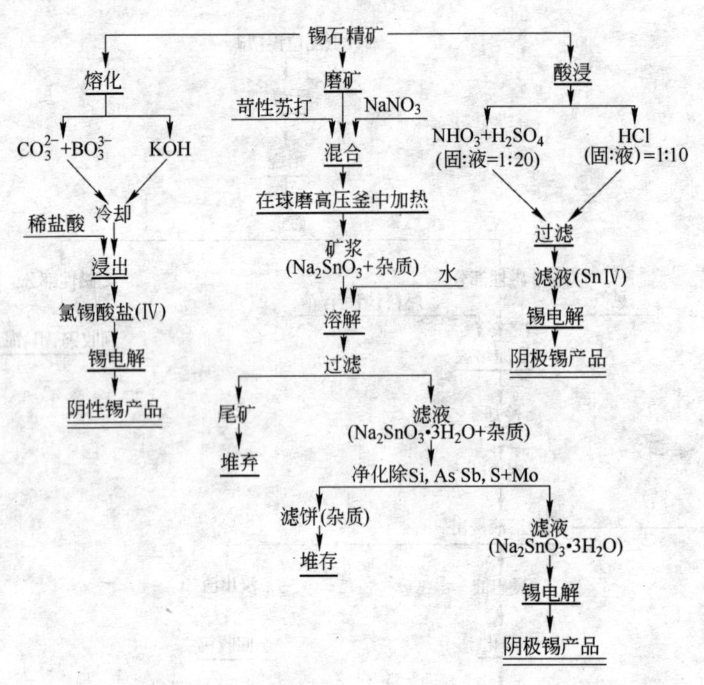

图 3-16　湿法冶金与电冶金方法结合处理锡石精矿的工艺流程

4 高钨电炉锡渣特性

4.1 简述

我国的锡资源，不少是钨锡共生，含硅较高，特别是南方地区，如广东、广西、江西、湖南及云南文山等地。此类锡矿由于在选矿时钨锡分离困难，所以粗炼时一般用电炉熔炼。其电炉渣往往含钨、硅等较高，含铁低，此类渣黏度大，有的在熔融状态甚至会发泡，形成泡沫渣，在液态烟化处理时，无法进行吹炼，不能正常作业。长期以来，这类锡渣只能堆存或低价售给其他锡冶炼厂，少量搭配处理，影响了炼锡厂的经济效益和金属回收率，为此，对高钨、高硅锡炉渣或低锡物料的处理方法研究提到了重要的位置。为了在工业上解决这一问题，有必要探求钨硅等元素在烟化过程中的行为，研究其对烟化过程及对操作的影响，从而寻求解决的方法，为烟化法开辟新的应用领域。

选择国内某炼锡厂有代表性的高钨电炉锡渣试样，对其特性进行研究。

4.2 试验方法和设备

4.2.1 黏度测定

使用中科院化冶所与鸡西无线电厂联合研制的 ND-2 型数字式高温黏度计进行测试。在整个测试过程中，试样经模压成型，在竖式管状电炉内的刚玉坩埚内连续通入氩气保护，用金属钼测杆(测头浸入熔渣内一定深度)连续定向旋转，测定熔渣在某一条件下(压力、气氛、温度)的黏度、测量信号经光电信号输出，由毫秒数码显示记录，每个试样熔渣黏度值的测定，采用由高温向低温逐段恒温连续测定的方式进行。

4.2.2　熔点测定

用自制的熔点测定仪测量，测定仪以大功率的镍片为发热体，磨细的炉渣置镍片上加温，并通氩气保护，用显微镜观察熔化情况，记录下熔化开始和终了的温度，用双铂铑热电偶测温，并随时用纯银丝校正热电偶温度，仪器灵敏度±25 ℃，每种渣样测定三次，结果取平均值。

4.2.3　X射线衍射，电子探针等分析

首先，通过光谱分析，定性得出物料的元素组成，然后再经化学分析，定量得出物料的元素含量。

采用日本产 3015 型 X 射线衍射仪，管压：25 kV，管流：20 mA，靶管：CuK_2，扫描速度 1 ℃/min，走纸速度：10 mm/min，考察物料的物相组成。再通过显微镜鉴定和电子探针分析，最终确定物料内各物相的含量和各元素在各相中的分配。

4.3　高钨电炉锡渣化学分析

取不同的高钨电炉锡渣样，选择其中一种（DS-7 渣）进行光谱分析，然后对所取的各种高钨电炉锡渣，对其主要元素进行化学分析，结果见表 4-1 和表 4-2。

表 4-1　高钨电炉锡渣（DS-7）光谱分析结果

元　素	Be	Al	Si	B	Sb	Mn	Mg	Pb	Sn	Fe
成　分（质量分数）/%	0.003	>1	>10	0.001	—	0.1	≥1	0.02	1～10	>10
元　素	Cr	W	Ti	Ca	V	Cu	Cd	Zn	Ni	Zr
成　分（质量分数）/%	0.003	1～5	0.01	1～10	0.003	0.01	0.01	0.3	0.003	0.003

表 4-2　高钨电炉锡渣化学分析结果

编号	化学成分（质量分数）/%									
	Sn	Fe	WO_3	SiO_2	CaO	MgO	Al_2O_3	As	S	K_2O
DS-1	5.95	15.00	7.18	23.99	12.40	2.42	14.42			

续表 4-2

编号	化学成分(质量分数)/%									
	Sn	Fe	WO_3	SiO_2	CaO	MgO	Al_2O_3	As	S	K_2O
DS-2	13.52	23.00	5.71	19.95	5.80	1.03	12.37			
DS-3	7.51	20.25	6.16	22.95	6.38	1.80	12.85	0.30		
DS-4	7.87	23.80	8.32	21.40	6.50	2.81	12.21	0.30		
DS-5	5.22	15.00	6.77	22.45	9.51	2.70	14.10	0.15		
DS-6	6.48	22.00	11.4	24.21	4.77	4.60	12.53			
DS-7	10.45	19.70	8	20.54	8.62	2.05	12.09		1.4	0.74
DS-8	8.48	21.90	8.83	21.84	6.05	2.37	13.81			
DS-9	8.34	20.60	4.21	23.80	6.01	2.74	13.97			
DS-10	12.22	24.70	4.56	17.33	4.81	3.04	12.80			
DS-11		30.78	6.58	28.54	8.06		12.44			
DS-12		29.15		30.80	9.30		12.24			
DS-13		28.81	2	29.09	9.67		12.10			
DS-14		27.98	4	28.10	10.06		11.50			
DS-15		28.49	6	32.12	9.74		12.68			
DS-16		27.23		34.86	9.06		10.58			
DS-17		27.08		37.25	8.45		10.07			

注:DS-12～DS-14 高钨电炉锡渣含钨量是添加白钨矿配制的。

4.4 钨对电炉锡渣熔化温度的影响

以炉渣开始软化时的温度作为炉渣的熔化温度。选取表 4-2 中的 DS-8～DS-10 和 DS-11～DS-14 高钨电炉锡渣,测定熔化温度,根据测试结果可绘出高钨电炉锡渣含钨量与熔化温度的关系曲线,如图 4-1 所示。

从图 4-1 中可看出,随含钨量的增加,高钨电炉锡渣熔化温度增高,但当含钨量增加到一定量后(WO_3 质量分数大于 6%),曲线变得平缓,对熔化温度的影响变小。

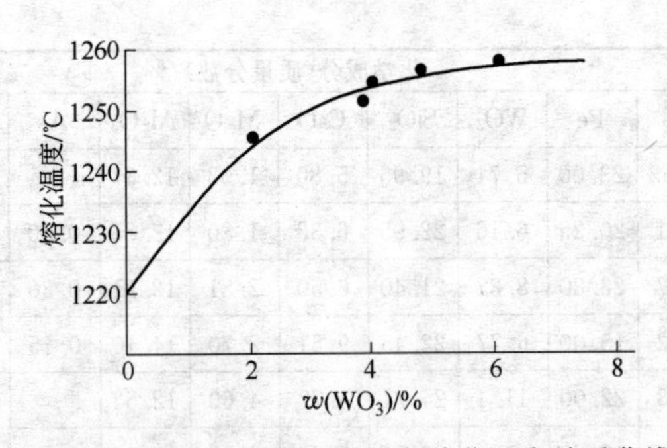

图 4-1　高钨电炉锡渣含钨量与熔化温度关系曲线

4.5　钨对电炉锡渣黏度的影响

不同含钨量的高钨电炉锡渣在不同温度下测定的黏度值见表 4-3。高钨电炉锡渣含钨量与黏度的关系曲线，如图 4-2 所示。

表 4-3　不同含钨量电炉锡渣黏度测定值

电炉锡渣编号	DS-11	DS-12	DS-13	DS-14	备　注
电炉锡渣中 WO_3 的质量分数/%		2	4	6	
黏度/Pa·s	1.35	2.97	4.94	5.22	测试温度 1280 ℃
黏度/Pa·s		6.43	6.59	6.68	测试温度 1260 ℃

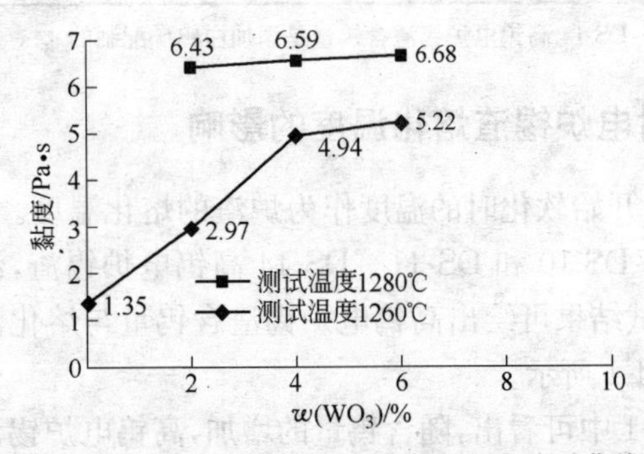

图 4-2　高钨电炉锡渣含钨量与黏度的关系曲线

从表 4-3 的数据及图 4-2 可以看出，含钨电炉锡渣较不含钨电炉锡渣黏度高，且随含钨量的增加，高钨电炉锡渣黏度增大；随测试温度的升高，高钨电炉锡渣黏度减小，故提高炉温有利于烟化作业的顺利进行。

4.6 硅对电炉锡渣熔化温度、黏度的影响

选取三种含硅量不同，而其他造渣元素成分相近的高钨电炉锡渣，测定熔化温度及黏度，测试结果见表 4-4。高钨电炉锡渣含硅量与黏度的关系曲线，如图 4-3 所示。

表 4-4 不同含硅量的高钨电炉锡渣熔化温度、黏度测定值

电炉锡渣编号	DS-15	DS-16	DS-17	备　注
电炉锡渣中 SiO_2 的质量分数/%	32.12	34.86	37.25	
熔化温度/℃	1197	1189	1164	
黏度/Pa · s	1.63	1.82	2.85	测试温度 1245 ℃
黏度/Pa · s	0.98	1.47	2.17	测试温度 1280 ℃

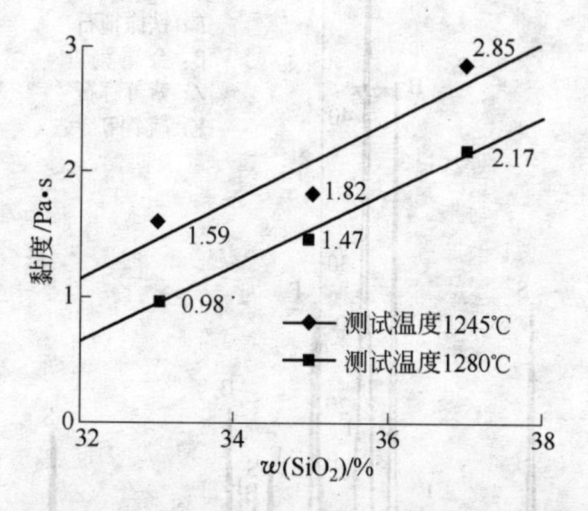

图 4-3 高钨电炉锡渣含硅量与黏度的关系曲线

从表 4-4 的测试结果及图 4-3 可以看出，随高钨电炉锡渣含 SiO_2 量的增加，熔化温度无明显变化，而黏度值则增大；随测试温度的升高，电炉锡渣黏度减小。

通过以上试验表明：

(1) 随高钨电炉锡渣中含钨量的增加，高钨电炉锡渣熔化温度升高，黏度增大；随高钨电炉锡渣中含硅量的增加，熔化温度变

化不大，但黏度却明显增大。

(2) 高钨电炉锡渣熔化温度高于烟化炉的正常作业温度1100～1200 ℃，须设法降低炉渣的熔化温度与黏度，才能保证正常的烟化吹炼。

(3) 高钨电炉锡渣，其黏度随温度的升高而降低，故提高炉温有利于烟化作业的顺利进行。

4.7　高钨电炉锡渣 X 射线衍射分析

取 DS-7 高钨电炉锡渣（化学分析结果见表 4-2），进行 X 射线

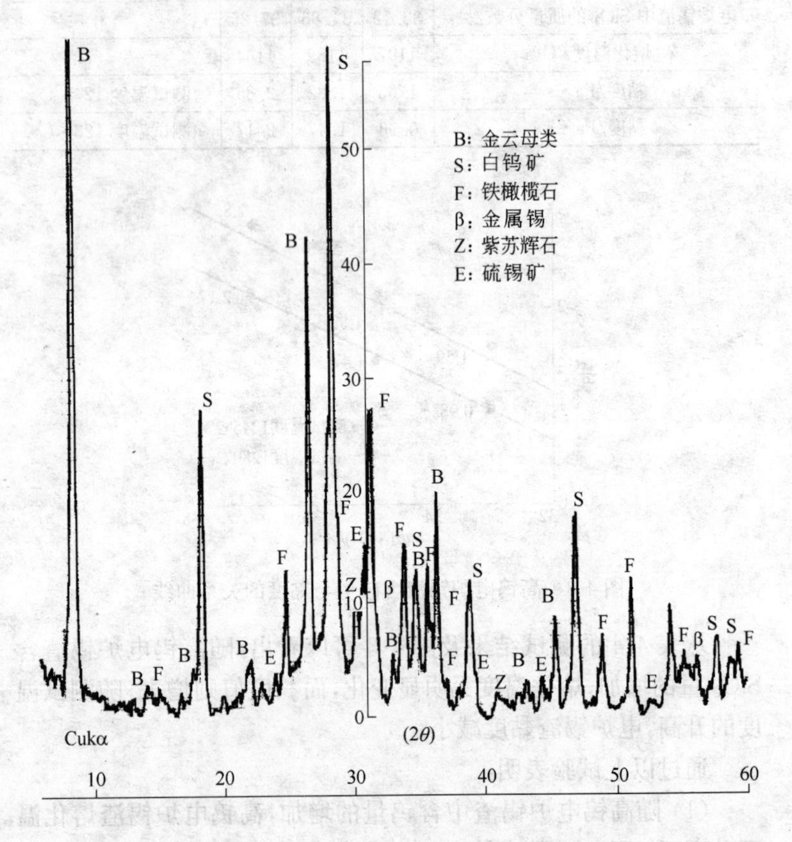

图 4-4　高钨电炉锡渣 X 射线衍射图

衍射分析，查明高钨电炉锡渣中有如下物相：

(1) 金云母：$KMg_3(Si_3AlO_{10})F_2$；

(2) 白钨矿：$CaWO_4$；

(3) 钙铁橄榄石：$(Ca、Fe)_2SiO_4$；

(4) 紫苏辉石：$(Fe、Mg)SiO_3$；

(5) β-金属锡：β-Sn；

(6) 硫化锡矿：SnS。

X射线衍射见图4-4。

4.8 高钨电炉锡渣显微镜鉴定及各相共存关系

为弄清高钨电炉锡渣中各物相的特性，对高钨电炉锡渣进行了显微镜鉴定，结果表明：

高钨电炉锡渣主要物相为含钾金云母矿物和铁橄榄石矿物，其次是白钨矿、尖晶石、硫化亚锡及残留玻璃相，该类高钨电炉锡渣属铁橄榄石型渣。分述如下：

(1) 金云母(Phlogopite)：在渣中呈微黄色、柱状、薄板状、片状结晶，板状长0.30～0.05 mm，板宽0.02～0.005 mm，与渣中铁橄榄石相嵌在一起，或穿插在其他矿物相裂隙中。

电子探针成分分析结果计算分子式为：

$K_2O_{1.00} \cdot MgO_{4.92} \cdot CaO_{0.68} \cdot FeO_{0.26} \cdot Al_2O_{3\,1.11} \cdot SiO_{2\,5.69} \cdot F_{2\,1.86}$

简化式：

$K_1 \cdot (Mg \cdot Ca \cdot Fe)_{2.93} \cdot (Si_{2.85} \cdot Al_{1.11} \cdot O_{10}) \cdot F_{2\,0.93}$ 与 $KMg_3(Si_3AlO_{10})F_2$ 相同

(2) 铁橄榄石：该渣中的铁橄榄石含有一定量的钙和镁，根据结晶构造，橄榄石中的硅氧四面体属孤立四面体$(SiO_4)^{4-}$，即这样的四面体没有公共的角顶与其他四面体相连接，而是相互隔离的，它们彼此间是依靠其他金属阳离子来维系，这种离子团的总负电荷等于4，即构成$[Fe \cdot Ca]_2SiO_4$ 结构。因而渣中铁橄榄石中的钙、镁等阳离子以类质同象取代部分铁进入铁橄榄石中。

铁橄榄石呈淡黄绿色，不规则形状及粒状集合体出现。结晶粒度 0.20～0.01 mm。电子探针成分分析结果计算分子式为：

$FeO_{1.30} \cdot SnO_{0.1} \cdot CaO_{0.49} \cdot MgO_{0.07} \cdot Al_2O_{3\,0.07} \cdot SiO_{2\,1.00}$

简化式：

$$(Fe \cdot Sn \cdot Ca \cdot Mg)O_{1.96} \cdot (Al \cdot Si)O_{2\,1.07}$$

(3) 白钨矿：渣中白钨矿呈树枝状、羽毛状、细粒状、少量八面体粒状出现，无色至浅黄色，由于炉渣中黏度影响，使白钨矿结晶较差，粒度细小，一般小于 0.02 mm。

电子探针成分分析结果计算分子式为：

$$CaO_{0.94} \cdot FeO_{0.10} \cdot SnO_{0.08} \cdot WO_{3\,1.00}$$

简化式：

$$(Ca \cdot Fe \cdot Sn)O_{1.12} \cdot WO_{3\,1.00}$$

(4) 铁尖晶石：呈自形、半自形晶或圆粒状，切面为八面体。结晶粒度 0.005～0.02 mm。铁尖晶石结晶稍早于铁橄榄石。炉渣体系中的 Al_2O_3 与大量存在的 FeO 和少量的 TiO_2 结合生成铁尖晶石，渣中的 FeO 是造渣过程中最活跃、含量最高的组分，它自始至终参与各种矿物相的生成，最早进入尖晶石、磁铁矿、然后进入橄榄石中，余下的进入玻璃相。

电子探针成分分析结果计算分子式为：

$(FeO_{0.67} \cdot Mg_{0.19} \cdot Zn_{0.10} \cdot Ca_{0.09} \cdot Sn_{0.01})_{1.06} \cdot Al_2O_{3\,1.00}$

(5) 硫化亚锡：是高钨电炉锡渣中锡的主要存在形态，呈粒状、粒状集合体分布在渣中，最大粒度 0.2 mm，一般在 0.05～0.01 mm之间。

电子探针成分分析结果计算分子式为：

$$Sn_{0.95} \cdot Fe_{0.06} \cdot S_{1.00}$$

简化式：

$$(Sn \cdot Fe)_{1.01} \cdot S_{1.00}$$

(6) 硫化亚铁：呈粒状与硫化亚锡结合在一起，结晶粒度

0.05～0.00 mm。

电子探针成分分析结果计算分子式为：

$$Fe_{1.00} \cdot S_{1.10}$$

高钨电炉锡渣中各结晶相形貌，如图 4-5 和图 4-6 所示。

图 4-5 高钨电炉锡渣中各结晶相形貌(一)

1—金云母；2—铁橄榄石；3—树枝状白钨矿；4—尖晶石；5—硫化物(透光 正交偏光 ×200)

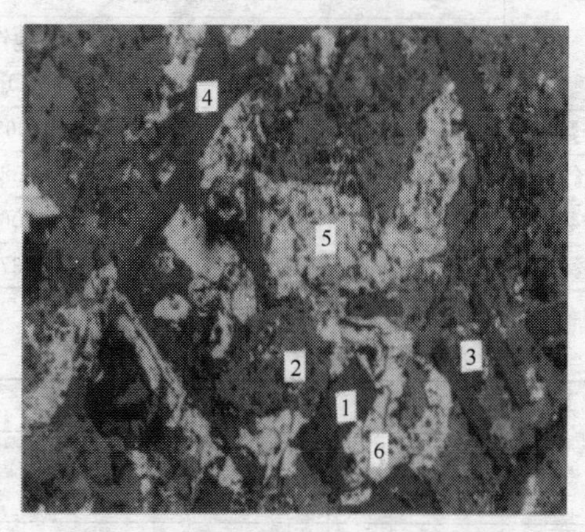

图 4-6 高钨电炉锡渣中各结晶相形貌(二)

1—金云母；2—铁橄榄石；3—白钨矿；4—尖晶石；5—硫化锡；6—硫化铁

高钨电炉锡渣 DS-7 中各物相的质量分数见表 4-5。

表 4-5　高钨电炉锡渣 DS-7 中各物相的质量分数

物相名称	金云母	铁橄榄石	铁尖晶石	白钨矿
质量分数/%	10.80	43.54	6.38	11.78
物相名称	硫化亚锡	金属锡	硫化亚铁	玻璃相及其他
质量分数/%	6.40	2.34	0.86	17.90

部分高钨电炉锡渣的铁、钨、锡物相分析分别见表 4-6～表 4-8。

表 4-6　高钨电炉锡渣 DS-1 铁物相分析结果

编　号	物　相　名　称					
	金属铁 Fe	游离铁含 Fe	硅酸盐含 Fe	磁性氧化铁含 Fe	赤褐铁矿含 Fe	TFe
DS-1 的质量分数/%	0.65	1.65	5.50	0.7	6.36	14.90
分配率/%	4.36	11.07	36.92	4.97	42.68	100

表 4-7　高钨电炉锡渣钨物相分析结果

编　号	钨物相组成				
	钨酸钙 WO_3	氧化钨 WO_3	金属钨 WO_3	其他钨 WO_3	TWO_3
DS-6 的质量分数/%	11.28	0.10	0.037	0.067	11.48
分配率/%	98.22	0.88	0.32	0.58	100
DS-7 的质量分数/%	8.57	0.23	0.09	0.06	8.95
分配率/%	95.75	2.57	1.01	0.67	100

表 4-8　高钨电炉锡渣锡物相分析结果

编　号	锡物相组成			
	金属锡 Sn	SnO+硅酸盐含 Sn	SnO_2 中含 Sn	TSn
DS-6 的质量分数/%	0.77	2.12	3.59	6.48
分配率/%	11.88	32.72	55.40	100

从测定结果看出:渣中造渣元素所形成的渣相占 72.5%,属铁橄榄型炉渣。

4.9 高钨电炉锡渣电子探针分析

为进一步查清各造渣元素在各结晶相中分布,进行电子探针分析,查明了高钨电炉锡渣中的主要物相为:金云母矿物、白钨矿、硫化亚锡和铁尖晶石及铁橄榄石。高钨电炉锡渣中锡元素面分布,如图 4-7 所示,锡部分分布在硫化亚锡中,部分分布在铁橄榄石中,这部分锡,可能是以亚锡状态存在。高钨电炉锡渣中钙元素面分布,如图 4-8 所示,钙主要分布在铁橄榄石和白钨矿中;高钨电炉锡渣中铁元素面分布,如图 4-9 所示,铁主要分布在铁橄榄石和铁尖晶石中;高钨电炉锡渣中钨元素面分布,如图 4-10 所示,钨基本上分布在白钨矿中;高钨电炉锡渣中铝元素面分布,如图 4-11 所示,铝主要分布在铁尖晶石和玻璃相中;高钨电炉锡渣中硫化亚锡形貌,如图 4-12 所示,图中可见硫化亚锡呈球粒状,中间有孔洞,属部分锡挥发后留下;高钨电炉锡渣中硫元素面分布,如图 4-13 所示,渣中硫主要分布在硫化亚锡中,少量分布在硫化亚铁相中;高钨电炉锡渣中锡元素面分布,如图 4-14 所示,由图可见,锡集中分布在硫化亚锡中,部分分散在铁橄榄石中。

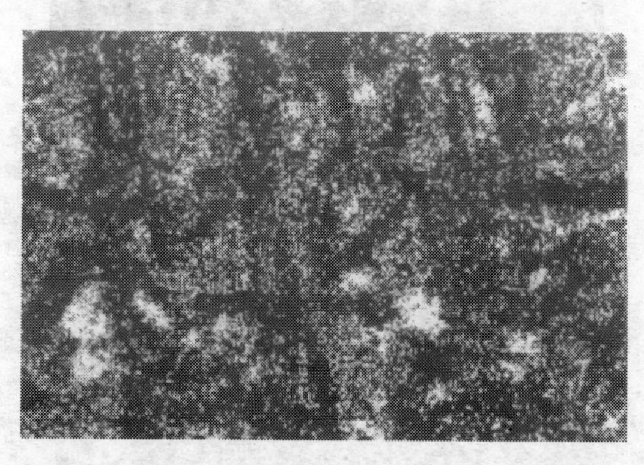

图 4-7 高钨电炉锡渣中锡元素面分布(×225)

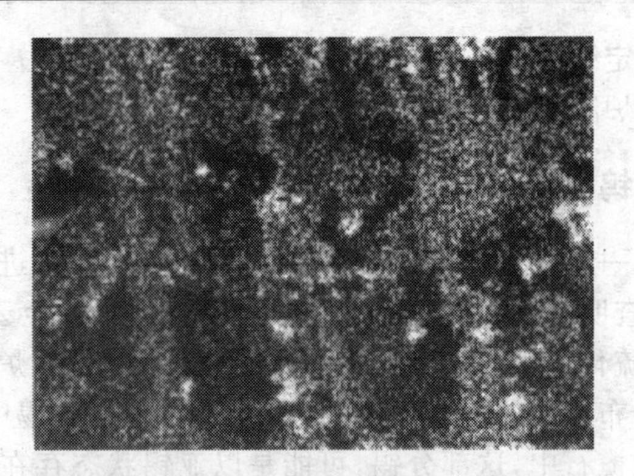

图 4-8　高钨电炉锡渣中钙元素面分布(×225)

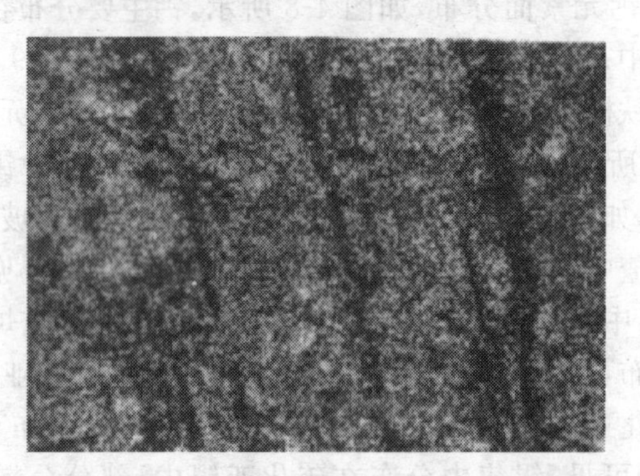

图 4-9　高钨电炉锡渣中铁元素面分布(×225)

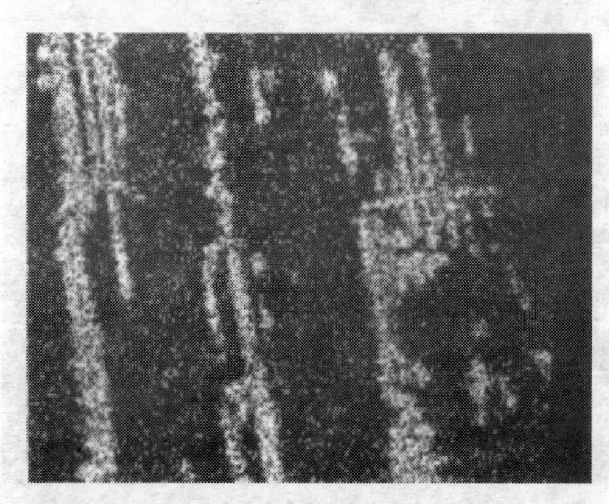

图 4-10　高钨电炉锡渣中钨元素面分布(×225)

图 4-11 高钨电炉锡渣中铝元素面分布(×225)

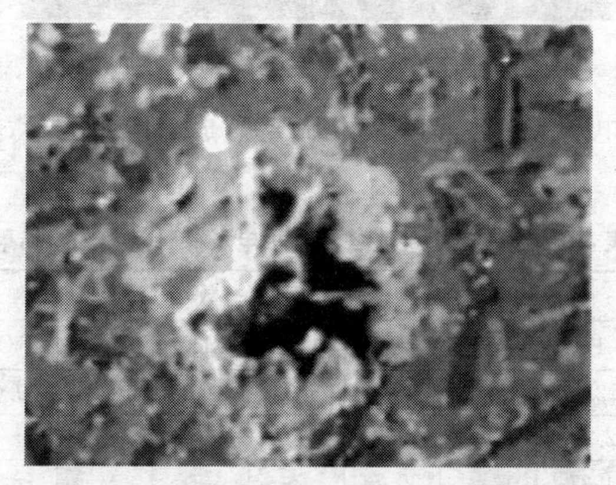

图 4-12 高钨电炉锡渣中硫化亚锡形貌(×225)
(图中球粒为硫化亚锡 放大 225 倍)

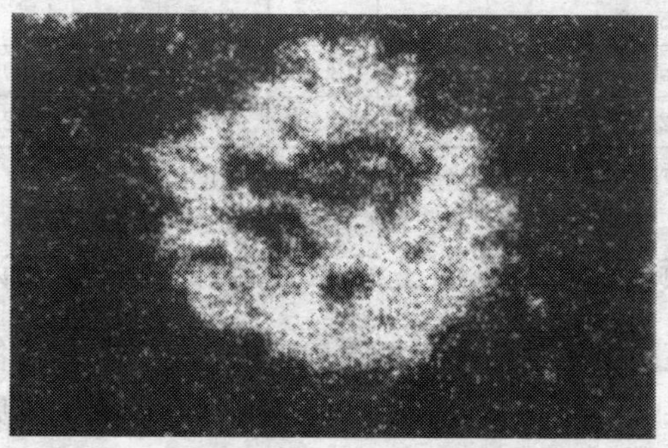

图 4-13 高钨电炉锡渣中硫元素面分布(×225)

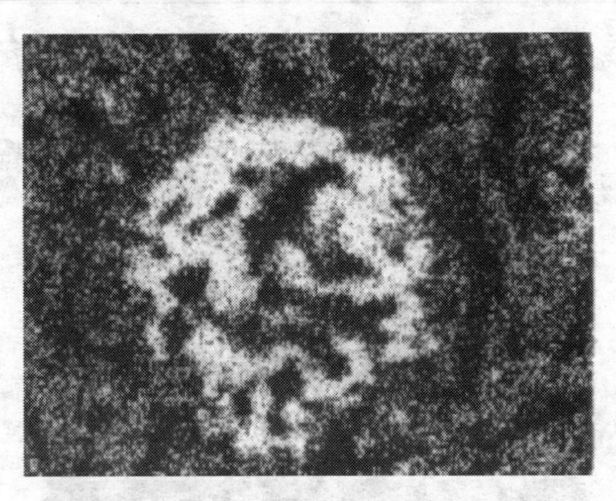

图 4-14　高钨电炉锡渣中锡元素面分布(×225)

再用电子探针对渣中各相做定点成分定量分析,其结果见表 4-9。

表 4-9　高钨电炉锡渣各结晶相电子探针定量分析结果

名　称	成分(质量分数)/%							
	FeO	WO_3	Sn	CaO	MgO	Al_2O_3	SiO_2	S
金云母	2.17			4.33	22.65	12.94	39.06	
硫化亚锡	2.12①		76.14					21.7
金属锡	4.27①		95.73					
硫化亚铁	61.2①							38.6
白钨矿	2.45	79.1	0.35②	18.08				
铁尖晶石	25.92		0.80②	2.70	4.15	61.96		
铁橄榄石	45.45		6.40②	13.27	1.45	3.48	29.95	
玻璃相等	12.27			1.25		18.29	32.25	

①Me%,②MeO%;金云母中含:F 8.1%,K_2O 10.8%。

4.10　高钨电炉锡渣中主元素在各相中的分配计算

根据显微镜定量测定物相含量结果和电子探针对各相元素定量分析结果,计算高钨电炉锡渣中元素分配,计算结果见表 4-10。

表 4-10 高钨电炉锡渣主元素在各结晶相中的分配计算

矿物名称	矿物含量/%	FeO			Sn			WO_3			CaO			MgO			Al_2O_3			SiO_2			S			备注
		品位/%	质量分数/%	分配率/%	品位/%	质量分数/%	分配率/%	品位/%	质量分数/%	分配率/%	品位/%	质量分数/%	分配率/%	品位/%	质量分数/%	分配率/%	品位/%	质量分数/%	分配率/%	品位/%	质量分数/%	分配率/%	品位/%	质量分数/%	分配率/%	
金云母	10.80	2.17	0.23	0.92							4.33	0.47	5.36	22.65	2.45	73.36	12.94	1.40	13.81	39.06	4.22	20.37				金云母中:K_2O含量为10.77%,$F_2$8.08%。铁尖晶石中还含4.47%的ZnO
硫化亚锡	6.40	2.12①	0.14	0.56	76.14	4.87	48.75																21.74	1.39	80.81	
金属锡	2.34	4.27①	0.10	0.40	95.73	2.24	22.42																			
硫化亚铁	0.86	61.2①	0.53	2.13																			38.60	0.33	19.19	
白钨矿	11.78	2.45	0.29	1.16	0.35②	0.04	0.40	79.1	9.32	100	18.08	2.13	24.29													
铁尖晶石	6.38	25.92	1.65	6.62	0.80②	0.05	0.50				2.70	0.17	1.94	4.15	0.26	7.78	61.96	3.95	38.95							
铁橄榄石	43.54	45.45	19.79	79.38	6.40②	2.79	27.93				13.27	5.78	65.91	1.45	0.63	18.86	3.48	1.52	14.99	29.95	13.04	62.93				
玻璃相等	17.90	12.27	2.20	8.83							1.25	0.22	2.50				18.29	3.27	32.25	19.32	3.46	16.70				
合计	100		24.93	100		9.99	100		9.32	100		8.77	100		3.34	100		10.14	100		20.72	100		1.72	100	

①为Me%;

②为MeO%。

计算结果表明：

(1) 渣中铁主要以氧化亚铁的形式与氧化钙和氧化镁与二氧化硅生成铁橄榄石，占铁总量的 79.38%，少量进入金属及硫化物相中，还有少部分分配在铁尖晶石和玻璃相中；

(2) 渣中锡主要以硫化亚锡状态存在，占锡总量的 48.75%，其次为金属锡，占 22.42%，此外以氧化锡存在状态进入铁橄榄石中，占 27.93%；

(3) 渣中 WO_3 基本上与氧化钙生成白钨矿；

(4) 渣中氧化钙主要进入铁橄榄石中，部分分配在金云母和白钨矿中；

(5) 渣中氧化镁主要进入金云母矿物中，占 73.36%，剩余部分进入铁尖晶石和铁橄榄石；

(6) 渣中氧化铝，部分生成铁尖晶石，部分生成金云母，少量进入铁橄榄石和残留在玻璃相中；

(7) 渣中二氧化硅主要与氧化亚铁生成橄榄石，占 62.93%，部分生成金云母矿物和进入玻璃相；

(8) 渣中 K_2O、F_2 基本上含在金云母矿中。

4.11 小结

通过以上研究，可归纳出高钨电炉锡渣物性：高钨电炉锡渣，由于高钨的存在，使炉渣的熔化温度、黏度值较高，且随含钨量的增加而增大；含硅量的增加，虽对炉渣的熔化温度影响不大，但黏度却明显增大，随着温度的升高，炉渣的黏度降低；高钨电炉锡渣属铁橄榄石型渣，主要物相为含钾金云母矿物和铁橄榄石矿物，其次是白钨矿、尖晶石，硫化亚锡及残留玻璃相，WO_3 基本上与氧化钙形成白钨矿，二氧化硅主要与氧化亚铁生成铁橄榄石，部分生成金云母矿物和进入玻璃相。

5 高钨电炉锡渣液态烟化小型试验

为了能在工业上采用熔池熔炼—连续烟化法顺利处理高钨电炉锡渣，针对高钨电炉锡渣的特性和烟化炉的作业条件，进行液态烟化小型试验，以便根据小试确定的工艺条件，进行工业试验和指导工业生产。

5.1 试验理论依据

5.1.1 渣型选择

液态烟化作业，要求炉渣熔点较低（1100～1200 ℃），黏度较小（小于 1 Pa・s 或更低），流动性良好，熔融时不发泡，硅酸度在 1.0～1.2之间。

使炉渣流动性恶化的原因通常是 SiO_2 含量过高或有尖晶石类的结晶体析出，根据炉渣离子理论，渣中 SiO_2 呈复杂的硅氧阴离子存在，随 SiO_2 含量的增加，其存在形式从简单的阴离子逐渐过渡到连续链状、立体网状等结构、熔渣黏度随阴离子尺寸增大而增大。加入碱性物质如 FeO、CaO 等，能破坏硅氧阴离子链，使熔渣黏度下降。

一般说来，常见造渣氧化物的熔点都很高，可见表 5-1。但是若把各氧化物按适当比例混合则可得到熔点较低的炉渣。

表 5-1 常见造渣氧化物的熔点

氧化物	SiO_2	Al_2O_3	FeO	CaO	MgO
熔点/℃	1723	2060	1371	2575	2800

$FeO-SiO_2$ 二元系状态图，如图 5-1 所示。从该二元系状态图中可看出，FeO 与 SiO_2 能结合生成一个稳定的化合物 $2FeO \cdot SiO_2$（铁橄榄石），故相图能分成两个二元系：$2FeO \cdot SiO_2-SiO_2$ 二

元系和 $2FeO \cdot SiO_2$-FeO 二元系。在 $2FeO \cdot SiO_2$-SiO_2 二元系中有一个低熔点共晶(1178 ℃),并存在液相分层区和偏晶反应;$2FeO \cdot SiO_2$-FeO 二元系为简单共晶(1177 ℃)二元系。$2FeO \cdot SiO_2$ 的熔点为 1205 ℃,其液相线平滑,熔化后易分解,此外,FeO、SiO_2 之间还可生成 $FeO \cdot SiO_2$,但它易分解为 $2(FeO \cdot SiO_2) = 2FeO \cdot SiO_2 + SiO_2$,因而未出现在状态图中。选择渣型时,应充分考虑加入的熔剂量,使造渣成分中 FeO、SiO_2 的质量分数能满足形成 $2FeO \cdot SiO_2$ 的条件,从而降低炉渣的熔点,改善其流动性。

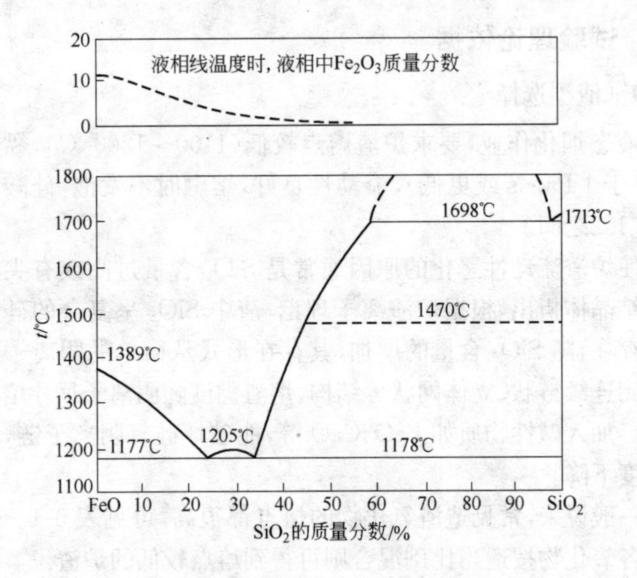

图 5-1 FeO-SiO_2 二元系状态图

冶炼中常见的 FeO-CaO-SiO_2 三元系炉渣状态图,如图 5-2 所示,从该状态图中可以看出,CaO 的初晶区和 SiO_2 的初晶区的熔点都很高,只有在状态图的中部并且靠近 $2FeO \cdot SiO_2$ 的 1 个四边形区域内组成的炉渣熔点较低(在 1300 ℃以下),炼锡炉渣的成分范围宜控制在此区域内,如图 5-3 所示。例如,若要求炉渣熔点低于 1150 ℃，则炉渣组成范围为：SiO_2 32%～46%，FeO 35%～55%，CaO 5%～20%。

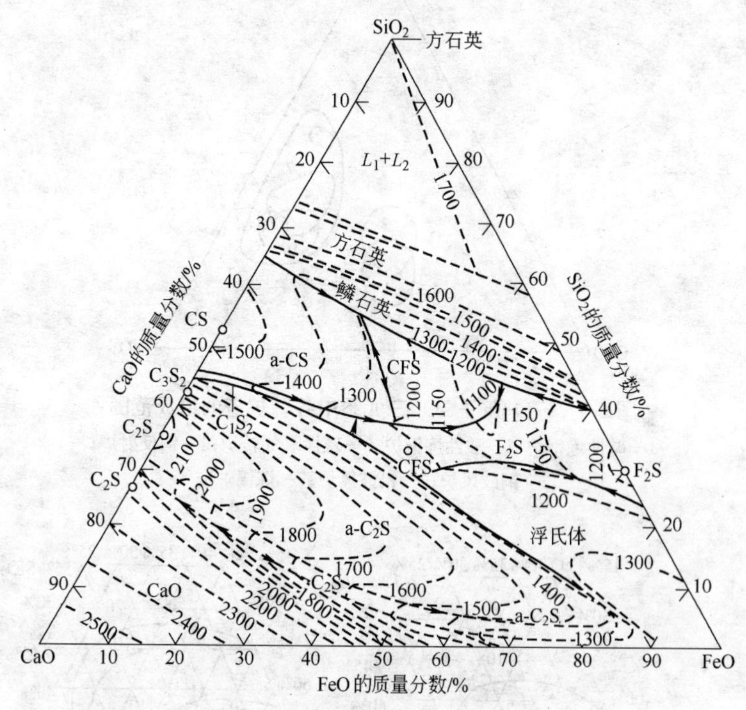

图 5-2　FeO-CaO-SiO_2 三元系相图

为保证液态烟化作业能顺利进行，还要求炉渣的黏度一定要低（小于 1 Pa・s），一般认为，碱性渣比酸性渣黏度更小。根据炉渣结构理论可知，黏度主要取决于庞大的且难活动的质点，尤其是复合阴离子。在炉渣组成一定的条件下，炉渣中复合阴离子的尺寸与温度有很大的关系，温度升高将导致炉渣黏度降低。FeO-CaO-SiO_2 三元系炉渣在不同温度下的等黏度曲线，如图 5-4 所示。当炉渣的组成确定后，可从图中查出相应的黏度范围或根据等黏度曲线图，在配料计算时选择黏度低的炉渣组成。

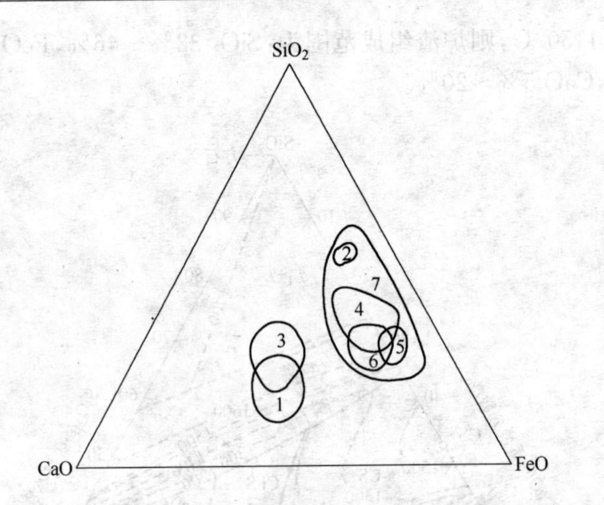

图 5-3　$FeO-CaO-SiO_2$ 三元系中各种炉渣的组成范围

1—碱性炼钢炉；2—酸性炼钢炉；3—碱性氧气转炉；4—铜反射炉；
5—铜鼓风炉；6—铅鼓风炉；7—炼锡炉渣

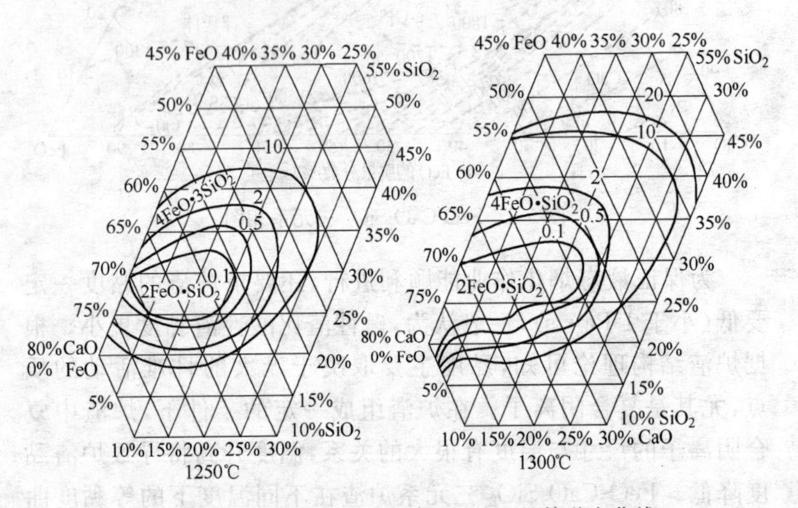

图 5-4　$FeO-CaO-SiO_2$ 三元系中 FeO 的等黏度曲线

$FeO-CaO-SiO_2$ 三元系炉渣实际上是一个硅酸盐体系。硅酸盐的标准生成自由焓与温度的关系，如图 5-5 所示。

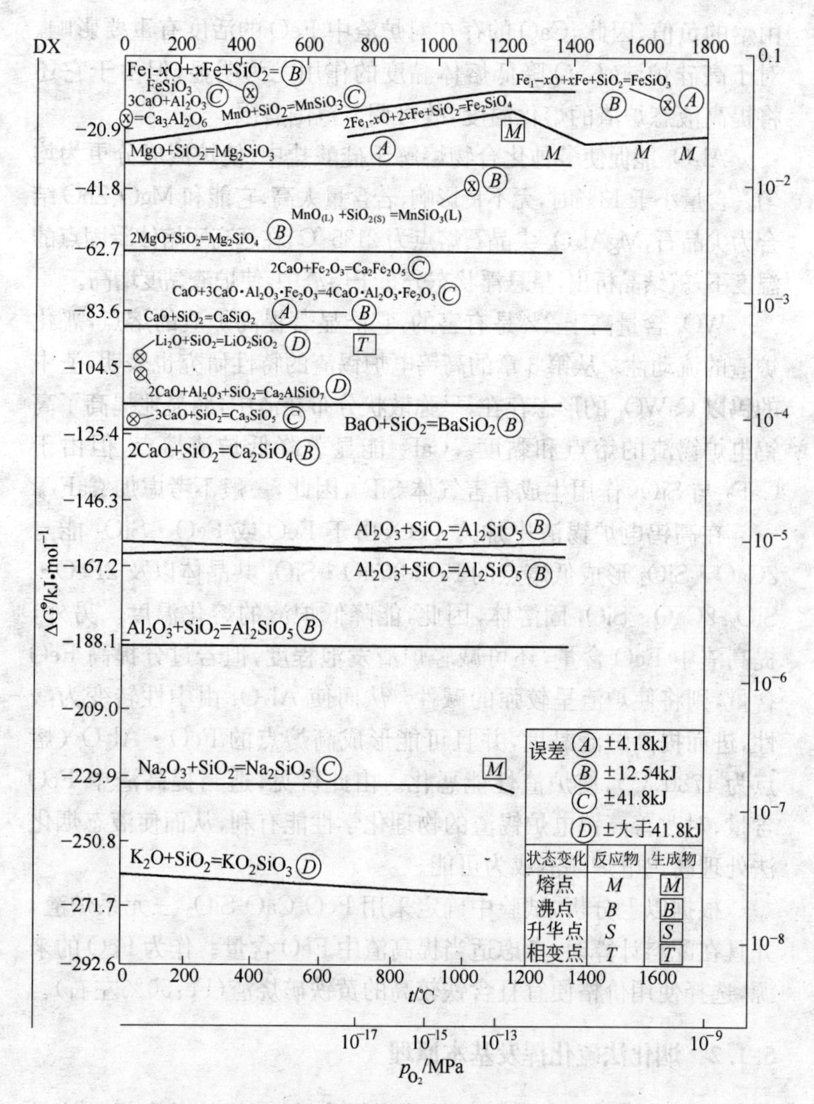

图 5-5　硅酸盐的标准生成自由焓与温度的关系

CaO 与 SiO_2 能结合生成硅酸钙系化合物，并且从图 5-5 中可以看出，Ca_2SiO_4 的生成自由焓的负值远大于 Fe_2SiO_4 的生成自由焓的负值，因此，CaO 的存在对炉渣中 FeO 的活度有重要影响。对于高硅炉渣，CaO 降低熔体黏度的作用尤为明显，但由于它还将提高液态炉渣的熔化温度，故可调节范围有限。

Al_2O_3 能促使多种化合物熔解于硅酸盐中，使炉渣成分更为均匀。含量小于 13%时，无不良影响，若含量太高，它能和 MgO、ZnO 结合为尖晶石，$MgAl_2O_4$ 尖晶石熔点为 2135 ℃，在远高于熔体凝固点的温度下，就结晶析出，呈悬浮状态分布于熔渣中，使炉渣黏度增高。

WO_3 含量高于 2%是有害的，它能显著提高炉渣的熔点，恶化炉渣的流动性。从第 3 章的高钨电炉锡渣的特性研究也表明，渣中的钨以 $CaWO_4$ 的形态存在，呈弥散状分布在渣中，明显地提高了高钨电炉锡渣的熔点和黏度。CaF_2 能显著降低炉渣熔点，但由于 CaF_2 与 SiO_2 作用生成有害气体 SiF_4，因此，一般不考虑加 CaF_2。

在高钨电炉锡渣中加入 FeO，由于 FeO 或 FeO · SiO_2 能与 2CaO · SiO_2 形成低熔点的 FeO-2CaO · SiO_2 共晶体以及 2FeO · SiO_2-2CaO · SiO_2 固溶体，因此，能降低炉渣的熔化温度。另外，提高渣中 FeO 含量，还可减轻炉渣发泡程度，但若过分提高 FeO 含量，则将使炉渣呈较强的碱性，从而使 Al_2O_3 由中性转变为酸性，进而提高炉渣黏度，并且可能形成高熔点的 FeO · Al_2O_3（熔点为 1780 ℃），使炉渣性能恶化。由此可见，适当提高渣中 FeO 含量，对改善高钨电炉锡渣的物理化学性能有利，从而使液态烟化法处理高钨电炉锡渣成为可能。

根据以上分析，试验中确定采用 FeO-CaO-SiO_2 三元系炉渣，并且在配料计算时，考虑适当提高渣中 FeO 含量。作为 FeO 的来源，选择使用价格便宜且含铁较高的黄铁矿烧渣（Fe：50%左右）。

5.1.2　烟化法硫化挥发基本原理

硫化挥发法是目前国内外处理锡中矿、贫锡精矿和锡炉渣最有效、最先进的技术。它利用了锡化合物的挥发性能与炉料中其他组元挥发性能的差别而达到分离和富集的目的。

锡炉渣和其他含锡物料中，锡可能存在的形态为：锡的氧化物

(SnO_2 SnO)、锡的硫化物(SnS)和金属锡(Sn)。锡和二氧化锡的沸点都很高,分别为 2623 ℃和 2500 ℃,在烟化作业温度 1100～1200 ℃条件下,其饱和蒸气压很小,因此,在挥发过程中,锡和二氧化锡的挥发甚微。而氧化亚锡和硫化亚锡的沸点较低,在上述作业温度下其饱和蒸气压较大,它们在锡的挥发过程中起着重要的作用。

在锡炉渣烟化过程中,通过喷嘴向熔池鼓入空气和粉煤,使其燃烧发热以维持熔池温度和具有适当的还原气氛,促使锡、铁等高价氧化物还原为低价氧化物。烟化法硫化挥发基本原理如下:氧化亚锡和硫化亚锡皆具有较大的蒸气压力,在液态炉渣中吹入粉煤、空气混合物和硫化剂并强烈搅拌下发生化学作用,锡生成硫化亚锡挥发,部分锡生成氧化亚锡挥发,二者都被炉气中 O_2 氧化为 SnO_2,最后皆以 SnO_2 烟尘形式收集。

5.1.2.1　氧化亚锡的挥发性能

Sn-O 系部分状态图,如图 5-6 所示,从图中可看出,锡和氧可

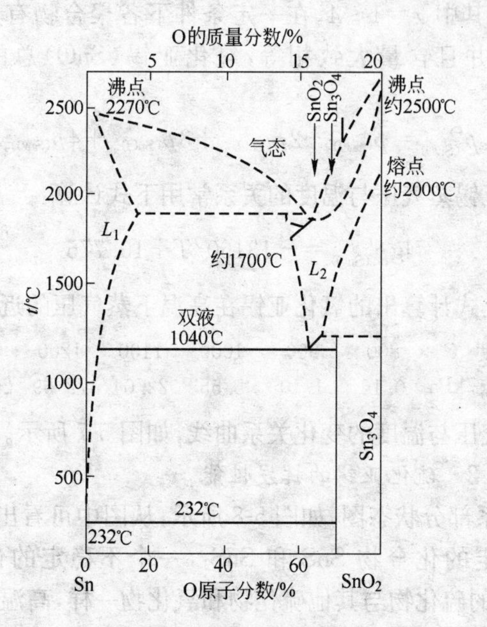

图 5-6　Sn-O 系部分状态

以形成 SnO、Sn_3O_4 和 SnO_2 等化合物。其中：SnO_2 是稳定的化合物，熔点约为 2000 ℃，沸点为 2500 ℃；Sn_3O_4 是不稳定的包晶化合物，低温下稳定，约在 1100 ℃以上分解为 $SnO_{(l)}$ 和 $SnO_{2(s)}$；SnO 是一个不稳定的化合物，据研究，$SnO_{(s)}$ 在温度 383 ℃时稳定，在 383～1100 ℃范围内不稳定，而 $SnO_{(g)}$ 稳定；在高于 1100 ℃时，$SnO_{(l)}$、$SnO_{(g)}$ 稳定存在。

Sn-O 系中氧化亚锡挥发能力的大小，决定于氧化亚锡在熔体中饱和蒸气压的大小：

$$p_{(SnO)}=p^{\ominus}_{(SnO)}\cdot a_{(SnO)}$$

上式中 $p^{\ominus}_{(SnO)}$、$a_{(SnO)}$ 分别为纯氧化亚锡的饱和蒸气压和氧化亚锡在熔体中的活度。可见，氧化亚锡挥发能力的大小取决于熔体的温度和氧化亚锡的活度。

纯氧化亚锡的熔点为 1040 ℃，沸点为 1425 ℃，据 R. 科林等采用质谱测定法测定，发现氧化亚锡的蒸气中存在着多分子聚合物 $(SnO)_x$，其中 $x=1\sim4$，在一定条件下各聚合物有其对应的平衡蒸气压，并且含量大致相等，氧化亚锡（SnO）总的饱和蒸气压为：

$$p^{\ominus}_{(SnO)}=p_{(SnO)}+2p_{(SnO)_2}+3p_{(SnO)_3}+4p_{(SnO)_4} \tag{5-1}$$

氧化亚锡蒸气压与温度的关系常用下式计算：

$$\lg p^{\ominus}_{(SnO)}=-13160/T+10.775 \tag{5-2}$$

根据上式计算出的氧化亚锡在高温下蒸气压的近似值如下：

温度/℃	800	900	1000	1100	1200	1300
$p^{\ominus}_{(SnO)}$/kPa	0.16	1.10	5.55	22.04	72.59	205.47

其蒸气压与温度的变化关系曲线，如图 5-7 所示。

5.1.2.2　硫化亚锡的挥发性能

Sn-S 系部分状态图，如图 5-8 所示，从图中可看出，Sn-S 系中有两个稳定的化合物 SnS 和 SnS_2，一个不稳定的包晶化合物 Sn_2S_3。锡的硫化物与其他硫化物和氧化物一样，高温时高价硫化物不稳定，将逐级分解为稳定的低价硫化亚锡。

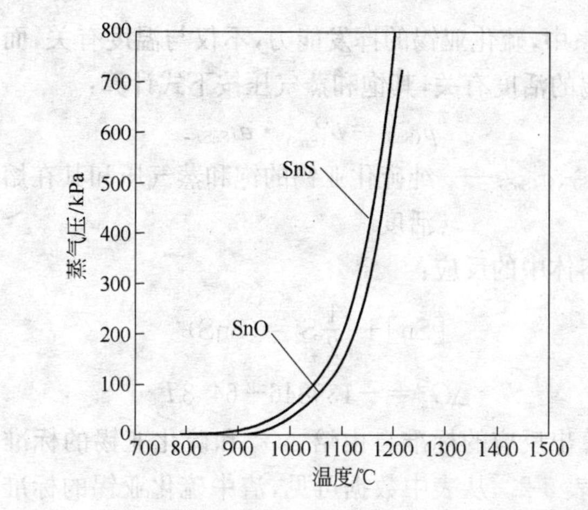

图 5-7 硫化亚锡与氧化亚锡的蒸气压与温度的关系曲线

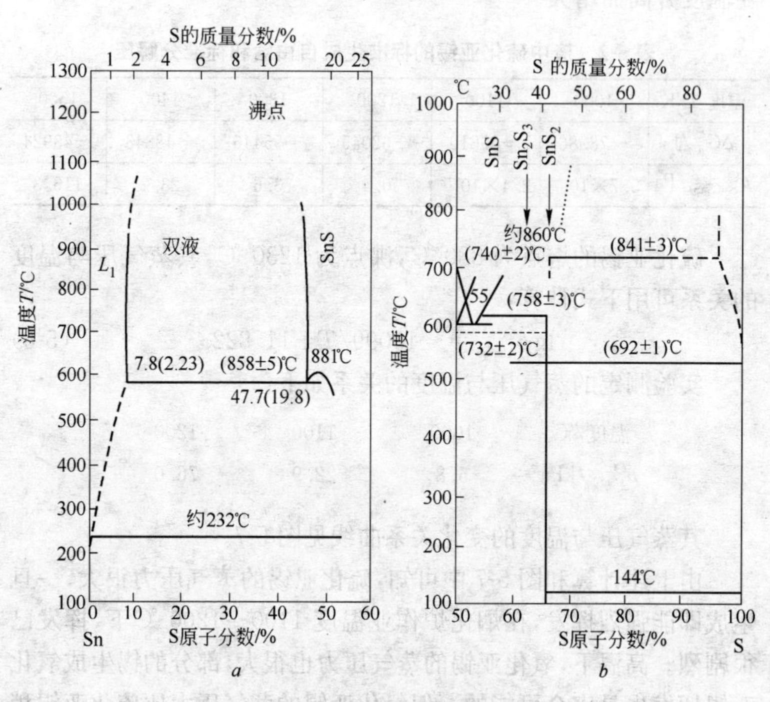

图 5-8 Sn-S 系部分状态

a—SnS 相图；*b*—SnS_2 相图

Sn-S 系中，硫化亚锡的挥发能力，不仅与温度有关，而且与渣中硫化亚锡的活度有关，其饱和蒸气压按下式计算：

$$p_{(SnS)}=p^{\ominus}_{(SnS)}\cdot a_{(SnS)} \tag{5-3}$$

式中　$p^{\ominus}_{(SnS)}$、$a_{(SnS)}$——纯硫化亚锡的饱和蒸气压和其在熔体中的活度。

根据熔体中的反应：

$$[Sn]+\frac{1}{2}S_2=(SnS) \tag{5-4}$$

$$\Delta G^{\ominus}_{a}=-139846+64.8T \tag{5-5}$$

可计算出反应的标准自由焓 $\Delta G^{\ominus}_{a}$ 和硫化亚锡的标准分解压 $p^{\ominus}_{S_2(SnS)}$，见表 5-2。从表中数据可见，渣中硫化亚锡的标准分解压随温度升高而增大。

表 5-2　渣中硫化亚锡的标准生成自由焓和标准分解压

温度 T/K	1000	1100	1200	1300	1400	1500
$\Delta G^{\ominus}_{a}$/J	−78986	−69810	−62045	−55446	−48848	−43924
$p^{\ominus}_{S_2(SnS)}$/Pa	5.7×10^{-4}	2.4×10^{-2}	0.4	3.6	23.2	116.3

硫化亚锡的熔点为 880 ℃，沸点为 1230 ℃，其蒸气压与温度的关系可用下式计算：

$$\lg p^{\ominus}_{(SnS)}=-10099/T+11.822 \tag{5-6}$$

实验测定的蒸气压与温度的关系如下：

温度/℃	1000	1100	1200
$p^{\ominus}_{(SnS)}$/kPa	5.8	22.9	76.0

其蒸气压与温度的变化关系曲线见图 5-7。

由上述计算和图 5-7 中可知，硫化亚锡的蒸气压力很大，一旦生成即能强烈挥发，在烟化炉作业温度 1100～1200 ℃下，挥发已很剧烈。高温下，氧化亚锡的蒸气压力也很大，部分的锡生成氧化亚锡挥发也是完全可能的。但氧化亚锡的蒸气压力比硫化亚锡稍小，在熔渣中的溶解度较硫化亚锡大，所以，锡以硫化亚锡形态挥发更为有利。

5.1.2.3 锡的硫化挥发反应

工业上常加入黄铁矿作为硫化剂，高温下黄铁矿分解为 FeS 和 S_2，二者均能硫化渣中的 Sn、SnO，使氧化亚锡转变为硫化亚锡挥发。至于二氧化锡，在烟化炉作业温度下，与硫或硫化亚铁反应的标准自由焓变化为正值，反应难以进行。

黄铁矿受热时发生的热离解反应为：

$$FeS_{2(s)} = FeS_{(s)} + \frac{1}{2}S_2 \tag{5-7}$$

$$\Delta G^{\ominus} = 182004 - 187.65T \quad (903 \sim 1033\ K) \tag{5-8}$$

$$FeS_{(s)} = Fe_{(s)} + \frac{1}{2}S_2 \tag{5-9}$$

$$\Delta G^{\ominus} = 125078 - 37.54T \quad (598 \sim 1468\ K) \tag{5-10}$$

它们的标准分解压见表 5-3。

表 5-3 FeS_2 和 FeS 的标准分解压

温度 T/K	903	970	1000	1033
$p^{\ominus}_{S_2(FeS_2)}$/Pa	$10^{3.48}$	$10^{5.00}$	$10^{6.00}$	$10^{6.20}$
$p^{\ominus}_{S_2(FeS)}$/Pa	$10^{-6.96}$	$10^{-5.69}$	$10^{-5.17}$	$10^{-4.69}$
温度 T/K	1100	1200	1300	1400
$p^{\ominus}_{S_2(FeS_2)}$/Pa				
$p^{\ominus}_{S_2(FeS)}$/Pa	$10^{-3.60}$	$10^{-2.44}$	$10^{-1.39}$	$10^{-0.59}$

凡是其分解压比硫化亚锡分解压大的硫化物均能使锡硫化，这种硫化物称为锡的硫化剂。从表 5-3 中的数据可以看出，在相同的温度条件下，FeS_2 的标准分解压比表 5-2 中硫化亚锡的标准分解压大得多，故 FeS_2 是锡的较强硫化剂；FeS 的标准分解压较小，是锡的较弱的硫化剂。

在熔池内，锡硫化过程的主要反应如下：

$$C_{(s)} + O_2 = CO_2 \tag{5-11}$$

$$\Delta G^{\ominus} = -395350 - 0.544T \tag{5-12}$$

$$C_{(s)} + \frac{1}{2}O_2 = CO \tag{5-13}$$

$$\Delta G^{\ominus} = -114390 - 85.77T \tag{5-14}$$

$$C_{(s)} + CO_2 = 2CO \tag{5-15}$$

$$\Delta G^{\ominus} = 166570 - 171.004T \tag{5-16}$$

$$CO + \frac{1}{2}O_2 = CO_2 \tag{5-17}$$

$$\Delta G^{\ominus} = -280960 + 85.23T \tag{5-18}$$

$$FeS_{2\,(s)} = (FeS) + \frac{1}{2}S_2 \tag{5-19}$$

$$\Delta G_a^{\ominus} = 214342 - 209.69T \tag{5-20}$$

$$(FeS) + \frac{3}{2}O_2 = (FeO) + SO_2 \tag{5-21}$$

$$\Delta G_a^{\ominus} = -505804 + 102.52T \tag{5-22}$$

$$\frac{1}{2}S_2 + O_2 = SO_2 \tag{5-23}$$

$$\Delta G_a^{\ominus} = -366160 + 72.68T \tag{5-24}$$

$$[Sn] + \frac{1}{2}S_2 = SnS_{(g)} \tag{5-25}$$

$$\Delta G_a^{\ominus} = 25941 - 49.37T \tag{5-26}$$

$$2(SnO) + \frac{3}{2}S_2 = 2SnS_{(g)} + SO_2 \tag{5-27}$$

$$\Delta G_a^{\ominus} = -224622 - 204.94T \tag{5-28}$$

$$(SnO_2) + S_2 = SnS_{(g)} + SO_2 \tag{5-29}$$

$$\Delta G_a^{\ominus} = -180951 - 146.51T \tag{5-30}$$

$$[Sn] + (FeS) + \frac{1}{2}O_2 = (FeO) + SnS_{(g)} \tag{5-31}$$

$$\Delta G_a^{\ominus} = -113703 - 19.53T \tag{5-32}$$

$$(SnO) + (FeS) = (FeO) + SnS_{(g)} \tag{5-33}$$

$$\Delta G_a^{\ominus} = 155747 - 108.97T \tag{5-34}$$

$$3(SnO_2) + 4(FeS) = 4(FeO) + 3SnS_{(g)} + SO_2 \tag{5-35}$$

$$\Delta G_a^{\ominus} = 716597 - 465.53T \tag{5-36}$$

$$[Sn]+SO_2+2CO=SnS_{(g)}+2CO_2 \quad (5\text{-}37)$$

$$\Delta G_a^{\ominus}=-169819+48.40T \quad (5\text{-}38)$$

$$(SnO)+SO_2+3CO=SnS_{(g)}+3CO_2 \quad (5\text{-}39)$$

$$\Delta G_a^{\ominus}=-181329+44.188T \quad (5\text{-}40)$$

$$(SnO_2)+SO_2+4CO=SnS_{(g)}+4CO_2 \quad (5\text{-}41)$$

$$\Delta G_a^{\ominus}=-210569+49.034T \quad (5\text{-}42)$$

$$SnS_{(g)}+2O_2=SnO_2(s)+SO_2 \quad (5\text{-}43)$$

$$\Delta G_a^{\ominus}=-962671+329.42T \quad (5\text{-}44)$$

$$SnO+FeS=FeO+SnS \quad (5\text{-}45)$$

$$\Delta G^{\ominus}=50910-35.05T \quad (5\text{-}46)$$

$$2SnO+\frac{3}{2}S_2=2SnS \quad (5\text{-}47)$$

$$\Delta G^{\ominus}=67630-57.81T \quad (5\text{-}48)$$

$$Sn+\frac{1}{2}S_2=SnS \quad (5\text{-}49)$$

$$\Delta G^{\ominus}=7800-11.54T \quad (5\text{-}50)$$

根据热力学计算，上述诸反应在标准状态下，在一般冶炼温度下都能自发向右进行。部分反应的标准自由焓变化与温度的关系见表 5-4。

表 5-4 锡硫化熔炼部分反应的自由焓变化

反 应 式	温度/℃				
	900	1000	1100	1200	1300
反应式 5-20 的自由焓/J·mol^{-1}	40947	26296	11645	−3005	−17652
反应式 5-21 的自由焓/J·mol^{-1}	757	−24921	−49086	−73250	−97415
反应式 5-22 的自由焓/J·mol^{-1}	−23976	−28800	−33624	−38448	−43273

由反应式可知，锡石必须还原为 SnO，才有利于进行硫化反应，反之，要提高反应速度，必须保持还原气氛和炉渣中 SnO 活度为最大，SnO 活度与气相成分和氧势有关，经计算，SnO 的活度为最大时，气相成分和氧势值见表 5-5。

表 5-5 气相成分和氧势

温度/℃	氧势 ($\lg p_{O_2}$)	$\lg K_p$	CO_2/CO	相当于实际气体成分(体积分数)	
				CO_2/%	CO/%
1100	−11.16	0.630	4.27	18.40	4.30
1150	−10.38	0.646	4.43	18.43	4.16
1200	−9.65	0.658	4.55	18.52	4.07
1250	−8.97	0.669	4.67	18.60	3.98
1300	−8.33	0.679	4.79	18.70	3.90
1350	−7.33	0.689	4.89	18.76	3.84

图 5-9 和图 5-10 是 Floyd 编制的 1200 ℃下 Sn-O-S 系和 Fe-O-S 系的状态图，从中可看出各相稳定存在所需的硫势和氧势，SnO_2 形成氧势比 Fe_3O_4 低，高锡炉渣和低锡炉渣中 SnO 和 SnS 稳定存在的硫势和氧势范围比纯组分宽，如何根据氧势、硫势图选择操作点等，值得进一步探讨，并在操作时应用。

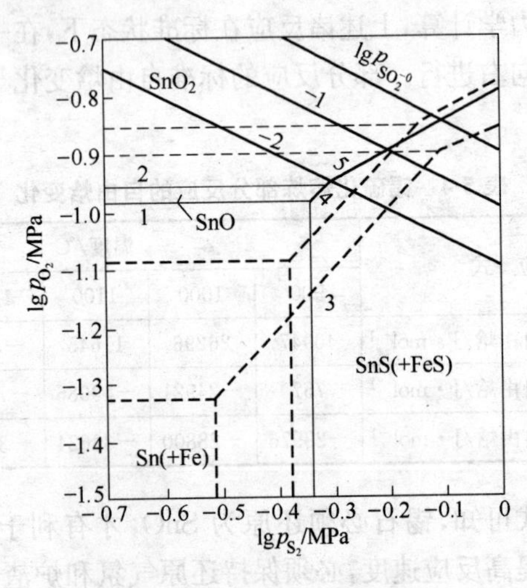

图 5-9 Sn-O-S 状态(1200 ℃)

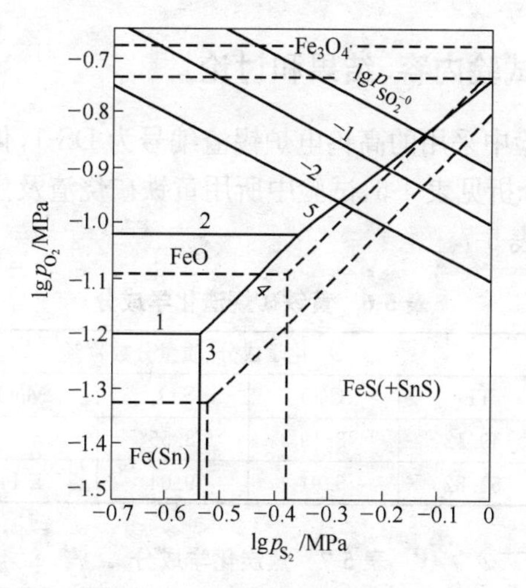

图 5-10 Fe-O-S 状态(1200 ℃)

5.2 试验方法和设备

炉渣流动性定性考查方法:把按要求配好的均匀混合物料装入 5 号石墨坩埚内,并将坩埚置于维持在 1160 ℃的井式坩埚电炉中,从炉口观察炉料的熔化情况。当炉料熔化完毕后,保温停留 10 min,迅速取出坩埚,倾倒出炉渣熔体,观察其流动性,不易粘坩埚者认为是流动性好的炉渣,反之则是流动性差的炉渣。

所用井式坩埚电阻炉功率 12 kV · A,最高温度可达 1300 ℃。

炉渣熔点测定方法:采用卧式硅碳管电炉测定炉渣熔点。将预先磨制至－200 目的高钨电炉锡渣、烧渣以及焦粉按配比要求称量、混匀,然后用 XQ-5 型嵌样机,以 10 MPa 的压力,压制成圆柱形渣团,渣团直径为 15 mm,柱高为 25 mm,质量为 6 g,将渣团置于 15 mm×20 mm×30 mm 的瓷舟中,然后把瓷舟小心地推至刚玉炉管的恒温段,以较低的升温速度升温,并随时观察渣团变化情况,当炉内温度接近估计的炉渣熔点时,再降低升温速度至 3 ℃/min,将渣团上半部逐渐缩小直至消失时的温度认为是该炉渣的熔点。待渣冷却后,取样、制样、分析其化学成分。

5.3 小型试验内容、结果和讨论

小型试验中采用的高钨电炉锡渣编号为 DS-1,化学成分见表 4-2,铁物相分析见表 4-6,试验中所用黄铁矿烧渣及焦炭的化学成分见表 5-6,表 5-7。

表 5-6 黄铁矿烧渣化学成分

名 称	化学成分(质量分数)/%				
	TFe	CaO	SiO_2	MgO	S
烧渣-1	49.12	8.19	8.55		1.58
烧渣-2	51.82	6.91	9.04	1.14	

表 5-7 焦炭化学成分

固定碳/%	灰分/%	S/%	灰分组成(质量分数)/%				
			SiO_2	Fe	CaO	Mg	Al_2O_3
69.51	27.03	0.13	52.28	3.72	4.07	1.08	27.38

5.3.1 炉渣流动性

考察炉渣流动性的小试内容及结果见表 5-8。表中熔化时间指固体炉料完全熔化所需的时间,由表 5-8 可见,在 1160 ℃下,不配烧渣的 XS-1 渣样流动性差;配入 20%(XS-2 炉渣)和 40%(XS-3 炉渣)的烧渣后,流动性得到改善;再增加烧渣配入量至 60%时(XS-4炉渣),则流动性略有下降。由表还可见,萤石的加入可以显著改善炉渣的流动性,但由于萤石价格昂贵,且 CaF_2 会与 SiO_2 作用生成有害气体,故生产中一般不予采用。

表 5-8 炉渣流动性

编 号	配 料 /g				熔化时间/min	流动性
	DS-1 电炉锡渣	烧渣-1	焦粉	萤石		
XS-1	100					差
XS-2	100	20	1.0		8	好

续表 5-8

编号	配料 /g				熔化时间 /min	流动性
	DS-1 电炉锡渣	烧渣-1	焦粉	萤石		
XS-3	100	40	1.2		8	好
XS-4	100	60	1.5		8	中
XS-5	200			8	10	较好
XS-6	200			12	10	较好
XS-7	200			16	10	较好

5.3.2 炉渣熔点测定

炉渣熔点测定试验内容及结果见表 5-9。

表 5-9 炉渣熔点测定试验内容及结果

编号	DS-1 高钨电炉锡渣：烧渣-1：焦粉（质量百分比）/%	熔点/℃	试验次数
XS-8	100：0：0	>1200	1
XS-9	100：0：2.5	1110	1
XS-10	100：20：1.0	1015	2
XS-11	100：30：1.2	995	2
XS-12	100：60：1.5	1040	2

试验结果表明：

(1) 高钨电炉锡渣不加入烧渣及焦粉时，1200 ℃时仍未熔化；

(2) 加入 2.5%的焦粉时，高钨电炉锡渣在 1110 ℃时即可熔化，但熔化速度慢，且明显发泡，呈稀粥状；

(3) 当加入 20%的烧渣时，炉渣在 1015 ℃时完全熔化且不发泡；

(4) 加入 30%的烧渣，熔点最低，为 995 ℃；

(5) 当烧渣配入量提高到 60%时，熔点反而升高，这可能是由于过量的 FeO 与 Al_2O_3 形成高熔点的 FeO · Al_2O_3（熔点为

1780 ℃)所致。

XS-8、XS-10、XS-11、XS-12 炉渣的化学成分分析结果见表 5-10，结合表 5-9、表 5-10 可以得出，硅酸度 K 为 1.0 与 1.14 的炉渣具有较低的熔化温度，而尤以硅酸度 K 为 1.00 时的熔点最低，仅为 995 ℃，当 $K=0.82$ 时，炉渣呈碱性，熔点反而升高。

表 5-10　小试所得炉渣化学成分(%)与硅酸度 K

编　号	炉渣化学成分(质量分数)/%				硅酸度 K
	FeO	CaO	MgO	SiO_2	
XS-8	20.49	12.40	2.42	23.98	1.41
XS-10	31.26	13.68	2.36	25.18	1.14
XS-11	38.39	14.47	2.33	25.85	1.00
XS-12	47.74	14.13	1.98	23.77	0.82

5.4　小结

综上所述，高钨电炉锡渣，配入一定量烧渣且添加适量的碳质还原剂时，熔点降低，流动性得到改善，可完全满足烟化炉作业对炉渣性能的要求，使液态烟化法处理高钨电炉锡渣成为可能。

6 熔池熔炼—连续烟化法处理高钨电炉锡渣工业试验

根据对高钨电炉锡渣的特性研究及小型试验结果，建设 4 m^2 烟化炉及相应的配套辅助设备，进行熔池熔炼—连续烟化法处理高钨电炉锡渣工业试验。

6.1 试料的理化性质

工业试验所用的高钨电炉锡渣 GS-1 的光谱分析见表 6-1，化学成分(含硬头，简称 YGS)见表 6-2。黄铁矿(简称 HTG)、烧渣(简称 SGS)、粉煤(简称 FMG)等的化学分析结果分别见表 6-3，表 6-4。

表 6-1 高钨电炉锡渣 GS-1 光谱分析结果

元素	Be	Al	Si	B	Sb	Mn	Mg	Pb
成分(质量分数)/%	0.004	>10	>10	0.002		0.1	>1	0.003
元素	Sn	Fe	Ge	W	Ti	Ca	Zn	
成分(质量分数)/%	1～10	>10	0.003	1～5	0.01	>3	<1	

表 6-2 高钨电炉锡渣、硬头及石灰石化学成分

编号	化学成分(质量分数)/%							
	Sn	Fe	WO_3	SiO_2	CaO	MgO	Al_2O_3	As
GS-1	13.52	23.00	5.71	19.95	5.80	1.03	12.37	
GS-2	5.95	15.80	7.18	23.99	12.40	2.42	14.42	
GS-3	7.51	20.25	6.16	22.95	6.38	1.80	12.85	0.30
GS-4	7.87	23.80	8.32	21.40	6.50	2.81	12.21	0.30

续表 6-2

编　号	化学成分(质量分数)/%							
	Sn	Fe	WO_3	SiO_2	CaO	MgO	Al_2O_3	As
GS-5	5.22	15.00	6.77	22.45	9.51	2.70	14.10	0.15
YGS-1	33.76	29.80	4.91	7.92	1.97	0.61	4.66	4.00
YGS-2	35.19	34.60	2.26	7.50	1.80	0.53	4.82	6.00
YGS-3	8.36	32.00	4.42	8.95	1.51	0.99	4.51	4.00
石灰石		0.30		0.97	46.70	8.80		

表 6-3　粉煤化学成分

编　号	化学成分(质量分数)/%			
	固定碳	挥发分	灰　分	水　分
FMG-1	64.38	20.00	14.98	0.64
FMG-2	77.20	17.30	4.80	0.70
FMG-3	66.51	20.43	12.49	0.57
FMG-4	66.24	18.57	14.82	0.39

表 6-4　黄铁矿、黄铁矿烧渣化学成分

名　称	化学成分(质量分数)/%				备　注
	TFe	S	SiO_2	H_2O	
HTG-1	37.40	27.50	5.93	5.60	黄铁矿简称 HTG
HTG-2	37.95	29.78	6.16	7.94	
HTG-3	40.14	32.11	5.48	14.98	
HTG-4	36.08	28.76	7.15	13.28	
SGS-1	61.00		2.14	18.57	烧渣简称 SGS
SGS-2	57.60		3.22	18.60	
SGS-3	60.00		2.30	14.98	

6.2　试验工艺流程

6.2.1　熔池熔炼试验工艺流程

熔池熔炼—连续烟化法处理高钨电炉锡渣的工业试验工艺流

程，如图 6-1 所示。

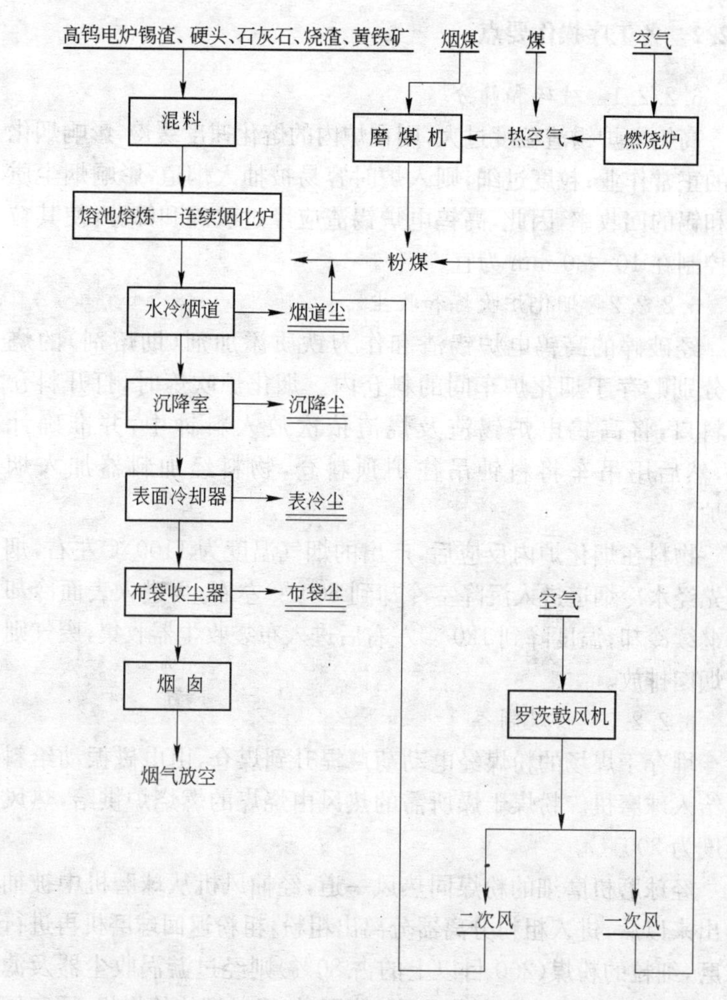

图 6-1 熔池熔炼—连续烟化法处理高钨电炉锡渣工业试验工艺流程

该工艺省去了常规烟化炉必需的化料和保温设备，作业按加料-熔化-吹炼-放渣的程序在同一设备中循环进行。整个工艺是连续的，与间断作业方式相比，有周期短、作业条件较为稳定的特点。

6.2.2 各工序操作要点

6.2.2.1 破碎和筛分

高钨电炉锡渣粒度过大，则在炉内的熔化速度缓慢，影响烟化炉的正常作业；粒度过细，则入炉时容易被抽入烟道，影响烟尘质量和锡的回收率，因此，高钨电炉锡渣应经过破碎和筛分，使其粒度控制在 10～30 mm 为宜。

6.2.2.2 烟化炉吹炼和收尘

经破碎的高钨电炉锡渣和作为铁质添加剂（助熔剂）的烧渣分别贮存于烟化炉车间的料仓内。烟化炉吹炼时，打开料仓下料口，将高钨电炉锡渣及烧渣依次放入料钟中，并准确计量，然后用吊车将料钟吊往炉顶料仓，物料经加料器加入烟化炉。

物料在烟化炉内反应后，产出的烟气温度为 1100 ℃左右，烟气先经水冷烟道进入沉降室冷却到 500 ℃左右，再进入表面冷却器继续冷却，温度降到 120 ℃左右后进入布袋收尘器收集，废气则由烟囱排放。

6.2.2.3 粉煤制备

堆存于煤场的粉煤经电动葫芦提升到煤仓，由电磁振动给料机给入球磨机。粉煤干燥所需的热风由烧煤的燃烧炉供给，热风温度为 200 ℃。

经球磨机磨细的粉煤同热风一道，经抽风机从球磨机中被抽送出来以后，进入粗粉分离器分离出粗粉，粗粉返回球磨机再进行球磨，细粒的粉煤（200 目以上的占 80％）则经过漩涡收尘器及滤袋收尘器收集，贮存于粉煤仓内，使用时，通过螺旋给煤机，用高压风送到烟化炉。

烟化炉所需的高压风由罗茨鼓风机供给。

工业试验中经计算得出的热平衡见表 6-5。

表 6-5 工业试验的热平衡

序号	热收入	kJ	%	热支出	kJ	%
1	炉料带入	900(×4.18)	0.49	废渣带走	48000(×4.18)	26.06
2	空气带入	3424(×4.18)	1.86	烟尘带走	3300(×4.18)	1.79
3	粉煤燃烧放出	160721(×4.18)	87.27	烟气带走	102165(×4.18)	55.48
4	粉煤带入	695(×4.18)	0.38	冷却水及其		
5	黄铁矿氧化放出	18416(×4.18)	10.00	他热损失	30693(×4.18)	16.67
	合 计	184156(×4.18)	100.00		184158(×4.18)	100.00

6.3 工业试验的主要设备选型及计算

6.3.1 烟化炉工序

6.3.1.1 烟化炉的主要技术性能

烟化炉设计时的主要技术性能见表 6-6。

表 6-6 烟化炉的主要技术性能

序号	名 称	单 位	数 据
1	炉床面积	m^2	4
2	处理量	t/炉	5
3	渣层厚度	m	0.38
4	操作周期	min	180
5	炉床能力	$t/(m^2 \cdot d)$	10
6	炉子内形尺寸	mm×mm×mm	3300×1640×2500
7	风口个数	个	16
8	风口中心距	mm	400
9	风口中心距炉底距离	mm	150
10	风口直径	mm	30
11	风口喷出速度	m/s	89
12	鼓风量	m^3/min	76
13	鼓风压力	kg/cm^2	0.80

续表 6-6

序号	名 称	单 位	数 据
14	一、二次风比例		35 : 65
15	粉煤单耗	kg/t 炉料	350
16	操作温度	℃	1100～1200
17	烟气量	m^3/min	4600
18	冷却方式		水冷
19	炉子自重	t	10

6.3.1.2 鼓风机(罗茨风机)的选型

烟化炉所需的风量按下式计算：

$$Q_0=\alpha \cdot S \tag{6-1}$$

式中 Q_0——烟化炉所需风量，m^3/min；

α——鼓风强度，$m^3/(m^2 \cdot min)$，卧式烟化炉一般取值为19～25 $m^3/(m^2 \cdot min)$，此处确定为 19 $m^3/(m^2 \cdot min)$；

S——炉床面积，m^2。

考虑到湿度、气压等因素，鼓风机的风量为：

$$Q=Q_0(1+t/273)\times 760/p \tag{6-2}$$

式中 Q——鼓风机的风量，m^3/min；

t——工作状态的大气温度，取为 20℃；

p——工作状态的大气压力，kPa，取为 75.1 kPa。

经计算鼓风机的风量约为 83 m^3/min。

烟化炉的操作风压一般为 0.03～0.045 MPa，风机的风压约为 0.05 MPa，根据风量和风压，选定的鼓风机为 RF-250A 型罗茨鼓风机，其风量为 85.3 kg/min，压力为 0.8 kg/cm^2。附电机：主轴转速 300 r/min，功率 149 kW。

6.3.1.3 粉煤仓的选择

烟化炉耗煤约为 0.6 t/h，选用如下型号的粉煤仓：ϕ2000，体积 $V=6.6\ m^3$。其贮煤量为：

$$G=V\rho\psi \tag{6-3}$$

式中 G——粉煤仓贮煤量,t;

V——粉煤仓体积,m^3;

ρ——粉煤的堆密度,t/m^3,取为 0.6 t/m^3;

ψ——粉煤仓利用系数,取为 0.7。

则贮煤量为 2.77 t,粉煤仓的贮煤时间约为 5 h。与粉煤仓配套的滤袋收尘器的面积为 100 m^2,螺旋给煤机的送煤速度为 0.4～0.8 t/h。

6.3.2 粉煤制备工序

选择的主要设备如下:

(1) 磨煤机:型号为 ϕ1200 mm×3000 mm,此时磨煤能力为 1.2 t/h;

(2) 粗粉分离器:型号为 D=230 直通式粗粉分离器,数量 1 台;

(3) 漩涡收尘器:型号为 CLT/Aϕ500 型,数量 1 台;

(4) 滤袋收尘器:面积为 100 m^2,数量 1 台(套);

(5) 排风机:型号为 9-26 型,No4-A5,数量 1 台;

(6) 粉煤螺旋输送泵:型号为 ϕ150 mm×1680 mm,数量 2 台。

6.3.3 收尘工序

选择的主要设备如下:

(1) 水冷烟道尺寸:1 m×1 m×8 m;沉降室:面积 42 m^2;

(2) 空气表面冷却器:表面积 393 m^2;

(3) 布袋收尘器:型号 144ZC-Ⅱ5A 型,过滤面积 569 m^2,配用反吹风机为 9-195A 型;

(4) 离心通风机:风量:5600 m^3/h,全压:3670 Pa。

6.4 试验内容、结果和讨论

采用熔池熔炼—连续烟化法处理高钨电炉锡渣,电炉锡渣的挥发熔炼过程是在烟化炉内实现的。新建的烟化炉开炉时,需预先烘烤炉膛，预热整个系统，然后加入木柴、焦炭等并鼓入微风逐渐升温，待着火并且充分燃烧后，加入一定量的贫化炉渣，为形成液态熔池做准备，此时，调整鼓风机的风量，粉煤在一、二次风的作用下，由小到大送入炉内，粉煤在炉内燃烧，使炉温迅速升高，并逐渐形成熔体。待炉内温度升高到烟化炉作业的正常温度为1100～1200 ℃时，炉内整个熔池已基本形成，此时（或在熔池形成过程中），经配料后的炉料（高钨电炉锡渣、石灰石、黄铁矿、烧渣等），从烟化炉炉顶加入。配料和加料是按如下方式进行的。首先按确定的每批料量，将高钨电炉锡渣、硬头、石灰石、黄铁矿、烧渣分层堆配，初步混合，然后通过加料料钟和漏斗，加入烟化炉内。炉料分批加入（每批炉料计为一炉），烟化一定时间后，从渣口放出一定量的贫化炉渣。随后再加入第二批炉料，重复烟化—放渣作业。

6.4.1 合理渣型试验

小型试验结果表明，以高钨电炉锡渣和硬头为原料，用黄铁矿、烧渣、石灰石进行配料，采用烟化法处理，既可以将锡有效地挥发回收，又利用了硬头中的铁。根据小型试验结果，按选择的渣型确定的配料比（见表 5-9 中 XS-11 的配料）进行配料，工业试验中的炉况基本顺畅（个别炉次，炉渣起泡膨胀，将在后续专门研究），炉渣流动性较好，说明高钨电炉锡渣的黏度已得到有效降低，工业试验中选择确定的渣型合理。

6.4.2 风煤比试验

采用烟化炉硫化挥发法处理锡炉渣和其他含锡物料，烟化炉的温度控制和气氛调节是靠风煤比来实现的。风煤比是控制烟化炉正常作业的关键之一。在一般烟化作业中，炉内只起还原硫化挥发作用。当鼓入高压风及粉煤后，粉煤在炉内液料中燃烧，供给热量使炉内保持高温，并保证炉内有适当的还原气氛。但就熔池熔炼—连续烟化作业而言，由于烟化炉同时具备化料和液态挥发功能，因而风煤比的控制较一般烟化炉复杂。

工业生产上常用空气过剩系数 α 表示风煤比。

当 $\alpha=1$ 时，碳完全燃烧成 CO_2，其发热值最大；

当 $\alpha=0.5$ 时，碳燃烧生成 CO，其发热值为最小；

当 $\alpha=0.5\sim1$ 时，碳燃烧不完全，其发热值介于上述二者之间。

表 6-7 是碳燃烧不完全时，其空气过剩系数 α 值与[$\%CO_2/\%CO$]和发热值的关系。从表中可以看出，碳质燃料燃烧时，一定的空气过剩系数 α，对应着一定的气氛和一定的发热值。

表 6-7 α 值与气相组成和发热值的关系

α		1	0.9	0.8	0.7	0.6	0.5
气相组成（体积分数）/%	CO_2	21	18.24	15.00	11.00	6.14	0
	CO	0	4.56	10.00	16.47	24.56	34.71
	CO_2/CO		4.00	1.50	0.67	0.25	0
发热值/%		100	85.60	71.20	57.00	42.40	28.10

在风煤比试验中，风量固定，用变动加煤量的大小来改变风煤比。试验结果为：在加料阶段，为了加快化矿速度，同时兼顾一定的还原气氛，保持炉内有较高温度，风煤比宜偏大，空气过剩系数控制在 0.95～1.0，而在后期，炉内主要完成液态挥发作业，为了保证较快的还原硫化挥发速度，风煤比可适当减小，空气过剩系数控制为 0.9～0.94。

6.4.3 吹炼时间试验

吹炼时间是一个重要的工艺参数，吹炼时间的长短直接影响着锡的挥发率，时间越短，表明表观速率常数 $k_{表}$ 越大，生产效率越高。在表观速率常数 $k_{表}$ 恒定的条件下，随着吹炼时间的延长，渣含锡越来越低，其挥发速率也越来越小，相对应的锡的挥发率的增加也越来越小。如图 6-2 所示是工业试验中，所绘制的吹炼时间与渣含锡的关系曲线。工业试验结果表明，随着吹炼时间的延长，后期的挥发效益很低，影响作业成本。同时，由于使用的粉煤灰分中造渣成分属酸性，故吹炼时间长，渣变稠。根据试验结果，确定熔炼和吹炼时间控制在 150 min，此时，渣含锡为 0.2%，较为合理。

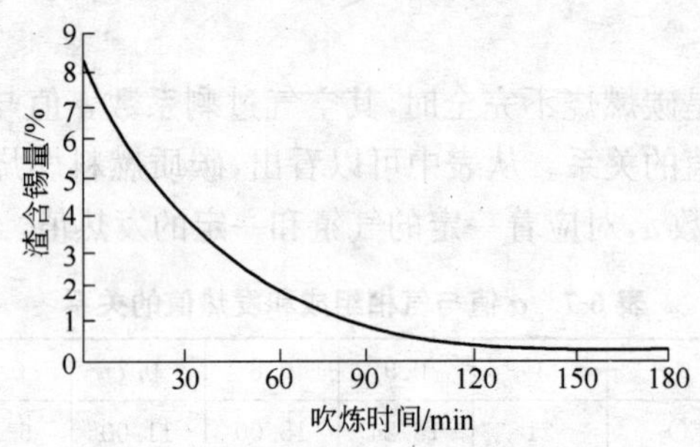

图 6-2 吹炼时间与渣含锡的关系曲线

6.4.4 试验结果

部分烟化渣及产出烟尘的化学成分见表 6-8。

表 6-8 部分烟化渣及产出烟尘的化学成分

料批次	化学成分（质量分数）/%									
	WO_3	Sn	MgO	As	SiO_2	CaO	Al_2O_3	Fe	S	Bi
烟化渣										
95	4.62	0.07	2.93	0.10	19.01	12.24	11.30	29.8		
97	4.37	0.10	3.57	0.10	19.69	13.86	10.18	29.8		
100	4.55	0.05	3.76	0.10	19.63	12.47	8.81	28.8		
烟尘										
07	1.63	62.52		1.60	2.02	0.84		1.5	2.34	0.2
10	0.99	61.52		1.30	1.98	1.20		1.4	2.85	0.3

以工业试验的第 57 批～第 148 批炉料数据统计，共处理锡金属量 27.8582 t，产出锡烟尘金属量 26.0508 t，锡回收率 93%。以每批炉料放出渣的含锡计，平均锡挥发率 96.04%，渣含锡最低达

0.05%;以高钨电炉锡渣和硬头为入炉料计(不计石灰石、烧渣、黄铁矿),每吨炉料煤耗为 0.525 t;如以入炉锡金属量计,每吨金属锡煤耗为 4.6 t,黄铁矿率 20.1%。

6.5 小结

高钨电炉锡渣,虽然含钨、硅高,硅酸度大,但经配入适当的碱性熔剂后,工业试验表明,用熔池熔炼—连续烟化法处理是可行的。

用熔池熔炼—连续烟化法处理高钨电炉锡渣,工业性试验中取得了锡挥发率 96.04%,直收率 93.5%,抛渣含锡低于 0.2%,烟尘含锡 60%的较好技术经济指标,经数百批炉料的试验,现已投入工业应用,作业正常,指标稳定,工艺先进。

用熔池熔炼—连续烟化法处理高钨电炉锡渣,工艺简单,基建投资小、煤耗低,加工成本少,有较好的经济效益。

高钨电炉锡渣黏度大、易发泡,过去我国的生产工艺一直无法处理,该工业试验的成功,为高钨电炉锡渣的处理开辟了一条有效途径,是液态烟化法的一大发展,有较大的实用意义和推广价值,根据国际联机检索,证明该项技术在国内外具有新颖性。

7 烟化渣特性

为了更进一步探求钨、硅等在烟化过程中的行为，又在工业试验现场采集烟化渣试样，对其特性进行研究。

7.1 烟化渣化学分析

选择 YS-1 烟化渣进行光谱分析，根据分析结果对各批炉料产出的烟化渣主要元素进行化学分析，结果见表 7-1、表 7-2。部分炉料产出烟尘化学成分的分析结果见表 7-3。

表 7-1 烟化渣 YS-1 光谱分析

元素	Be	Al	Si	B	Sb	Mn	Mg	Pb	Sn	Fe
成分(质量分数)/%	0.003	＞1	＞10	0.001		0.01	0.1～1	0.02	0.2	＞10

元素	Cr	W	Ti	Ca	Cu	V	Cd	Zn	Ni
成分(质量分数)/%	0.003	＞1	0.01	1～10	0.01	0.003	0.01	0.1	0.003

表 7-2 烟化渣化学成分

编号	化学成分(质量分数)/%								
	Sn	Fe	WO_3	SiO_2	CaO	MgO	Al_2O_3	As	S
YS-1	0.44	26.5	3.97	19.20	17.50	5.34	12.13		1.69
YS-2	0.12	27.7	3.44	22.21	14.85	2.70	12.21		0.07
YS-3	0.08	28.2	3.20	20.83	13.75	2.47	12.18		1.24
YS-4	0.07	28.0	3.54	21.10	16.36	2.66	11.08		0.79
YS-5	0.07	29.8	4.62	19.01	12.24	2.93	11.30	0.1	
YS-6	0.10	29.8	4.39	19.69	13.86	3.57	10.18	0.1	
YS-7	0.05	28.8	4.55	19.63	12.47	3.76	8.87	0.1	
YS-8	0.09	32.0	3.59	19.61	13.28	3.57	9.21	0.1	

表7-3 部分炉料产出烟尘的化学成分

编 号	化学成分(质量分数)/%								
	WO_3	Sn	S	Bi	As	SiO_2	Fe	Pb	Sb
YC-1	1.63	62.52	2.34	0.20	1.60	2.02	1.50	0.84	0.08
YC-2	1.23	62.45	1.14	0.25	1.60	2.40	0.90	1.25	0.08
YC-3	1.01	61.94	2.62	0.21	1.66	1.88	1.30	1.33	0.09
YC-4	0.99	61.52	2.85	0.26	1.30	1.98	1.40	1.20	0.09

从表7-2的分析结果看,高钨电炉锡渣经烟化处理后,所获烟化渣含锡量很低,平均在0.2%以下,说明按确定的配料及工艺条件烟化处理高钨电炉锡渣是可行的。取烟化渣进行熔化温度测定,其范围在1104~1195 ℃之间,较高钨电炉锡渣熔化温度为1218~1255 ℃低了近100 ℃,证明加碱性物质FeO等确能起到降低熔化温度的作用。

7.2 烟化渣X射线衍射分析

取YS-1烟化渣(化学分析结果见表7-2),进行X射线衍射分析(以下所指烟化渣,除非说明,皆为YS-1烟化渣样),查明烟化渣中有如下物相:

(1) 铁橄榄石:$(Ca \cdot Fe)_2SiO_4$;

(2) 白钨矿:$CaWO_4$;

(3) 铁尖晶石:$Fe(Mg)AlO_4$;

(4) 铁橄榄石:Fe_2SiO_4;

(5) α-氧化铁:α-Fe_2O_3;

(6) 磁性铁:Fe_3O_4;

(7) 氧化亚锡:SnO;

(8) 硫化铁:FeS_2。

X射线衍射图见图7-1。

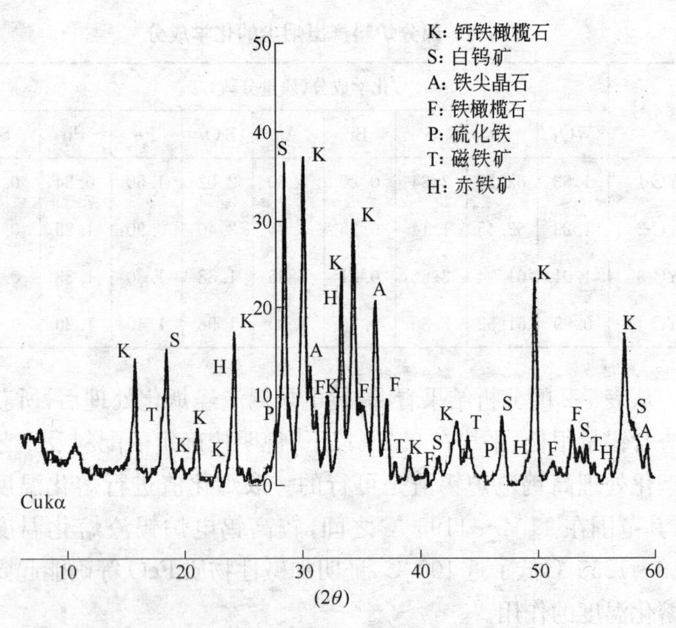

图 7-1 烟化渣 X 射线衍射图

7.3 烟化渣显微镜鉴定及各相共存关系

烟化渣中各结晶相形貌，见图 7-2 和图 7-3。

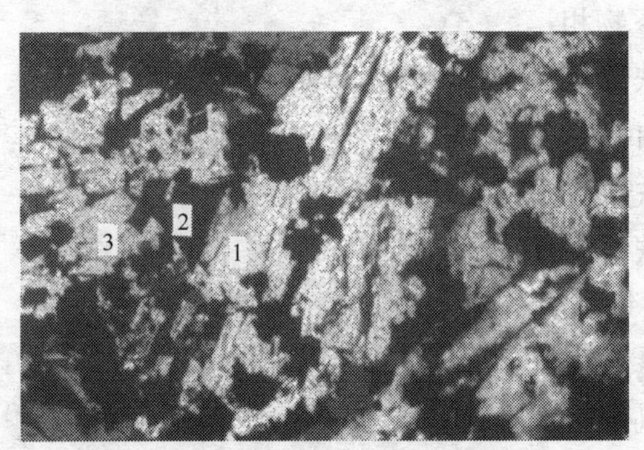

图 7-2 烟化渣中各结晶相形貌(一)

1—钙铁橄榄石；2—磁铁矿及尖晶石；3—铁橄榄石

（透光 正交偏光 ×200）

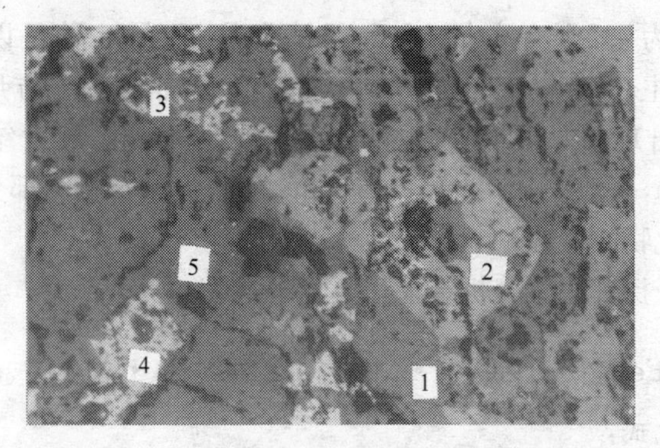

图 7-3 烟化渣中各结晶相形貌(二)
1—钙铁橄榄石;2—磁铁矿;3—白钨矿;4—硫化矿
5—尖晶石(反光 ×200)

经显微镜鉴定表明:烟化渣中主要物相为钙铁橄榄石、白钨矿、铁尖晶石、铁橄榄石、玻璃相及硫化铁等。分述如下:

(1) 钙铁橄榄石:在渣中结晶颗粒粗大,结晶较完好,呈粒状、板状、菱形柱状出现,偏光下有较高的干涉色,图 7-2 中灰白色多颜色晶体为钙铁橄榄石,是烟化渣中主要结晶相,结晶粒度0.20～0.01 mm,最小为 0.005 mm。

电子探针成分分析结果计算分子式为:

$$FeO_{1.14} \cdot CaO_{0.75} \cdot MgO_{0.25} \cdot Al_2O_{3\,0.02} \cdot SiO_{2\,1.00}$$

简化式:

$$(Fe \cdot Ca \cdot Mg)O_{2.14} \cdot (Al \cdot Si)\,O_{2\,1.02}$$

测定结果表明,渣中的 MgO 基本上进入钙铁橄榄石中。

(2) 白钨矿:渣中呈细粒状、条状、树枝状、八面体粒状,结晶粒度细,最大粒度 0.06 mm,一般在 0.01～0.03 mm 之间,与钙铁橄榄石嵌布在一起。

电子探针成分分析结果计算分子式为:

$$CaO_{0.86} \cdot FeO_{0.17} \cdot WO_{3\,1.00}$$

(3) 铁尖晶石:在烟化渣中尖晶石矿物有两种,一种是以阳离子 FeO 为主，含有少量 MgO 的铁尖晶石；另一种是以阳离子 MgO 为主，含有一定量的 FeO 尖晶石。尖晶石呈立方形或八面体粒状出现，以 MgO 为主的尖晶石结晶稍粗，最大结晶粒度 0.04 mm，一般在 0.02～0.005 mm 之间，尖晶石相大部分与白钨矿和硫化物相嵌在一起。

电子探针成分分析结果计算分子式为：

$$FeO_{0.17} \cdot CaO_{0.02} \cdot MgO_{0.87} \cdot SiO_{2\,0.01} \cdot Al_2O_{3\,1.01}$$

简化式：

$(Mg \cdot Fe \cdot Ca)O_{1.06}(Al \cdot Si)_2O_{3\,1.01}$，属镁铝尖晶石

含铁高的尖晶石电子探针成分分析结果计算分子式为：

$FeO_{0.97} \cdot MgO_{0.09} \cdot Al_2O_{3\,1.00}$，属铁尖晶石

(4) 铁橄榄石：在渣中含量较高，结晶呈矮柱状、菱柱状、粒状集合体，与钙铁橄榄石嵌布在一起，结晶粒度 0.08～0.02mm，是渣中主要结晶相，由于渣中含钙、镁，所以在炉渣结晶时开始生成比较多的钙铁橄榄石，其中含一定量的镁，在钙铁橄榄石结晶后，渣中阳离子浓度最大是 FeO，所以开始了大量的铁橄榄石结晶，结晶颗粒比钙铁橄榄石小。

电子探针成分分析结果计算分子式为：

$$FeO_{1.64} \cdot CaO_{0.26} \cdot MgO_{0.10} \cdot Al_2O_{3\,0.01} \cdot SiO_{2\,1.00}$$

简化式：$(Fe \cdot Ca \cdot Mg)O_{2.00}(Al \cdot Si)O_{2\,1.01}$，属镁铝尖晶石

(5) 其他相：磁铁矿（Fe_3O_4），氧化铁（Fe_2O_3），呈粒状分布在炉渣中。

(6) 硫化铁：入炉原料 FeS_2 在炉渣中未反应的残留物，呈粒状分散在炉渣中，粒度 0.1～0.01mm。

烟化渣中各物相对百分含量见表 7-4。YS-1 烟化渣中 WO_3 化学物相分析结果见表 7-5。

表 7-4 烟化渣中各物相对质量分数

物相名称	钙铁橄榄石	铁橄榄石	镁尖晶矿	铁尖晶石
质量分数/%	55.38	10.60	4.36	3.26
物相名称	白钨矿	硫化矿	磁铁矿	玻璃相及其他相
质量分数/%	5.21	2.15	0.83	18.21

测定结果:造渣元素的生成相为84.19%。

表 7-5 烟化渣 YS-1 中钨物相分析结果

编 号	钨物相组成(质量分数)				
	钨酸钙 WO_3	氧化钨 WO_3	金属钨 WO_3	其他钨 WO_3	TWO_3
YS-1 烟化渣/%	3.790	0.047	0.041	0.130	4.008
分配率/%	94.56	1.17	1.03	3.24	100.00

7.4 烟化渣电子探针分析

烟化渣电子探针分析结果,查清了造渣元素在各结晶相中的分布。在烟化渣形貌图 7-2 和图 7-3 中,可见渣中主要结晶相为钙铁橄榄石、白钨矿、硫化铁、铁尖晶石及玻璃相。

烟化渣中硫元素面分布,如图 7-4 所示,硫基本上分布在硫化

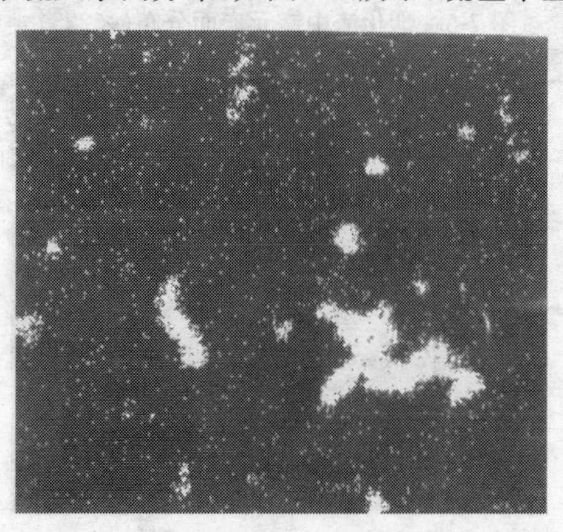

图 7-4 烟化渣中硫元素面分布(×225)

铁中;烟化渣中镁元素面分布,如图 7-5 所示,图中可见镁基本上分布在钙铁橄榄石中;烟化渣中铝元素面分布,如图 7-6 所示,铝主要分布在尖晶石中,部分残留在玻璃相中;烟化渣中硅元素面分布,如图 7-7 所示,硅主要分布在橄榄石;烟化渣中铁元素面分布,如图 7-8 所示,铁主要分布在橄榄石中,少量分散在其他相中;烟化渣中钨元素面分布,如图 7-9 所示,钨基本上分布在白钨矿中。烟化渣中钙元素面分布,如图 7-10 所示,钙元素分布在橄榄石中。

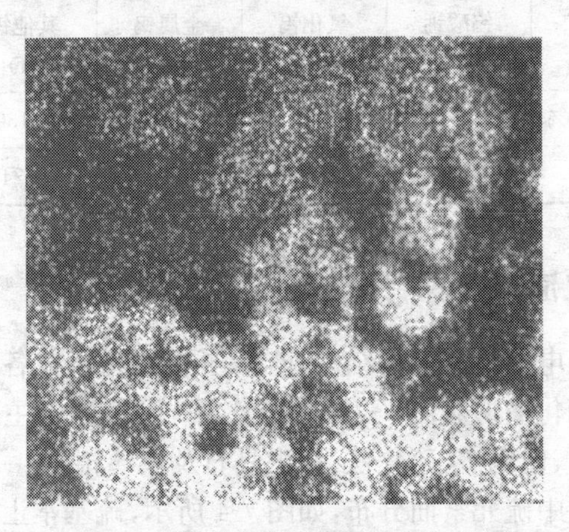

图 7-5　烟化渣中镁元素面分布(×225)

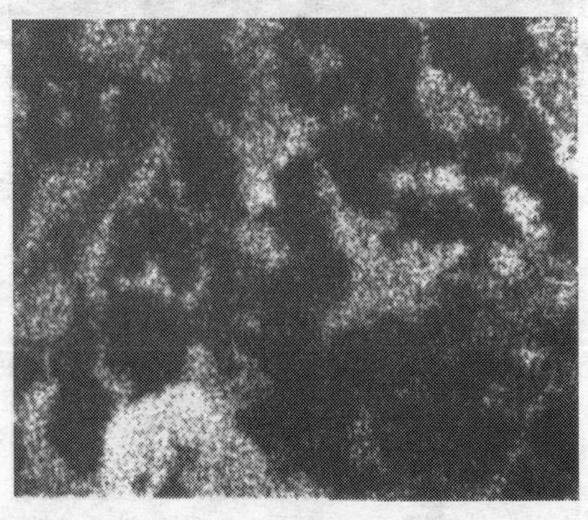

图 7-6　烟化渣中铝元素面分布(×225)

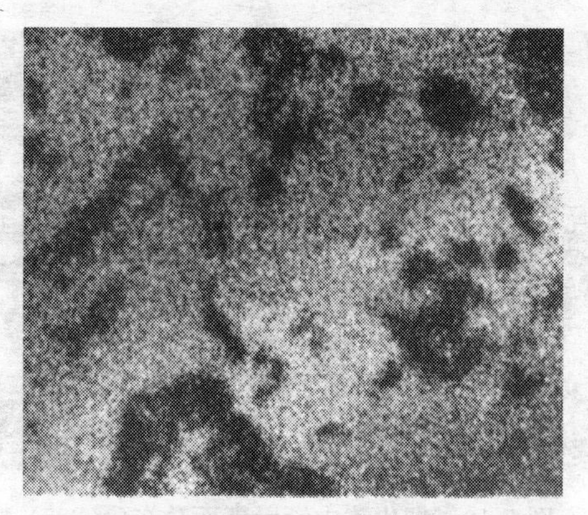

图 7-7 烟化渣中硅元素面分布(×225)

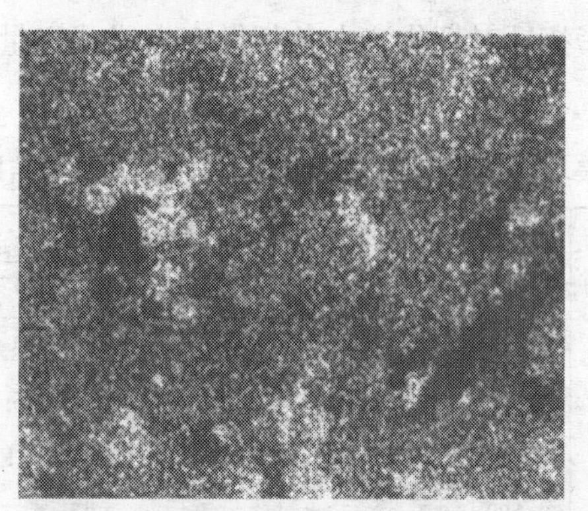

图 7-8 烟化渣中铁元素面分布(×225)

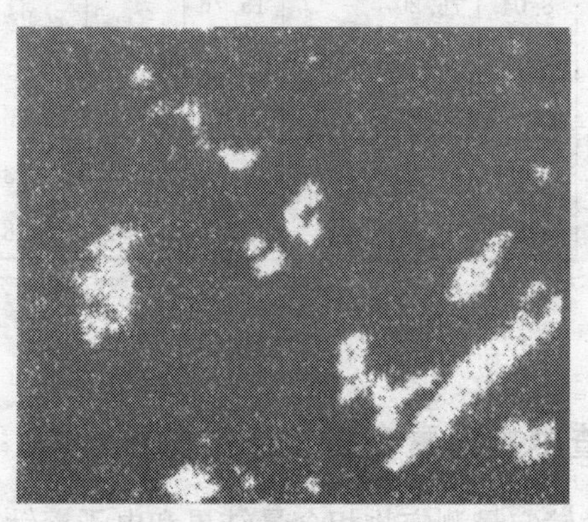

图 7-9 烟化渣中钨元素面分布(×225)

图 7-10 烟化渣中钙元素面分布(×225)

采用电子探针对烟化渣中各相做定点成分定量分析,结果见表 7-6。

表 7-6 烟化渣各结晶相电子探针定量分析结果

名 称	化学成分(质量分数)/%							
	FeO	WO_3	Sn	CaO	MgO	Al_2O_3	SiO_2	S
钙铁橄榄石	32.48			30.15	5.14	0.98	31.25	
铁橄榄石	59.52			7.50	2.13	0.45	30.40	
镁尖晶石	8.30			0.74	23.15	67.31	0.50	
硫化亚铁	63.18①						0.51	36.31
白钨矿	8.04	76.20		15.76				
硫化亚锡	2.57		76.08					21.35
磁铁矿	95.18②	0.36		1.25		1.43	1.78	
铁尖晶石	37.71				3.76	58.53		
玻璃相等	8.87			2.66	0.85	37.18	6.32	

①Fe%;

②Fe_3O_4%。

7.5 烟化渣中主元素在各相中的分配计算

根据显微镜定量测定物相含量结果和电子探针对各相定量分

析结果，计算烟化渣中元素分配，结果见表 7-7。

表 7-7 烟化渣中主元素在各相中的分配计算

矿物名称	矿物含量/%	FeO			Sn		
		品位/%	质量分数/%	分配率/%	品位/%	质量分数/%	分配率/%
钙铁橄榄石	55.38	32.48	17.99	59.91			
铁橄榄石	10.60	59.52	6.30	20.98			
镁铝尖晶石	4.36	8.30	0.36	1.20	0.3③	0.04	9.3
硫化亚铁	2.15	63.2①	1.36	4.53			
白钨矿	5.21	8.04	0.42	1.40			
硫化亚锡	0.51	2.57①	0.01	0.03			
磁铁矿	0.83	95.2②	0.79	2.63	76.1	0.39	90.7
铁尖晶石	3.26	37.71	1.23	4.10			
玻璃相等	17.70	8.87	1.57	5.22			
合　计			30.03	100		0.43	100

矿物名称	WO_3			Al_2O_3		
	品位/%	质量分数/%	分配率/%	品位/%	质量分数/%	分配率/%
钙铁橄榄石						
铁橄榄石						
镁铝尖晶石				67.31	2.93	25.68
硫化亚铁						
白钨矿						
硫化亚锡	76.2	3.97	99.3			
磁铁矿						
铁尖晶石	0.36	0.03	0.7	58.53	1.90	16.65
玻璃相等				37.18	6.54	57.67
合　计		4.00	100			100

续表 7-7

矿物名称	SiO$_2$			S		
	品位/%	质量分数/%	分配率/%	品位/%	质量分数/%	分配率/%
钙铁橄榄石	31.84	17.63	80.17			
铁橄榄石	30.40	3.22	14.64			
镁铝尖晶石	0.50	0.02	0.10			
硫化亚铁						
白钨矿				36.31	0.78	
硫化亚锡						87.64
磁铁矿	1.78	0.01		21.35	0.11	
铁尖晶石				0.36		12.36
玻璃相等	6.32	1.12	5.09			
合　计		22	100		0.89	100

矿物名称	CaO			MgO		
	品位/%	质量分数/%	分配率/%	品位/%	质量分数/%	分配率/%
钙铁橄榄石	30.38	16.82	88.76	7.14	3.95	72.34
铁橄榄石	7.50	0.80	4.22	2.13	0.23	4.21
镁铝尖晶石	0.74	0.03	0.16	23.15	1.01	18.49
硫化亚铁						
白钨矿	15.76	0.82	4.33			
硫化亚锡						
磁铁矿	1.25	0.01	0.05			
铁尖晶石				3.76	0.12	2.20
玻璃相等	2.66	0.47	2.48	0.85	0.15	2.76
合　计		18.95	100		5.46	100

①Fe %；

②Fe_3O_4%；

③SnO%。

计算结果表明：

(1) 渣中80.89%的铁以氧化亚铁的形式进入钙铁橄榄石和铁橄榄石中，7.93%的铁进入尖晶石中，少量进入金属和硫化物

相,剩下的5.22%铁以氧化亚铁的形式进入玻璃相;

(2) 烟化渣中的锡含量很低,主要是未挥发完的硫化亚锡;

(3) 渣中的 WO_3 主要与氧化钙生成白钨矿;

(4) 渣中88.76%的氧化钙进入钙铁橄榄石中,其他氧化钙含在铁橄榄石、白钨矿和玻璃相中;

(5) 渣中有72.34%的氧化镁进入钙铁橄榄石中,有18.4%的氧化镁生成镁铝尖晶石;

(6) 渣中二氧化硅基本上进入橄榄石,占94.81%;

(7) 渣中有42.33%的氧化铝生成尖晶石,剩下的铝进入玻璃相。

7.6 小结

通过以上分析,并综合对照前述对高钨电炉锡渣的物相组成考查结果,可总结出钨、硅在烟化过程中的行为如下:

(1) 钨在高钨电炉锡渣中,基本上与氧化钙生成白钨矿($CaWO_4$),(分配率约为100%),经烟化法处理后,在烟化渣中,仍是与氧化钙形成白钙矿(分配率为99.25%),即在烟化过程中,钨未参与造渣,其状态未发生根本改变,但高钨的存在,使高钨电炉锡渣的熔化温度、黏度值增大(随含钨量的增加,影响更为明显),给烟化作业带来困难。

(2) 硅在高钨电炉锡渣中,与氧化亚铁生成铁橄榄石(分配率为62.93%),部分生成金云母矿物(分配率为20.37%)和进入玻璃相(分配率16.70%)。经烟化处理后,在烟化渣中,硅主要与碱性物质CaO、FeO等形成钙铁橄榄石(占80.17%)和铁橄榄石(占14.64%),余下的硅(占5.09%)进入玻璃相及其他相中,亦即在烟化过程中,硅(SiO_2)积极参与了造渣反应,它与加入的碱性物质FeO、CaO等,大量形成较低熔点的橄榄石(占94.81%)型炉渣,保证了烟化过程的顺利进行。在入炉物料(高钨电炉锡渣)中,高硅的存在,使高钨电炉锡渣的黏度增大(随硅含量的增加而增大),提高了烟化作业的温度,增大了碱性物质的加入量,也同样给烟化作业带来了困难,增加了原燃材料的消耗。

8 烟化泡沫渣特性

工业试验中，发现个别炉次的高钨电炉锡渣在烟化处理时，会产生发泡、体积膨胀现象，影响烟化作业的正常进行，为探求其发泡性能并寻求解决的途径，在现场采集试样（称之为烟化泡沫渣），对其特性进行研究。

8.1 烟化泡沫渣化学分析

对现场采集的烟化泡沫渣试样，首先进行光谱分析，可见表 8-1，再根据光谱分析结果，对其主要元素进行化学分析，结果见表 8-2。

表 8-1 烟化泡沫渣（YPS）光谱分析结果

元素	Be	Al	Si	B	Sb	Mn	Mg	Pb	Sn	Fe
成分（质量分数）/%	0.003	＞1	＞10	0.001	＜0.01	0.01	≥1	0.02	0.3～1	＞10

元素	Cr	W	Ti	Ca	V	Cu	Cd	Zn	Ni
成分（质量分数）/%	0.003	1～5	0.01	＞3	0.003	0.03			0.003

表 8-2 烟化泡沫渣（YPS）化学成分

编号	化学成分（质量分数）/%							
	Sn	Fe	WO_3	SiO_2	CaO	MgO	Al_2O_3	C
YPS	1.45	24.31	3.83	27.09	8.41	2.47	16.44	0.27

化学分析结果表明，烟化泡沫渣中的 SiO_2、Al_2O_3 含量高于高钨电炉锡渣和烟化渣中的含量。

8.2 烟化泡沫渣的X射线衍射分析

烟化泡沫渣X射线衍射图，见图8-1。从中分析可以看出，烟化泡沫渣中基本上没有结晶相存在，炉渣呈均质玻璃相，只有极少数的金属铁呈结晶相。为了进一步证实金属铁相的存在，将烟化泡沫渣破碎至−200目，用永久性磁铁吸取磁性部分，再做X射线衍射分析，得到了金属铁的完整峰形，烟化泡沫渣磁性部分的X射线衍射图，见图8-2。

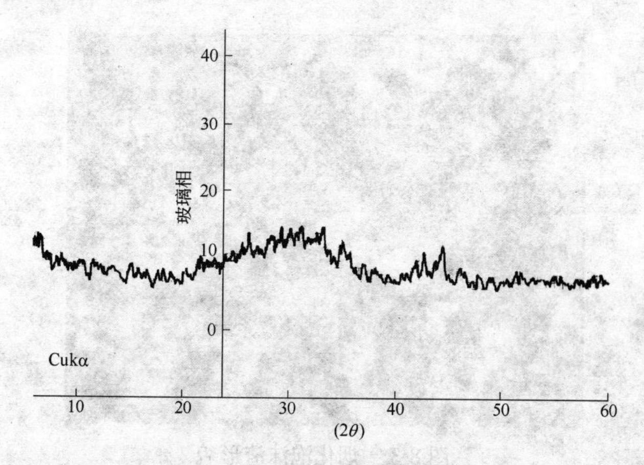

图8-1 烟化泡沫渣X射线衍射

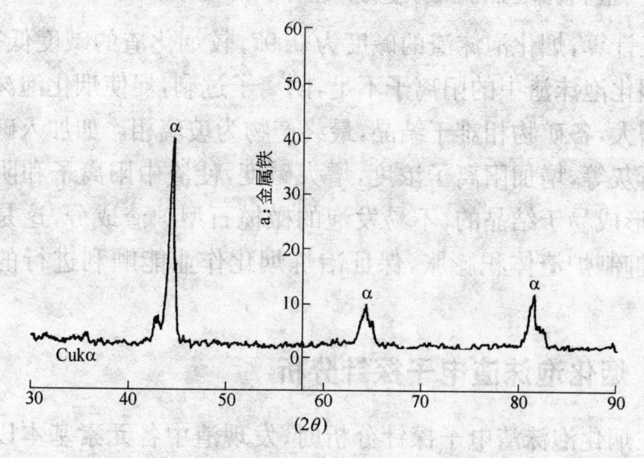

图8-2 烟化泡沫渣磁性部分的X射线衍射

8.3　烟化泡沫渣显微镜鉴定

烟化泡沫渣的显微镜鉴定结果表明：烟化泡沫渣中基本上没有结晶相，属玻璃体。玻璃体呈蜂窝状，孔洞多，仅在个别渣块中发现有少量被局部还原的金属铁。金属铁最大颗粒 0.4 mm，一般在 0.1～0.001 mm 之间，呈球粒状、键状。反光下为灰白色金属光泽，烟化泡沫渣形貌，如图 8-3 所示。

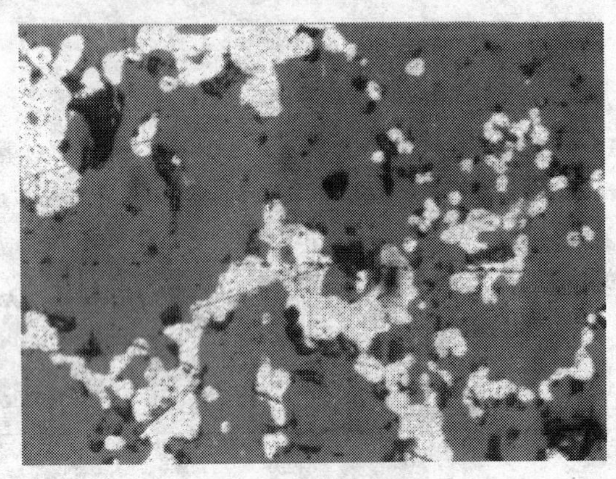

图 8-3　烟化泡沫渣形貌

（渣中局部还原出球粒状金属铁，基底为均质玻璃相反光　×200）

经计算，烟化泡沫渣的碱度为 0.97，较烟化渣的碱度低得多，说明烟化泡沫渣中的阳离子不足，阴离子过剩，促使烟化泡沫渣的黏度增大，各矿物相难于结晶，最终产物为玻璃相。如加入碱性物质如石灰等，增加阳离子浓度，增大碱度，使渣中阳离子和阴离子平衡，形成易于结晶的、不易发泡的橄榄石型炉渣成分，这是消除泡沫、抑制炉渣体积膨胀，保证冶炼烟化作业能顺利进行的有效途径。

8.4　烟化泡沫渣电子探针分析

在烟化泡沫渣电子探针分析时，发现渣中各元素基本以氧化物的形式构成玻璃相，仅少量的渣中有金属铁相。铁元素面分布，如图 8-4 所示，铁在渣中主要分布在基体上，且分布均匀，少部分分布在金属铁相中；钨元素面分布，如图 8-5 所示，钨均匀分布在玻璃相中；钙元素面分布，如图 8-6 所示，钙均匀分布在玻璃相中；硅元素面分布，如图 8-7 所示，硅均匀分布在玻璃相中；镁元素面分布，如图 8-8 所示，镁均匀分布在玻璃相中；铝元素面分布，如图 8-9 所示，铝均匀分布在玻璃相中。

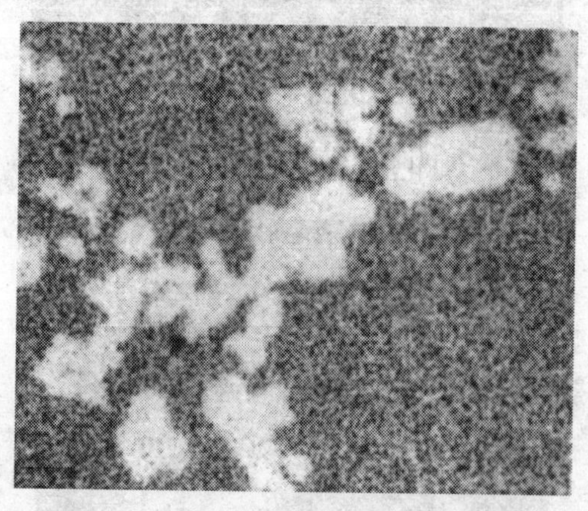

图 8-4 烟化泡沫渣中铁元素面分布(×225)

图 8-5 烟化泡沫渣中钨元素面分布(×225)

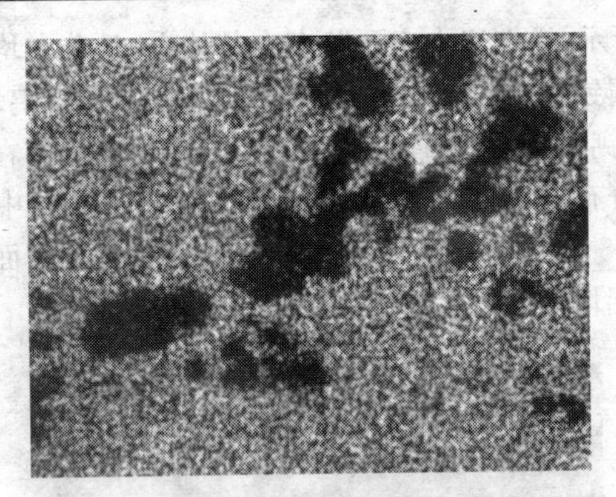

图 8-6　烟化泡沫渣中钙元素面分布(×225)

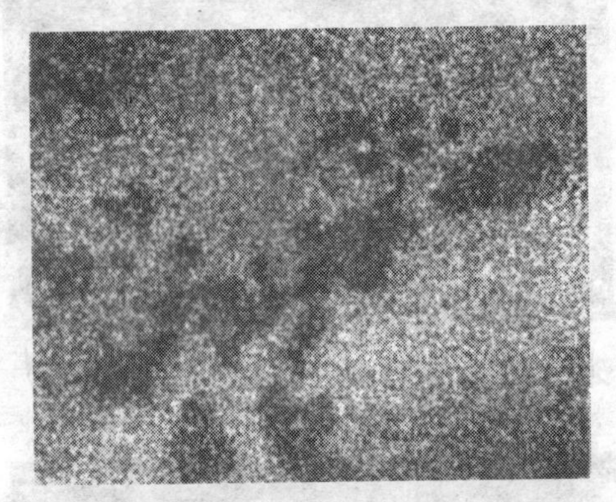

图 8-7　烟化泡沫渣中硅元素面分布(×225)

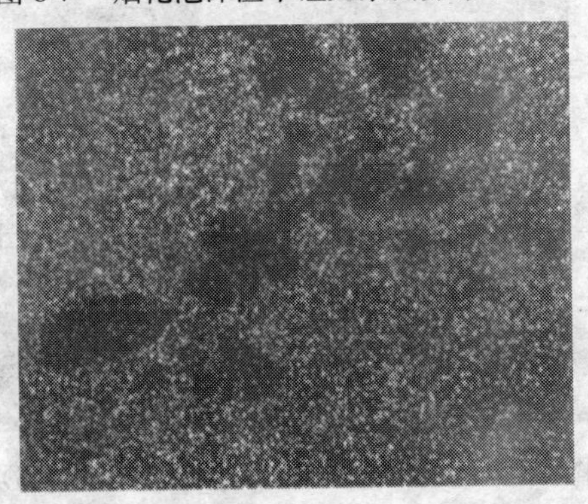

图 8-8　烟化泡沫渣中镁元素面分布(×225)

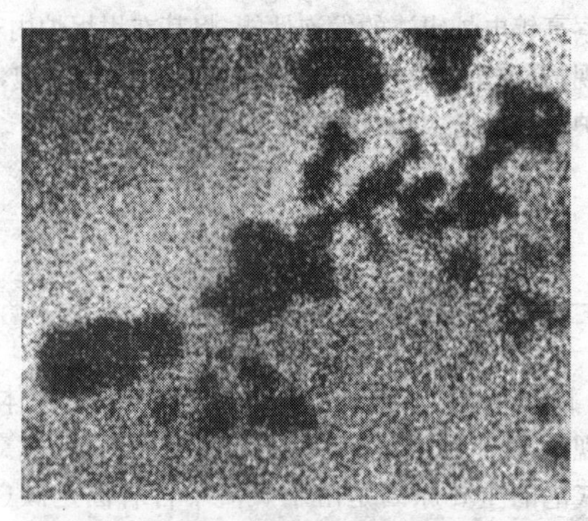

图 8-9 烟化泡沫渣中铝元素面分布(×225)

分析结果表明,烟化泡沫渣因硅、铝含量高,使炉渣黏度增大,渣变稠,产生的大量气泡无法有效快速排出而导致炉渣呈蜂窝状结构。个别渣块中出现的金属铁是局部还原所致。

8.5 烟化泡沫渣的发泡性能

在烟化工艺中,炉料的还原、硫化、挥发都是在熔池内进行的,因此要求熔融炉渣具有较低的熔点、黏度及良好的流动性。

根据炉渣离子理论,液体炉渣和结晶后的固体炉渣一样,仅由阳离子和阴离子所构成,如无特殊根据,则离子在熔体中的结构与在固相中没有很大的区别。

如第 4 章所述,高钨电炉锡渣的主要相成分是钙铁橄榄石(占总渣量的 43.54%),玻璃相(17.90%)及金云母(10.80%),三者总和达 72.24%,构成液体炉渣的基础部分;渣中未能实现沉渣分离的低熔点、低黏度物质 FeS、SnS 及金属锡,以微细颗粒分散夹杂在基础炉渣中,对该渣的性质无不良影响;铁尖晶石是温度降低时最先析出的物质,白钨在炉渣中不熔化,形成单独的相,并以颗粒状态分布在炉渣中,颗粒度一般小于 0.02 mm,两者都提高了炉渣的熔点和黏度,尤其是白钨影响更大。

为考察高钨电炉锡渣的发泡性能，将其在坩埚炉内升温熔化。试验中发现，升温至炉渣熔融时，渣层内产生细密气泡，推动液面上升致使炉渣厚度增大，测定结果：

$$\eta=\frac{H}{H_0}\geqslant 2.5 \tag{8-1}$$

式中　η——起泡率；

H_0——起始渣层厚度；

H——产生泡沫时的渣层厚度。

当 $\eta\geqslant 1$ 时，η 越大，起泡越剧烈。炉渣发泡是液体炉渣反应中的一种现象，发生在气体和熔渣同时存在的场合。

产生气泡的主要原因是由于炉渣中含有固定碳（分析值为0.27%），它在炉渣中反应产生气泡，气泡上升至表面形成泡沫层后排出，当渣层内的炭消耗完毕，泡沫中的气体排完后，渣面归于平静；产生气泡的另一原因是炉渣组成中的 Fe_3O_4 与硫化物（FeS）反应生成 SO_2 气泡。外部鼓入气体同样能推动渣面上升，形成泡沫渣，烟化炉正常作业时要不断鼓入空气与煤的混合物，产生气泡的原因主要属于后一种情况。

泡沫渣表面积大，反应速度快，能覆盖炉壁起到保护炉壁水套的作用，但若起泡率过大，则能从炉顶冒出，严重影响操作，甚至酿成重大事故，因此对泡沫渣不能掉以轻心。

炉渣能否发泡取决于其本身性质，即能不能发泡和产生的泡是否稳定，其次是起泡需要一定能量的气体，即炉渣内部反应产生的或向熔池鼓入的气体，其能量足以使液体体积扩大，形成泡沫且长大。

据 Fruchan 等的研究，炉渣的起泡指数（表示渣的泡沫化程度强弱的参数，即气泡在渣中的滞留时间）与熔渣的$[\mu\rho g/\sigma^{1/2}]$成正比。此式中的 μ 为黏度，Pa · s，ρ 为密度，kg/m^3，g 为重力加速度，m/s^2，σ 为渣的表面张力，N/m。

调整炉渣成分显然可以降低炉渣的黏度及提高表面张力，有利于炉渣消泡；而温度的影响更大，随着温度的升高，熔渣的黏度降低而表面张力升高;此外,固体颗粒的作用不能低估,渣中呈固体弥散状分布的独立相 $CaWO_4$,能导致熔渣熔点和黏度升高,促使炉渣发泡,很显然,添加表面活性物质能使炉渣起泡率降低。

曾在完成烟化的弃渣中添加 $CaWO_4$,观察其发泡情况,并测定其熔点和黏度,$CaWO_4$添加量分别为(%):0、2、4、6、8。以石墨坩埚为容器。不添加 $CaWO_4$的炉渣虽有气泡产生,但很容易凝聚成大泡从表面逸出,不起泡沫;其余试验都有泡沫产生,导致体积膨胀。经测定各炉渣的熔点和黏度,也都随着 $CaWO_4$的增加而提高。

熔渣的黏度取决于难活动的离子质点、尤其是阴离子质点的大小,阴离子质点愈小,则质点间的内摩力就愈小,炉渣的黏度也就愈低,反之则增大。所鉴定的高钨电炉锡渣的相成分以铁橄榄石为主(占 43.54%),该相的熔点和黏度都不高,但炉渣中有熔点较高的铁尖晶石及难以熔化的白钨,因而使熔点和黏度都有所升高。

综上所述,由于难熔化的呈固体弥散状分布的独立相 $CaWO_4$及较高熔点的铁尖晶石的存在,致使烟化法处理高钨电炉锡渣时,较通常情况,炉渣的熔点和黏度升高,气体难以逸出,导致起泡,产生泡沫渣;泡沫渣中硅、铝含量较高,其碱度为 0.97,属酸性渣,渣中的阳离子不足,阴离子过剩,促使烟化泡沫渣的黏度增大,各矿物相难以结晶,最终产物为玻璃相。如加入碱性物质如石灰等,增加阳离子浓度,增大碱度,使渣中阳离子和阴离子平衡,形成易于结晶的、不易发泡的橄榄石型炉渣成分,这是消除泡沫、抑制炉渣体积膨胀,保证冶炼烟化作业能顺利进行的有效途径,工业试验的结果证实了该措施是正确的。

8.6 小结

通过以上研究,可归纳出烟化泡沫渣特性:烟化泡沫渣中的 SiO_2、Al_2O_3含量高于高钨电炉锡渣和烟化渣中的含量;渣中各元素基本上以氧化物的形式构成玻璃相结构,没有结晶相,属玻璃体，仅有极少量的渣中有金属铁相；烟化泡沫渣的碱度为 0.97，较烟化渣的碱度低得多，属酸性渣，渣中的阳离子不足，阴离子过剩，促使烟化泡沫渣的黏度增大，产生的大量气泡无法有效快速排出而导致炉渣呈蜂窝状结构，各矿物相难以结晶，最终产物为玻璃相。加入碱性物质如石灰等，将增加阳离子浓度，增大碱度，使渣中阳离子和阴离子平衡，形成易于结晶的、不易发泡的橄榄石型炉渣成分，这是消除泡沫、抑制炉渣体积膨胀，保证冶炼烟化作业能顺利进行的有效途径。

9 炉渣渣型

冶金炉渣常由多种氧化物以及氟化物、硫化物等多种化合物组成，是一个极为复杂的体系。组成冶金炉渣的各种氧化物大致可分为三类，即碱性氧化物、酸性氧化物和两性氧化物。

(1) 碱性氧化物：如 FeO、CaO、MgO、MnO 等，此类氧化物能供给氧离子 O^{2-}，例如 $CaO=Ca+O^{2-}$；

(2) 酸性氧化物：如 SiO_2、P_2O_5 等，此类氧化物能吸收氧离子 O^{2-} 而形成络合阴离子，例如 $SiO_2+2O^{2-}= SiO_4^{2-}$；

(3) 两性氧化物：如 Al_2O_3、ZnO 等，此类氧化物在碱性氧化物过剩时会吸收氧离子，形成络合阴离子而呈酸性，在酸性氧化物过剩时又可供给氧离子而呈碱性，例如 $Al_2O_3+O^{2-}=2AlO^-$，$Al_2O_3=2Al^{3+}+3O^{2-}$。

炉渣渣型一般用二氧化硅饱和度、碱度和炉渣中所形成的矿物相来确定。

在矿物学中，通常以诸造渣成分间 SiO_2 与 FeO、MgO、CaO 的比例变化关系为出发点，根据化学成分，以二氧化硅饱和度来探讨合适的渣型及解释渣的形成机理。二氧化硅饱和度（Q）与炉渣的理化性质关系密切，计算公式如下：

$$二氧化硅饱和度(Q)值=\left(\frac{SiO_2+Al_2O_3}{FeO+MeO}\right)_{mol}\times 100\% \qquad (9\text{-}1)$$

式中，MeO 为 CaO、MgO、MnO 等碱性氧化物。

该法是从岩石学中矿物共生组合角度出发计算二氧化硅的饱和程度。以辉石化学成分中：$SiO_2/(FeO+MeO)_{mol}$ 的比值为 100，作为岩石饱和矿物的特征，当为橄榄石时，为亚饱和型，如有石英伴生则为过饱和型。

当 $Q<50\%$ 时，为不饱和型，说明渣中应含有方铁矿[FeO]及

橄榄石；

当 $Q\approx50\%$时，为亚饱和型，渣中主要矿物为橄榄石；

当 $Q\approx100\%$时，为饱和型，渣中主要矿物为辉石；

当 $Q>100\%$时，为过饱和型，渣中可能出现游离石英。

冶金中，根据炉渣成分，也采用碱度 B 来衡量炉渣中碱性物质与酸性物质的比例。计算公式为：

$$B=\frac{CaO+MgO+FeO}{SiO_2+Al_2O_3} \tag{9-2}$$

式中，各成分均为质量分数。

烟化法中，通常用硅酸度 K 来分析炉渣成分，一般认为 K 值 >1.4 的炉渣，烟化作业难以进行。

对炼锡炉渣而言，其组成大部分都是由碱性氧化物和酸性氧化物生成的硅酸盐，也有少部分是硅铝酸盐，硅酸度 K 值的定义为：炉渣中酸性氧化物中含氧量和碱性氧化物中含氧量的比值，即：

$$K=\frac{SiO_2\text{ 中氧离子}}{(FeO+MeO)\text{氧离子}} \tag{9-3}$$

式中，MeO 为 CaO、MgO、MnO 等碱性氧化物。

硅酸度 K 值等于 1 的炉渣称为一硅酸度炉渣，相当于 $2MeO\cdot SiO_2$的盐类，硅酸度等于 2 的炉渣称为二硅酸度炉渣，相当于 $MeO\cdot SiO_2$的盐类。炼锡炉渣的硅酸度一般在 1.0～1.5 之间。

表 9-1 是根据炉渣成分计算的高钨电炉锡渣、烟化渣、烟化泡沫渣的二氧化硅饱和度(Q)、硅酸度(K)和碱度(B)以及根据计算所得出的炉渣矿物类型和成分式。各种炉渣的化学成分分别见表 4-2、表 5-10、表 7-2 和表 8-2。

从表 9-1 的计算数据可以看出，高钨电炉锡渣，其 Q 值皆大于 50%，属亚饱和型渣，少部分属饱和型和过饱和型渣。炉渣矿物类型为橄榄石和紫苏辉石，成分式为：$(Fe\cdot Mg\cdot Ca)_2SiO_4$和$(Fe\cdot Mg\cdot Ca)SiO_3$，相应的，其硅酸度 K 值较高而碱度 B 值较低。

表 9-1 各类炉渣的 *Q* 值、*K* 值、*B* 值及炉渣矿物类型

编 号	炉渣的 Q 值、K 值、B 值及炉渣矿物类型				
	Q/%	K	B	炉渣矿物类型	炉渣成分式
高钨电炉锡渣					
DS-1	98.88	1.44	0.89		
DS-2	84.45	1.22	1.13		
DS-3	98.04	1.46	0.96		
DS-4	78.22	1.16	1.19		
DS-5	101.96	1.34	0.86		
DS-6	89.16	1.35	1.03		
DS-7	88.03	1.26	1.11	橄榄石	$(Fe \cdot Mg \cdot Ca)_2SiO_4$
DS-8	89.79	1.29	1.03	+	+
DS-9	98.56	1.44	0.94	紫苏辉石	$(Fe \cdot Mg \cdot Ca)SiO_3$
DS-10	69.11	0.95	1.32		
DS-11	86.48	1.36	0.97		
DS-12	92.55	1.48	1.09		
DS-13	88.07	1.40	1.14		
DS-14	85.80	1.36	1.20		
DS-15	96.96	1.54	1.04		
DS-16	105.85	1.77	0.97		
DS-17	113.64	1.94	0.92		
小试烟化渣					
XS-8(属电炉渣)	70.50	1.41	1.47		
XS-10	56.91	1.14	1.88	橄榄石	$(Fe \cdot Ca \cdot Mg)_2SiO_4$
XS-11	50.67	1.00	2.14		
XS-12	41.05	0.82	2.69		
工业试验烟化渣					
YS-1	47.98	0.69	1.62		
YS-2	59.47	0.76	1.55		
YS-3	57.77	0.85	1.59		
YS-4	49.74	0.81	1.71	橄榄石	
YS-5	52.11	1.04	1.77		
YS-6	49.44	0.75	1.87		
YS-7	49.93	0.77	1.88		
YS-8	46.62	0.72	2.02		
工业试验烟化泡沫渣 YPS	97.41	1.40	0.97	辉石+玻璃相	

经配料烟化处理后所获得的烟化渣，因加入大量碱性物料而使 Q 值、K 值下降，而 B 值升高，大部分炉次的 Q 值皆小于 50%，最高的也小于 60%，为不饱和型渣，小部分属亚饱和型渣，炉渣主要矿物类型为橄榄石，成分式为：$(Fe \cdot Mg \cdot Ca)_2SiO_4$，相对的，其硅酸度 K 值较低而碱度 B 值较高。

烟化泡沫渣，Q 值为 97%，是饱和型渣，炉渣主要矿物类型为辉石和玻璃相。由于部分炉次的高钨电炉锡渣，经配料烟化处理时加入的碱性物料不足，致使炉渣 Q 值很高（接近 100%），K 值大而碱度 B 值低，烟化处理时发泡膨胀，产生烟化泡沫渣，作业难以进行。很显然，解决此问题的措施就是在配料时增加碱性物质如 FeO 的加入量，使 Q 值、K 值降低而碱度 B 值增大，满足液态烟化作业的要求，工业试验中已成功地解决了此问题。

上述计算结果与炉渣实际鉴定出的矿物相相符。值得一提的是由于高钨电炉锡渣中含有钾和氟，因而烟化处理后生成了一种结晶完好的含钾金云母矿物，这是冶金炉渣中少见的矿物相。

高钨电炉锡渣、烟化渣和烟化泡沫渣的化学成分系多元系：$FeO\text{-}CaO\text{-}MgO\text{-}Al_2O_3\text{-}SiO_2$，为便于讨论渣型与结晶相的关系，将多元系简化为三元系：$FeO\text{-}CaO\text{-}SiO_2$。将渣中该三相的成分换算为 100%，可在 $FeO\text{-}CaO\text{-}SiO_2$ 三元系平衡图上作图，找出各炉渣的位置，如图 9-1 所示。

在图 9-1 中，DS-7 高钨电炉锡渣的位置，落在橄榄石区的最低熔点区，YS-1 烟化渣位置，落在橄榄石区，这是冶炼工艺中比较理想的，处于这个区域的炉渣熔点低，黏度小，有利于炉况顺行，YPS 烟化泡沫渣的位置，落在接近方石英区边缘。

从炉渣的化学组成，矿物相组成及二氧化硅饱和度、硅酸度、碱度，三元系相图等可知，烟化渣属橄榄石型，炉渣中矿物相结晶顺序大致如下：渣中存在一定量的 Al_2O_3，使炉渣以镁、钙、铁为主要成分的硅酸盐中独立出现了首先生成镁、铁为主的尖晶石，然后才是镁、钙、铁硅酸盐的结晶，从高熔点的镁、钙、铁硅酸盐开始，过渡到铁、镁及铁的硅酸盐，从矿物学角度讲，它是由 $2MeO \cdot SiO_2$

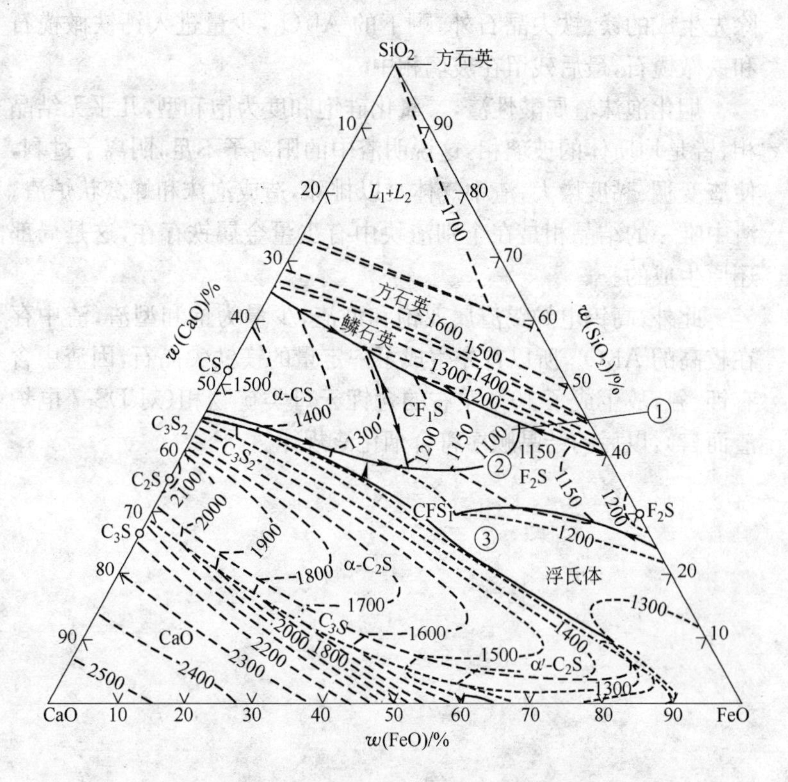

图 9-1　FeO-CaO-SiO₂三元系相图

①—YPS 烟化泡沫渣成分；②—DS-7 高钨电炉锡渣成分；
③—YS-1 烟化渣成分

向 $MeO \cdot SiO_2$ 过渡，是从橄榄石（$2MeO \cdot SiO_2$）型过渡到辉石（$MeO \cdot SiO_2$）型。具体说，金属阳离子减少，非金属络离子增加，随着温度的下降，金属阳离子中二价镁、钙离子减少，形成难熔的高温产物，二价铁离子增加，形成熔点较低的铁酸盐，其他离子如 Ca^{2+}、Al^{3+} 等相对增加，而最后残留下来的熔渣以 $FeO \cdot CaO \cdot Al_2O_3 \cdot SiO_2$ 为主，类似单斜辉石的玻璃相。

烟化渣属高 $FeO \cdot CaO \cdot Al_2O_3 \cdot SiO_2$ 型渣。铝具有两重性，它可以与硅氧形成 FeO-SiO_2 根络离子，也可以为阳离子。当硅量少时代替硅，当硅量多时代替金属阳离子。在烟化渣结晶过程中，除先生成的镁、铁尖晶石外，剩下的 Al_2O_3，少量进入钙铁橄榄石和铁橄榄石，最后残留在玻璃相中。

烟化泡沫渣属酸性渣，二氧化硅饱和度为饱和型，几乎无结晶相，皆是均质体的玻璃相，这说明渣中的阳离子不足，阴离子过剩，使渣变稠、黏度增大，渣中气体难以排除，造成泡沫和蜂窝状炉渣。渣中唯一的结晶相是在个别渣块中有少量金属铁存在，这是局部还原生成的。

此外，高钨电炉锡渣属亚饱和型渣，少量为饱和型渣，渣中存在较高的 Al_2O_3，所以首先生成了一定量的镁铁尖晶石，因渣中含有钾、氟，故生成了10％左右的含钾云母类矿物相（对 DS-7 电炉渣而言），以后的结晶顺序符合烟化渣规律。

10 锑及其主要化合物的性质

10.1 概述

我国是世界上锑的主要生产国和出口国,锑的地质储量占世界第一位。早在 20 世纪 50 年代以前,我国的锑产量就占世界上锑产量的 50%以上,1908～1914 年,高达 80%,1922～1931 年为 73%。20 世纪 50 年代为世界锑总产量的 40%左右,60 年代以来,世界各地锑矿陆续开发,我国锑产量也有所增加,在世界总产量中仍占较大比重。

锑广泛应用于塑料、橡胶、涂料、阻燃、蓄电池、合金、聚脂催化剂、荧光粉、电子陶瓷、军事等领域。20 多年来,我国的锑冶金工业得到了快速发展,目前,无论是锑的资源量、生产量还是出口量,皆名列世界第一,锑已成为我国的有色金属优势资源之一。2000 年,我国锑的保有金属储量为 230 万 t,2002 年,在我国居世界第一位的 1012 万 t 的 10 种有色金属产量中,锑产量为 12.32 万 t,占全球锑产量的 90%以上,锑品出口量为 7.2 万 t,约占全球锑品出口量的 80%。

我国锑矿资源异常丰富,分布于湘、黔、滇、桂、粤、赣、皖、豫、鄂、陕、甘等省,其中湖南锑矿尤为丰富,湘中冷水江市的锡矿山已闻名于世。云南省锑资源分布较广,全省有 7 个州,16 个县有锑矿,已探明保有锑的金属储量为 16.8 万 t,其中文山州木利锑矿(现改制为云南省文山木利锑业有限责任公司)是云南省发展锑工业的主要基地,该矿探明锑矿储量为 16 万 t,至今仍有 10 余万吨,矿石平均品位高,矿床单一,有害杂质含量低,现已形成年产 4000 t以上精锑以及锑白等产品的采选冶联合配套能力,被列为我国锑生产的主要后备生产基地。

美国地质调查局 2003 年出版的《Mineral Commodity Summaries》所报道的 2002 年世界锑储量和储量基础见表 10-1。2003～2004 年《中国有色金属工业年鉴》提供的 2000～2003 年世界各国矿山的锑产量见表 10-2。2000～2005 年 1～6 月的我国锑品的进出口量见表 10-3。我国氧化锑主要出口到日本、荷兰和美国，2004 年的数量分别为 17699 t、11753 t 和 9277 t，共占总出口量的 78.6%。精锑主要出口到日本、荷兰、韩国和比利时，2004 年的数量分别为 6076 t、5061 t、3230 t 和 2501 t，占出口总量的 78.5%。

表 10-1 2002 年世界锑储量和储量基础

国 别	储量/万 t	储量基础/万 t
中 国	79	190
俄罗斯	35	37
玻利维亚	31	32
美 国	8	9
塔吉克斯坦	5	15
南 非	3	25
其他国家	19	32
总 计	180	340

表 10-2 2000～2003 年世界各国矿山的锑产量

位次（2003 年）	国家或地区	锑产量/t				
		2000 年	2001 年	2002 年	2003 年	2000～2003 年（平均）
1	中 国	99300	96600	60200	100037	89034
2	俄罗斯	16000	12800	12500	12000	13400
3	南 非	3808	4783	4672	3480	4572
4	塔吉克斯坦	3500	3500	3500	2430	3495
5	玻利维亚	1907	2072	2343	1800	2188
6	澳大利亚	1800	1800	1800	1800	1800
7	吉尔吉斯斯坦	1624	1709	1300	1398	1506
8	美 国	450	504	500	504	490

续表 10-2

位次（2003 年）	国家或地区	锑产量/t				
		2000 年	2001 年	2002 年	2003 年	2000～2003 年（平均）
9	墨西哥	109	93	208	434	211
10	危地马拉	400	400	400	400	400
11	秘 鲁	374	384	384	400	386
12	加拿大	660	234	145	400	282
13	泰 国	69	60	—	88	46
14	土耳其	38	30	30	24	31
	合 计	130539	125460	88782	128575	118339

表 10-3 2000～2005 年上半年我国锑品的进出口量

年份	类别	锑品类别/t							
		生锑	锑矿砂及精矿	锑氧化物	硫化锑制品	未锻杂锑	废碎料、粉	其他锑及锑制品	锑品合计
2000	出口		0.1	36086	2395	44959	20	112	83572
	进口		80	1206	1				1287
2001	出口			36067	2518	22007		30	60622
	进口		217	316	1	10	6	173	723
2002	出口			49539	2447	20276		0.1	72262
	进口	25	13048	410		32	3	106	13624
2003	出口	2		46543	3454	25243		41	75283
	进口	65	22655	937	10	148	9	115	23939
2004	出口			53793	1550	21488	2	102	76935
	进口	22	17984	1496	31	373	13	140	20059
2005 年上半年	出口			26140	683	17525		62	44407
	进口		8329	573	28	6615	0.5	40	15593

目前，我国仍是世界第一的产锑大国，年产锑金属 10 万 t 左右。我国平均年产锑精矿在 2000 t 以上的有湘、桂、粤、黔、滇 5 省区，其合计产量占全国锑精矿总产量的 89.5%；平均年产锑金属在 3000 t 以上的也是这五省区，其合计产量占全国锑总产量的

95.6%。

10.2　锑的物理化学性质

锑是化学元素周期表中第Ⅴ主族元素，元素符号 Sb，英文单词是 antimony，源出于希腊文 anti 和 monos 两字的复合词，原意是“很少单独存在的金属”。

锑有许多无机和有机化合物。锑的原子价有＋3、＋4、＋5 和－3，但主要是＋3 价，4 价化合物是 3 价和 5 价的结合体。锑能使黄金发脆而降低延长性，这早已为炼丹家所熟知，因而英文名为“regulus”，原意为“小皇帝”，即黄金为金属的“皇帝”，锑为“小皇帝”。

10.2.1　锑的物理性质

锑的相对原子质量为 121.75，原子序数为 51。它有四种同素异形体，即灰锑、黑锑、黄锑和爆锑，后三种均不稳定。灰锑是普通常见的所谓金属锑，外表呈银白色，断面呈现紫蓝色金属光泽，其主要物理性质见表 10-4。黑锑、黄锑和爆锑的主要物理性质和制备方法见表 10-5。

表 10-4　锑的主要物理性质

物理性质	数　据
熔点/℃	630.5
沸点/℃	1635.0
密度(20℃时)/$g \cdot cm^{-3}$	6.884
密度(630.5℃时)/$g \cdot cm^{-3}$	6.697
晶　系	六方晶系(菱形六方体)
晶格常数/nm	a=0.4307　c=1.1273
莫氏硬度	3.0～3.5
熔化潜热/$J \cdot mol^{-1}$	18866
蒸发潜热/$J \cdot mol^{-1}$	195100

续表 10-4

物理性质	数据
线膨胀系数(20 ℃时)/μm·(m·℃)$^{-1}$	8~11
电阻率(0 ℃时)/Ω·m	37×10^{-2}
磁化率(18 ℃时)	-99.0×10^{-6}
比热容(25 ℃时)/J·(mol·K)$^{-1}$	25.200
热导率(0 ℃时)/W·(m·K)$^{-1}$	25.9
稳定的同位素	Sb^{121},57.25%;Sb^{123},42.75%

表 10-5 黑锑、黄锑和爆锑的主要物理性质和制备方法

名称	主要物理性质	产生方法
黑锑	无定型黑色粉末,在常温下即可在空气中氧化,加热至 400 ℃,能迅速变为灰锑	金属锑蒸气骤冷时即可产出黑锑
黄锑	与黄砷和黄磷相似,呈明显的非金属性质,在-50 ℃下即迅速变为灰锑	用空气或氧气氧化液态锑化氢时可产出黄锑
爆锑	钢灰色,表面光滑柔软,用硬物轻轻敲击、摩擦、受热、辐射或加热到 125 ℃,均可瞬时释放结晶热,发生爆炸,在沸水中或在水中缓缓加热,可失去其爆炸性	电解卤素化合物水溶液时,在阴极上可产出爆锑

锑是较易挥发的金属,关于锑的沸点,文献报道的有 1330 ℃、1380 ℃、1440 ℃、1587 ℃和 1635 ℃等数据。A. H. 涅斯梅亚诺夫(A. H. Несмеянов)在详细分析了已发表的数据后,绘制了蒸气压与温度的关系曲线图,将其沸点确定为 1635.0℃。金属锑的蒸气压 p(Pa)与温度 T(K)的关系可按下式计算:

温度低于或等于 1300 ℃时:$\lg p=7.995-6060/T$

温度高于 1300 ℃时:$\lg p=9.154-7880/T$

由 630 ℃至 1635 ℃的计算结果见表 10-6。表 10-6 的数据也表明,锑的沸点为 1635.0 ℃。根据表 10-6 的数据绘制出的锑蒸气压与温度的关系曲线如图 10-1 所示。

表 10-6　锑在不同温度下的蒸气压

温度/℃	630	700	800	900	1000	1100
蒸气压/Pa	18.67	58.26	221.32	670.61	1719.85	3853.01
mmHg	0.14	0.437	1.66	5.03	12.90	28.9
温度/℃	1200	1300	1400	1500	1600	1635
蒸气压/Pa	7506.03	13732.17	27864.30	51862.26	87992.52	101324.7
mmHg	56.3	103.0	209.0	389.0	660.0	760

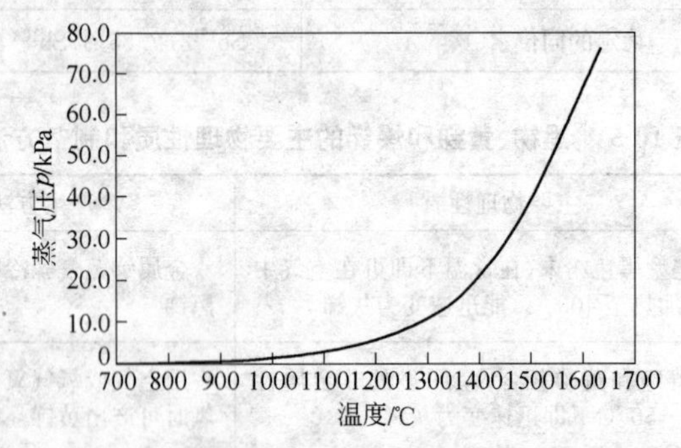

图 10-1　锑蒸气压与温度的关系曲线

10.2.2　锑的化学性质

锑是一种较稳定的金属，在常温下即便长时间置于潮湿的空气中，也能保持其表面光泽而不受氧化。据测定，即使在 100～250 ℃的范围内加热时，金属锑仍无明显的氧化现象。但若粉状锑被加热超过熔点时，则着火燃烧。若加热到 750～800 ℃时，熔融的锑能使水蒸气分解而析出氢。锑的主要化学性质见表 10-7。

表 10-7　锑的主要化学性质

接触的物质	发生的化学反应
常温下空气和水	全无反应
热空气	可氧化为 Sb_2O_3
氧　气	强烈燃烧

续表 10-7

接触的物质	发生的化学反应
红热蒸气	蒸气被分解,产生 Sb_2O_3
稀　酸	无作用
浓盐酸	仅在有氧时才溶解(商品锑无氧时也能溶解)
浓硝酸	逸出氧化氮气体,残留 Sb_2O_3 白色粉末
王　水	溶解出 $SbCl_3$ 溶液
热浓硫酸	产出 $Sb_2(SO_4)_3$
Cl_2	自动燃烧,产出 $SbCl_3$
Br_2	加热时形成 $SbBr_3$
I_2	加热时形成 SbI_3
次氯酸钙(钠)	不溶解
浓酒石酸	溶解产出 $(SbO)_2C_4H_4O_4$
黄色硫化铵	溶　解
NaOH 或 KOH 水溶液	无作用
与硫磺混合	生成黑色 Sb_2S_3
与硫的配合力	小于 Cu、Fe、Zn、Ni、Co、Cd 等金属

10.3 锑的硫化物

锑的硫化物中,在工业上最具有用途的是三硫化锑(Sb_2S_3),其次是五硫化锑(Sb_2S_5),可能存在的其他硫化物还有 Sb_2S_4 等,但研究很少。锑—硫状态图,如图 10-2 所示,从图中可看出,仅有一种化合物 Sb_2S_3,Sb_2S_5 不会从熔体中结晶析出,只能用化学方法制备。

10.3.1 三硫化锑(Sb_2S_3)

三硫化锑的商品统称为生锑。三硫化锑有结晶形及无定形两种形态。前者以辉锑矿形态普遍存在于各种锑矿床中,结晶形态属斜方晶系,色青灰,有金属光泽;后者可用化学方法制取。其主

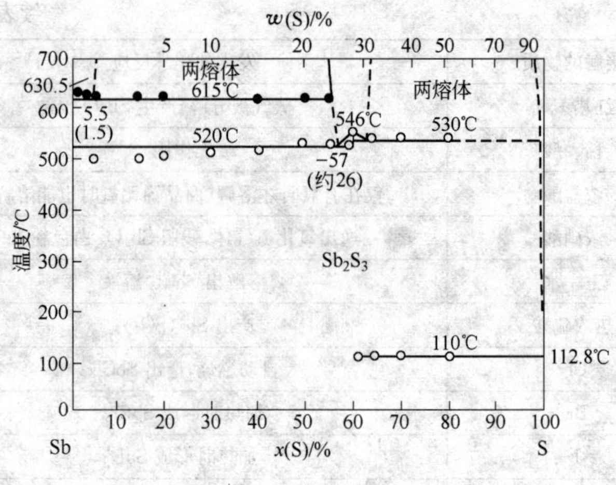

图 10-2　锑—硫状态

要物理化学性质见表 10-8。

表 10-8　三硫化锑的主要物理化学性质

主要物理性质	主要化学性质
密度：4.64 g/cm³； 硬度：2～2.5(HB)； 熔点：550 ℃； 沸点：1080～1090 ℃； 熔化热：23430～28950 J/mol； 蒸发热：61296 J/mol； 生成热：$\Delta H^{\ominus}_{298}=-149.369$J/mol； 质量热容：0.34158 J/(g·K)，(20～500℃)； 1.10093 J/(g·K)，(＞550 ℃)； 摩尔分子热容按下式计算： $c_p=101.3+55.2\times10^{-3}T$，(298～821 K) J/mol	常温下，几乎不溶于水； 在沸水中可缓慢氧化为 Sb_2O_3； 受热易分解； 易氧化，其反应： $Sb_2S_3+9O_2=2Sb_2O_3+6SO_2$ 是挥发焙烧的理论基础； 用 Cl_2 或 $FeCl_3$ 可氧化为 $SbCl_3$，析出元素硫，是氯化—水解法制取锑白的基础； 能与 Na_2S 形成 Na_3SbS_3，是碱性浸出湿法炼锑的基础； 能与 Sb_2O_3 交互反应转化为 Sb 和 SO_2； 能被铁置换析出金属锑，此反应是沉淀熔炼的基础

三硫化锑易挥发，且挥发速度随温度的升高而加剧，其蒸气压 p(Pa)与温度 T(K)的关系常由下式计算：

$$\lg p=-11200/T+14.671\ (673\ \text{K}\leqslant T<773\ \text{K}) \tag{10-1}$$

$$\lg p=-7068/T+9.915\ (773\ \text{K}\leqslant T\leqslant 1223\ \text{K}) \tag{10-2}$$

三硫化锑在不同温度下蒸气压的实测数据见表 10-9，与按上式计算的数据有较大出入。根据表 10-9 的数据绘制出的三硫化锑蒸气压与温度的关系曲线如图 10-3 所示。

表 10-9 三硫化锑在不同温度下的蒸气压

温度/K	673	723	773	873
蒸气压/Pa	0.107	0.1514	5.907	65.884
mmHg	8.05×10^{-5}	1.135×10^{-3}	0.044	0.494
温度/K	973	1073	1173	1223
蒸气压/Pa	447.58	2127.46	7752.19	13670.00
mmHg	3.357	15.96	58.15	102.53

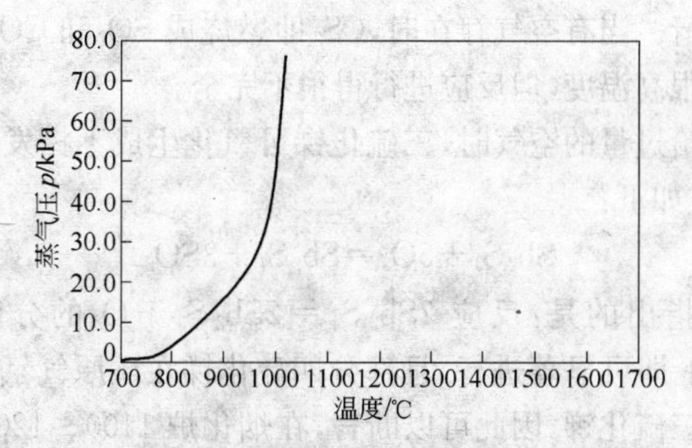

图 10-3 三硫化锑蒸气压与温度的关系曲线

三硫化锑受热较易分解，600 ℃时，有显著的分解压，880 ℃时其分解压可达 2452.08 Pa。

一般认为三硫化锑首先按下式进行分解：

$$Sb_2S_3=2SbS+1/2S_2 \tag{10-3}$$

然后在高温下 SbS 再进一步离解，放出第二个硫原子：

$$SbS=Sb+1/2S_2 \tag{10-4}$$

曾有专利中提出，利用三硫化锑的此种性质，使其在密闭容器中受热至 1500 ℃，可直接获得金属锑。

三硫化锑极易氧化，在空气中的着火点，即开始自热氧化的温度视其粒度而定。粒度为 0.1 mm 时为 290 ℃，粒度为 0.2 mm 时为 340 ℃，所以，对于粒度小于 0.1 mm 的三硫化锑，当加热至 290 ℃时，在空气中即可氧化为三氧化锑，氧化反应通常用下式表示：

$$2Sb_2S_3+9O_2=2Sb_2O_3+6SO_2 \quad (10\text{-}5)$$

上述反应在 520 ℃时即已进行得很快，560 ℃时可进行完全。

三硫化锑也能直接被碳、一氧化碳及氢气还原，反应式如下：

$$2Sb_2S_3+3C=3CS_2+4Sb \quad (10\text{-}6)$$

$$Sb_2S_3+3CO=3COS+2Sb \quad (10\text{-}7)$$

$$Sb_2S_3+3H_2=3H_2S+2Sb \quad (10\text{-}8)$$

用固体碳还原三硫化锑，始于 700 ℃左右，在 1200 ℃时反应可完全进行。当有空气存在时，CS_2 即燃烧成 SO_2 和 CO_2。用 CO 虽不需要很高温度，但反应进行得很不完全。

当供给过量的空气时，三硫化锑可氧化生成不挥发的四硫化锑，反应式如下：

$$Sb_2S_3+5O_2=Sb_2S_4+3SO_2 \quad (10\text{-}9)$$

应当指出的是：反应 $2Sb_2S_4=2Sb_2S_3+O_2$ 的分解反应在 930 ℃以上即可显著进行，且部分四硫化锑在还原气氛下也将被还原生成三硫化锑，因此可以断言，在烟化炉 1100～1200 ℃的作业温度和还原气氛下，四硫化锑不可能存在，不会影响锑的挥发。

三硫化锑与 Cl_2 或 $FeCl_3$ 发生氧化反应的反应式为：

$$Sb_2S_3+6Cl_2=2SbCl_3+3SCl_2 \quad (10\text{-}10)$$

$$Sb_2S_3+3Cl_2+3O_2=2SbCl_3+3SO_2 \quad (10\text{-}11)$$

$$Sb_2S_3+6FeCl_3=2SbCl_3+6FeCl_2+3S^0 \quad (10\text{-}12)$$

三硫化锑能与 Na_2S 反应生成 Na_3SbS_3，反应式为：

$$Sb_2S_3+3Na_2S=2Na_3SbS_3 \quad (10\text{-}13)$$

另外，NaOH 对 Sb_2O_3 也有一定的溶解能力，反应式为：

$$Sb_2S_3+4NaOH=Na_3SbS_3+NaSbO_2+2H_2O \quad (10\text{-}14)$$

10.3.2　五硫化锑(Sb_2S_5)

五硫化锑为黄色无定形粉末,分子组织为 $Sb_2S_3 \cdot 2S$,相对分子质量:403.82,含锑 60.3%;密度:4.12~4.2 g/cm^3。五硫化锑在商业上称为金黄锑(golden antimony)。五硫化锑在空气中易自燃,加热至 85~90 ℃即开始分解,达 120~170 ℃时,可全部分解为三硫化锑和元素硫。

工业上多采用硫酸或盐酸与硫代锑酸钠作用以制备 Sb_2S_5。

五硫化锑在氢气流中加热时,可不经三硫化锑而直接还原为金属锑。

$$Sb_2S_5 + 5H_2 = 2Sb + 5H_2S \tag{10-15}$$

10.4　锑的氧化物

锑与氧可生成一系列化合物。如 Sb_2O_5、Sb_6O_{13}、Sb_2O_4、Sb_2O_3、Sb_2O、SbO_2 和气态 SbO 等。锑的高价氧化物不稳定,随着温度升高可依次转化为低价氧化物。三氧化锑是锑的最稳定氧化物,是挥发焙烧—还原熔炼炼锑法的中间产物,同时也是锑化合物的主要产品之一。一般认为,Sb_2O_3、Sb_2O_4、Sb_2O_5 等三种锑的氧化物在工业生产上具有意义,其他氧化物多为锑的不同生产过程中的过渡产物。

10.4.1　三氧化锑(Sb_2O_3)

固体三氧化锑的分子量:291.5,含 83.53% Sb 和 16.47% O_2,在 1500 ℃的高温下,经测定其分子量为 568~579,约相当于 291.5 的两倍,故其大部分分子的成分为 Sb_4O_6。

在常温下三氧化锑为白色结晶粉末,受热时呈黄色。三氧化锑有两种结晶形态,一是立方晶形(a=1.11 nm),另一种是斜方晶形(a=0.492 nm, b=1.246 nm, c=0.542 nm),在自然界中分别以方锑矿及锑华形态存在。立方晶体三氧化锑受热至 550~

577 ℃时，转变为斜方晶体。三氧化锑两种晶体的分子结构，如图10-4所示。

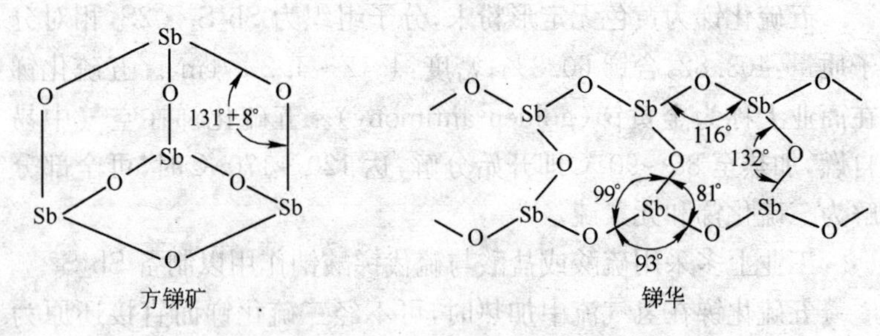

图 10-4 三氧化锑两种晶体的分子结构

立方晶体三氧化锑为单一的 Sb_4O_6 所组成，密度为 5.2 g/cm³。

斜方晶体三氧化锑的主要物理性质如下：

(1) 密度：5.67 g/cm³；

(2) 熔点：656 ℃；

(3) 沸点：1425 ℃；

(4) 熔化热：54.418～55.255 kJ/mol；

(5) 蒸发热：36.33～37.29 kJ/mol；

(6) 生成热：

$$\Delta H^{\ominus}_{298} = -692.451 \text{ kJ/mol} \tag{10-16}$$

三氧化锑的比热在 273～900 K 范围内按下列方程计算：

$$C_P = 79.95 + 71.58 \times 10^{-3} T \tag{10-17}$$

三氧化锑易挥发，1930 年 W. L. 希克(Hicke W. L.)，1935 年美国矿业局 C. G. 梅耶(Maier C. G.)及 1966 年苏联 Ф. А. 梅泽姆科夫(Мызенков Ф. А.)等以及 1968 年 Э. П. 博奇卡廖夫(Бочкарев Э. П.)等都认真地测定了不同温度下三氧化锑的蒸气压。按照 W. L. 希克提出的公式，其温度 T(K)与蒸气压 p(Pa)的关系为：

立方晶形 Sb_2O_3： $\lg p = 14.320 - 10357/T$ (10-18)

斜方晶形 Sb_2O_3： $\lg p = 13.443 - 9625/T$ (10-19)

液体 Sb_2O_3： $\lg p = 7.443 - 3900/T$ (10-20)

根据这几个公式计算出来的 450～1327 ℃的蒸气压见表10-10。计算出的沸点偏低。C. G. 梅耶提出的数据，见表 10-11，接近希克的数据。

表 10-10 三氧化锑在不同温度下的蒸气压

温度/℃	450	475	500	525	550	557	575	600
蒸气压/Pa	0.9999	2.9864	8.3326	21.9315	54.1287	69.9941	123.812	216.697
mmHg	0.0075	0.0224	0.0625	0.1645	0.406	0.525	0.928	1.962
晶形	立方晶形——→转变点——→斜方晶形							
温度/℃	625	650	655	675	700	750	800	1327
蒸气压/Pa	530.6	1035.3	1178.2	2133.4	2721.3	4275.5	6431.9	101324.7
mmHg	3.98	7.765	8.838	16.002	20.412	32.047	48.242	760
晶形	斜方晶形——→熔点——→液体——→沸点							

表 10-11 三氧化锑在不同温度下的蒸气压

温度/℃	400	500	569	600	655	700	800	900	1000	1100	1425
蒸气压/Pa	0.1	8.4	105.9	273.3	1279	2613	6173	12572	22931	38263	101324
mmHg	0.0	0.06	0.79	2.05	9.59	19.6	46.3	94.3	172	287	760
晶形	立方晶系——→转变点—斜方晶系——→熔点←——液态——→沸点										

Ф. A. 梅泽姆科夫等提出的蒸气压 p(Pa)与温度 T 的关系式为：

$$\lg p = 7.900 - 4341/T \quad (10\text{-}21)$$

按上述方程计算出的数据与 W. L. 希克和 C. G. 梅耶的数据大致相近。为了对三氧化锑的蒸气压增长情况得到更清晰的概念，将 Э. П. 博奇卡廖夫等计算的数据见表 10-12。根据表 10-12 的数据绘制出的三氧化锑蒸气压与温度的关系曲线如图 10-5 所示。

表 10-12　三氧化锑在不同温度下的蒸气压

温度/℃	574	625	666	729	813
蒸气压/Pa	133.322	666.61	1333.22	2666.44	5332.88
mmHg	1	5	10	20	40
温度/℃	873	957	1085	1425	
蒸气压/Pa	7999.32	13332.22	26664.4	101324.72	
mmHg	60	100	200	760	

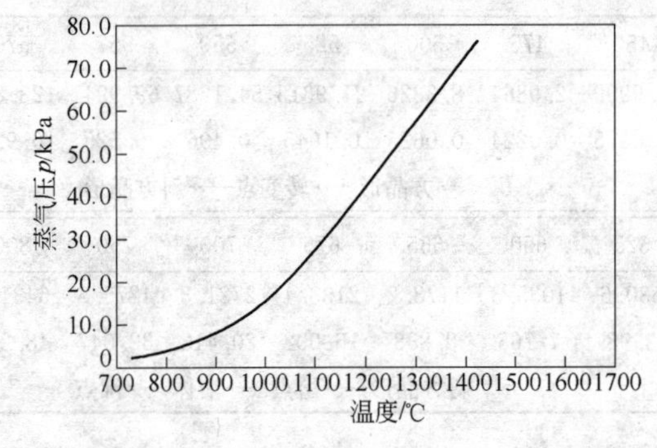

图 10-5　三氧化锑蒸气压与温度的关系曲线

三氧化锑为两性氧化物，与酸作用表现为碱的性质而生成盐类，与碱作用表现为酸酐而生成亚锑酸盐。在氢卤酸中溶解时，生成卤化盐，例如在盐酸中生成三氯化锑。

$$Sb_2O_3+6HCl=2SbCl_3+3H_2O \tag{10-22}$$

三氧化锑在水中的溶解度很小（100 ℃时仅为 0.01 g/L），也难溶于稀硫酸及稀硝酸，但浓硝酸可使其氧化为高价氧化锑。

三氧化锑在碱中的溶解度不大，但能溶解于煮沸的浓硫酸，而制得硫酸锑。

三氧化锑易溶于碱金属的硫化物，形成硫代亚锑酸盐，反应式如下：

$$Sb_2O_3+6Na_2S+3H_2O=2Na_3SbS_3+6NaOH \tag{10-23}$$

三氧化锑能完全溶解于酒石酸（$C_4H_6C_6$），形成酒石酸锑络合物,三氧化锑也能与氯酸及氯化钠作用生成氯氧化锑。

三氧化锑与三硫化锑作用可生成锑玻璃,其成分与红锑矿$Sb_2S_2O(2Sb_2S_3 \cdot Sb_2O_3)$相同。

三氧化锑与铜、铅、镍、锡的氧化物一样,容易还原成金属。

10.4.2 四氧化锑(Sb_2O_4)

将金属锑、硫化锑或三氧化锑在空气中加热到380~400 ℃时,即可制得四氧化锑。四氧化锑也是一种白色结晶晶体,属立方晶系(a=1.028 nm),密度为6.59~7.5 g/cm³,生成热:$\Delta H^{\ominus}_{298}=-895.811$ kJ/mol。中国、意大利和阿尔及利亚等国在自然界中发现的锑赭石,其成分即为四氧化锑。

四氧化锑与三氧化锑不同,具有不熔化和不挥发的特性。这种特性是硫化锑精矿完全氧化焙烧的基础,但也是挥发焙烧工艺中造成结炉现象的原因之一。

四氧化锑与三硫化锑反应可被还原为三氧化锑,其反应式为:

$$9Sb_2O_4+Sb_2S_3=10Sb_2O_3+3SO_2 \quad (10\text{-}24)$$

该反应在硫化锑矿石或精矿的挥发焙烧中,有利于减少Sb_2O_4的生成和促进Sb_2O_3的挥发。

四氧化锑微溶于水,溶于盐酸,不溶于其他酸类,但可溶于碱溶液。

就四氧化锑的性质和结构而言,可将其看成是一种盐类,即锑酸锑($SbSbO_4$),也可认为是Sb_2O_5和Sb_2O_3相结合而成的氧化物。根据对其晶体结构进行X射线衍射的分析,在其分子中确实有三价和五价锑原子($Sb^{III}Sb^{V}O_4$)。

最适于四氧化锑生成的温度是500~900 ℃,四氧化锑在900 ℃时开始离解,1030 ℃时离解反应完全:

$$2Sb_2O_4=2Sb_2O_3+O_2 \quad (10\text{-}25)$$

西蒙(Simon)测定的四氧化锑离解压的数据见表10-13。根据表10-13的数据绘制的离解反应曲线如图10-6所示。

表 10-13　四氧化锑的离解压

温度/℃	820	930	1080	1110
p_{O_2}/Pa	1.216×10^{-6}	2589.11	18371.77	29984.12
mmHg	9.12×10^{-9}	19.42	137.8	224.9

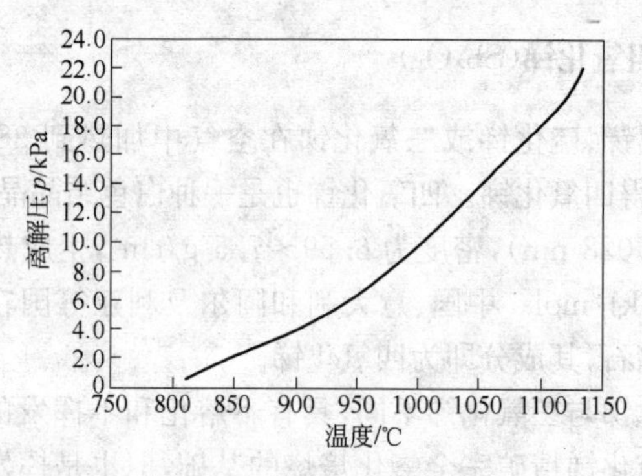

图 10-6　Sb_2O_4 离解曲线图

10.4.3　五氧化锑(Sb_2O_5)

五氧化锑可由 $SbCl_3$ 通过水解获得，为棕黄色粉末。分子式为 $Sb_2O_5\cdot nH_2O$，大约相当于 $Sb_2O_5\cdot 3.5H_2O$ 的五氧化锑水合物，将此种水合物加热至 700 ℃时脱水变成白色粉末。

水合五氧化锑稍溶于水，不溶于硝酸，但可溶于碱性溶液。

五氧化锑不易挥发，但易分解，加热至 70 ℃时，开始发生分解反应：

$$3Sb_2O_5 \rightleftharpoons Sb_6O_{13} + O_2 \qquad (10\text{-}26)$$

继续加热时，中间产物(Sb_6O_{13})进一步按下式分解：

$$Sb_6O_{13} = 3Sb_2O_4 + 1/2O_2 \qquad (10\text{-}27)$$

金属锑或低价氧化锑，在有氧化剂存在的条件下，若与强碱性氢氧化物接触，则很容易形成锑酸盐。例如，在铅精矿的烧结焙烧过程中，精矿中的硫化锑在强烈鼓风氧化的情况下仍不能完全脱除锑，就是由于其转变为高价氧化物的缘故。

10.5 锑的卤化物

锑能与卤素直接化合，生成各种 SbX_3 型和 SbX_5 型化合物，但不能生成 $SbBr_5$ 和 SbI_5。锑的各卤素化合物的主要物理性质见表 10-14。

表 10-14 锑的各卤素化合物的主要物理性质

性质	锑的卤素化合物					
	SbF_3	$SbCl_3$	$SbBr_3$	SbI_3	SbF_5	$SbCl_5$
相对分子质量	178.75	228.11	361.48	502.46	216.74	299.02
存在形态		斜方晶系			油状液体	
颜色	无色		白色	红色	无色	
密度/$g \cdot cm^{-3}$	4.379	3.060	4.148	4.850	2.990 (21 ℃)	2.336 (20 ℃)
熔点/℃	280±1	73.4	96.0±0.5	170.5	6	3.2±0.1
沸点/℃	346±10	222.6	287	401	150	68(1.82 kPa)
$\Delta H^{\ominus}_{298}$ /$kJ \cdot mol^{-1}$	−915.5	−382.2	−259	−100		−45.8±6.2
$S^{\ominus}_{298}$ /$J \cdot (mol \cdot K)^{-1}$	127	184	207	216±1		263±12
$\Delta H_{熔化}$ /$kJ \cdot mol^{-1}$	21.4			22.7±0.2		
$\Delta S_{熔化}$ /$J \cdot (mol \cdot K)^{-1}$	38.2			51.5±0.14 (444 ℃)		
$\Delta H_{蒸发}$ /$kJ \cdot mol^{-1}$	102.8±1.3(298 ℃)	46.72 (496 ℃)	53.2 (540 ℃)			43.45 (449 ℃)
$\Delta S_{蒸发}$ /$J \cdot (mol \cdot K)^{-1}$	175.8±2.5 (298 ℃)	93.6 (496 ℃)	94.9 (560 ℃)			95.44 (449 ℃)
C_p /$J \cdot (mol \cdot K)^{-1}$ 固体 液体		108		96 144		
$\Delta H^{\ominus}_{升华(298)}$ /$kJ \cdot mol^{-1}$				106.6±0.4		

锑的各种卤素化合物中，在工业生产上最重要的是三价锑的卤化物，如 SbF_3 和 $SbCl_3$ 等。各卤素化合物的主要化学性质如下：

(1) 三氟化锑(SbF_3)：易溶于水，其在水中的溶解度见表10-15；易升华，在熔点时的蒸气压达 26344.427 Pa(197.6 mmHg)；在氢氟酸存在时，其溶解度可进一步增加，并且不容易水解，在稀溶液和浓溶液中都很稳定；能与无机化合物形成配合物，在工业生产中可作为氟化剂取代氯。

表 10-15　三氟化锑在水中的溶解度

温度/℃	0	20	22.5	25	30
溶解度/g·L^{-1}	3847	4447	4528	4924	5636

(2) 五氟化锑(SbF_5)：是锑的卤化物中熔点较低的物质，在室温下为油状液体；易潮解，在潮湿空气中会发烟吸潮而生成 $SbF_5 \cdot 2H_2O$；易溶于水，呈无色黏性液体；能与许多无机物形成配合物，是很好的氧化剂和氟化剂。

(3) 三氯化锑($SbCl_3$)：常温下为无色斜方结晶，熔化后为无色透明油状液体，商业上称为"锑油"；具有强烈腐蚀性，可用于涂镀钢铁和阻燃剂；在潮湿空气中水解，产生 SbOCl 烟雾；易溶于水(其在水中的溶解度见表 10-16)，但过量的水又使其在水解时产生 SbOCl 或 $Sb_4O_5Cl_2$；可溶于苯、二硫化碳、丙酮和酒精中。

表 10-16　三氯化锑在水中的溶解度

温度/℃	0	15	20	25	30	35	40	50	72
溶解度/g·L^{-1}	60.74	82.30	92.31	99.67	107.66	116.15	131.62	193.38	∞

三氯化锑可由锑与氯气直接反应制得，也可用 Sb_2O_3 或 Sb_2S_3 溶于盐酸制取，反应式如下：

$$2Sb + 3Cl_2 = 2SbCl_3 \quad (10\text{-}28)$$

$$Sb_2O_3 + 6HCl = 2SbCl_3 + 3H_2O \quad (10\text{-}29)$$

$$Sb_2O_3 + 6HCl = 2SbCl_3 + 3H_2O \quad (10\text{-}30)$$

还可通过硫化锑精矿与 $FeCl_3$ 的酸性溶液作用，再经干馏制

取,其主要反应如下:

$$Sb_2S_3 + 6FeCl_3 = 2SbCl_3 + 6FeCl_2 + 3S^0 \quad (10\text{-}31)$$

三氯化锑溶于硫酸,生成硫酸锑,其反应式为:

$$2SbCl_3 + 3H_2SO_4 = Sb_2(SO_4)_3 + 6HCl \quad (10\text{-}32)$$

三氯化锑极易挥发,其蒸气压与温度的关系见表10-17。三氯化锑可用来制取高纯锑,即利用其强烈的挥发性使之与其他杂质元素分离。

表10-17 三氯化锑在不同温度下的蒸气压

温度/℃	50.3	99.7	112.0	128.8	137.5
蒸气压/Pa	146.55	2399.80	4172.98	7599.35	10319.12
mmHg	1.10	18.00	31.30	57.00	77.40
温度/℃	149.8	177.8	199.3	212.5	223.5
蒸气压/Pa	16038.64	37276.83	59514.94	84152.85	101324.72
mmHg	120.30	279.60	446.40	631.20	760.00

(4) 五氯化锑($SbCl_5$):常温下为无色或稍带浅黄色液体;沸腾时即发生分解,放出氯气,转变为$SbCl_3$,反之,如通氯气于$SbCl_3$,也可获得$SbCl_5$;可溶于盐酸和氯仿内;能与无机和有机物质反应生成一系列配合物;是一种强氧化剂;能与水作用生成锑酸,反应式为:

$$SbCl_5 + 4H_2O = H_3SbO_4 + 5HCl \quad (10\text{-}33)$$

(5) 三溴化锑($SbBr_3$):为黄色晶体,容易潮解,遇水立即分解,可溶于二氧化碳、氢溴酸和氨,主要用于媒染剂。

(6) 三碘化锑(SbI_3):为红色结晶晶体,容易水解而生成复杂配合物离子,在高温下则挥发,可溶于酒精、二硫化碳、盐酸和碘化钾溶液,不溶于氯仿,在有机溶剂内可用锑与碘或硫化锑反应制取,主要用于医药。

(7) 氯氧化锑($SbOCl$或$Sb_4O_5Cl_2$):为白色单斜晶体,可溶于盐酸、CS_2及热水中,170 ℃时分解。其制取方法是将三氯化锑溶于水并稀释至发生水解反应,沉淀产物即为氯氧化锑,其成分视稀释程度分别为 SbOCl 或 $Sb_4O_5Cl_2$，反应式如下：

$$SbCl_3 + H_2O = SbOCl + 2HCl \quad (10\text{-}34)$$

$$4SbCl_3 + 5H_2O = Sb_4O_5Cl_2 + 10HCl \quad (10\text{-}35)$$

10.6 锑的氢化物

锑的氢化物即锑化氢(SbH_3)，为无色剧毒气体，有邪臭味，其主要物理化学性质见表 10-18。

表 10-18 锑化氢的主要物理化学性质

名 称	物理化学性质
熔点/℃	−88
沸点/℃	−17
密度/$g \cdot cm^{-3}$	2.204(沸点时的液态密度)，15 ℃时的密度是空气的 4.344 倍
$\Delta H^{\ominus}_{298}$/$kJ \cdot mol^{-1}$	145.256
反应现象	微溶于水，稍溶于酒精和二硫化碳； 室温下，可缓慢分解为锑和氢，200 ℃时分解很快； 具有强还原性，当有空气或氧存在时，在低温即可分解为锑和氧，温度提高时会着火燃烧，产生三氧化锑和水； 卤素、硫及大多数氧化物均可使其分解； 通过氢氧化钾或氢氧化钠水溶液时，发生如下反应： $SbH_3 + 3KOH = K_3Sb + 3H_2O$ $SbH_3 + 3NaOH = Na_3Sb + 3H_2O$ 此时溶液呈棕色，随后析出金属粉末； 能被苏打—石灰(氢氧化钠与氧化钙的等量混合物)吸收； 与砷化氢一样，易发生在有“初生氢”与锑化物接触的场合； 高纯锑化氢可用于制造 *n* 型硅半导体时的气相掺杂物
制备方法	(1) 用酸处理金属锑化物，典型反应为： $Zn_3Sb_2 + 6H_3O^+ = 3Zn^{2+} + 2SbH_3 + 6H_2O$ 如用盐酸处理含 33%Sb 和 67%Zn 的锌锑合金，可产生含 SbH_3 达 15%的气体； (2) 用锌在酸性溶液中还原高价锑的化合物，也可制备锑化氢，反应式为： $SbO_3^{3-} + 9H_3O^+ + 3Zn = SbH_3 + 3Zn^{2+} + 12H_2O$ (3) 用锑阴极电解酸性或碱性溶液，在锑阴极上析出“初生氢”时，即与锑作用，生成锑化氢

10.7 锑的金属间化合物

锑与元素周期表中许多族的金属容易生成金属间化合物，简称锑化物。分述如下：

第Ⅰ族金属的锑化物有：Li_3Sb、Na_3Sb、K_3Sb、KSb、Cu_3Sb、Cu_2Sb、Ag_3Sb；

第Ⅱ族金属的锑化物有：Mg_3Sb_2、Ca_3Sb_2、ZnSb、CdSb和CaSb；

第Ⅲ族金属的锑化物有：BSb、AlSb、GaSb和InSb；

第Ⅵ族金属的锑化物有：Sb_2S_3、Sb_2Se_3、Sb_2Te_3；

第Ⅷ族金属的锑化物有：$FeSb_2$、Ni_2Sb_3、NiSb。

这些金属间化合物大部分具有半导体性质，其中最重要的是锑与第Ⅲ族和第Ⅵ族金属形成的锑化物。

目前已有研究报道的锑的半导体化合物主要有：BSb、AlSb、GaSb、CsSb、InSb、Mg_3Sb_2、ZnSb、CdSb、CaSb、Li_3Sb、Na_3Sb、K_3Sb、KSb、Rb_3Sb、CsSb、Sb_2S_3、Sb_2Se_3、Sb_2Te_3、$PtSb_2$等，而研究较多的是AlSb、GaSb和InSb。这些金属间化合物属混合键型。用红外光晶格吸收法推算的有效电荷数值：AlSb为0.48，GaSb为0.30，InSb为0.34。InSb的载流子有效质量小，载流子迁移较高，同时也较容易制备，是制作霍尔器件与磁阻器件等的好材料。

AlSb是Al-Sb二元系中唯一的稳定化合物，其禁带宽度值高达1.6 eV，熔点为1050 ℃，电子迁移率为900 $cm^2/(V \cdot s)$，空穴迁移率为400 $cm/(V \cdot s)$。AlSb易于用抽制技术生长单晶，但应注意的是，在大气中，样品和单晶体表面都容易很快氧化而变成粉末。

锑和镓一起熔化，很容易从熔体中抽出锑化镓单晶。经多次区域熔炼后所制得的锑化镓是P形的，这是锑在熔区中蒸发，使化合物中镓过剩所致。此外，用掺入第Ⅵ族元素的方法可制得N型的锑化镓。

铟和锑在其金属间化合物的熔点(525 ℃)下，其蒸气压均小

于 1.01325×10^5 Pa,按化学计量比将纯铟和纯锑置于石英舟或石墨舟中通入氢气作保护气体,加热使铟和锑熔化,保温使其熔化均匀,即可直接合成锑化铟。合成的锑化铟经提纯后,用直拉法或者布里奇曼法(Bridgman Method)使其生成单晶,也可以直接利用区域熔炼法制得单晶。

10.8 锑的无机盐

锑的无机盐类,除上述已介绍的卤素化合物外,在工业上和医药上有较大意义的还有硫酸锑、锑酸钾、锑酸钠、锑酸铅、乳酸锑、酒石锑酸钾、酒石锑酸钠以及硫代锑酸钠等,其主要物理化学性质和制备方法见表 10-19。

表 10-19　锑的无机盐的主要物理化学性质和制备方法

种　类	物理性质	化学性质	用　途
硫酸锑 $Sb_2(SO_4)_3$	分子量为 531.63,含锑 45.8%,无色闪光针状结晶,密度3.62 g/cm³	在空气中易潮解,不溶于水,与少量水可形成水合硫酸锑晶体,进一步稀释时即可部分水解	用于制造炸药、焰火,在锑的水解精炼时,用于配制电解质,以增大电导率
锑酸钾 $K[Sb(OH)_6]$ 和锑酸钠 $Na_2[Sb(OH)_6]$	由五氧化锑和过量的氢氧化钾共熔后,溶于少量水中结晶获得,精制的锑酸钾是白色晶体	仅稍溶于热水中,锑酸钠的溶解度远比钾盐为小,可作为钠盐的沉淀剂	
锑酸钠 $NaSbO_3$	三价锑的偏亚锑酸、亚锑酸和焦亚锑酸及五价锑的偏锑酸、锑酸和焦锑酸与氢氧化钠作用时皆可生成相应的锑酸钠,具有工业意义的是 $2NaSbO_3\cdot7H_2O$ 和 $Na_2H_2Sb_2O_3\cdot H_2O$	各种锑酸钠均可略溶于水、无机酸和酒石酸中	用作遮盖剂及耐酸性的搪瓷配料。焦锑酸钠可用于电视机显像管的玻璃澄清剂

续表 10-19

种　类	物理性质	化学性质	用　途
锑酸铅 $Pb_3(SbO_2)_3$	商品名为拿浦黄(Naples yellow),简称锑黄,为橘黄色结晶,由硝酸锑和锑酸钾反应制成,再结晶提纯,呈橘黄色结晶	不溶于水	用作陶瓷的黄色颜料
乳酸锑 $Sb[C_3H_5O_3]_3$	棕黄色粉末,由氢氧化锑和乳酸制得	可溶于水	用作织物的媒染剂
酒石酸锑氧钾 $K(SbO)C_4H_4O_6 \cdot 1/2H_2O$	医药上称吐酒石,为白色无味结晶,由三氧化锑溶于酒石酸氢钾结晶制得	溶于水和丙三醇,不溶于乙醇	用于医药,织物和皮革的媒染剂、香料和杀虫剂的制造
酒石酸锑氧钠 $Na(SbO)C_4H_4O_6 \cdot 1/2H_2O$	白色收湿性晶体或有甜味的粉末,毒性较吐酒石小。由三氧化锑溶于酒石酸氢钠溶液制得	溶于水,不溶于酒精	在医药上已取代酒石酸锑氧钾
硫代锑酸钠 $NaSbS_4 \cdot 9H_2O$	商业上称施里普盐(Schilppes Salt),为棕色粉末。工业品一般含锑 24%～26%,可由五硫化锑与硫化钠共熔制得	稍溶于水	

10.9　锑的有机化合物

锑的有机化合物是指含有 Sb—C 键的化合物,种类很多。通常分为三价锑有机化合物和五价锑有机化合物两大类。

三价锑有机化合物包括 1～4 个有机基团(SbR_4、SbR_3、R_2SbX 和 $RSbX_2$);五价锑有机化合物包括 1～6 个有机基团(R_5Sb、R_4SbX、R_3SbX_2、R_2SbX_3、$RSbX_4$ 及 SbR_6)。此外,还有 R_2Sb-Sb-R_2,含有多于一个 Sb—Sb 键$(RSb)_n$的低聚合和多聚合化合物以及芳香有机锑的衍生物,许多二羟基锑酸的衍生物 $RSbO(OH)_2$ 等。

11 国内锑冶炼技术概况

金属锑的冶炼方法，可分为火法与湿法两大类，目前仍以火法为主。火法炼锑主要有挥发焙烧—还原熔炼或挥发熔炼—还原熔炼等方法，即先经挥发焙烧(熔炼)产出三氧化锑，再进行还原熔炼和精炼，产出金属锑。此外，对高品位的辉锑矿石或精矿也可采用沉淀熔炼法直接产出金属锑。湿法炼锑视所用溶剂的性质可分为碱性浸出—硫代亚锑酸钠溶液电解和酸性浸出—氯化锑溶液电解两种方法。前者系用硫化碱作为浸出剂，是近年来逐渐兴起的炼锑工艺。目前硫化锑矿石和精矿的挥发焙烧—还原熔炼，硫化锑精矿的沉淀熔炼及碱性浸出—浸出液电解已形成工业生产上三种主要的炼锑方法。锑冶炼厂还可以富矿石为原料，采用熔析法生产生锑(三硫化锑)，但需要量不大。总之，锑的生产方法与其他有色金属不同之处是所用原料尚未规范化，主要视原料品位、形态和产品要求而定。

11.1 国内锑冶炼现状

1985 年底，在第二次全国工业普查时，我国的锑冶炼厂有 14 家，生产能力为 4 万 t，实际产量为 3.51 万 t。

1995 年底，第三次全国工业普查时，我国的锑冶炼厂猛增到 369 家，主要分布在湖南(122 家)、广西(75 家)、云南(39 家)、广东(12 家)。生产规模在 1000 t/a 以下的 284 家，占 77%；1000～2000 t/a 的 64 家，占 16%；2000～3000 t/a 的 10 家，占 3%；3000～4000 t/a 的 4 家，4000～5000 t/a 的 5 家；5000～10000 t/a 的 5 家；10000 t/a 以上的 1 家，即锡矿山闪星锑业有限责任公司。1995 年底，我国的锑品生产能力已达到 26.78 万 t，实际产量已达到 12.95 万 t。

根据中国有色金属工业协会信息统计部编制的《2000～2003 年有色金属工业统计资料汇编》提供的数据，统计了近几年我国锑品生产能力、实际产量、产品品种及主要生产厂家的情况，见表11-1。

表 11-1 我国锑品生产能力、产量、品种及主要厂家情况

厂 名	2000 年				
	能力/t	总产量/t	精锑/t	锑白/t	其他/t
全国合计	276411	113274	73005	21945	18324
锡矿山闪星锑业有限责任公司		24022	3269	20032	721
柳州华锡集团有限责任公司		8948	5643		3305
湖南辰州矿业有限责任公司		4127	4127		
云南木利锑业有限责任公司		4451	4451		
湖南东港锑品有限公司					
南丹县南星锑业有限公司		4155	4155		
江西武宁县明星锑业有限公司					
柳州环东金属材料厂					
广西河池有色工业集团公司		3340	3340		
河池南方化工冶炼总厂		9742	9742		
厂 名	2001 年				
	能力/t	总产量/t	精锑/t	锑白/t	其他/t
全国合计	224778	147910	92747	43121	12042
锡矿山闪星锑业有限责任公司		22157	3705	18171	280
柳州华锡集团有限责任公司		10503	9472		1075
湖南辰州矿业有限责任公司		4519	4519		
云南木利锑业有限责任公司		3853		3853	
湖南东港锑品有限公司		6172	2422	3750	
南丹县南星锑业有限公司		3389	3389		
江西武宁县明星锑业有限公司		1528	858		670
柳州环东金属材料厂		9413		9413	
广西河池有色工业集团公司		3900	3650	118	132
河池南方化工冶炼总厂		7902	7902		

续表 11-1

厂　名	2002 年				
	能力/t	总产量/t	精锑/t	锑白/t	其他/t
全国合计	235232	123239	73271	44569	5399
锡矿山闪星锑业有限责任公司		22691	2321	20278	92
柳州华锡集团有限责任公司		12799	9262	1599	1938
湖南辰州矿业有限责任公司		5600	5600		
云南木利锑业有限责任公司		7702	2649	5053	
湖南东港锑品有限公司					
南丹县南星锑业有限公司		1049	1049		
江西武宁县明星锑业有限公司		2500	1640		860
柳州环东金属材料厂		3243		3243	
广西河池有色工业集团公司		3582	2884	513	185
河池南方化工冶炼总厂		5811	5811		

厂　名	2003 年				
	能力/t	总产量/t	精锑/t	锑白/t	其他/t
全国合计	239550	89890	48574	33853	7463
锡矿山闪星锑业有限责任公司		22602	6946	15232	424
柳州华锡集团有限责任公司		9452	7928	695	829
湖南辰州矿业有限责任公司		7075	7075		
云南木利锑业有限责任公司		5212	116	5096	
湖南东港锑品有限公司		5132	1726	3406	
南丹县南星锑业有限公司		4403	3150	1253	
江西武宁县明星锑业有限公司		4400	3100		1300
柳州环东金属材料厂		3712	740	2972	
广西河池有色工业集团公司		3367	2589	778	
河池南方化工冶炼总厂		2980	2664	316	

从表 11-1 中可以看出，近年来，我国的锑品生产能力、实际产量、产品品种及生产厂家快速增长。锑品生产能力由 1985 年的 4

万 t 增长到 2003 年的 24 万 t，年均增长率为 10.5%；产品产量由 1985 年的 3.51 万 t 增加到 2003 年的 8.99 万 t，年均增长率为 5.4%；生产厂家由 1985 年的 14 家增加到约 400 家。

在我国的锑冶金工业获得长足进步的同时，应该看到，我国的锑品生产能力的增长率远大于实际产量增长率，造成生产能力成倍过剩；锑品结构仍然以精锑等初级产品为主（2000～2003 年全国精锑产量分别占锑品总产量的 64.5%、62.7%、59.5% 和 54.0%），是典型的资源型产品，深加工产品所占份额偏少；生产厂家虽多但生产规模偏小，如 2003 年实际产量在 3000 t 以上的厂家仅有 10 家，占生产厂家的 2.5%。

11.2 火法炼锑工艺

我国的锑冶炼厂，95%以上采用火法炼锑工艺，即先将硫化锑矿石或精矿挥发焙烧（熔炼）产出三氧化锑，再对三氧化锑进行还原熔炼和精炼，产出金属锑。

11.2.1 硫化锑矿石及精矿的挥发焙烧（熔炼）简介

硫化锑矿石及精矿的挥发焙烧工艺在工业生产上已得到广泛应用，其挥发焙烧的基本原理是基于硫化锑在空气不足的情况下，受热氧化为易挥发的三氧化锑，三氧化锑随炉气进入收尘系统，冷凝为白色粉状结晶沉积下来，达到锑与脉石的分离。

最古老的挥发焙烧设备是处理含锑 15%左右或更贫的块状锑矿石的某些直井炉或称竖炉，在我国通用的是类似赫氏焙烧炉的一种中国式直井炉。此外，多年来曾进行过研究或投入生产运用的挥发熔炼设备还有回转窑、液态化炉、烧结机、隧道窑、飘悬炉、鼓风炉及漩涡炉等。

直井炉这一挥发焙烧设备，长期广泛使用，历史悠久，现已逐渐被淘汰，它起源于法国，我国曾长期使用该种设备处理价廉质次的手选块矿，燃料消耗低，能产出质量很好的三氧化锑。

回转窑也是较早使用的炼锑挥发焙烧设备，前南斯拉夫长期使用、经验丰富。后来意大利又研制出一种回转窑闪速焙烧的新方法，直接处理粉状浮选硫化锑精矿，方法独特，设备流程简单，不需要加入熔剂，能耗低，产出窑渣含锑低，直收率高达96%，此种炉型具有硫态化沸腾炉的特点，反应速度快、处理能力大，挥发率高、产出的锑氧粉质量好。

沸腾焙烧主要用于处理硫化锑矿，北京有色金属研究总院和锡矿山矿务局先后对沸腾焙烧处理浮选硫化锑精矿及低品位含锑氧化物物料进行了试验研究，前苏联对含锑小于5%的贫锑矿料（锑锍、氧化矿、尾矿、浸出渣），曾试用沸腾焙烧及烧结焙烧，锑挥发率分别为80%及90%～97%。前苏联已将其用于低品位矿石的焙烧，我国某厂将其用于处理脆硫锑铅矿精矿。

隧道窑挥发焙烧锑精矿是我国的研究成果，该工艺既能处理硫化锑精矿，也能处理硫化锑和氧化锑的混合精矿，锑的挥发率高，产出的锑氧粉质量好。

我国锡矿山曾利用原有的冷凝收尘设备进行了浮选锑精矿的飘悬焙烧试验，日本采用飘悬焙烧处理含贵金属锑精矿，锑挥发率为87%～90%，焙砂经再处理回收贵金属；

三氧化锑的生产也可采用挥发熔炼来实现，这种方法是在高温、强氧化气氛及炉料呈熔融体的情况下，使锑最大限度地以三氧化锑的形态挥发、冷凝下来，从而克服了挥发焙烧时因炉料熔结带来的困难。挥发熔炼是由普通的鼓风炉熔炼发展起来的，适于处理高品位精矿，硫一氧混合矿及各种冶炼中间产物。墨西哥曾采用热炉顶的鼓风炉熔炼法处理氧化矿，使80%的锑挥发为三氧化锑，20%的锑还原为粗锑。我国对鼓风炉炼锑有创造性的发展，除热炉顶外，还采用低料柱、薄料层、大风量、全挥发工艺流程，能处理高品位硫化锑精矿。前苏联和捷克斯洛伐克、玻利维亚文托冶炼厂，都进行过漩涡炉挥发熔炼作业，另外，日本进行过吹炉熔炼试验，美国对锑的富集熔炼的研究也取得了一定的进展，提高了熔炼效率。

硫化锑精矿还可在低于硫化锑熔点和空气充足的条件下进行

死焙烧，使之氧化成不挥发的四氧化锑，然后进行还原熔炼，产出金属锑，在焙烧过程中砷、汞等易挥发组分也可与锑分离。美国斯提布乃特炼锑厂用多膛炉焙烧含砷1.8%的锑精矿，使75%的锑呈Sb_2O_4形态残留于焙砂内。智利用含锑60%～65%的富精矿与硝石在多膛炉内进行死焙烧，仅16%的锑进入气相。在处理硫汞锑矿时，由于汞易挥发，前苏联及捷克斯洛伐克曾采取控制焙烧的气氛和温度的办法，使锑主要呈Sb_2O_4形态留在焙砂中，然后按氧化矿进行处理。

11.2.2 直井炉挥发焙烧

11.2.2.1 挥发焙烧反应的基本原理

硫化锑矿石和精矿氧化挥发焙烧的主要反应为：

$$2Sb_2S_3+9O_2=2Sb_2O_3+6SO_2 \tag{11-1}$$

其$\Delta G_T^\ominus$随温度的变化见表11-2，从表中的数据可以看出，在工业生产中的焙烧温度下，硫化锑的氧化反应很容易进行。

表11-2 硫化锑氧化反应的$\Delta G_T^\ominus$随温度的变化

温度/℃	$\Delta G_T^\ominus$/kJ·mol^{-1}	温度/℃	$\Delta G_T^\ominus$/kJ·mol^{-1}
202	−623470	702	−566470
302	−611486	802	−557871
402	−599465	902	−549116
502	−587392	1002	−540089
602	−575855	1102	−530872

霍夫曼(H. O. Hofman)和布拉奇福德(J. Blatchford)曾使用几乎纯净的辉锑矿对其氧化过程进行了研究。试料加热时，开始记录的温度为337.5℃，最终升温到545.4℃，试料在连续升温过程中的变化情况如图11-1所示。

从图11-1中可以看出，辉锑矿在温度逐渐上升到200 ℃时开始放出二氧化硫，由200 ℃到400 ℃的过程中，三硫化锑迅速氧化释放出二氧化硫，生成三氧化锑；当三氧化锑的生成达到最高点时，三硫化锑的氧化即告完成，同时四氧化二锑开始生成。由此可

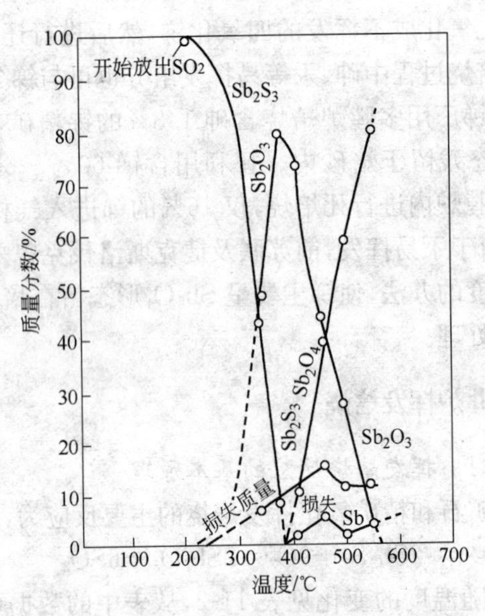

图 11-1　辉锑矿在空气中氧化与温度的关系

见，三硫化锑的氧化首先生成三氧化锑，在三硫化锑消失后，才有四氧化二锑的生成。硫化锑精矿既可挥发焙烧生成三氧化锑，也可进行非挥发焙烧获得四氧化二锑；对硫化锑精矿，在空气中进行氧化焙烧时，炉料的温度需加热到 450 ℃以上(实际工业生产中氧化焙烧的温度在 800～1000 ℃左右)，当然，影响三氧化锑氧化和挥发速度的因素除炉料的温度外，还与炉料表面三氧化锑的分压、气流的成分、炉料尺寸和炉型等因素有关。

11.2.2.2　直井炉的炉型及附属设备

我国的直井炉是在法国赫氏炉的基础上发展起来的。赫氏炉是硫化锑矿挥发焙烧的最早炉型，发明人赫伦士密特(W. Herrenschmidt)于 1908 年 4 月 5 日申请了专利(法国专利 No386107)。由于其冷凝系统的冷却管在空中排列形似“人”字，我国又称其为“人字炉”。

中国式直井炉(又称锑氧炉)较赫氏炉的结构和操作有不少改进。其最大的特点是适宜高温作业。其基本炉型如图 11-2 所示。

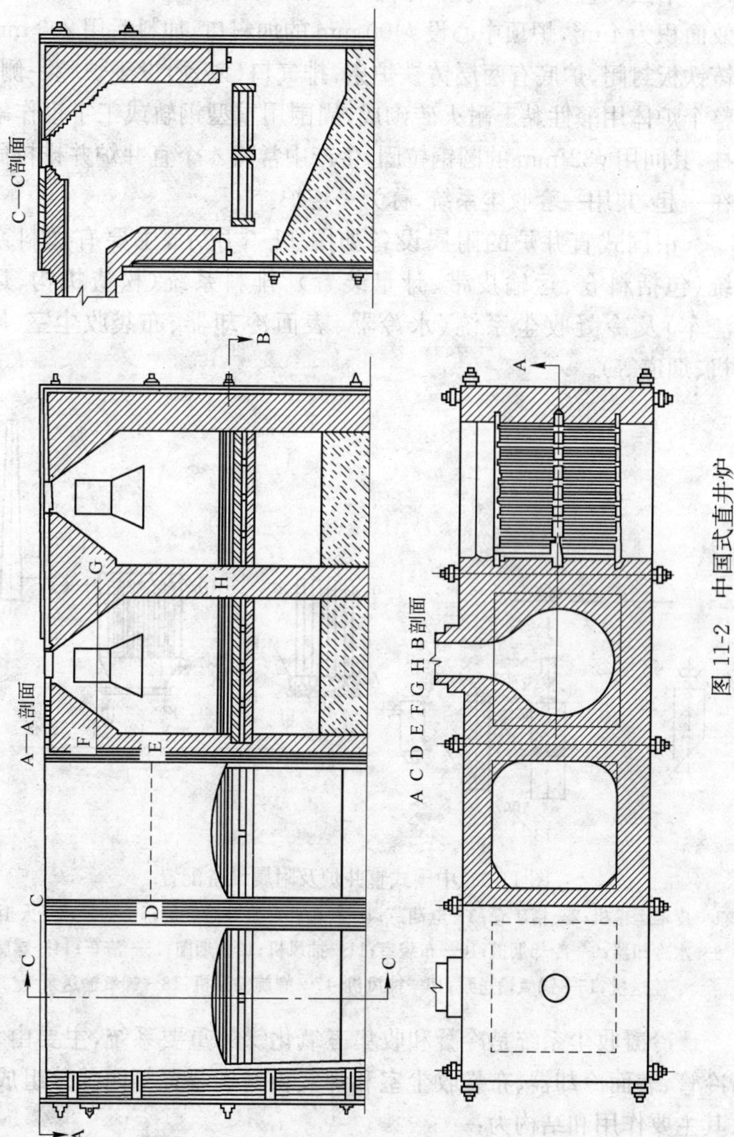

图 11-2 中国式直井炉

中国式直井炉，一般炉体高 5 m，炉拱为半球形，每个炉腔有效面积为 4 m^2，炉顶中心设 ϕ400 mm 的加料口，加料后用 200 mm 铸铁板封闭，炉底有两层铸铁炉条，排气口（鹅颈）设于炉膛一侧，整个炉体用酸性黏土耐火砖砌成，周围用重型钢轨或工字钢作攀柱，其间用 ϕ32 mm 的圆钢拉固，生产中常将 4 个直井炉并排拉固在一起，共用一套收尘系统，称为一连炉。

中国式直井炉的附属设备如图 11-3 所示，主要有加料系统（包括料仓、运输皮带、计量装置）、排料系统（松渣机构、运渣车）及冷凝收尘系统（水冷器、表面冷却器、布袋收尘室、风机、烟道等）。

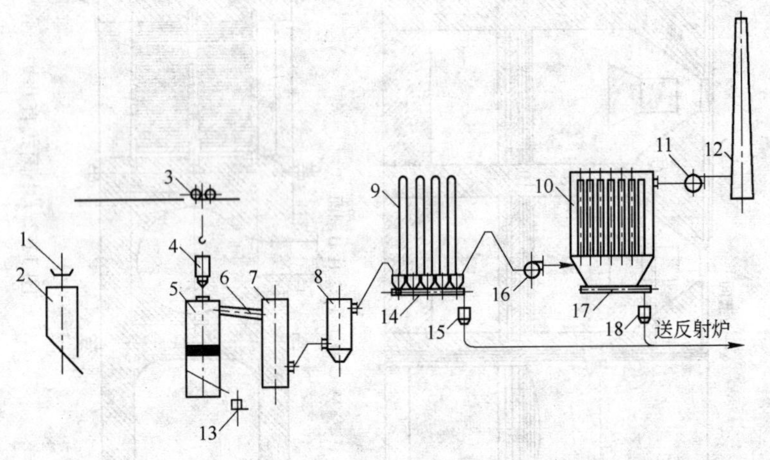

图 11-3　中国式直井炉及附属设备配置

1—皮带运输机；2—精矿仓；3—电葫芦；4—料罐；5—直井焙烧炉；6—鹅颈；7—火柜；8—水冷却器；9—冷却烟道；10—布袋室；11—抽风机；12—烟囱；13—渣车；14—螺旋输送机；15—锑氧输送泵；16—抽风机；17—螺旋输送机；18—锑氧输送泵

冷凝收尘系统是冷凝和收集三氧化锑的重要系统，主要由水冷管、表面冷却器、布袋收尘室和锑氧粉输送装置等四部分组成，其主要作用和结构为：

(1) 水冷管：使烟气由 970℃降至 500～550 ℃，水冷夹套管高 2 m，内管用 ϕ277～370 mm 无缝钢管制成，外管用

4.5～6 mm钢板围成，散热面积15 m^2，散热系数为41860～50232 J/(cm^2 · ℃)。

(2) 表面冷却器：使烟气温度降至120～160 ℃，它由冷却管和沉积室两部分组成。冷却管在高温段是ϕ0.7 m×3.5 m的铁管，低温段是ϕ(0.4×4 m)～(0.4×5 m)的铁管，散热系数为12558～20930 J/(cm^2 · ℃)，沉积室为方形，用红砖砌壁，内外涂以石灰。

(3) 布袋收尘室：也用红砖砌成，水泥挂面，布袋为涤纶绒布。过滤速度一般为0.35 m/min，收尘效率为99%以上，过滤后废气含尘量为2～8 g/m^3。

(4) 锑氧粉输送装置：主要由输送泵和若干输送管道组成，用压缩空气将冷凝系统收集的锑氧粉输送到还原熔炼工序。

11.2.2.3 挥发焙烧实践

采用中国式挥发焙烧炉处理的锑矿种类及化学成分见表11-3，其作业实践主要包括配料控制、炉温控制、风量控制、炉料粒度控制和焙烧操作等环节，其控制要点见表11-4。

表11-3 直井炉处理的原料种类和化学成分

原 料	化学成分(质量分数)/%				
	Sb	As	Cu	Pb	S
块 矿	7～12	0.04～0.05	0.003～0.004	0.006～0.007	2.8～4.8
浮选精矿	45～55	0.06～0.25	0.010～0.011	0.050～0.140	18.0～25.0
碎 块	8～15	0.04～0.06	0.003～0.004	0.006～0.007	3.2～6.0

原 料	化学成分(质量分数)/%				
	Se	SiO_2	Fe_2O_3	CaO	Al_2O_3
块 矿	0.0002	80～90	1.4～2.6	0.16～0.20	0.3～5.0
浮选精矿	0.0010～0.0020	10～30	2.7～4.4	0.08～0.25	0.9～1.5
碎 块	0.0010	75～84	1.5～2.5	0.15～0.20	2.0～5.0

表 11-4　中国式挥发焙烧炉各工序控制要点

工　序	控　制　要　点
配　料	块矿：含锑 7%～12%、粒度 20～150 mm；焦炭粒度 20～80 mm；可搭配一些 2 mm 以上的碎矿、部分制粒浮选精矿；炉料含锑应达 15%左右
炉温控制	高温：950～1050 ℃；鹅颈中部温度：970 ℃以上；加料后保持 850 ℃
风量控制	在空气不足气氛中进行，全系统保持一定负压，炉口负压为 −9.8 Pa
料粒控制	加料后料柱高度 1.8 m，松渣后 1.6 m，红渣后需在 1 m 以上
焙烧操作	包括烘炉、开炉、进料、松渣、挫渣等过程

焙烧过程各阶段实测的炉气出口成分变化、烟气流量和温度变化如图 11-4、图 11-5 所示。

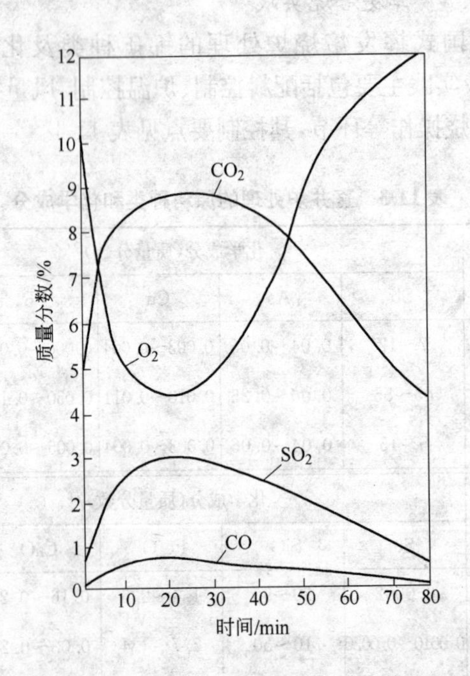

图 11-4　焙烧各阶段炉气成分变化

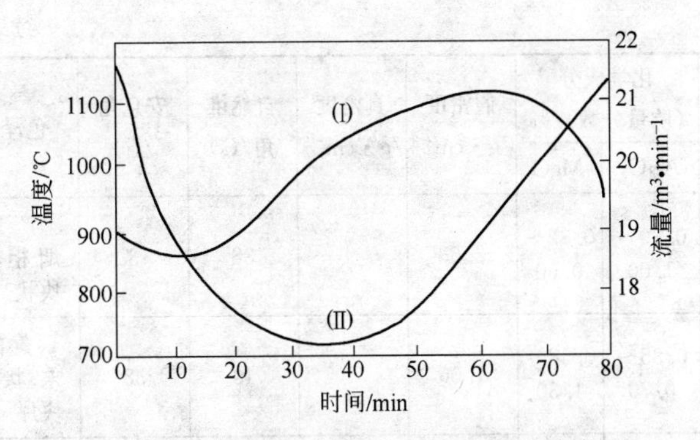

图 11-5 焙烧各阶段烟气流量和温度变化

Ⅰ—烟气流量变化曲线；Ⅱ—温度变化曲线

焙烧产物：氧化挥发焙烧的产物主要有锑氧粉、炉渣和废气等。

视冷凝地点的不同，锑氧粉又分为不同形态的结氧、粉结氧、粉氧、纤维氧、红氧等，其化学成分及主要性质见表 11-5。

表 11-5 锑氧的化学成分和性质

名称	产率/%	化学成分（质量分数）/%							
		Sb	As	Fe	S	Pb	Se	SiO_2	CaO
结氧		76～78	0.05	0.10～0.40	0.50～0.70	0.03	0.001～0.060	0.70～1.30	0.70～0.97
粉结氧	11	78～79	0.09～0.20	0.10～0.20	0.60～0.70	0.02～0.04	0.002	0.24～0.68	0.69～3.00
粉氧	49	82～83	0.27	0.14	0.14～0.30	0.05	0.003	0.60～0.70	1.00
布袋氧	40	82（左右）	0.33～0.37	0.09	0.20	0.10～0.20		0.34～0.36	0.46

续表 11-5

名称	化学成分(质量分数)/%		假密度/g·cm^{-3}	真密度/g·cm^{-3}	自然堆角/(°)	安息角/(°)	色泽及形态
	Al_2O_3	MgO					
结氧	0.70～1.00	0.32～0.60	2.53		38	3	产于鹅颈和烟柜,灰色、块状
粉结氧	0.35～0.70	0.58～1.30	1.06		40	38	黄白色,粉末状、夹有块片
粉氧	0.40～0.60	0.40	0.66	5.19	35	38	白色,粉末状,产于表面冷却器
布袋氧	0.21～0.27	0.30	0.43		31	44	白色,粉末状,布袋收集

炉渣是直井炉焙烧的废弃物,视原料不同,所产炉渣的密度和成分也不同,锡矿山南炼厂直井炉所产炉渣的性质见表 11-6。

表 11-6　直井炉炉渣性质

名　称	密　度/g·cm^{-3}	含渣/%	化学成分(质量分数)/%					
			Sb	SiO_2	Fe_2O_3	CaO	S	Al_2O_3
直井炉炉渣	1.13	0.81	0.67	94.99	0.96	0.32	0.31	0.22

废气经布袋收尘后排入大气,其主要成分和含尘量等见表 11-7。直井炉挥发焙烧的主要技术经济指标见表 11-8。直井炉挥发焙烧的热平衡见表 11-9。

表 11-7　废气主要成分和含尘量

名　称	含尘量(Sb_2O_3)/mg·cm^{-3}	含尘量(SO_2)/%	化学成分(质量分数)/%			
			SO_2	CO_2	O_2	CO+N_2
废　气	2～8	0.2～0.7	0.3～3.0	4.0～9.1	4.3～12.0	81.9～85.4

表 11-8 直井炉挥发焙烧的主要技术经济指标

名称	年生产统计数据		生产试验数据	
	1	2	1	2
矿石平均含锑品位/%	16.39	15.13	8.95	9.96
炉床处理能力/t·$(m^2 \cdot d)^{-1}$	3.05	3.50	3.84	4.48
焦率/%	5.02	5.96	6.05	5.03
煤率/%	1.86			
每吨锑氧焦耗/kg	353.00	345.00	602.00	442.00
渣含锑/%	0.82	1.15	0.85	0.81
最低回收率/%	95.20			
平均回收率/%	95.40	93.00	90.70	92.00
每吨锑氧收尘滤布消耗/m^2		0.20		
每吨锑氧电耗/kW·h		152.00		
每吨锑氧水耗/m^3		8.80		

表 11-9 直井炉挥发焙烧的热平衡

名称	收入	
	物料量	热量/kJ
精矿(25 ℃时)	100 kg	1674.40
空气显热(25 ℃时)	174.10 m^3	5554.80
焦煤显热	5.96 kg	87.91
燃料及化学反应热		319383
合计		326700
名称	**支出**	
	物料量	热量/kJ
烟气带走热	175.20m^3(970℃)	329754
炉渣带走热		24723.80
其他损失	79.00 kg	42002.30
合计		326700

直井炉挥发焙烧的料平衡见表 11-10。

表 11-10　直井炉挥发焙烧的料平衡

名称	收入					
	精矿		焦煤		合计	
	含量/kg	占有率/%	含量/kg	占有率/%	含量/kg	占有率/%
Sb	15.130	100.00			15.130	100.00
S	6.270	97.88	0.136	2.12	6.406	100.00
As	0.048	100.00			0.048	100.00
Pb	0.138	100.00			0.138	100.00

名称	支出									
	锑氧		炉渣		烟气		无名损失		合计	
	含量/kg	占有率/%	含量/kg	占有率/%	含量/kg	占有率/%	含量/kg	占有率/%	含量/kg	占有率/%
Sb	14.080	93.06	0.910	6.01			0.140	0.93	15.130	100
S	0.046	0.07	0.025	0.38	6.312	98.53	0.024	0.37	6.406	100
As	0.048	99.79					0.001	0.21	0.048	100
Pb	0.018	13.04	0.120	86.96					0.138	100

直井炉作为我国较早使用的挥发焙烧设备，它具有如下主要优点：设备简单、投资少、见效快、适于小规模生产；不需要高品位原料及复杂的制备过程；产出的锑氧质量好，易于后续的还原熔炼；水、电、燃料消耗少，容易操作，生产成本低。但事物总是一分为二的，直井炉挥发焙烧方法也存在一些缺点，如：炉床单位处理量小、生产能力低；对原料适应性差，不适宜处理富锑矿石、高品位锑精矿、氧化—硫化混合矿及低熔点脉石的硫化矿；渣含锑高，冶炼回收率低；劳动强度大、环境条件差；废气含二氧化硫浓度低，不易利用，废热也难充分利用。

11.2.3　沸腾炉挥发焙烧

20 世纪 50 年代，北京有色金属研究总院和锡矿山矿务局都进行过沸腾焙烧处理浮选硫化锑精矿试验，由于沸腾炉处理锑精矿时所产锑氧粉夹杂有飞扬的脉石，不适于在反射炉内进行还原熔炼，故未能在工业上获得应用。锡矿山矿务局使用的小型试验设备如图 11-6 所示，扩大试验使用的沸腾炉如图 11-7 所示。扩试的综合试验条件及主要结果见表 11-11，金属平衡见表 11-12。

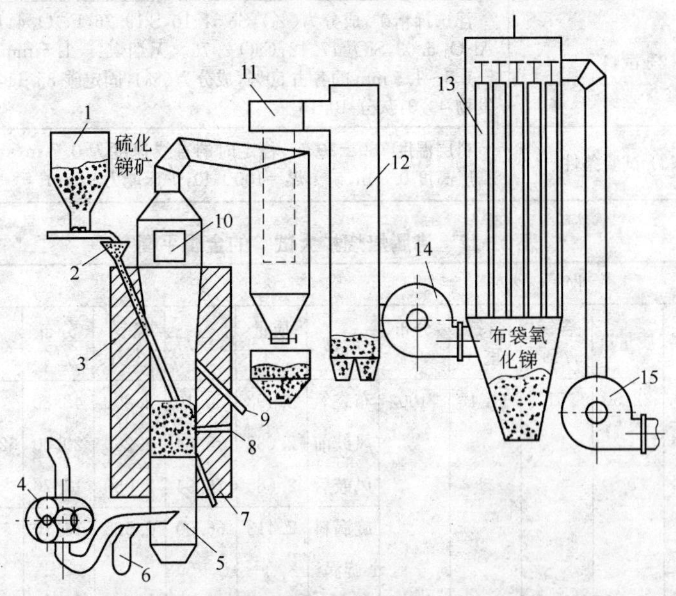

图 11-6 沸腾焙烧处理锑精矿小型试验设备

1—圆盘进料器；2—水套进料管；3—沸腾炉体；4—罗茨鼓风机；5—风巷；6—孔板流量计；7—底部排料管；8—热电偶插孔；9—排渣管；10—操作门；11—漩涡收尘器；12—冷凝器；13—布袋过滤器；14，15—抽风机

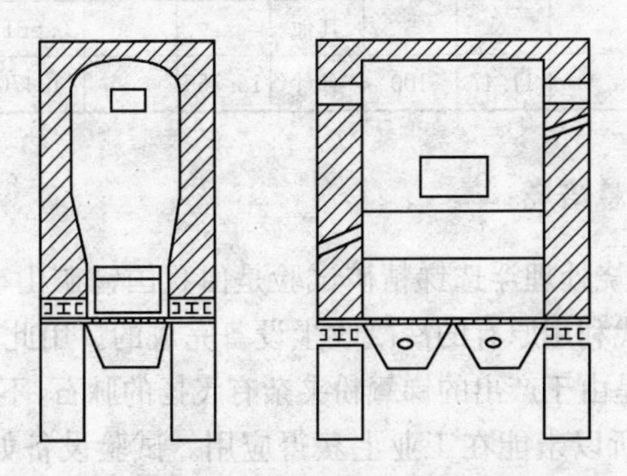

图 11-7 沸腾焙烧处理锑精矿扩试采用的沸腾炉

表 11-11　沸腾炉焙烧扩大试验综合条件

综合条件	数　据
(1) 沸腾炉尺寸	炉床面积 1.2 m^2，有效高度 4.2 m，长 1.5 m，宽 0.8 m
(2) 试料	浮选锑精矿，成分为(%)：Sb 51.10，S 19.76，Fe_2O_3 4.15，Al_2O_3 5.03，SiO_2 17.12，CaO 2.76。无烟煤：－1.5 mm 及－1.5～1.5 mm 的各占 50%，成分为(%)：固定碳 85.11，挥发物 4.73，灰分 10.16
(3) 试验条件	料层温度 780±20 ℃，稳定时的直线速度为 0.7 m/s，沸腾层高度 0.8 m，矿：煤＝100：40，炉床能力 9 t/m^2

表 11-12　沸腾焙烧扩大试验的金属平衡

收　入					支　出					
原料	质量/t	含锑/%	含锑重/t	分布/%	产物	质量/t	含锑/%	含锑尘/t	分布/%	小计
浮选精矿	22.50	51	11.47	100	布袋氧	3.493	80.10	2.800	48.80	
					风鼓前	2.632	78.84	2.280	20.00	62.50
					风鼓后	2.685	76.94	2.080	17.70	
					旋涡料	2.413	66.00	1.585	13.70	
					旋涡前料	1.216	45.92	0.560	4.99	30.50
					火柜料	1.946	4.10	0.800	7.00	
					炉渣	4.400	18.10	0.800	7.00	7.00
					其他			0.561	4.90	
合计	22.50		11.47	100	合计	18.765		11.470	100.0	100.0

11.2.4　飘悬焙烧

飘悬焙烧处理浮选锑精矿试验是由我国锡矿山矿务局于 20 世纪 60 年代利用原有的冷凝收尘设备完成的。用此方法处理锑精矿时，也是由于产出的锑氧粉夹杂有飞扬的脉石，不适于反射炉还原熔炼，所以未能在工业上获得应用。试验设备如图 11-8 所示，试验的主要条件和结果见表 11-13。

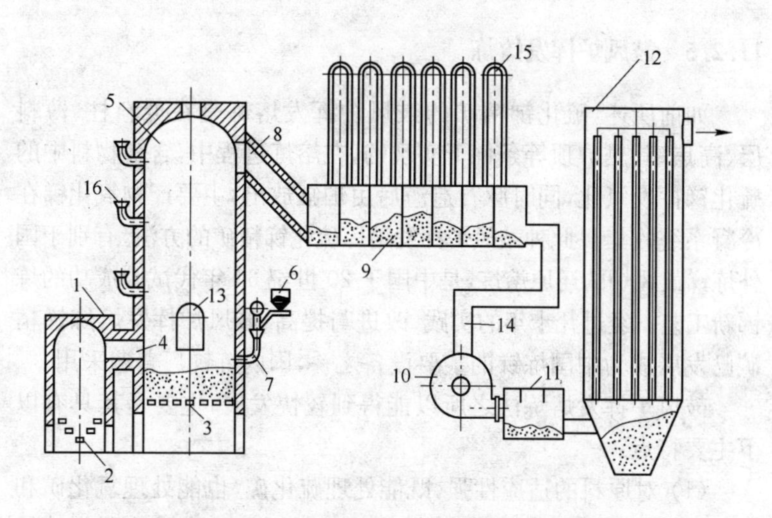

图 11-8 飘悬焙烧试验设备示意图

1—煤气炉；2—炉桥；3—飘悬炉炉桥；4—煤气口；5—飘悬炉；6—圆盘给料机；7—喷嘴；8—出炉烟道（鹅颈）；9—冷凝收尘系统；10—抽风机；11—烟道；12—布袋室；13—工作门；14—烟道；15—冷凝管；16—备用喷嘴

表 11-13 飘悬焙烧试验的主要条件和结果

条件和指标	数据			
设备情况	炉体容积 21 m^3，喷料嘴至炉底距离 8.5 m；外砌红砖，内衬黏土耐火砖，四周用巨型钢轨做攀柱，用 20 mm 圆铁拉固。 圆盘给料机给料，定时定料送入烧嘴，用低压空气喷入炉内； 加热设备用固定桥漏斗式煤气炉			
试　料	浮选硫化锑精矿，成分为(%)：Sb 51.10，S 19.76，Fe_2O_3 4.15，Al_2O_3 5.03，SiO_2 17.12，CaO 2.76			
控制条件	炉顶压力：49 Pa (5 mmH_2O)；炉温：900～1000 ℃；喷嘴与固定床的高差 1.4 m			
技术经济指标	布袋室	风机后区	风机前区	火　柜
锑氧分布/%	30.7	23.6	23.2	22.5
锑氧含锑/%	78.7	78.5	73.8	65.1
处理量/kg·d^{-1}	4200			
煤耗（占精矿）/%	煤气炉：18.2；固定床：4.6			

11.2.5 鼓风炉挥发熔炼

如前所述，硫化锑精矿的鼓风炉挥发熔炼是在低料柱、薄料层、高焦率、热炉顶等条件下实现的，在熔炼过程中，含锑物料中的硫化锑挥发氧化，同时脉石造渣后由炉缸放出，主要产物氧化锑在冷凝系统收集。此种鼓风炉挥发熔炼硫化锑精矿的方法，有别于国外炼锑鼓风炉的还原熔炼，是中国于20世纪60年代试验成功的炼锑新工艺。经过几十年的实践、改进与提高，鼓风炉挥发熔炼锑精矿已发展成为中国炼锑的主要设备之一，国内炼锑厂普遍采用。

鼓风炉挥发熔炼法之所以能得到较快发展，主要是其具有以下主要特点：

(1) 对原料的适应性强，既能处理硫化矿，也能处理氧化矿和硫氧混合矿。无论是块精矿、粉精矿(需预先制团)，或者是锑冶炼厂的中间产物、其他含锑较高的物料，如泡渣、锑渣、生锑渣、炉底砖渣等，均可入炉处理；

(2) 适于处理高品位锑精矿，精矿含锑品位越高，经济效益越好；

(3) 锑的挥发率高，一般在90%以上；

(4) 与直井炉相比，鼓风炉生产能力较大，回收率较高；

(5) 产出的锑锍和粗锑可返回鼓风炉处理，不必另建处理锑锍的设备。

11.2.5.1 鼓风炉挥发熔炼的基本原理

采用鼓风炉挥发熔炼锑精矿时，浮选的锑精矿需加入石灰作黏结剂，压制成团矿作为主要原料。鼓风炉的批料由铁矿石、焦炭和团矿组成，铁矿石和焦炭的成分及团矿的合理组成分别见表11-14，表11-15。

鼓风炉挥发熔炼工艺的特点是炉顶温度很高，达800～1100 ℃，炉料一入炉就经受高温的作用，剧烈地进行干燥、脱水、离解、挥发、氧化和造渣等物理化学反应，大致发生如下17个主要反应，且反应式11-2～式11-5进行得迅速而彻底，它们的离解压曲线如图11-9所示。

表 11-14 铁矿石和焦炭的成分

名称	化学成分(质量分数)/%							挥发率/%
	SiO_2	Fe_2O_3	CaO	MgO	Al_2O_3	C	S	
焦炭	5.74	4.27	1.12	0.34	3.64	79.25	2.27	6.75
铁矿石	9.39	47.86	18.71	1.78	6.56			

表 11-15 团矿的合理组成

物　相	Sb_2S_3	Sb_2O_4	Sb_2O_3	FeS_2	FeAsS	CaO	MgO	Al_2O_3	SiO_2	Fe_2O_3
质量分数/%	68.18	4.47	0.30	3.44	0.14	3.60	0.39	1.58	13.61	1.10

注:CaO 中 $CaCO_3$ 占 0.76%,MgO 中 $MgCO_3$ 占 0.68%。

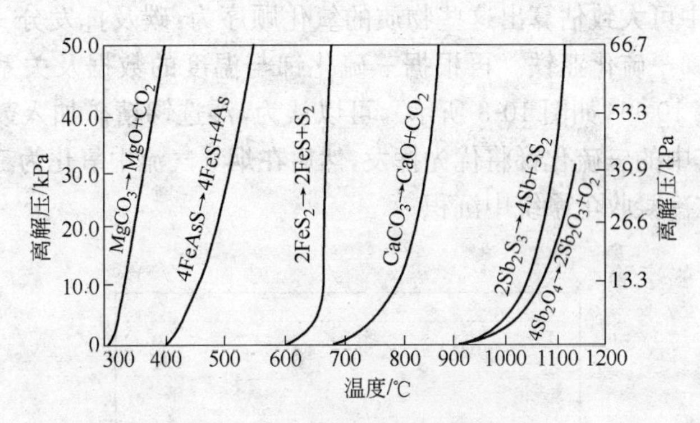

图 11-9 有关物质的离解压曲线

$$CaCO_3 \xlongequal{\triangle} CaO + CO_2 \tag{11-2}$$

$$MgCO_3 \xlongequal{\triangle} MgO + CO_2 \tag{11-3}$$

$$FeS_2 \xlongequal{\triangle} FeS + S \tag{11-4}$$

$$4FeAsS \xlongequal{\triangle} 4FeS + 4As \tag{11-5}$$

$$2/3FeS + O_2 = 2/3FeO + 2/3SO_2 \tag{11-6}$$

$$2/9Sb_2S_3 + O_2 = 2/9Sb_2O_3 + 2/3SO_2 \tag{11-7}$$

$$S + O_2 = SO_2 \tag{11-8}$$

$$C + O_2 = CO_2 \tag{11-9}$$

$$2CO + O_2 = 2CO_2 \tag{11-10}$$

$$2C + O_2 = 2CO \tag{11-11}$$

$$1/2CH_4 + O_2 = 1/2CO_2 + H_2O \tag{11-12}$$

$$1/7.5C_6H_6 + O_2 = 4/5CO_2 + 2/3H_2O \tag{11-13}$$

$$Sb_2S_3 + 2Sb_2O_3 = 6Sb + 3SO_2 \tag{11-14}$$

$$9Sb_2O_4 + Sb_2S_3 = 10Sb_2O_3 + 3SO_2 \tag{11-15}$$

$$Sb_2O_4 + CO = Sb_2O_3 + CO_2 \tag{11-16}$$

$$Sb_2O_4 + C = Sb_2O_3 + CO \tag{11-17}$$

$$2Sb_2O_4 + C = 2Sb_2O_3 + CO_2 \tag{11-18}$$

上述部分反应的反应自由焓与温度的关系如图 11-10 所示，从图中可大致估算出这些物质的氧化顺序为：碳及挥发分—硫—硫化锑—硫化亚铁。再根据三硫化锑与温度的数据及关系曲线（见表 10-11，如图 10-3 所示），可以认为，浮选锑精矿加入鼓风炉后，其中的三硫化锑将优先挥发，然后在烟气气流中氧化为三氧化锑，在冷凝收尘系统中沉积。

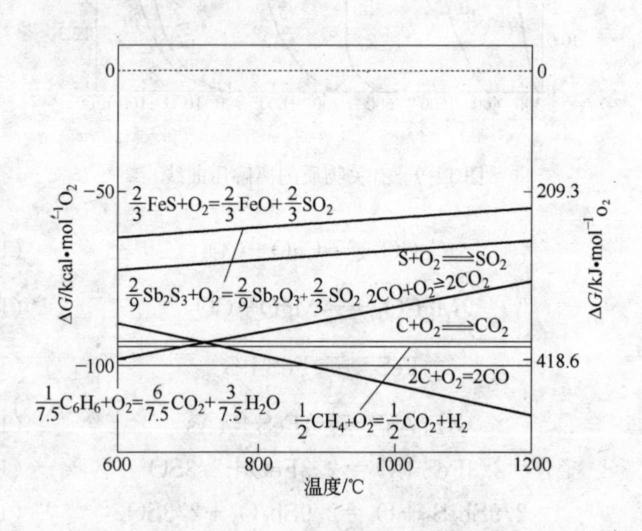

图 11-10　反应自由焓与温度的关系

11.2.5.2 鼓风炉的结构、收尘系统和生产工艺

锡矿山矿务局 2 m^3 挥发熔炼鼓风炉结构，如图 11-11 所示。通常用于挥发熔炼的鼓风炉是半水套鼓风炉，横截面可为圆形、巨型或椭圆型，由炉顶(包括加料装置)、炉身、炉缸和前床等部分组成。

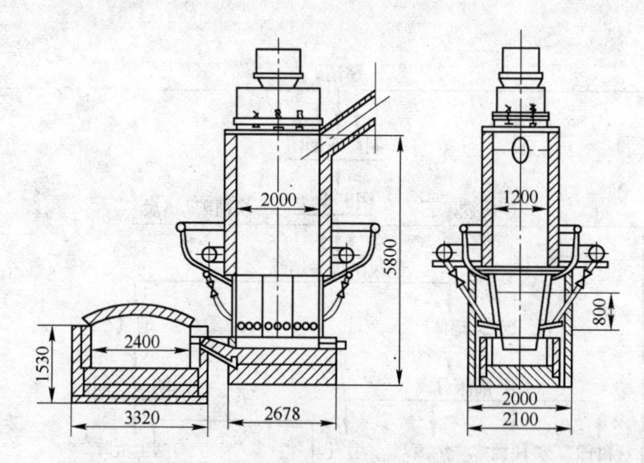

图 11-11 挥发熔炼鼓风炉结构示意图

鼓风炉冷凝收尘系统如图 11-12 所示。鼓风炉的冷凝收尘系

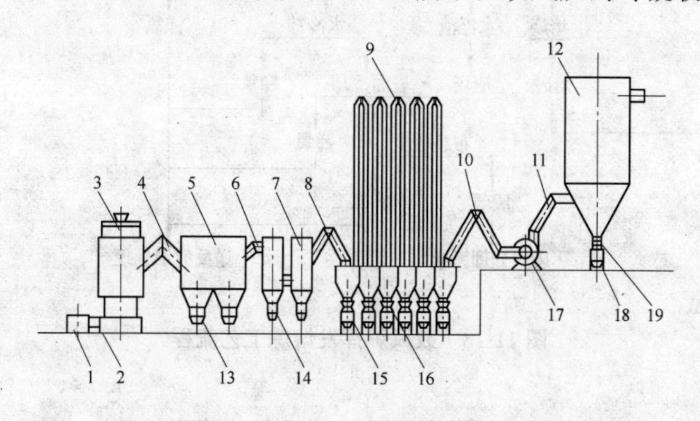

图 11-12 鼓风炉冷凝收尘系统示意图

1—前床；2—过渣道；3—鼓风炉；4—鹅颈；5—烟尘沉降室；6，8，10—连接烟道；7—汽化冷却器；9—表面冷却器；11—布袋室分配烟道；12—布袋室；13，14—闸门；15，18—锑氧输送泵；16，19—圆盘闸门；17—抽风机

统主要由“鹅颈”烟尘沉降室、汽化冷却器或水冷却器表面冷却器、抽风机和布袋室等组成。

鼓风炉挥发熔炼工艺流程，如图 11-13 所示。整个工艺流程主要包括干团矿的制备，鼓风炉造渣熔炼，炉气系列冷凝收尘等部分。

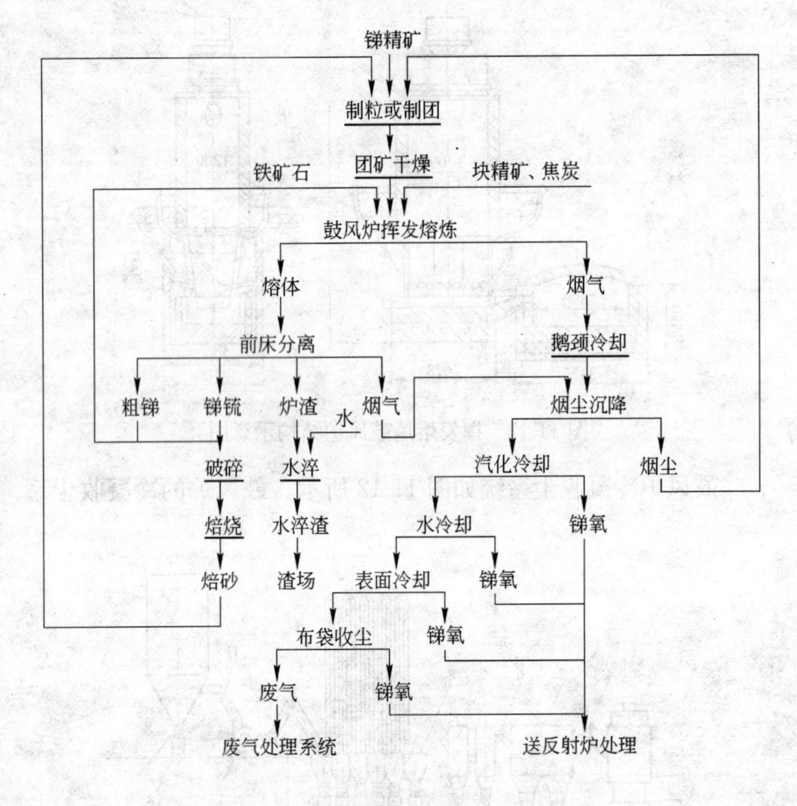

图 11-13　鼓风炉挥发熔炼工艺流程

11.2.5.3　鼓风炉挥发熔炼的主要技术条件

鼓风炉挥发熔炼的主要技术条件见表 11-16。

表 11-16 鼓风炉挥发熔炼的主要技术条件

名 称	主要技术条件
对炉料要求	精矿含锑品位在 40%以上;入炉前尽可能分离出精矿中的易挥发杂质金属;宜处理块矿,粉精矿需预先压制成团矿,且入炉前应筛除粉料
渣型选择	选用 SiO_2-FeO-CaO 为主的多元系炉渣;炉渣的化学成分一般为:SiO_2 40%~42%,FeO 28%~30%,CaO 20%左右,Al_2O_3 及其他 10%左右
焦 率	一般为炉料量的 20%~25%或为精矿量的 30%~45%
风 量 $/m^3 \cdot (m^2 \cdot min)^{-1}$	一般为 60~80
风压/Pa	一般为 7999~10666

11.2.5.4 鼓风炉挥发熔炼的产物和主要技术经济指标

鼓风炉挥发熔炼的主要产物有:锑氧粉,其化学成分见表 11-17、锑锍和粗锑,其产出率和化学成分分别见表 11-18、表 11-19,炉渣(主要是由脉石和焦炭灰分形成的各种低熔点硅酸盐,也含有少量的金属硫化物和金属离子)和废气,其化学成分见表 11-20。

表 11-17 鼓风炉产出的各种锑氧粉化学成分

锑氧粉名称	化学成分(质量分数)/%					
	Sb	As	S	Pb	Cu	Fe
水冷却器锑氧粉	69.04	0.16	0.38	0.11	0.002	1.21
表冷却器锑氧粉	79.36	0.32	0.34	0.06	0.001	0.19
布袋室锑氧粉	81.25	0.31	0.35	0.13	0.001	0.06

表 11-18 炼锑厂所用团矿成分及锑锍、粗锑产出率

编号	团矿化学成分(质量分数)/%							锑 锍		粗 锑	
	Sb	As	Pb	S	SiO_2	CaO	Fe	产出率/%	含锑率/%	产出率/%	含锑率/%
1	50	0.08	0.14	19.97	11	3.97	3.0	4.5	0.4	1.9	3.0
2	38~44	0.70~0.80	0.1~0.15	25.27	13~15	0.8~1.0	8.0~11.0	13.0~16.0	1.3~2.0	4.0~6.0	8.0~10.0

注:含锑率是指粗锑和锑锍的含锑量与入炉炉料含锑之比。

表 11-19 锑锍和粗锑化学成分

编 号	锑锍化学成分(质量分数)/%			粗锑化学成分(质量分数)/%		
	Sb	Fe	S	Sb	Fe	S
1	4.70	64.44	26.40	50.32	40.03	9.65
2	4.60	64.69	24.84	63.60	22.24	5.63
3	7.85	62.92	24.12	75.43	13.80	3.50
4	4.57	64.96	25.76	86.32	10.33	2.07
5	1.90	67.54	24.90	91.40	7.49	1.15
6	0.30	58.12	24.92	52.32	33.14	11.65

表 11-20 废气化学成分

名 称	化学成分(质量分数)/%				
	SO_2	O_2	CO_2	N_2	CO
废 气	0.3～0.8	16～18	2～4	76～79	0～0.3

反映鼓风炉挥发熔炼的主要技术经济指标有生产率、利用系数、金属回收率和单位消耗等。一般数据为:生产率 35～45 t/(m^2·d),利用系数 7.5～12.5 t/(m^2·d),金属回收率 92.0%～97.5%。

11.2.6 氧化锑的还原熔炼

挥发焙烧和挥发熔炼产出的粉状氧化锑都相当纯净,与碳质还原剂共热时容易还原为金属锑。氧化锑的还原熔炼包括氧化锑还原成金属锑和原料中脉石造渣两个紧密联系的反应过程。

氧化锑的还原熔炼现仍采用无烟煤、木炭为还原剂,为了减少氧化锑的挥发,熔炼作业一般在碱熔剂覆盖下进行。

目前氧化锑还原熔炼使用的炉型大多为反射炉,个别工厂用鼓式旋转窑。

我国还原熔炼反射炉炉床面积为 11～12.25 m^2,炉床生产能力(包括精炼)一般为 0.6 t/(m^2·d),直收率约为 80%,总回收率可达98%。

11.2.6.1 还原熔炼反射炉、收尘系统和工艺流程

我国目前使用的反射炉普遍采用固体燃料加热，炉膛面积视生产规模而定。锡矿山炼锑厂11 m^2 反射炉，如图11-14所示，它由炉基、炉膛、炉墙、炉拱构成，四周围以普通钢板，用攀柱拉条加固。

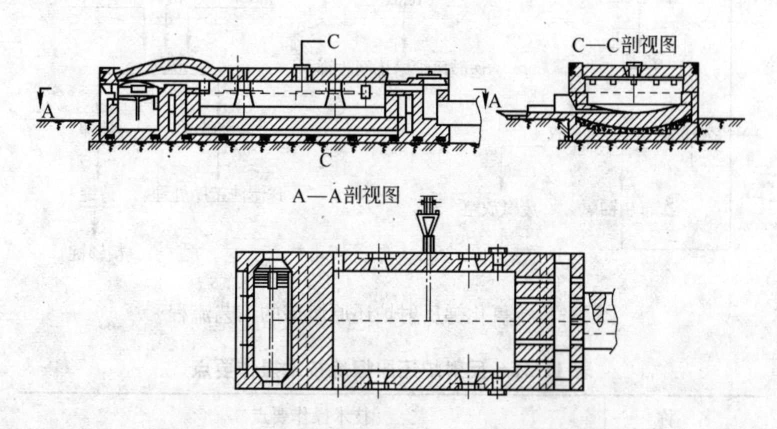

图11-14 锡矿山炼锑厂11 m^2 反射炉示意图

对反射炉的烟气，常采用汽化冷却或夹水套冷却。首先将烟气强制冷却到400 ℃左右(此时，锑氧粉不会再熔结)，再采用表面散热设备将烟气冷却到低于滤袋材质所能经受的最高温度。含尘烟气中带有大量的氧化锑，与挥发焙烧炉一样，需要庞大的收尘系统捕集锑氧粉，其冷却烟道和布袋收尘器基本上与鼓风炉挥发熔炼的一致。

氧化锑的反射炉还原熔炼主要包括熔化、还原、粗锑精炼、泡渣处理和高温炉气的冷却收尘等过程，其工艺流程图，如图11-15所示。

11.2.6.2 反射炉还原熔炼技术操作

反射炉还原熔炼的主要技术操作包括烧火、进料、熔化、还原、加“衣子”和铸锭等，其操作要点及对原料的要求见表11-21。

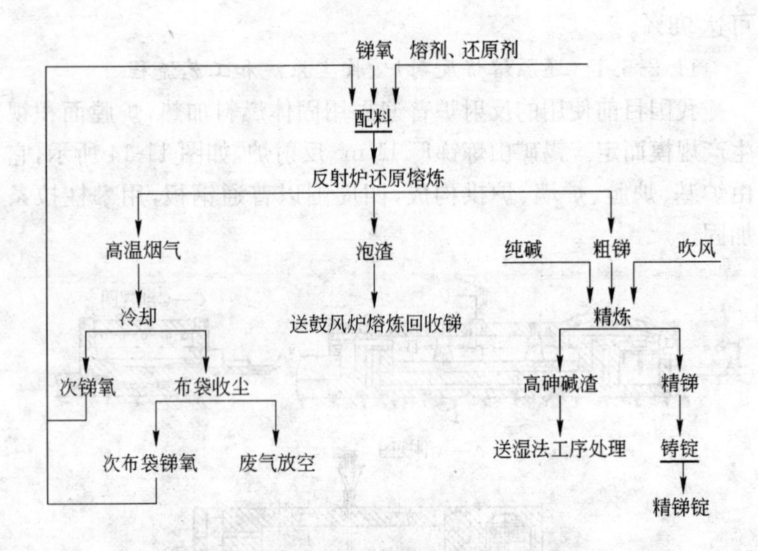

图 11-15　氧化锑反射炉还原熔炼的工艺流程

表 11-21　反射炉还原熔炼技术操作要点

名　称	技术操作要点
对炉料要求	锑氧粉：应按含锑、铅、砷量的高低予以合理配料，入炉锑氧粉含锑量不低于 75%，冶炼一号、二号精锑时，锑氧粉含铅量应分别控制在 0.08%和 0.18%以下； 还原剂：无烟煤含碳量不低于 80%，粒度小于 5 mm； 熔剂：采用粉末状纯碱，纯碱中碳酸钠含量应大于 95%，重金属含量不超过 0.02%
熔炼温度	为防止入炉锑氧粉过度挥发，熔体温度一般不超过 1000 ℃
主要技术操作	烧火：多采用薄煤层多次燃烧操作法，每 25～30 min 加燃料一次，保持煤层厚度为 350 mm； 进料：炉料按配料比混合均匀，分批从炉顶加料口加入，每批炉料重量控制在 0.2 t/m^2； 加“衣子”：所谓“衣子”是锑锭表面的起星剂或覆盖剂。它主要是含锑较高、含砷较低的粉状锑氧粉在高温下的熔融物，用以覆盖在锑液表面，隔绝空气，保持锑不受氧化，同时使熔融的金属锑缓慢冷却，创造结晶条件，使锑锭表面呈现凤尾状花纹。“衣子”常用含锑大于 80%，含砷较低的粉状锑氧粉，配以 1%～2%的纯碱制得； 铸锭：锑的铸锭有人工浇铸和机械铸锭两种方法

11.2.6.3 反射炉还原熔炼的产物

反射炉还原熔炼的产物主要有精锑、次锑氧粉、泡渣、碱渣和烟气等。

锑、砷、铅等在各种产物中的分配平衡见表 11-22。

表 11-22 锑、砷、铅等在各种产物中的分配平衡

产物名称	化学成分(质量分数)/%		
	Sb	As	Pb
精锑或锑白原料	78.6	13.9	52.2
次锑氧	15.9	25.2	1.3
泡　渣	2.6	5.2	
碱　渣	1.5	55.7	
其　他	1.4		46.5
合　计	100.0	100.0	100.0

精锑:是还原熔炼和精炼的最终产品,用于生产锑白的原料也是一种精锑产品,产出的三种精锑的化学成分见表 11-23。

表 11-23 精锑的化学成分

产品名称	化学成分(质量分数)/%						
	Sb	As	Ca	Fe	Pb	S	Se
1号精锑	99.88	0.035	0.0015	0.0038	0.075	0.0038	0.0007
2号精锑	99.74	0.068	0.0029	0.0045	0.170	0.0054	0.0017
锑白原料	99.83	0.036	0.0036	0.0120	0.093	0.0050	0.0021

次锑氧粉:是反射炉收尘系统收集的氧化锑,需返回反射炉再进行还原熔炼,一般次锑氧粉的化学成分见表 11-24。

表 11-24 次锑氧粉的化学成分

名　称	化学成分(质量分数)/%					
	Sb	As	Ca	Fe	Pb	S
次锑氧粉	78.0～79.8	0.5～0.6	0.0004	0.035～0.055	0.01～0.06	0.12～0.20

泡渣：是反射炉产出的、由还原剂的灰分和氧化锑中的脉石成分、添加剂中的 Na_2O 和砷、锑的低价盐类组成的含锑、砷等呈蜂窝状的炉渣。泡渣的一般化学成分见表 11-25。泡渣的含锑量约为精锑产量的 4%～8%，其处理方法有坩埚炉熔炼法和鼓风炉熔炼法等。

表 11-25 泡渣的化学成分

名称	化学成分(质量分数)/%									
	Sb	As	Fe	S	Pb	SiO_2	CaO	Al_2O_3	MgO	Na_2O
泡渣	36～40	0.15～0.35	2.5～3.8	0.1～0.7	0.022	23～38	2.1～3.6	3.0～8.1	1.4	7～9

碱渣：是还原熔炼完成后，加碱除砷的产物。一般化学成分见表 11-26。碱渣常采用湿法处理，有钙渣法和砷酸钠混合盐法。

表 11-26 碱渣的化学成分

名称	化学成分(质量分数)/%										碱度
	Sb	As	Fe	Se	S	Pb	SiO_2	CaO	Al_2O_3	MgO	
碱渣	30～40	3～5	<1	0.07～0.09	<0.12	<0.02	<3	<2	<3	<1	20～30

名称	化学成分(质量分数)/%					
	Na_2SbO_3	Na_3SbO_4	Sb	Na_3AsO_3	Na_3AsO_4	As
碱渣	82.27	0.22	16.51	97.88	1.89	0.23

烟气：反射炉烟气夹带有挥发的锑氧粉和飞扬的煤尘，需配置冷凝收尘系统处理。锡矿山炼锑厂反射炉出炉烟气的有关数据见表 11-27。

表 11-27 出炉烟气的有关数据

名 称	炉尾烟气量 $/m^3 \cdot h^{-1}$	炉尾温度 /℃	炉尾含尘量 $/g \cdot m^{-3}$	烟尘假密度 $/g \cdot cm^{-3}$	平均烟尘粒度 /μm
烟 气	1200～1500	700～750	40～48	0.7～0.8	0.2

11.2.7 硫化锑精矿的直接熔炼

硫化锑精矿的直接熔炼法是指熔炼过程没有中间产物产生而直接产出金属锑的方法。一般分为沉淀熔炼法、反应熔炼法、碱性熔炼法、熔盐电解法及氢还原法等。上述各方法的主要技术条件及化学反应为：

沉淀熔炼：在高温下用铁直接置换硫化锑中的锑，反应式为：

$$Sb_2S_3+3Fe=2Sb+3FeS \qquad (11\text{-}19)$$

反应熔炼：用硫化和氧化混合锑矿共熔或硫化锑矿在熔融过程中部分氧化后通过交互反应，产出金属锑，反应式为：

$$Sb_2S_3+2Sb_2O_3=6Sb+3SO_2 \qquad (11\text{-}20)$$

碱性熔炼：用硫化锑和碳酸钠在有还原剂存在时共熔，产出金属锑，反应式为：

$$2Sb_2S_3+6Na_2O+3C=4Sb+6Na_2S+3CO_2 \qquad (11\text{-}21)$$

熔盐电解：用硫化锑加 10%的硫化钠共熔，在 900～1000 ℃，适当电解槽内电解，在阴极上析出阴极锑。

氢还原：用氢气还原硫化锑，尤其是液态硫化锑，产出金属锑，反应式为：

$$Sb_2S_3+3H_2=2Sb+3H_2S \qquad (11\text{-}22)$$

在上述诸方法中，只有沉淀熔炼法在工业生产上得到推广应用。该法是一种古老的炼锑方法，其实质就是利用铁对硫化锑的置换作用，使锑沉淀析出而获得金属锑。

沉淀熔炼法所处理的锑精矿一般是含 Sb 45%～65%的富精矿或熔析的生锑，如果物料中含有过多的脉石和杂质或采用过细的浮选精矿，都不利于锑的沉淀熔炼，所用的沉淀剂一般为废马口铁。

沉淀熔炼所用的设备多为坩埚炉或用一端倾斜的深炉膛反射炉、或用特殊的腰鼓炉。

此外，对于硫氧混合矿也可实行还原沉淀熔炼作业，熔炼可在反射炉或电炉中进行。反射炉炉床面积由 4～27 m² 不等，处理能力为 1.2～1.5 t/(m^2 · d)。电炉炉床面积为 12～16 m^2，一般处理能力为 2～3 t/(m^2 · d)。由于反射炉氧化气氛及炉气量较电炉大，虽易于脱硫及使铁造渣、锑锍产率小，但随炉气损失的锑量也较电炉大 5%～6%，故在电力充裕的国家，都倾向于使用电炉。

沉淀熔炼的产物除粗锑外，还副产部分锑锍，应返回再熔炼，或采用吹炼、焙烧或硫化碱浸出等方法处理。

11.3 湿法炼锑

湿法炼锑既能处理单一的含锑原料，又能处理多金属的复杂矿，如锑金矿、锑铅矿、锑汞矿、硫化—氧化混合矿以及铜、铅精炼过程的阳极泥，冶炼厂含锑烟尘等。

湿法炼锑，主要由锑的浸出和浸出液的电积两个工序所组成，前者使锑溶解于溶液中，后者是将所得的溶液通过电解产出金属锑。

湿法炼锑分为碱性湿法炼锑和酸性湿法炼锑两种方法。现在工业上几乎都采用硫化碱浸出—硫代亚锑酸溶液电解的碱性湿法炼锑法。酸性湿法炼锑曾采用三氯化铁溶液和盐酸作为浸出剂进行过试验，但未见大规模实践的报道。此外，在锑的湿法冶炼方面，北京矿冶研究总院开发出用矿浆电解处理脆硫铅锑矿新技术，成功地实现铅锑分离并可一次获得电解锑。有的学者对 Sb_2O_3 矿浆电解热力学也进行了研究。

湿法炼锑不仅金属回收率高，还可按无渣工艺处理多金属锑精矿，浸出渣送炼铅厂处理，渣中的锑以锑酸钠形态回收，锑的碱性浸出率可达 99%以上，电积回收率 98.92%左右，综合回收率不低于 98%。在火法流程中，鼓风炉挥发熔炼的回收率只有 96%，直井炉挥发焙烧仅 93%，碱性浸出—电积综合回收率比后两者分别高 2%和 5%。

湿法炼锑工艺，在我国锡矿山锑矿，前苏联拉兹多利斯基锑联合企业，美国日光锑联合企业等国内外炼锑厂获得广泛应用。

以硫化锑精矿为原料的碱性湿法炼锑，目前所用的浸出剂，主要是硫化钠和氢氧化钠的混合溶液。碱性湿法炼锑主要包括以下工序，即用硫化钠和氢氧化钠溶液进行浸出，产出硫代亚锑酸钠；对硫代亚锑酸钠溶液进行电积，产出阴极锑；处理阴极废液，产出硫化钠和净化后的浸出液；阳极液的净化；阴极锑的精炼。这种方法的优点是锑的浸出率高，选择性好，易于在工业上实施，因而得到推广。

11.3.1 硫化锑精矿的浸出

用硫化钠和氢氧化钠混合溶液作为浸出剂浸出硫化锑精矿时的主要反应为：

$$3Na_2S+Sb_2S_3=2Na_3SbS_3 \tag{11-23}$$

$$Na_3SbS_3 \rightleftharpoons 3Na+SbS_3^{3-} \tag{11-24}$$

$$Na_2S+H_2O \rightleftharpoons NaOH+NaHS \tag{11-25}$$

$$Sb_2S_3+4NaOH=NaSbO_2+Na_3SbS_3+2H_2O \tag{11-26}$$

$$Sb_2O_3+3Na_2S+3H_2O \rightleftharpoons Sb_2S_3+6NaOH \tag{11-27}$$

$$Sb_2S_3+3Na_2S \rightleftharpoons 2Na_3SbS_3 \tag{11-28}$$

$$Sb_2O_3+6Na_2S+3H_2O \rightleftharpoons 2Na_3SbS_3+6NaOH \tag{11-29}$$

$$HgS+Na_2S \rightleftharpoons Na_2HgS_2 \tag{11-30}$$

$$As_2S_3+3Na_2S \rightleftharpoons 2Na_3AsS_3 \tag{11-31}$$

$$As_2S_5+3Na_2S \rightleftharpoons 2Na_3AsS_4 \tag{11-32}$$

上述式 11-26 中的反应，只是在溶液中硫化钠不足时才发生，当溶液中有足够的硫化钠时，NaOH 不与 Sb_2S_3 发生反应。此外，锑的高价氧化物 Sb_2O_4 和 Sb_2O_5 不溶解于硫化钠溶液，硫化锑精矿中的伴生金属，除 Hg 和 As 外，Cu、Pb、Fe、Zn、Ag 等在硫化钠溶液中都难溶解。

浸出作业可间断或连续进行，工业生产上多采用连续作业，以便实现自动化并提高浸出过程的生产率。间断浸出较适合于小型和原料多变的企业。我国间断浸出半工业试验的主要数据见表 11-28。

表 11-28　硫化锑精矿间断浸出半工业试验的主要数据

名　称	数　据
原　料	含锑 48%～55%的浮选锑精矿，其中氧化物料占 12.7%
浸出剂	为阴极废液结晶后的母液，含 Na_2S 120～140 g/L，NaOH 20～28 g/L，Sb 15～17.5 g/L
液(体积)固比	3∶5～5∶1
主要指标	锑浸出率：99.6%～99.8%；砷浸出率：40%～45%；渣含锑：0.3%～0.4%；渣率：22%～35%
阴极液	由浸出液和洗水配制而成。主要成分为(g/L)：Sb 93～100，As 0.25～0.38，Na_2S 20，NaHS 116～125，Na_2SO_4 26～31，Na_2CO_3 60～77，Na_2SO_3 4～8，$Na_2S_2O_3$ 39～60

11.3.2　浸出液电积

硫代亚锑酸钠浸出液的电积分为隔膜电积和无隔膜电积。其工艺流程分别如图 11-16、图 11-17 所示。主要技术条件和指标见表 11-29。

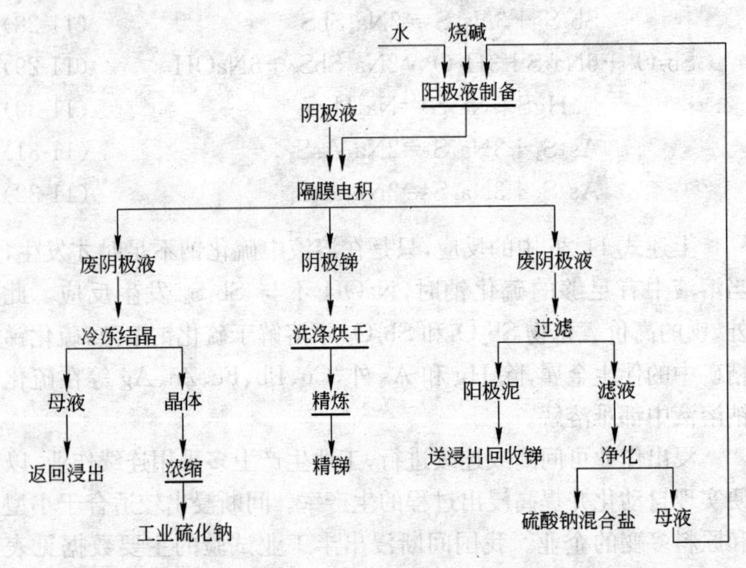

图 11-16　隔膜电积工艺流程

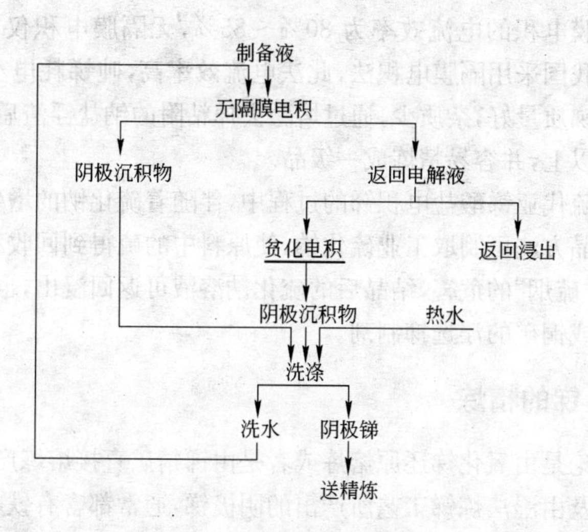

图 11-17 无隔膜电积工艺流程

表 11-29 隔膜电积和无隔膜电积的技术条件和指标

隔膜电积		无隔膜电积	
技术条件和指标	数 据	技术条件和指标	数 据
阴极液	Sb:90～100(g/L), NaS:20%	电解液/g·L^{-1}	Sb:50～60; NaOH:50～60; Na_2S:50～60; Na_2CO_3:20～30; $Na_2S_2O_3$ 和 Na_2SO_3 共 60～65; Na_2SO_4:75～80
阳极液	主要是浓度为 100～120 g/L 的 NaOH 溶液		
电解液温度/℃	50～55	槽电压/V	2.7～3.0
槽电压/V	2.65～3.00	电流效率/%	45～55
电流效率/%	82～85	吨锑电耗/kW·h	直流电耗:3000～4000
吨锑电耗/kW·h	直流电耗: 2050～3200, 碱耗:1.05 t		

隔膜电积的电流效率为80%～85%，无隔膜电积仅45%～55%。我国采用隔膜电积法，此法电流效率高，吨锑耗电小，产出的阴极锑质量好，杂质少，通过熔融去掉粘附的钠盐浮渣后含锑达99.6%以上，并容易精炼成一级品。

在硫代亚锑酸盐电积锑的过程中，伴随着硫化钠的增生，利用冷冻结晶方法可制取工业硫化钠，使原料中的硫得到回收利用，消除火法"硫烟"的危害，结晶后的硫化钠溶液可返回浸出，也可以作为铅矿或铜矿的浮选抑制剂。

11.4　锑的精炼

无论是由氧化锑还原熔炼或者是由锑精矿直接熔炼产出的金属锑以及由湿法炼锑工艺所产出的阴极锑，通常都含有铁、砷、铅、硫等一定数量的杂质，其含锑品位和纯度都达不到商品锑的要求，需进行精炼。对锑的精炼，目前工业上大部分采用火法精炼，也有部分工厂采用水溶液电解精炼，近年来锑的熔盐电解精炼技术引起了人们的注意，但国内尚未见进入工业生产的报道。我国的精锑标准见表11-30。

表11-30　中国锑的标准(GB 1599—1979)

品号	代号	锑/%	杂质(质量分数)/%				
			As	Fe	S	Cu	杂质总和
一号锑	Sb-1	≥99.85	≤0.05	≤0.02	≤0.04	≤0.01	≤0.15
二号锑	Sb-2	≥99.65	≤0.10	≤0.03	≤0.06	≤0.05	≤0.35
三号锑	Sb-3	≥99.50	≤0.15	≤0.05	≤0.08	≤0.08	≤0.50
四号锑	Sb-4	≥99.00	≤0.25	≤0.25	≤0.20	≤0.20	≤1.00

11.4.1　锑的火法精炼

粗锑和阴极锑的化学成分见表11-31，其杂质的脱除方法分别介绍如下。

表 11-31 粗锑和阴极锑的化学成分

锑的形态	化学成分(质量分数)/%			
	Sb	As	Pb	Cu
还原熔炼的粗锑	96～97	0.2～3.0	0.08～0.25	0.001～0.010
沉淀熔炼的粗锑	80～90	0.2～3.0	0.1～5.0	0.03～0.20
电解阴极锑	98.0～98.3	0.018～0.120	0.0006～0.0013	0.0038～0.0046
锑的形态	化学成分(质量分数)/%			
	Fe	Na	Sn	S
还原熔炼的粗锑	0.01～0.50	0.02～0.10	0.01～0.10	0.1～1.0
沉淀熔炼的粗锑	3～15	0.02～0.10	0.01～0.10	0.2～0.3
电解阴极锑	0.005～0.010	0.10～1.00	0.01～0.03	0.15～0.36

除铁:所用的除铁剂一般是硫化锑精矿及碳酸钠,其主要反应为:

$$3Fe+Sb_2S_3 \rightleftharpoons 3FeS+2Sb \quad (11\text{-}33)$$

$$FeS+Na_2CO_3=FeO+Na_2S+CO_2 \quad (11\text{-}34)$$

$$2FeO+Na_2CO_3+1/2O_2=Na_2Fe_2O_4+CO_2 \quad (11\text{-}35)$$

脱砷:工业上广泛采用吹碱氧化法脱砷,反应式为:

$$2As+2.5O_2+3Na_2CO_3=2Na_3AsO_4+3CO_2 \quad (11\text{-}36)$$

$$2As+1.5O_2+3Na_2CO_3=2Na_3AsO_3+3CO_2 \quad (11\text{-}37)$$

$$Na_3SbO_4+As=Na_3AsO_4+Sb \quad (11\text{-}38)$$

$$Na_3SbO_3+As=Na_3AsO_3+Sb \quad (11\text{-}39)$$

脱硫:工业上使用的脱硫剂是碳酸钠,反应式为:

$$3NaCO_3+Sb_2S_3=3Na_2S+Sb_2O_3+3CO_2 \quad (11\text{-}40)$$

$$Sb_2O_3+3NaCO_3+O_2=2Na_3SbO_4+3CO_2 \quad (11\text{-}41)$$

$$3Na_2S+Sb_2S_3=2Na_3SbS_3 \quad (11\text{-}42)$$

脱铅:采用真空蒸馏分离法或使锑先氧化挥发,再还原熔炼,铅留在残余锑液内。

火法精炼作业产出的高砷碱渣,尚无理想的处理方法,目前仍普遍采用水浸,以砷酸钙形态弃之。

我国的火法精炼作业是在还原熔炼的反射炉中进行,已有一套完整的铸锭作业机械化生产线，且能由碱渣副产砷酸钠，或副产适于制造玻璃的砷酸钠混合盐。

11.4.2 锑的水溶液电解精炼

粗锑还可进行水溶液电解精炼制取高纯金属锑，阴极锑含锑可达99.9%，并可分离金、银或其他有价金属，通过阳极泥的处理分别予以回收。电解精炼也可以处理含杂质较多的粗锑，得到较佳的综合回收率。

工业上采用的电解质是氢氟酸和硫酸组成的电解液。电解液的一般组成为：游离氟离子不低于20 g/L、Sb^{3+} 100～130 g/L、SO_4^{2-} 360～400 g/L，此时，电解过程稳定，效果良好。湘西精矿贵锑（含金粗锑）电解精炼的工艺条件和主要技术经济指标见表11-32。

表11-32 贵锑电解精炼的条件和主要技术经济指标

工艺条件和技术经济指标	数据
原料来源	将鼓风炉挥发熔炼所得的贵锑，经反射炉精炼后，进行电解
电解槽尺寸	2 m×6 m×0.9 m，内衬聚氯乙烯的木质电解槽
阴极材料	1.5 mm厚的紫铜片，尺寸为535 mm×600 mm
阳极材料	尺寸为520～540 mm的贵锑铸成，成分为：Au 20 kg/t，Sb 75%～80%，Cu 3%～9%，Ni 2.0%～2.5%，Pb 3%～10%，As 0.5%～1.0%，Fe 0.3%～2.0%
阴、阳极周期/d	5～9d
电解液成分/$g \cdot L^{-1}$	Sb^{3+} 110～130，SO_4^{2-} 360～400，$F_{总}$ 70～90，$F_{游}$>20
电解液温度/℃	<35
阴极电流密度/$A \cdot m^{-2}$	100～110
循环速度/$L \cdot min^{-1}$	1.5～1.8，上进下出一级循环方式
异极中心距/mm	70
残极率/%	20左右

续表 11-32

工艺条件和技术经济指标	数 据
槽电压/V	0.5～0.8
电流效率/%	96.0～97.5
电能消耗/kW·h·t^{-1}	400～600
阳极泥产出率/%	10～18
阳极泥含金率/%	10～25
金回收率/%	98.0～99.5
锑回收率/%	98～99

11.4.3 锑的熔盐电解精炼

锑的熔盐电解精炼是用熔点较低的混合熔融盐类作为电解质，熔融的粗金属作为阳极或阴极，不熔性金属或石墨作为导电的电极，在高温下进行电解。在电解过程中杂质金属不断从粗金属阳极中迁移出来，从而达到提纯的目的。

熔盐电解精炼的电解质多采用等摩尔数的 KCl-NaCl 混合盐熔体，此种电解质价格低廉、无毒、容易运输和储存，并且熔点低、流动性好、导电性高、挥发性小。除 KCl-NaCl 外，也可采用以下几种混合盐作为电解质，即：Na_2SO_4-KCl-NaCl，NaCl-$MgCl_2$-KCl，NaCl-KCl-$CaCl_2$ 或 NaCl-Na_2CO_3。

锑的熔盐电解精炼有阳极法和阴极法。阳极法是将粗金属作为阳极，电解时电性较负的杂质金属在阳极氧化变为离子，通过电解质迁移到阴极表面，并在阴极还原沉积，锑熔盐电解精炼阳极法，如图 11-18 所示。反之，阴极法是将粗金属作为阴极，电解时碱金属离子（如 Na^+ 等）在阴极还原成金属，它能选择性地与阴极中杂质元素化合，生成金属间化合物（如 Na_3As、Na_3S、Na_3Bi 等）溶解于电解质中，在电场引力和扩散作用影响下迁移到阳极附近，在阳极上又氧化成杂质元素，随着杂质元素不断迁出，主体金属得以提纯，锑熔盐电解精炼阴极法，如图 11-19 所示。

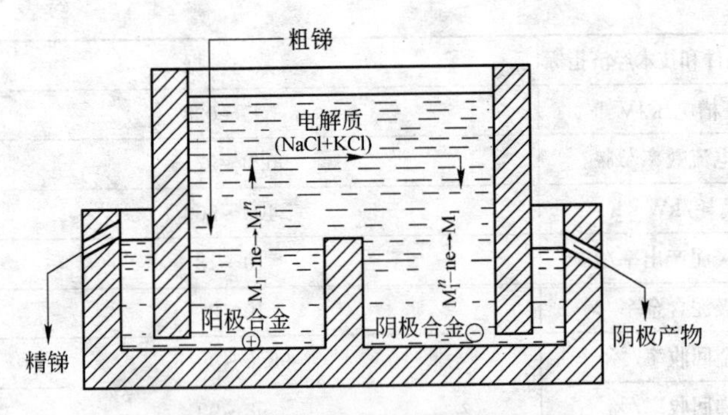

图 11-18　锑熔盐电解精炼阳极法示意图

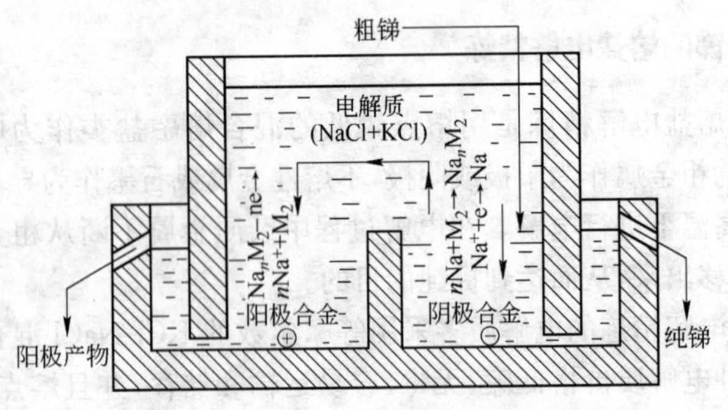

图 11-19　锑熔盐电解精炼阴极法示意图

熔盐电解精炼法具有离子电导率高、高温下化学反应快、只有被迁移的杂质元素参与电化学反应等特点。与火法精炼或水溶液电解法精炼相比，具有容易除去铅、精炼周期短、金属直收率高、化学反应快、设备生产能力大、节约电能、易实现连续化和自动化、有利于环境保护和改善劳动条件等优越性。

11.5　工业锑品的生产

锑的用途很广，在工业生产上消耗最多的是纯三硫化锑（生锑）和纯三氧化锑（锑白）。工业锑品一般是指各种牌号的金属锑以外的商品锑，主要包括生锑、锑白、金黄锑、施里普盐以及纯度在 4 个 9 以上的高纯锑。

11.5.1　生锑的生产

生锑是纯净的三硫化锑，因其呈针状结晶，故也称"针锑"。

生锑的生产方法是简单的熔析法，即将含锑40%～60%的高品位辉锑矿在坩埚炉或反射炉内升温，加热到高于其熔点，在546～556 ℃时熔析，可获得含锑69%～73%和含硫25%～28.3%的纯硫化锑。我国颁布的生锑标准。

表 11-33　我国 YB323—1965 生锑标准

品　号	代　号	化学成分(质量分数)/%				
		锑	(化合物)硫	杂　质		
				王水不溶物	盐酸不溶物	游离硫
一号三硫化锑	Sb_2S_3-1	70～73	25.0～28.3	≤0.3	≤1.5	≤0.07
二号三硫化锑	Sb_2S_3-2	69～73	25.0～28.3	≤0.5	不定	≤0.10

小规模生产生锑时，我国一般采用坩埚炉，大规模生产时，多采用反射炉。

坩埚炉也称罐炉，如图11-20所示。罐炉可分为广东式罐炉、湖南式罐炉、湖南式生锑罐炉等形式。罐炉由焙罐和受罐组成，在焙罐外部加热，熔化的三硫化锑由焙罐底部小孔流入受罐内，再由人工舀出铸锭。

熔析反射炉具有斜炉底和低炉拱的结构，如图11-21所示，在还原气氛和900～1000 ℃的条件下，能加速熔析过程。熔析反射炉的生产能力一般为0.4 t/(m^2·d)，回收率可达75%～85%，熔析渣含锑10%～15%，需另行处理。我国锡矿山炼锑厂使用含锑大于45%的辉锑矿石，破碎至20～50 mm，在固体燃料加热的8.2 m^{2}反射炉内熔析，金属锑的回收率可达73%，总回收率达98%。

11.5.2　锑白的生产

锑白是一种粒度微细、色泽洁白的三氧化二锑，简称三氧化锑，要求Sb_2O_3含量大于99%，高价氧化锑含量仅为0.1%～0.3%。

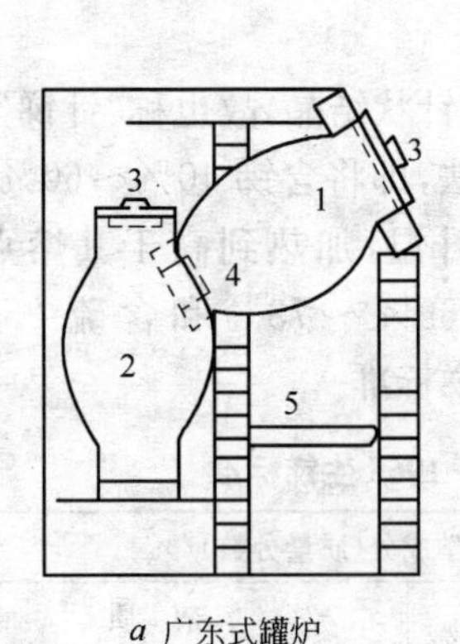

a 广东式罐炉

1—熔罐；2—受罐；3—罐盖；
4—火泥圆碟；5—炉桥

b 湖南式罐炉

1—熔罐；2—受罐；3—罐盖；4—火门；5—出
灰门；6—烟道；7—烟囱；8—生锑模

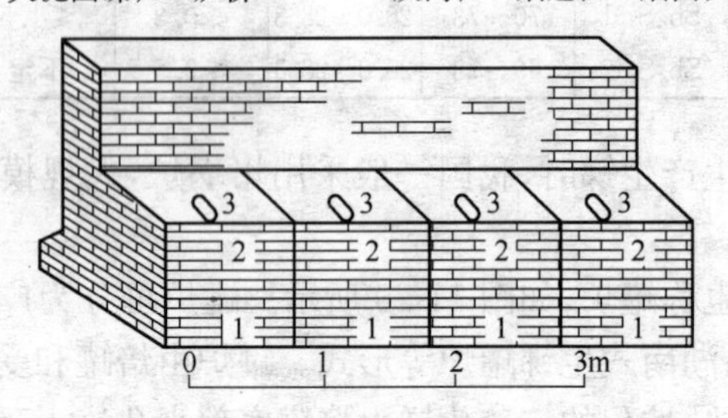

c 生锑罐炉外貌

1—出灰门；2—火门；3—矿石入口

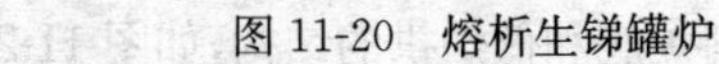

图 11-20　熔析生锑罐炉

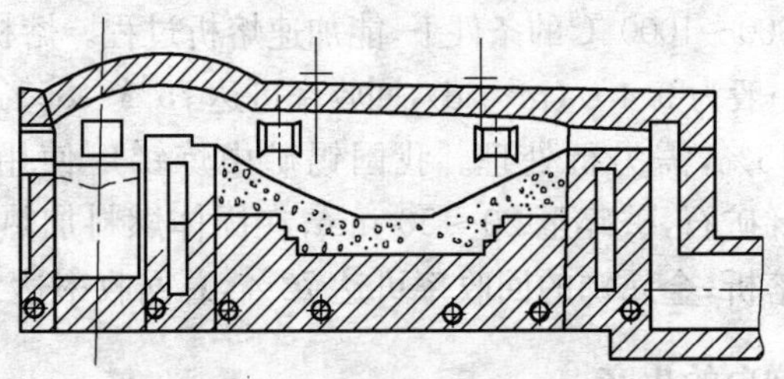

图 11-21　熔析生锑的反射炉

锑白中的三氧化二锑多为立方晶型，少数为斜方晶型，其粒度随制造方法有较大差异，一般为 0.5～1.5 μm，超细锑白可在 0.2 μm

以下。我国制定的锑白标准见表 11-34。

表 11-34 我国三氧化二锑(GB 4062—83)

品 级	牌号	Sb_2O_3 /%	杂质成分/%				颜 色	细 度	
			As_2O_3	PbO	S	杂质总和		325 网目筛筛余物	100 网目筛
0 号三氧化锑	Sb_2O_3-0	99.50	≤0.06	≤0.12		≤0.50	纯 白	≤0.1	
1 号三氧化锑	Sb_2O_3-1	99.00	≤0.12	≤0.20		≤1.00	白 色	≤0.5	
2 号三氧化锑	Sb_2O_3-2	98.00	≤0.30		≤0.15		白色略带微红		全通过

锑白的生产方法可分为火法和湿法。湿法主要指氯化锑的水解法,火法又有直接法和间接法之分。

直接法是用含有害杂质很低的硫化锑精矿为原料,通过直接氧化挥发产出符合商品要求的三氧化锑。间接法则是用金属锑为原料,通过熔化、氧化挥发、冷却、升华等步骤制得符合商品要求的三氧化锑。现工业上广泛采用间接法生产锑白,所用设备多为反射炉或电炉,产品纯度达 97%~99.5%。间接法可处理含铅及贵金属的金属锑,电炉生产锑白的能力为 1.1~1.2 $t/(m^2 \cdot d)$,电耗 1600~2000 kW·h/t。国外如意大利阿米—特可诺明公司,前苏联等国采用间接法生产锑白,美国斯提布乃特厂在吹炉中处理含 Sb 98.5%,Pb 0.6%, Au 140 g/t,Ag 1400 g/t 的原料,获得品位 98%~99.8%的商品三氧化锑,吹炼后残余熔体含 Pb 20%、Au 700 g/t、Ag 71000 g/t,送炼铅厂处理。

我国锑白的生产采用间接法,即用一种具有特殊冷却装置的反射炉,产品达到一级标准规格。锑白生产工艺流程图和设备连接,如图 11-22,图 11-23 所示。

间接法生产锑白有 4 种产物,主要是挥发物三氧化二锑,有杂质富集的残锑(高铅锑)、浮渣和开、停炉等作业时产出的粗锑氧。残锑一般用于配制合金,粗锑氧和浮渣送反射炉处理。

采用间接法生产锑白时,影响产品质量的因素很多,主要是作

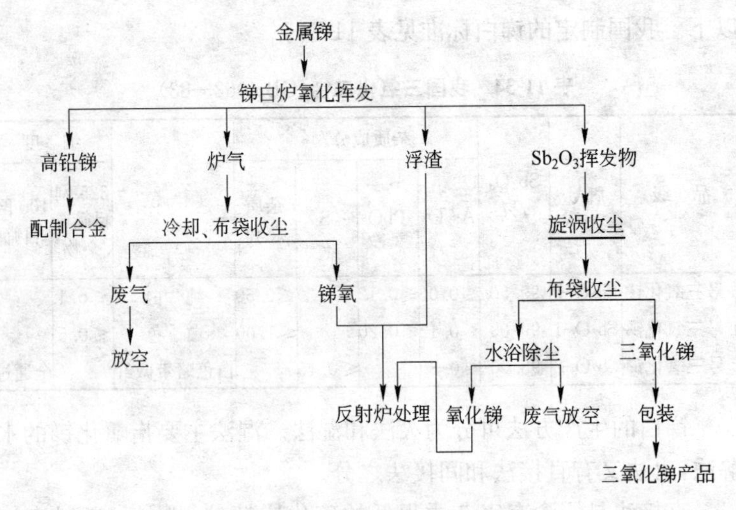

图 11-22　锑白生产工艺流程

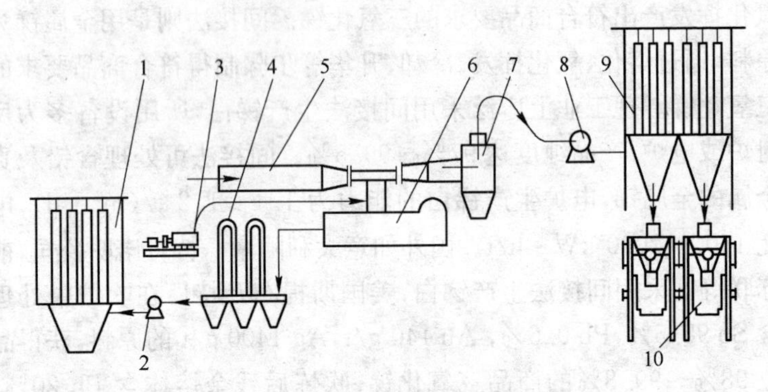

图 11-23　锑白生产设备连接示意图

1—锑氧布袋收尘室；2—抽风机；3—鼓风机；4—冷却器；5—冷却风管；6—锑白炉；7—旋涡收尘器；8—抽风机；9—锑白布袋室；10—锑白打包机

业温度、鼓入锑液的空气量、炉内气氛和冷却风的大小等。经过多年实践，我国已摸索出生产锑白的成功经验，主要包括：(1)温度控制，即当锑液含铅量小于 3%时，炉内温度应控制在 1000± 20 ℃，此时产出的锑白质量较好；(2)鼓入空气量控制，即采用调节鼓入空气量的方法来稳定作业温度，鼓入锑液的空气量不宜过大或过小，否则会造成炉内温度偏高或偏低，影响锑白的白度；(3)炉内气氛控制，即保持炉内强氧化气氛，使大量挥发的锑蒸气完全氧化，产出的锑白白度较好；(4)冷却风控制，即以大量冷风急剧冷却三氧化锑，以提高其立方晶体的含量(锑白中立方晶体越多，白度越高，斜方晶体越多，白度越低)。

我国锡矿山冶炼厂生产锑白的主要技术经济指标为：炉膛面积：3 m×2 m；熔池锑液量：约 3 t；生产能力：1.7～2.1 t/(m^2·d)；锑液温度：1000±20 ℃；抽风机能力：200～233 m^3/min。

中南大学(原中南工业大学)等单位曾研制成功可生产优质锑白的氯化—水解法及氯化—干馏法。工艺流程如图 11-24 所示。

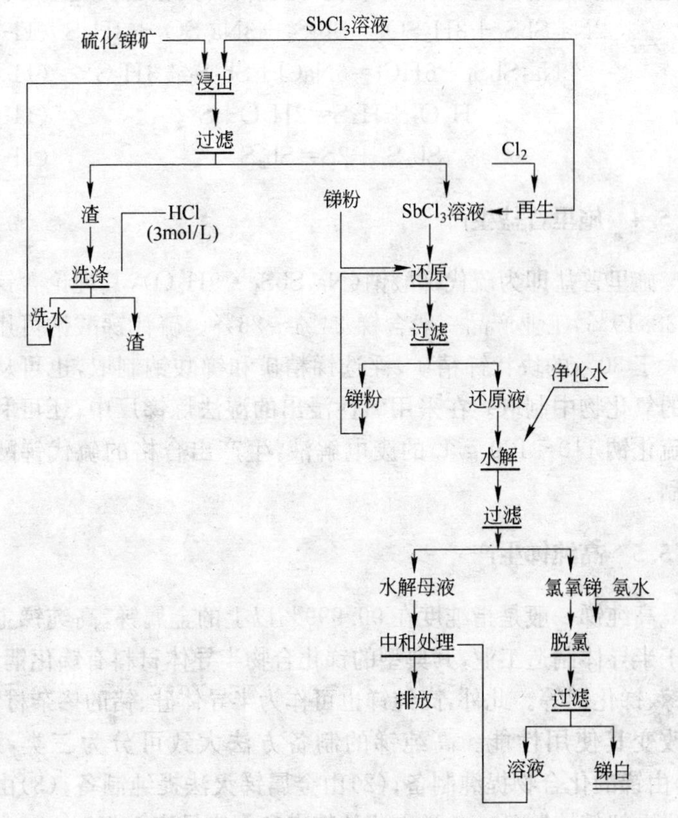

图 11-24　氯化—水解法生产锑白工艺流程

该工艺采用一种新型氯化剂，通过氯化和水解两个主要过程，可由硫化锑精矿产出细粒级、高白度、适于作阻燃剂配料的三氧化锑，并进一步对其深度加工，试制成焦锑酸钠及胶体五氧化锑等化工原料。

11.5.3 金黄锑生产

金黄锑即为五硫化锑，金黄色粉末，因其颜色俗称为金黄锑。工业上一般采用硫酸或盐酸与硫代锑酸钠作用，生产金黄锑，同时为了消除有害的硫化氢的还原作用，在生产中用过氧化氢中和，使硫化氢转变为游离硫、三价锑氧化为五价锑，其主要反应式为：

$$2Na_3SbS_4+3H_2SO_4=Sb_2S_5+3Na_2SO_4+3H_2S \quad (11\text{-}43)$$

$$2Na_3SbS_4+6HCl=6NaCl+Sb_2S_5+3H_2S \quad (11\text{-}44)$$

$$H_2O_2+H_2S=2H_2O+S \quad (11\text{-}45)$$

$$Sb_2S_3+2S=Sb_2S_5 \quad (11\text{-}46)$$

11.5.4 施里普盐生产

施里普盐即为硫代锑酸钠（$Na_3SbS_4 \cdot 9H_2O$），其理论含锑量为 38.19%，工业产品一般含锑 24%～26%。硫代锑酸钠可用含锑大于 30%的块状锑精矿、浮选锑精矿和锑酸钠制取，也可从含锑的氧化物中制取。在采用碱性浸出的湿法炼锑厂中，还可利用含硫化钠 110～120 g/L 的废电解液，生产出合格的硫代锑酸钠产品。

11.5.5 高纯锑生产

高纯锑一般是指纯度在 99.999%以上的金属锑，高纯锑主要用于半导体制造工业，其典型的锑化合物半导体材料有锑化铟、锑化镓、锑化铝等。此外，高纯锑也可作为半导体硅、锗的掺杂材料，以改变其使用性能。高纯锑的制备方法大致可分为三类，即：(1)由锑的化合物提纯制备；(2)由金属锑火法提纯制备；(3)由金属锑电解精炼制备。各类方法的特点和内容见表 11-35。

表 11-35 高纯锑的制备方法和特点

制备方法	特点和内容
由锑的化合物提纯制备	(1) 由五氯化锑提纯制备：五氯化锑为原料，用氯化氢饱和，生成锑氯酸，稀释并加热使其水解沉淀，热水洗涤，经脱氯、过滤、烘干，最后用氢气或氢化钾还原，便可制得高纯锑； (2) 由三氯化锑提纯制备：将工业氧化锑溶于盐酸，制得三氯化锑溶液，预蒸馏脱出水和盐酸，两次精馏脱除杂质，氢气还原纯净的三氯化锑，可制得高纯锑； (3) 由纯氧化锑制备：盐酸溶解纯氧化锑，制得纯净的三氯化锑，水解三氯化锑得到氯氧化锑复合物后，进行氢还原，可制得高纯锑
由金属锑火法提纯制备	(1) 金属锑的真空精馏制备：一定真空条件下精馏制取； (2) 金属锑的区域熔炼制备：利用杂质元素在锑的液相和固相中具有不同的溶解度而净化提纯制备； (3) 用四九锑制备：以四九锑为原料，通过两次烟化，两次还原熔炼与碱性精炼脱砷，然后经真空蒸馏与区域提纯，可制得高纯锑
由金属锑电解精炼制备	(1) 酸性电解精炼制备；电解液成分：$SbCl_3$ 40 g/L，HCl 1.5 N，H_2SO_4 3.3 N。电解温度：25～30 ℃，电流密度：10～15 A/m²；阳极为 99.999%的光谱纯石墨，阴极为铂片或钽片。阴极高纯锑在氢化钾覆盖下熔化，在氩气气氛保护下铸锭，即可制得高纯锑； (2) 碱性电解精炼制备：采用不同碱性电解液两段电解精炼法制备。第一段电解液为硫化物—碱电解液，第二段为碱—木糖醇电解液

11.6 国内主要的锑冶炼工艺流程

根据国家有色金属工业局编制的《中国有色金属工业五十年历史资料汇编》(1949～1998)，中国有色金属工业协会信息统计部编制的《1999～2001 年有色金属工业统计资料汇编》提供的数据，近十多年来全国锑冶炼的主要技术经济指标见表 11-36。

表 11-36 全国锑冶炼的主要技术经济指标

指 标	年 份				
	1991	1992	1993	1994	1995
总回收率/%	90.51	91.43	90.63	89.65	89.87
综合能耗/kg · t^{-1}	3768	3740	3482	2287	2336

续表 11-36

指 标	年 份					
	1996	1997	1998	1999	2000	2001
总回收率/%	88.21	88.78	88.96	89.04	89.70	93.39
综合电耗/kW·h·t^{-1}			2120	2271	1643	1574
综合能耗/kg·t^{-1}	4035	3722	3019	3948	3922	2295

我国锡矿山闪星锑业有限公司精锑、锑白生产原则工艺流程，如图 11-25 所示。处理脆硫锑铅精矿火法冶炼原则工艺流程，

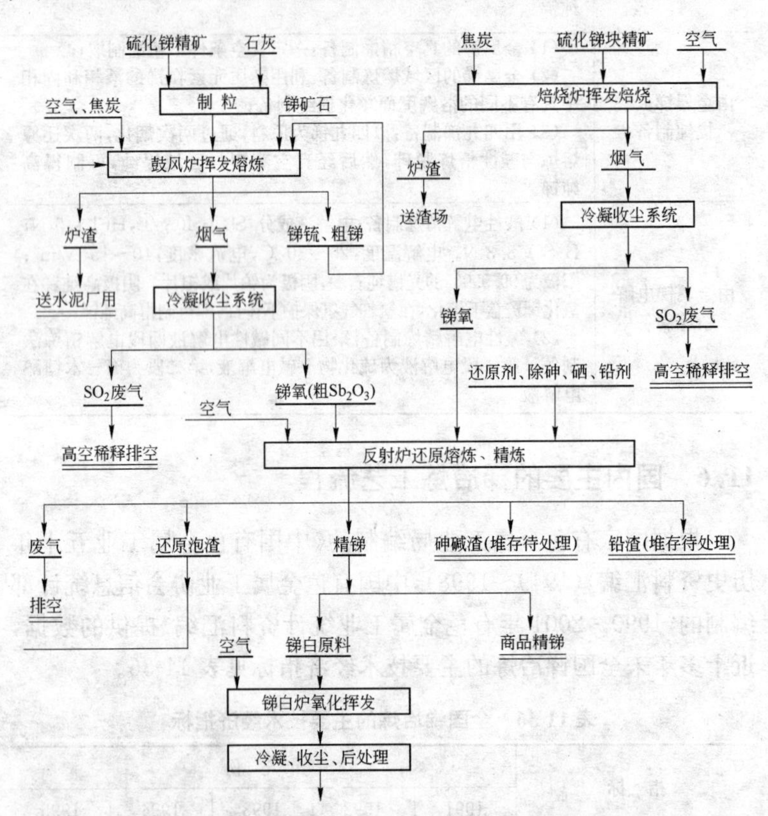

图 11-25 锡矿山闪星锑业有限公司精锑、锑白生产原则工艺流程

如图 11-26 所示。处理锑铅精矿的硫化钠浸出—电极工艺流程，

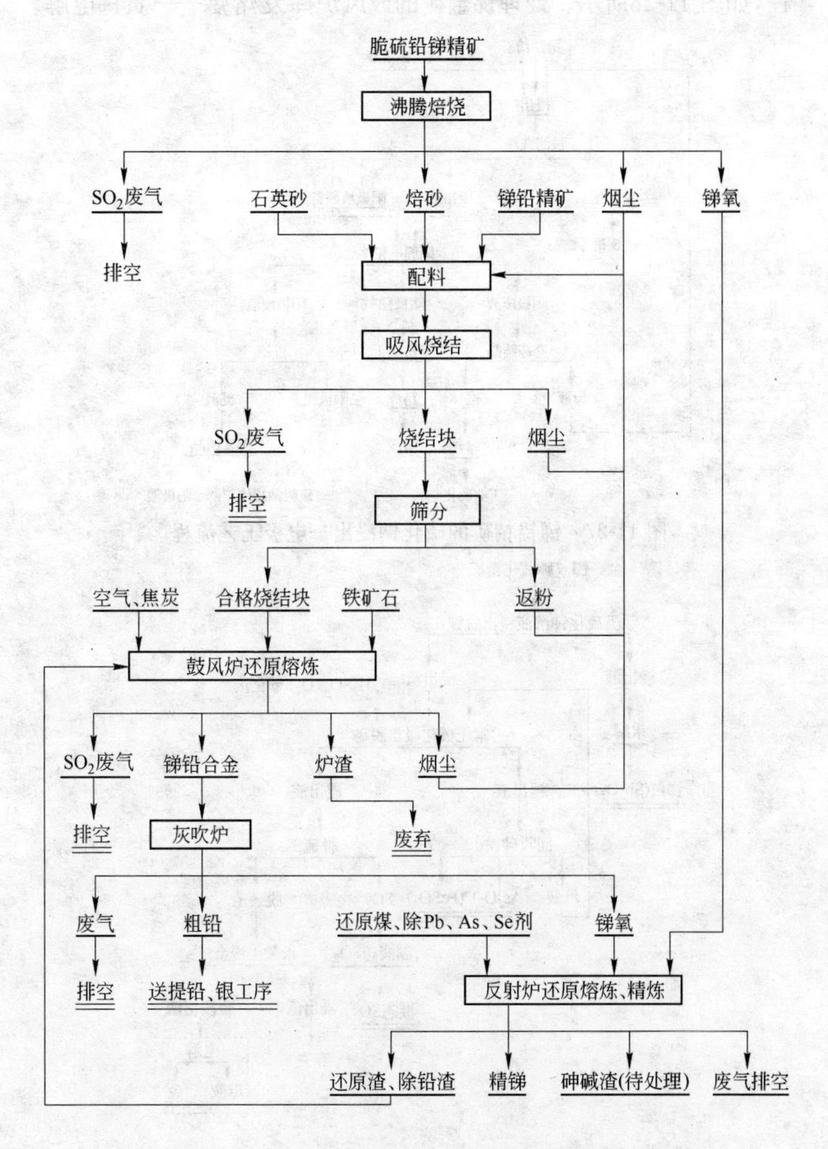

图 11-26 脆硫锑铅精矿火法冶炼原则工艺流程

如图 11-27所示。处理金—锑—砷硫化精矿的湿法冶金工艺流程,如图 11-28所示。处理锑金矿的鼓风炉挥发熔炼——贵锑电解

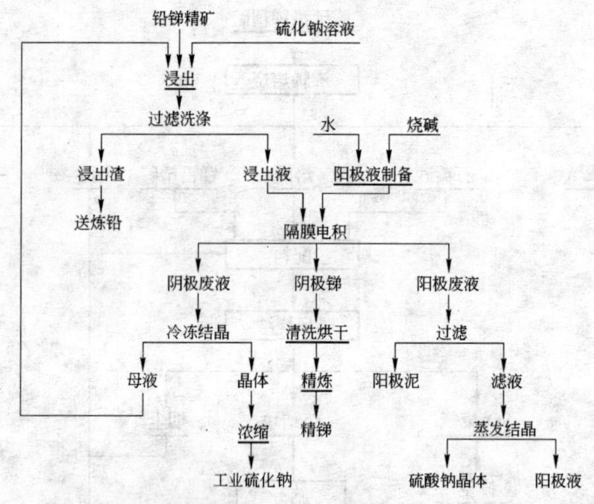

图 11-27　锑铅精矿的硫化钠浸出—电极工艺流程

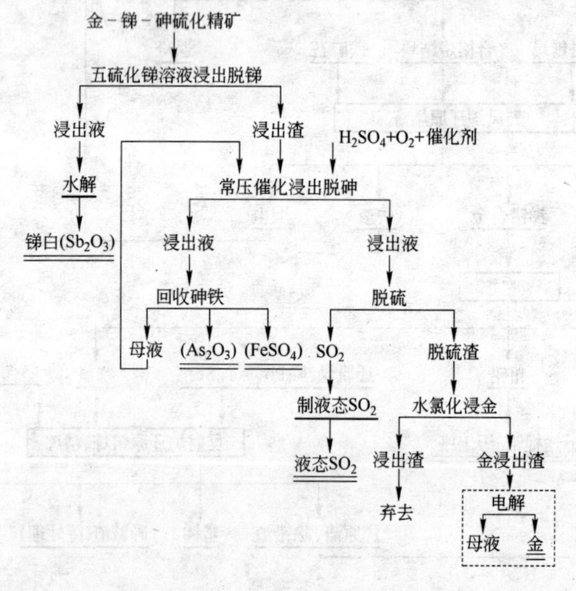

图 11-28　金—锑—砷硫化精矿的湿法冶金工艺流程

流程，如图11-29所示。

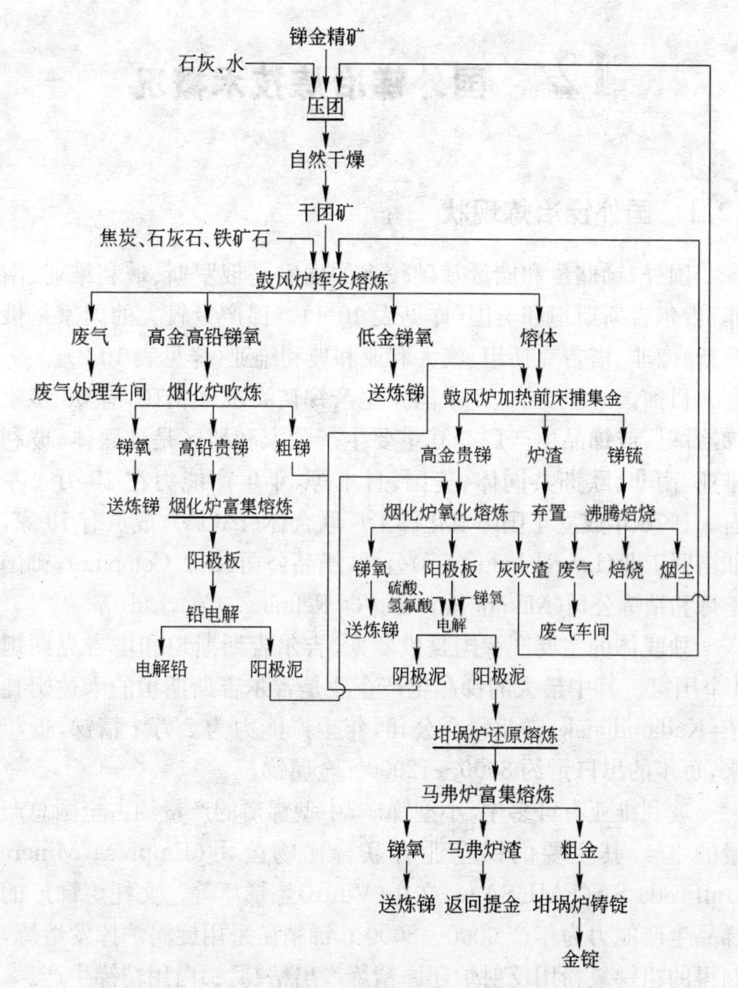

图 11-29 锑金矿的鼓风炉挥发熔炼——贵锑电解流程

12 国外锑冶炼技术概况

12.1 国外锑冶炼现状

国外，锑储量和储量基础较多的国家是俄罗斯、玻利维亚、南非、吉尔吉斯斯坦和美国（详见表10-1）。锑产量较大的国家是俄罗斯、南非、塔吉克斯坦、澳大利亚和玻利维亚（详见表10-2）。

目前国外至少有23个国家生产锑矿石或锑精矿，有50多家锑冶炼厂或锑品生产厂。其主要生产国家和地区是独联体、玻利维亚、南非、欧洲共同体、美国、日本等，年生产能力在10万t左右。1978年成立了国际氧化锑工厂联合体（IAOA），成员有19家，如洛罗工业（Laurel Industries）公司，凯品公司（Inc. Compine），御国熔炼和精炼公司（Mikuni Smelting & Refining. Co.,Ltd）等。

独联体的主要产锑国是俄罗斯、吉尔吉斯斯坦和塔吉克斯坦3个国家。其中最大的锑品生产企业是吉尔吉斯斯坦的卡达姆扎依（Kadamdjaisk）锑业联合公司，年生产能力为2万t精锑，近年来，每年的出口量约8000～12000 t金属锑。

玻利维亚有许多中、小型锑矿，中型锑矿的产量约占全国总产量的3/4，其主要的锑企业有联合矿物公司（Empresa Minera Unificada SA(EMUSA)）、文托（Vinto）炼锑厂等。文托炼锑厂的锑品生产能力为年产6000～8000 t，锑精矿采用旋涡炉挥发熔炼，制得的粗锑氧粉用反射炉还原精炼产出精锑，锑白用精锑生产。

南非从事锑品业的最大公司是麦脱雷斯（Metorex）联合公司，该公司于1999年兼并了南非唯一的锑品生产商莫奇森（Murchison）后，成为了南非最大的锑品生产公司。南非1999～2001年，三年平均年锑产量为4277 t。主要以硫化锑精矿为原料，采用回转窑挥发焙烧工艺生产粗锑氧粉，并生产纯氧化锑和锑酸钠。

欧盟较缺乏锑资源，但具备较强的锑冶炼能力，拥有每年3万t左右的锑品生产能力，其中，比利时的凯品(Compine)公司具备年产8000 t的能力，法国西卡(Sica)公司具备年产5000 t的能力。

美国是一个贫锑国，1999～2001年，三年的平均锑产量仅有485 t，但美国同时又是一个具有相当锑冶炼生产能力的国家，年生产能力约为3万t。主要进口精锑、粗氧化锑加工为纯氧化锑(锑白)，有10家锑白生产公司，如阿姆斯派克(Amspec)公司、洛罗(Laurel)公司等。阿姆斯派克公司是美国最大的锑白生产厂，采用双窑法生产工艺生产锑白。

日本的锑品生产能力约为1.5～2万t，其原料全部依靠进口，主要厂家有日本精矿株式会社、住友金属矿山、东湖产业株式会社、三国制炼株式会社等。日本精炼株式会社是日本最大的氧化锑生产公司，2003年6月宣布兼并日本第二大氧化锑厂——住友金属矿山氧化锑厂后，锑品生产能力达到年产1万t左右，主要生产经营三氧化二锑、四氧化二锑、五氧化二锑、金属锑、三硫化二锑、锑酸钠、三氯化锑、无尘锑化合物等产品，建有冶炼厂、脱硫厂表面处理厂等，拥有大型还原炉、挥发炉、自动化包装系统和自动化产品仓库等设施。

比利时凯品(Compine)公司要求的三氧化锑质量指标见表12-1。日本精矿株式会社三氧化锑质量标准见表12-2。图12-1是美国阿姆斯派克公司三氧化锑生产的原则流程，如图12-1所示。日本精矿株式会社锑品生产的原则流程，如图12-2所示。

表12-1 比利时凯品(Compine)公司三氧化锑质量指标

WHITE STAR(白星指标)		N 0811××	MT 1401××	C090101	WSC-S103××
Sb_2O_3	%(min)	99.80	99.80	99.90	99.90
Pb	%(max)	0.10	0.10	$(160\pm25)\times10^{-6}$	$(50\sim90)\times10^{-6}$
As	%(max)	0.08	0.08	$(100\pm20)\times10^{-6}$	$(80\sim120)\times10^{-6}$
Fe	%(max)	0.003	0.003	15	15×10^{-6}

续表 12-1

WHITE STAR(白星指标)		N 0811××	MT 1401××	C090101	WSC-S103××
Ni	1×10^{-6}(max)				5
Cu	1×10^{-6}(max)				5
SO_4^{2-}	1×10^{-6}(max)				30
Cl^-	1×10^{-6}(max)				30
透光率	%				>97
平均粒径	μm			0.9±0.2	0.4~1.0
44 μm 筛上物	%	0.7~1.1	1.1~1.5	0.9±0.2	0.02
BLUE STAR(蓝星指标)		**RG 060101**	**MT 1601××**	**LT 1701××**	**Z 2101××**
Sb_2O_3	%(min)	99.50	99.50	99.50	99.50
Pb	%(max)	0.25	0.25	0.25	0.25
As	%(max)	0.30	0.30	0.30	0.30
Fe	%(max)	0.01	0.01	0.01	0.01
平均粒径	μm	0.7~1.1	1.1~1.5	2.0~2.5	8.0~13.0
44 μm 筛上物	%	0.10	0.10	0.10	
125 μm 筛上物	%				0.10

表 12-2　日本精矿株式会社三氧化锑质量标准

质量指标		PATOX-								
		M	C	P	L	U	H	MZ	CZ	HS
Sb_2O_3	%(min)	99.5	99.7	99.5	99.5	99.3	99.7	99.5	99.5	99.7
As	%(max)	0.1	0.05	0.1	0.1	0.1	0.01	0.1	0.05	0.05
Pb	%(max)	0.2	0.006	0.1	0.1	0.1	0.005	0.2	0.02	0.01
Fe	%(max)	0.01	0.003	0.01	0.01	0.01	0.002	0.01	0.003	0.003
SO_4^{2-}	%(max)	0.01	0.01	0.01	0.005	0.05	0.005	0.01	0.01	0.005
色调	min	97.0	93.0	93.0	94.0	96.5	93.0	96.5	91.5	93.0
粒径	mm	0.4~0.6	0.8~1.2	1.8~4.0	7.0~9.0	0.015~0.025		0.4~0.5	3.0~7.0	4.0~7.0

续表 12-2

质量指标		PATOX-								
		M	C	P	L	U	H	MZ	CZ	HS
盐酸浊度	1×10^{-6} (max)		9							
电导率	ms/s (max)							2.0	3.0	5.0
45 μm 筛上物	1×10^{-6} (max)							2.0	1.0	1.0
A 线量	$C/cm^2\cdot h$ (max)								0.1	0.03

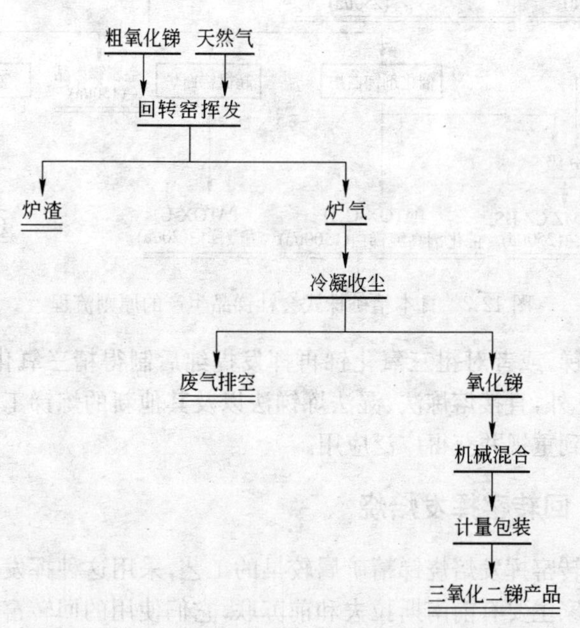

图 12-1 美国阿姆斯派克公司三氧化锑生产的原则流程

国外，锑的冶炼仍以火法工艺为主，基本工艺流程为锑精矿经挥发焙烧(熔炼)后，产出粗三氧化锑，再经还原熔炼和精炼后，产

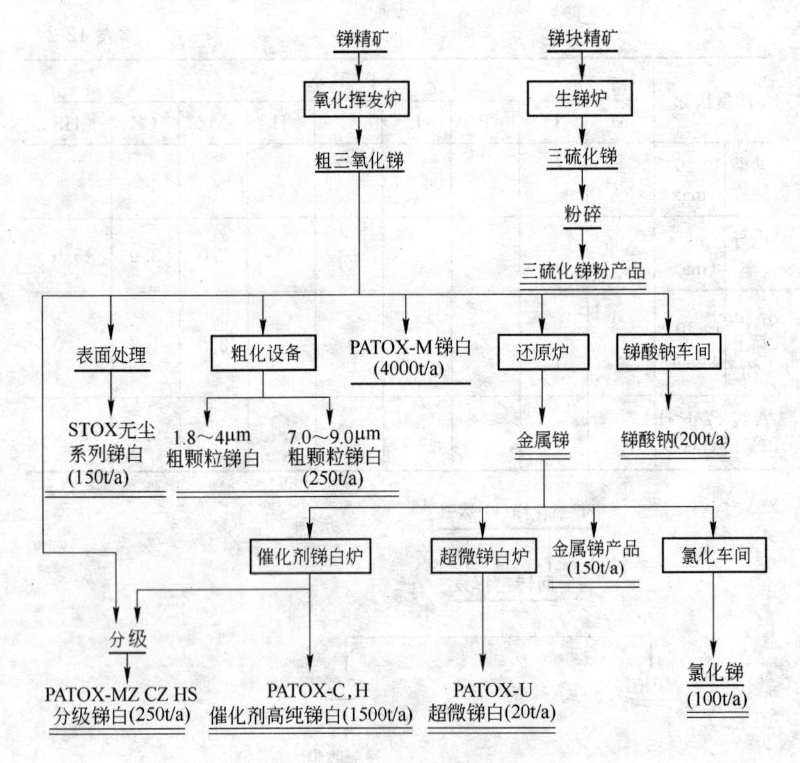

图 12-2　日本精矿株式会社锑品生产的原则流程

出金属锑,或者对粗三氧化锑再挥发提纯后制得精三氧化锑(锑白)。此外,直接熔炼法、湿法炼锑法以及其他新的炼锑工艺也在国外得到重视并获得广泛应用。

12.2　回转窑挥发焙烧

回转窑挥发焙烧锑精矿属较早的工艺,采用这种挥发焙烧工艺的国家主要有前南斯拉夫和前苏联,它们使用的回转窑称为常规挥发焙烧窑,另一类挥发焙烧窑称为闪速挥发回转窑,它与常规回转窑挥发焙烧的主要区别是物料的焙烧反应,不在与炉壁的相对运动中完成,而是在与窑内高温空气强烈混合及充分接触下实现,因而,焙烧的物料需磨至一定细度并干燥到一定程度,才能保证类似湍流或流态化状态，使矿石中的硫化锑和氧化锑迅速挥发，随气流一起带出窑外，在冷凝收尘系统收集。意大利的曼西阿诺(Manciano)炼锑厂采用了此种方法。

前南斯拉夫回转窑挥发焙烧的技术数据见表12-3，意大利曼西阿诺(Manciano)炼锑厂和土耳其某厂闪速挥发回转窑设计数据见表12-4。

表12-3 前南斯拉夫回转窑挥发焙烧技术数据

名　称	数　据
回转窑结构	长26 m，筒径2 m，加料口内径倾斜3%，黏土耐火砖衬200 mm，驱动马达16 kW，转速0.3 m/min，加料导管直径280 mm
原材料	块状锑矿石占20%～40%，含锑10%～20%；锑精矿占60%～80%，平均含锑25%～27%；块矿需破碎至40 mm，掺入无烟煤的数量占原料量20%～24%，无烟煤水分可达6%～7%，不需干燥
焙烧制度	窑内高温区1100 ℃，物料停留时间2～3 h，烟气排除温度700～720 ℃，烟气经收尘和布袋排入大气，收尘效率97%～98%
设备能力	布袋过滤面积2600 m^2，抽风机能力120 m^3/h，处理矿石能力48～50 t/d，重油消耗120 kg/h，约相当于标准燃料30%
产　物	所产锑氧粉的主要成分(%)：Sb 70～80，As 1.3～1.5，Pb 0.1～0.2，S 0.60～0.65，锑的总回收率为90%，渣含锑0.6%～0.8%

表12-4 意大利和土耳其某厂闪速挥发回转窑设计数据

闪速挥发回转窑设计数据	意大利曼西阿诺炼锑厂	土耳其某厂
焙烧部分		
精矿处理量/$t \cdot h^{-1}$	设计1.00，一般0.60	设计1.00，一般0.73
精矿成分/%	Sb 51，As 0.85，Pb 1.70，S 23.4	Sb 59.36，As 0.42，Pb 0.10，S 27
精矿最佳粒度/目	−200 80%，−100 100%	−200 80%，−100 100%
精矿湿度/%	0.5～3.0	0.5～3.0
气体量/$m^3 \cdot h^{-1}$	4400	5400
窑内最高温度/℃	1200	1200
烟气排出温度/℃	800	800

续表 12-4

闪速挥发回转窑设计数据	意大利曼西阿诺炼锑厂	土耳其某厂
回转窑规格		
长度/m	12	12
直径/mm	1800	2400
窑体钢板厚/mm	20	20
内衬厚度/mm	150	150
斜度/%	3	6
传动马达功率/kW	7	8
转速/$r \cdot min^{-1}$	0.5	0.5
沉降室(烟柜)		
耐火内衬:		
含 Al_2O_3/%	32	32
厚度/mm	250	250
进口气体流量/$m^3 \cdot h^{-1}$	4400	5400
出口气体流量/$m^3 \cdot h^{-1}$	9300	11400
烟气最大含尘量/$g \cdot m^{-3}$	200	200
进口烟气温度/℃	800	800
出口烟气温度/℃	400	400
收尘烟气和烟尘		
焙烧烟气含 SO_2/%	1.2	1.2
气体流量/$m^3 \cdot h^{-1}$	9300	11400
气体温度/℃	250	250
烟气含尘量/$g \cdot m^{-3}$	30	30
烟尘假密度/$t \cdot m^{-3}$	0.8～1.0	0.8～1.0
烟尘粒度/mm	0.10～0.15	0.10～0.15
布袋过滤速度/$m \cdot min^{-1}$	0.44	0.44

12.3　沸腾炉挥发焙烧和烧结机挥发焙烧

20 世纪 60 年代，前苏联曾建设一座 20 m^2 工业试验沸腾炉处理低品位高价氧化锑矿石、选矿厂尾矿和湿法炼锑残渣，也采用烧结机挥发焙烧低品位氧化—硫化锑矿石，其作业条件和主要技术经济指标见表12-5。

表12-5 沸腾炉和烧结机挥发焙烧的作业条件和主要技术经济指标

条件和指标	沸腾炉	烧结机
原料和作业条件	原料最佳粒度1.5～2.0 mm，沸腾层高1.5 m，矿石和燃料的装料高度900 mm，空气压力2942～9806 Pa，空气直线速度140～170 mm/s	矿石含锑1.35%～2.30%，粒度不大于15 mm，焦粉粒度10～15 mm，料层厚度小于300 mm，空气通过料层速度0.3～0.5 m/s
作业指标	沸腾层温度1000～1010 ℃，炉顶温度920～940 ℃，煤耗2.3 t/h，工业空气消耗8000 m^3/h	焦耗为矿石的10%～12%，料层最高温度1400～1600 ℃
产物	布袋层、淋洗塔及文氏管收集的锑氧含锑30%～33%，其中，90%以上为三氧化锑，仅1.7%～6.0%为硫化锑，锑的回收率达80%	锑挥发率大于90%，渣含锑0.08%～0.10%

12.4 漩涡炉挥发熔炼

20世纪40～60年代，前苏联、美国、前捷克斯洛伐克对采用漩涡炉挥发熔炼硫化锑精矿，进行了大量的研究工作，1995年，前捷克斯洛伐克为玻利维亚文托炼锑厂设计建造了一座年产6000 t锑品的漩涡炉并投入生产，这标志着该工艺在工业实践中获得了应用。

漩涡炉挥发熔炼硫化锑精矿的主要物理化学反应是：

在漩涡炉上部，配有造渣熔剂和粉煤的硫化锑精矿喷入漩涡室后，与经过预热沿室壁切线反向鼓入的高速热气流相遇，在550～660 ℃的温度带中，物料中的硫化锑部分氧化为三氧化锑，氧化后的三氧化锑与物料中的绝大部分硫化锑一道被熔化，这些熔融液滴与物料中的造渣物料，在高速气流作用下被强大的离心力抛向石壁，形成黏附于石壁并沿室壁向下流淌的熔体薄膜层，即物料入炉初期，在漩涡炉上部温度带发生的主要是熔化反应。

在漩涡炉中部，沿室壁向下流淌的熔体薄膜层受到高速旋转气流的激烈冲刷，温度迅速上升，其中的三硫化锑在高温和高速气流的作用下进一步氧化成三氧化锑。在漩涡炉内，传质、传热、气—液、气—固、液—液、液—固等反应剧烈进行，使中部温度逐步上升并维持在 860 ℃左右。在此温度带中，由于三硫化锑有足够大的蒸气压，将先挥发然后再氧化为锑的氧化物，由于此温度带过剩空气量有限，锑的氧化物很难氧化为高价，反应与一般挥发焙烧相同，即为：$2Sb_2S_3+9O_2=2Sb_2O_3+6SO_2$。

在漩涡炉下部，硫化锑的氧化反应放出的热量，使熔体薄膜层温度迅速上升到 1450 ℃左右，在此处成为造渣带和过热带，熔融液滴所包裹的少量硫化锑，会发生造锍反应形成锑锍，精矿中的大量脉石则发生造渣反应。

图 12-3 和图 12-4 分别是玻利维亚文托炼锑厂锑品生产的工

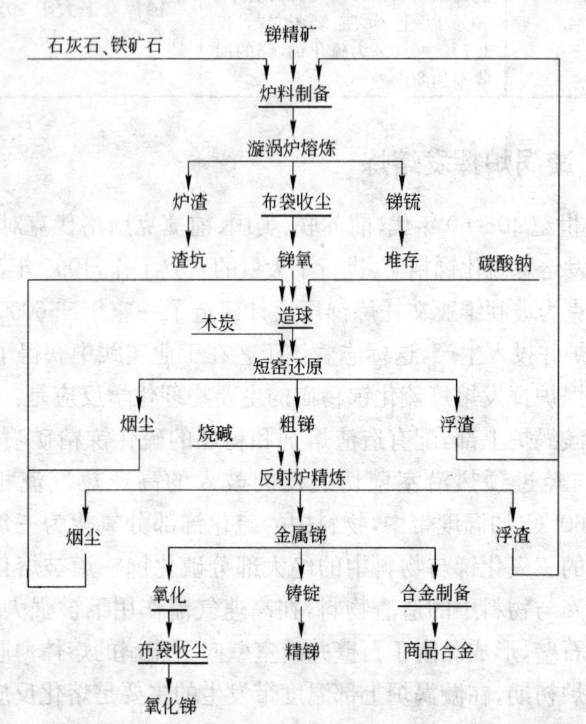

图 12-3　文托炼锑厂锑品生产工艺流程

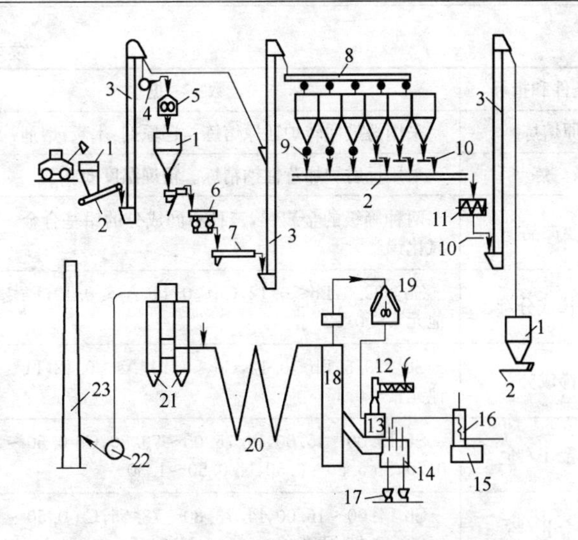

图 12-4 文托炼锑厂锑品生产设备连接

1—料仓；2—螺旋运输机；3—斗式提升机；4—振动式运输机；5—对辊破碎机；6—振动磨；7—管式运输机；8—链式运输机；9—叶轮闸门；10—圆盘给料机；11—螺旋混合机；12—螺旋给料机；13—漩涡炉；14—电热前床；15—加热设备；16—空气预热炉；17—渣包；18—辐射室；19—空气冷却器；20—烟道；21—袋式收尘器；22—烟道抽风机；23—烟囱

艺流程图和设备连接图。表 12-6 是其主要技术条件和技术经济指标。

表 12-6 文托炼锑厂技术条件和指标

技术条件和指标	数　据
原　料	锑精矿含锑品位不小于 60%，铅、砷含量不高于 0.5%
尺　寸	由反应室、分离室和电热前床组成，反应室内径 850 mm，内高 1300 mm，反应室和分离室由冷却水套构成
处理能力	设计能力为 31.5 t/d，实际能力平均已达到 39.1 t/d
挥发熔炼的主要指标	以三硫化锑直接挥发的锑约占精矿的 75%，氧化后再挥发的锑约占 25%； 布袋收尘室锑氧粉含锑 76%～79%，冷却器锑氧粉含锑 66%～70%；锑的回收率 95.5%～96.0%；渣含锑 0.5%～1.5%

续表 12-6

技术条件和指标	数　据
还原熔炼	采用短鼓回转炉还原熔炼。还原剂：木炭；熔剂：苏打
精　炼	采用反射炉加苛性钠精炼。精炼温度 800 ℃
主要产品	两种等级的金属锑，三种不同成分的铅基合金，一种优质氧化锑
A 级精锑成分/%	Sb≥99.6，Pb≤0.12，Cu≤0.11，As≤0.10，Fe≤0.05，其他元素≤0.02
B 级精锑成分/%	Sb≥99.5，Pb≤0.12，Cu≤0.10，As≤0.12，Fe≤0.05，其他元素≤0.11
锑合金Ⅰ/%	Sb 13.00～15.00，Pb 75.00～79.80，Cu 0.50～1.50，As 0.70，Sn 5.50～6.50，Ni 0.50～1.30
锑合金Ⅱ/%	Sb 14.00～16.00，Pb 73.80～78.55，Cu 0.50～1.50，As 0.20～0.80，Sn 5.70～6.30，Ni 0.45～1.00，Cd 0.60～1.60
锑合金Ⅲ/%	Sb 14.50～16.50，Pb 71.00～73.75，Cu 0.50～1.50，As 0.15
氧化锑成分/%	Sb_2O_3≥99.850，Sb_2O_4≤0.020，Fe_2O_3≤0.003，Ag_2O_3≤0.025，PbO≤0.100，SnO_2≤0.002，S≤0.001

12.5　氧化锑的还原熔炼和粗锑的精炼

国外，对氧化锑的还原熔炼，采用的炉型也多为反射炉或电炉。如前苏联，反射炉炉床面积达 25 m^2，熔炼炉料能力(不包括精炼)为 0.6～0.8 t/(m^2·d)，粗锑的回收率为 80%～85%，渣含锑 5%，一般返回鼓风炉处理。

美国斯提布乃特炼锑厂用炉床面积为 11.4 m^2 的电炉处理多膛炉焙砂。为减少粗锑中铁、砷含量，熔炼分两阶段进行，即先处理高锑低砷焙砂，产出较纯粗锑及富锑(12%)渣，而后再将该渣与锑砷含量低的原料熔炼，使渣含锑降至 2%而弃之，此时粗锑中锑回收率约 85%，电炉熔炼原料能力为 5～5.5 t/(m^2·d)。

对粗锑的精炼，常用的设备为小型反射炉、回转窑等，炉床面积自 3.5～8 m^2，处理能力为 3～4 t/(m^2·d)，精炼时，

90%～95%的铁进入铁渣，50%～70%的砷进入砷碱渣，20%～30%的砷进入烟尘，5%～10%砷进入铁渣，10%～15%的砷随炉气带走。

前南斯拉夫采用鼓形回转窑精炼粗锑，可使铁、砷由0.2%～3.5%和1.1%～3.5%分别降至0.05%和0.08%以下，而锑的回收率达87%。

法国曾提出用电炉进行精炼，但对此所进行的研究表明，电炉只宜处理含铁、砷低的原料，因为电极区的强还原性气氛不利于脱砷，尤其是电阻炉一般不适用于精炼。

前苏联已建立电流强度达12500 A的熔盐电解精炼生产系统，采用氯化钾和氯化钠的混合盐作为电解质，可有效地除去负电性金属杂质而获得高标号锑，锑的回收率为96%～98.5%，直流电耗为300～350 kW·h/t精锑产品。

火法精炼时所用的除铁剂一般是硫化锑精矿及硫酸钠，脱砷、脱硫剂是苛性钠和碳酸钠。美国斯提布乃特炼锑厂则仅用苛性钠就达到了除铁、砷、硫的目的，经几次加碱造渣及放渣后，便可使铁、砷含量由1%～3%分别降至0.05%及0.1%。

12.6 连续浸出湿法炼锑

连续浸出湿法炼锑工艺为前苏联某湿法炼锑厂所采用，其连续浸出流程如图12-5所示。连续浸出槽如图12-6所示。其主要数据见表12-7。

表12-7 硫化锑精矿连续浸出主要数据

名 称	数 据
原 料	浮选硫化锑精矿和氧化物料
浸出剂	为含 Na_2S 90～100 g/L，NaOH 25～35 g/L，Sb 20～30 g/L的电解废液
主要指标	浸出液含锑70～80 g/L，锑的浸出率98%～99%，渣含锑1.3%～1.7%

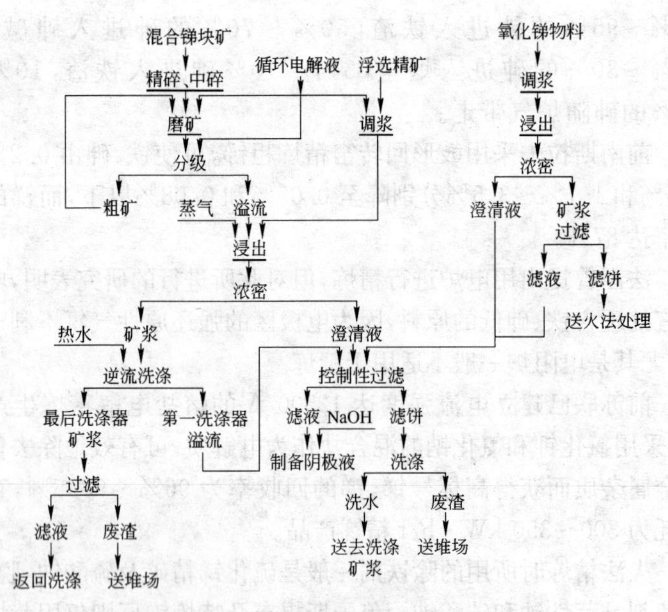

图 12-5　前苏联某湿法炼锑厂连续浸出流程

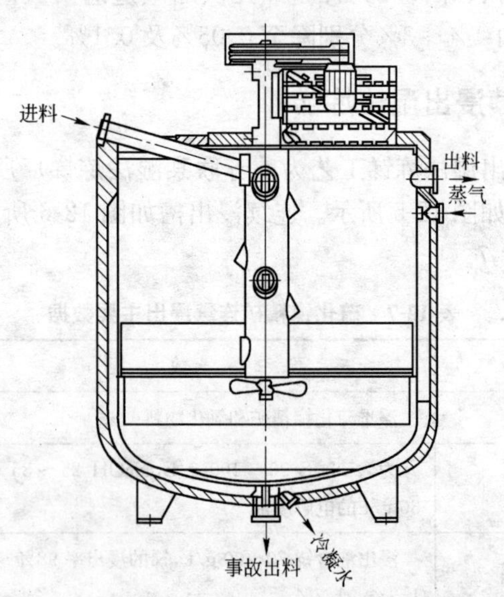

图 12-6　前苏联连续浸出槽示意图

12.7 锑白的生产

前苏联采用电炉生产锑白，该电炉用碳化硅棒加热，电炉结构如图12-7所示，电炉生产锑白的设备连接如图 12-8 所示。主要数据见表 12-8。

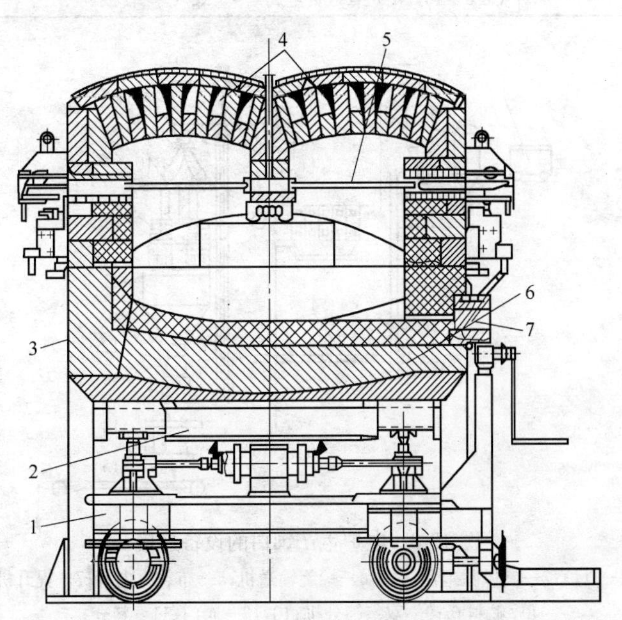

图 12-7 生产锑白的电炉结构示意图

1—活炉底；2—导轨；3—金属外壳；4—炉拱空气加热孔道；5—碳化硅加热棒；6—耐火材料衬里；7—水冷残锑放出口

表 12-8 电炉生产锑白的主要数据

名 称	数 据
电炉尺寸	电炉面积：3.6 m^2；熔池面积：2～5 m^2；熔池深度：250～300 mm
电炉功率	540 kW
操作要点	电炉加热到 900 ℃后，从加料口装入 5～6 t 锑；待锑熔化后，用撇渣勺从熔池表面撇去浮渣，并进一步加热；温度达 850 ℃时，开始鼓入预热到 200 ℃的空气，并控制鼓风速度为 4000～5000 m^3/h，根据炉温自动调节。从炉内排出的三氧化锑蒸气，用空气稀释冷却到 400 ℃后，进入漩涡除尘器，温度降至 95～97 ℃后，送往布袋收尘室捕集

续表 12-8

名　称	数　据
压力控制	炉子排风口压力：5332.8～7999.2 Pa(40～60 mmHg)，布袋收尘室进口压力：39906.6～45329.5 Pa(300～340 mmHg)
锑合金成分	处理含铅的锑时，所得锑合金成分为(%)：Sb 50，Pb 32～35，Cu 8～10，Ni 9～11，贵金属 4～5 kg/t

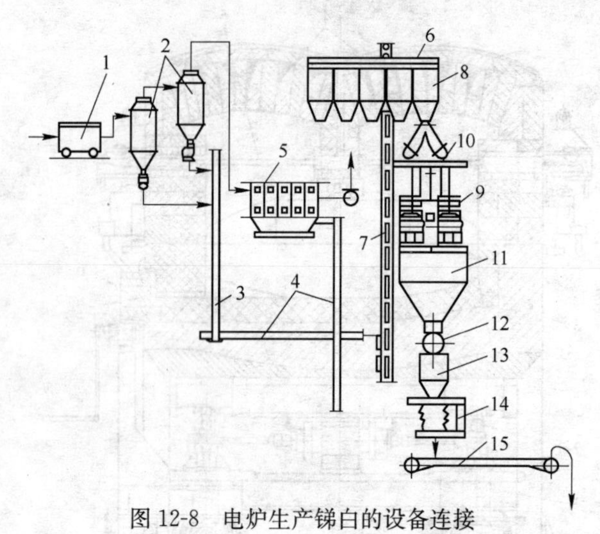

图 12-8　电炉生产锑白的设备连接

1—电炉；2—旋风除尘器；3，4，6—螺旋输送机；5—布袋收尘室；7—提升机；8—贮料仓；9—双室筛分机；10，12—阀门；11—料仓；13—分批秤；14—包装机；15—皮带运输机

意大利阿米—特克诺明公司(AMMI-Tecnomin Group)所属的曼西阿诺(Manciano)锑冶炼厂采用外加热辐射式的炉型生产锑白。锑白炉结构如图 12-9 所示，在炉膛上部喷油加热，使碳化硅拱顶温度达 1200 ℃，借助辐射传热，将炉膛中的锑块熔化或使锑液维持氧化挥发的作业温度 700～800 ℃，向炉内鼓入适当空气使锑氧化挥发，在炉气出口处吸入冷空气，使三氧化锑冷凝，即可制得锑白。

曼西阿诺(Manciano)锑冶炼厂为充分利用锑资源，将含有共生金属较多的锑精矿经焙烧和还原熔炼为杂质含量较高的粗锑，作为生产锑白的原料。所用锑精矿、粗锑原料及所产锑白的化学

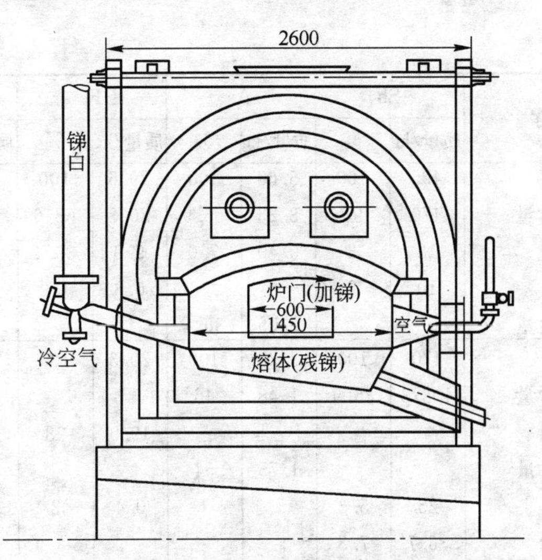

图 12-9 锑白炉结构示意图

成分见表 12-9。各工序的金属平衡见表 12-10。锑白炉的主要技术数据见表 12-11。

表 12-9 曼西阿诺厂锑精矿、粗锑原料及所产锑白的化学成分

原料名称	化学成分(质量分数)/%				
	Sb	As	Fe	Pb	Zn
锑精矿	51	0.850	4.700	1.700	4.000
粗 锑	91	0.550	3.500	2.800	
锑 白	83	0.300	0.002	0.064	

表 12-10 各工序的金属平衡

工 序	Sb		As		Fe		Pb	
	质量/kg	%	质量/kg	%	质量/kg	%	质量/kg	%
焙烧	515	100	8.50	100	47.0	100	17.0	100
氧化物中含量	495	96	5.68	66.8	29.6	63.0	16.3	95.9
渣中含量	10	2	0.02	0.2	17.0	36.1	0.6	3.5
损失量	10	2			0.4	0.9	0.1	0.6
炉气中含量			2.80	33.0				

续表 12-10

工　序	Sb		As		Fe		Pb	
	质量/kg	%	质量/kg	%	质量/kg	%	质量/kg	%
还原	495	100	5.68	100	29.6	100	16.3	100
精锑中含量	470	95	3.23	56.9	20.3	68.6	16.1	98.8
渣中含量	15	3	0.40	7.0	9.0	30.4	0.1	0.6
损失量	10	2			0.3	1.0	0.1	0.6
炉气中含量			2.05	36.1				
氧化	470	100	3.23	100	20.3	100	16.1	100
锑白中含量	408.3	86.9	1.48	46			0.3	1.9
渣中含量					19.9	98	0.1	0.6
炉气中含量			1.75	54				
损失量	25	5.3			0.4	2	0.1	0.6
高铅合金	36.7	7.8					15.6	96.9

表 12-11　锑白炉的主要技术数据

名　称	数　据
炉膛尺寸/m×m	2×6
熔池锑液量/t	3
三氧化锑生产能力/t·d^{-1}	4
锑液温度/℃	700～800
拱顶温度/℃	1200
燃料油耗量/kg·t^{-1}	1400
1 t锑的工时/h	22
1 t锑白电耗/kW·h	740
焦炭消耗/kg·t^{-1}	260
锑白中锑的回收率/%	88～92

此外，北美、西欧和玻利维亚等采用双窑法，由高品位锑矿石直接生产锑白。所谓双窑法，即采用两个回转窑，第一窑由矿石生产粗氧化锑，第二窑使粗锑氧粉重新挥发，产出符合商品要求的锑白。

双窑法的优点是流程短，机械化和自动化程度大，劳动生产率高。缺点是产品纯度较低，而且需选用高品位、低杂质的硫化锑精矿作为原料（锑精矿品位需控制在58%以上），使选矿回收率大为降低，且易造成环境污染。

13 熔池熔炼—连续烟化法处理低品位锑矿的可行性

13.1 我国锑的冶炼工艺流程

如第11章所述，我国目前锑的冶炼工艺流程主要是：高品位的锑精矿（含Sb大于40%），经配料、压团固结后，团矿在高焦率、低料柱的鼓风炉中进行挥发熔炼，产出粗锑氧粉；低品位的锑块矿（含Sb小于20%），在赫氏炉（竖井式挥发焙烧炉）中进行挥发焙烧产出粗锑氧粉，粗锑氧粉经反射炉还原熔炼和精炼产出精锑。

采用高品位的锑精矿经配料、压团、干燥固结后在鼓风炉中进行挥发熔炼产出粗锑氧粉，是我国目前主要的炼锑工艺，据不完全统计，全国超过50%以上的锑是用这一方法生产出来的。

鼓风炉挥发熔炼法是我国炼锑工业所独创的工艺，是我国广大炼锑业的技术人员和工人对鼓风炉这一古老的冶金设备的一种创新。该方法是1965年由我国的锑都——湖南省锡矿山矿务局和湖南冶金研究所等单位共同试验成功的。在这以前，我国锑冶炼工艺主要采用以国外引进的赫氏焙烧炉，以及后来不断改进沿革而成的中国式直井焙烧炉生产粗锑氧粉，随后由于生产的不断发展以及选矿厂向冶炼厂提供的高品位的粉状锑精矿的日益增多，原有的直井式焙烧炉不适于直接处理粉状物料，必须另外寻求新的冶炼方法以适应生产力不断发展的需要，经过多方面的探索试验之后，鼓风炉挥发熔炼法采用低料柱、高焦率以及高温炉顶等独特的技术措施，有效地解决了粉状锑精矿（经配料、造块后）中锑的挥发富集问题，并迅速在锡矿山的锑冶炼中推广应用、完善，逐步取代了原有焙烧炉，形成了我国炼锑工业中独特的鼓风炉挥发熔炼工艺。

40多年来，鼓风炉挥发熔炼法，经不断的改进和完善，取得了很大的成绩，在我国炼锑工业中发挥了重要作用，其主要优点是：

(1) 对原料有较大的适应性。不论是硫化锑矿、氧化锑矿或者是硫氧混合块状锑矿、粉状锑精矿(经造块后)均能够被有效地处理，并获得较好的技术经济指标；

(2) 鼓风炉挥发熔炼法生产能力大。其炉床能力一般可达到20～30 t/(m^2 · d)，比焙烧炉已有很大的提高，而且单炉的生产能力可随生产规模的要求可大可小；

(3) 金属冶炼回收率较高。对品位大于40%的锑精矿，金属回收率一般可达90%以上，湖南锡矿山生产实践表明，经采取增加外加热式前床，炉渣经炉外保温分离后，渣含锑可降到1.0%以下，金属回收率可提高3%～4%；

(4) 成品锑氧粉质量较高。除去火柜尘、沉降尘外，成品锑氧粉的含锑量一般可达79%～80%，对反射炉还原熔炼和精炼有利。

但事物总是一分为二的，鼓风炉挥发熔炼法也存在着严重的不足，其突出的主要问题是：

(1) 鼓风炉挥发熔炼法不适于直接处理粉状物料，锑精矿在入炉前必须事先经过配料造块，一方面，为了提高团矿的质量，锑精矿需预先经过配料、混匀、碾压、压密等多道工序作业，否则团矿质量不易得到保证。另一方面，湿团块入炉前必须经过干燥、固结、筛除粉料等工序，以保证入炉团矿的质量。我国锑精矿压团工艺由于多方面的原因，一直未能得到满意的解决，团矿质量差，入炉团矿粉料率高，以云南省文山州木利锑业有限责任公司冶炼厂为例，入炉团矿粉矿率高达15%～20%以上，直接影响鼓风炉作业及挥发效果；

(2) 鼓风炉挥发熔炼法需用大量优质冶金焦，而且焦率很高，一般焦率约为40%左右(对团矿而言)，冶金焦价格昂贵，这增加了锑冶炼的加工成本，同时也限制了鼓风炉直接处理低品位精矿的经济合理性；

(3) 鼓风炉挥发熔炼法产出的弃渣含锑仍偏高，一般达5%左右，云南文山州木利锑业有限责任公司冶炼厂的渣含锑也大于2%，为了降低渣含锑，必须增设外加热式前床（实际上是一个燃煤反射炉），这又增加了燃煤消耗，即便如此，渣含锑仍然达1.0%左右，这是一些炼锑厂金属回收率不高的直接原因；

(4) 鼓风炉挥发熔炼法处理硫化锑矿或硫氧混合矿时，会产出大量低浓度二氧化硫烟气，造成对环境的污染。当处理硫化矿时，精矿含硫高达20%以上，如湖南湘西含金锑矿，云南西畴县小锡板硫化锑精矿含硫高达24%～27%，鼓风炉排出烟气含二氧化硫浓度可达2%以上，由于对低浓度二氧化硫烟气尚缺乏有效且经济的治理回收利用方法，排空后将造成对环境的严重污染，现各锑冶炼厂普遍采用高烟囱排放措施，但这一问题仍然是我国各炼锑厂急需解决的课题；

(5) 鼓风炉挥发熔炼法需要庞大而复杂的备料工序，需大量的优质冶金焦，增加外加热前床需增加燃煤等，导致了工艺过程能耗高、加工成本高的必然结果，这是由其工艺过程本质所决定的。

因此，为了适应生产的发展，结合我国资源，综合分析和借鉴国内外锑的冶炼工艺，从降低能耗和加工成本，加强环境保护，节约能源，提高金属回收率等方面出发，提出对现行鼓风炉熔炼挥发工艺进行改革，是必要的和适时的，特别是针对我国有的地区缺焦多煤的具体情况，更显得尤为重要。

如第1章所述，如能采用熔池熔炼—连续烟化挥发工艺取代现行锑的鼓风炉挥发熔炼工艺，由于取消了复杂的备料、压团、干燥等工序，用低质煤代替鼓风炉必不可少的优质冶金焦，特别是当处理硫化锑矿或硫氧混合矿时，则有可能最大限度地利用精矿的内能，取消外加热前床保温，节约燃煤，从而将极大地降低能耗，减少加工成本，克服鼓风炉挥发熔炼所存在的弊端，提高金属回收率，降低加工成本，增加经济效益。

13.2 采用熔池熔炼工艺处理锑矿的可行性

为了论证采用熔池熔炼 工艺处理锑矿的可行性，首先有必要了解锑及其主要化合物的主要理化性质（见第 10 章）。根据锑及其主要化合物的理化性质，表明它们在熔池熔炼—连续烟化法冶炼作业的正常温度 1100 ～1200 ℃ 下，均已具有很高的蒸气压，这为采用该工艺处理锑矿挥发锑提供了理论依据。

13.2.1 锡的烟化挥发与锑的烟化挥发

锡烟化挥发的可行性已被大量的工业实践所证实，并充分显示出采用烟化法处理低锡物料的优越性。我国云南锡业公司第一冶炼厂烟化炉的生产实践就是一个较为突出的实例。为了进一步论证采用烟化挥发法处理含锑（包括锑精矿和低品位锑矿）物料的可行性，将含锡物料烟化过程机理与含锑物料烟化挥发可行性进行讨论、对比分析如下：

（1）锡物料的烟化挥发是在作业温度 1100～1200 ℃，还原性气氛条件下，首先使锡的高价氧化物还原成易挥发的氧化亚锡挥发，当锡含量降低到一定程度后，为了加速残存锡的挥发，加入一定量的硫化剂，促使锡生成硫化亚锡，利用硫化亚锡在作业温度下，比氧化亚锡具有更大蒸气压、更易挥发的特点，使残留锡更快、更彻底地完全挥发出来。挥发物在炉子上部的高温区被空气中的氧氧化，生成锡的氧化物进入烟尘中，从而达到回收富集的目的；

（2）锑物料在鼓风炉挥发熔炼中，则是利用了锑的高价氧化物在还原气氛下易被还原成 Sb_2O_3，物料中的 Sb_2S_3 易被氧化成 Sb_2O_3，而 Sb_2O_3 易挥发的基本原理。与此同时，在此过程中，不可避免地有大量的氧化锑被还原成金属锑，或部分 Sb_2S_3 直接熔化生成锑锍，这就是在鼓风炉熔炼过程中会产生一部分金属锑和锑锍的原因。当然，由于金属锑在作业温度下已具有较大的蒸气压，因而也可直接呈金属锑蒸气挥发，所有这些挥发组分在炉子上部或火柜高温气流中被氧化成 Sb_2O_3 进入烟尘富集。从以上分析可以看出，锡、锑两种金属挥发过程的机理是极为相似的；

（3）另外，可以肯定，鼓风炉挥发熔炼所能达到的作业工艺条件如温度、气氛、物料停留时间、还原作用强度等，烟化炉烟化挥发过程中同样可以达到，并且更加优越，而且由于强化了挥发过程，减少了挥发物的扩散阻力，对挥发作业将更为有利，这是烟化炉弃渣较鼓风炉弃渣含金属更低的原因所在。

锡、锑两种金属的主要氧化物、硫化物的蒸气压与温度的数据绘制出的 SnO、SnS、Sb_2O_3、Sb_2S_3 以及 Sb 的蒸气压与温度的关系曲线，如图 13-1 所示。

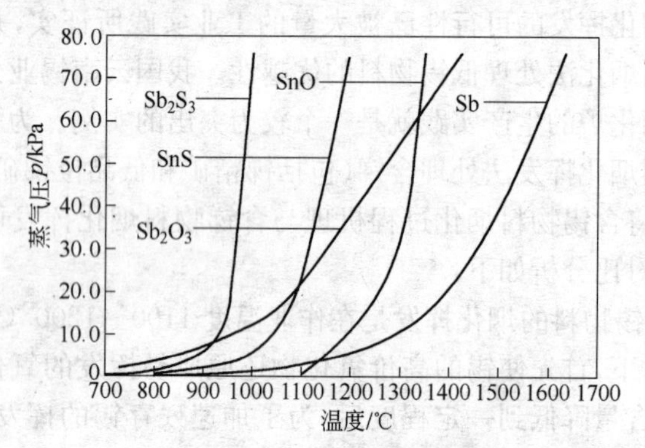

图 13-1 锑及其主要化合物和锡的主要化合物的蒸气压与温度的关系曲线

由图 13-1 中可以看出，锡、锑两种金属的主要氧化物、硫化物的挥发性能较为相似，在烟化炉的作业温度 1100～1200 ℃的条件下，锑及其三硫化锑、三氧化锑和硫化亚锡、氧化亚锡皆具有较大的蒸气压，易于挥发，因此，对照锡的烟化作业及其所获得的技术指标，可以认为，锑的烟化挥发不仅是可能的，而且其作业条件与锡的烟化作业将较为近似，所获得的技术指标也将不会比锡的技术指标差。

13.2.2 沉没熔炼处理锑矿扩大试验

针对目前锑挥发熔炼工艺中存在的主要问题，国内外进行了大量的研究与开发工作。从1985年起,昆明冶金研究院就开始了采用熔池熔炼—连续烟化法处理锡炉渣和中低品位锑矿的试验研究。1990年在个旧市有色金属加工厂建成二平方米试验烟化炉,进行工业试验,处理该厂历年堆存的锡炉渣,同年7月,试验成功后转入工业生产,1991年又建成四平方米烟化炉及其相应设备,投入工业应用,目前仍在正常运行之中。对于高钨电炉锡渣的处理和研究成果,本书第4章～第9章中已作了详细介绍。

对中低品位锑矿的处理,昆明冶金研究院采用沉没熔炼(熔池熔炼的一种形式),完成了处理中低品位锑矿的扩大试验。考察了锑矿石对熔池熔炼的适应性、适宜的喷枪结构选择以及以煤代油等试验内容。对中低品位锑矿的处理,得出了如下基本结论:

(1) 采用沉没熔炼(熔池熔炼)处理中低品位锑矿,能使锑及其化合物有效地挥发,其挥发指标稳定可靠,渣含锑较低(在0.5%～0.7%之间),锑的挥发率为97%～99%;

(2) 当锑矿中的含铅量和含砷量符合两者之和小于0.5%的要求时,所获得的表冷及布袋尘的锑氧粉含锑80%～82%,完全符合后续还原熔炼精锑的要求;

(3) 在试验过程中未产出锑锍和金属锑,不会对设备造成损害而发生事故;

(4) 该方法既可处理能成团的粉状物料,又可处理粒状物料,对物料适应性强,能处理硫化矿、氧化矿及混合矿,且允许矿石中的含锑量有较大的波动范围。

目前,鼓风炉挥发熔炼法一般处理含锑大于40%的锑矿,而在锑的选矿中,要达到此品位,锑的回收率将受到影响,如昆明冶金研究院对云南省文山州木利锑业有限公司选矿厂流程查定结果表明,选矿回收率仅为30%,如果降低金属品位到含锑10%～30%,选矿回收率将大幅度增加,这将极大地提高整个矿山的金属回收率和经济效益。

13.3 工业试验工艺流程

根据熔池熔炼—连续烟化法的特点、金属锑及其主要化合物的特性和熔池熔炼—连续烟化法在处理锡渣时的成功经验，在查阅了大量文献资料、顺利完成了采用沉没熔炼（熔池熔炼的一种形式）处理中低品位锑矿扩大试验并取得较好指标的基础上，确定工业试验采用的工艺流程，如图 13-2 所示，设备连接，如图 13-3 所示。

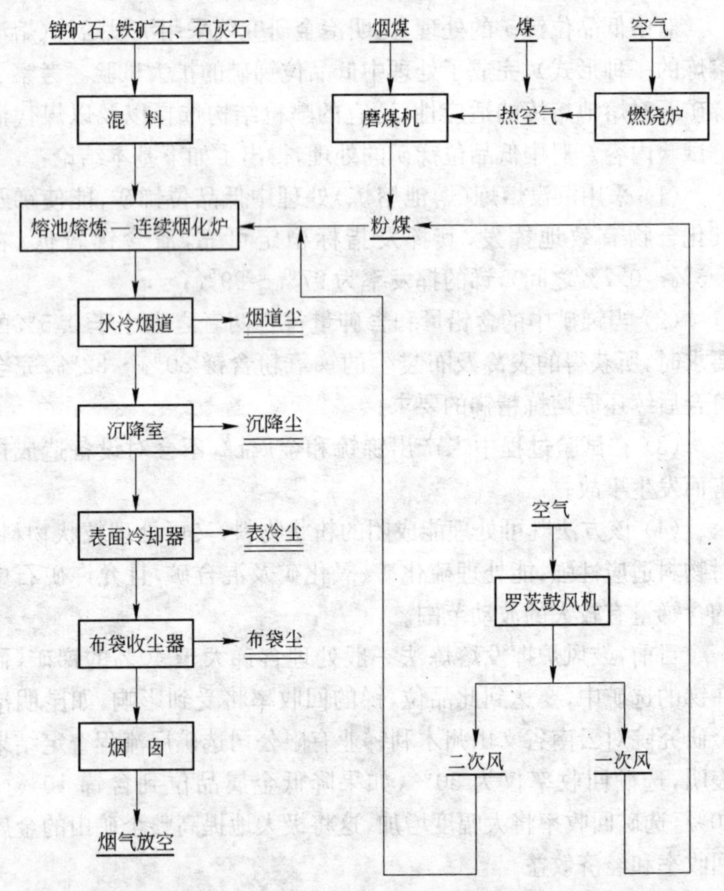

图 13-2 熔池熔炼—连续烟化法处理低品位锑矿工业试验工艺流程

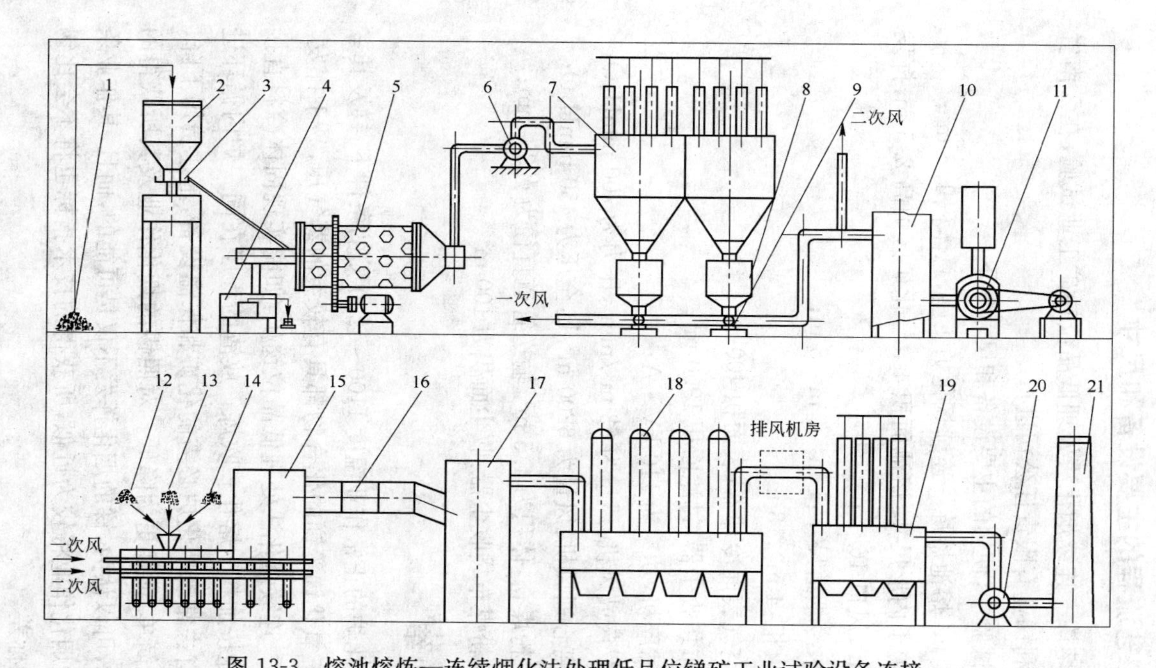

图 13-3 熔池熔炼—连续烟化法处理低品位锑矿工业试验设备连接

1—烟煤；2—煤斗；3—圆盘给料机；4—热风炉；5—风扫球磨机；6—抽风机；7—粉煤沉积箱；8—粉煤中间仓；9—送煤螺旋；10—气包；11—鼓风机；12—石灰石；13—锑矿石；14—铁矿石；15—烟化炉；16—水冷烟道；17—火柜；18—表面冷却器；19—布袋收尘器；20—排风机；21—烟囱

13.4 工艺流程的主要设备和尺寸

熔池熔炼—连续烟化法处理低品位锑矿工业试验,在云南省文山州木利锑业有限责任公司进行。

工业试验中,使用的主要设备和尺寸如下:

(1) 4 m^2 熔池熔炼—连续烟化炉 1 座,总体积 1.6 m^3;

(2) 炉子内形尺寸:熔池面积 4 m^2,化矿区炉高 2.5 m,挥发区炉高 6 m,风口 16 个;

(3) 水冷烟道尺寸:1 m×1 m×8 m;

(4) 火柜:4 m×18 m;

(5) 空气表面冷却器:表面积 400 m^2;

(6) 布袋收尘器:过滤面积 1960 m^2;

(7) 球磨机:功率为 110 kV·A;

(8) 罗茨鼓风机:风量为 63 m^3/min,压力为 700 mmH_2O;

(9) 离心通风机:风量为 6200 m^3/h,全压为 450 mmH_2O;

(10) 粉煤仓:体积为 4.5 m^3,输送管道直径为 ϕ230 mm;

(11) 粉煤布袋收尘器:收尘面积为 100 m^2。

13.5 小结

在烟化炉的正常作业温度 1100~1200 ℃的条件下,锑及其三硫化锑、三氧化锑等锑的化合物都具有较大的蒸气压,易于挥发。熔池熔炼—连续烟化法处理低品位锑矿,如能实现固体冷料直接开炉,作业按加料—熔化—吹炼—放渣的程序在同一炉内循环进行,则可省去常规烟化炉必需的化矿和保温设备,基建费用下降、工艺趋于简单、能耗更为降低。对照锡的烟化作业及其所获得的技术指标,可以认为,锑的烟化挥发不仅是可能的,而且,其作业条件与锡的烟化作业将较为近似,所获得的技术指标也将不会比锡的技术指标差。

14 熔池熔炼—连续烟化法处理低品位锑矿工业试验

14.1 试料的理化性质

经选矿厂选矿后运到冶炼厂用于试验的锑矿石的化学分析结果，见表14-1。试验中采用的粉煤、粉煤中灰分、石灰石、铁矿石、鼓风炉炉渣等原料测定的理化性质，见表14-2～表14-4。

表14-1 锑矿石的化学分析结果

名称	化学成分（质量分数）/%									
	Sb	SiO_2	Fe	CaO	MgO	Al_2O_3	S	As	Pb	水分
重介质锑矿	30.42	34.4	8.1	1.9	0.6	4.0	9.4	0.029	<0.01	1.5
混合锑矿	30.53	38.3	7.6	1.2	0.8	4.7	7.5	0.031	<0.01	2.9
重介质跳汰混合锑矿	28.09	35.1	7.3	1.2	0.8	4.7	7.6	0.032	<0.01	2.9
跳汰锑矿	30.08	42.0	5.1	1.4	0.9	4.4	5.5	0.032	<0.01	4.5

表14-2 粉煤的理化性质分析

名称	化学成分（质量分数）/%									发热值/kJ
	SiO_2	Fe	CaO	MgO	S	固定碳	灰分	挥发分	水分	
粉煤	7.2	1.6	1.3	5.6	1.5	66.1	16.8	15.9	6.0	27320.044

名称	性能指标		
	粒度（200目以上）/%	密度/$g \cdot cm^{-3}$	水分/%
粉煤	>90	0.52	1.5

表 14-3 粉煤中灰分、石灰石及铁矿石的化学成分分析

名 称	化学成分(质量分数)/%				
	SiO_2	Fe	CaO	MgO	Al_2O_3
粉煤中灰分	42.72	9.55	7.8	30.37	
石灰石	0.17	0.44	55.0	1.03	0.15
铁矿石	2.86	59.93	0.66	0.76	

表 14-4 鼓风炉炉渣的化学成分

名 称	化学成分(质量分数)/%						
	Sb	SiO_2	Fe	CaO	MgO	Al_2O_3	S
鼓风炉炉渣	3.39	36.91	27.20	13.18	0.88	5.70	0.001

14.2 熔池熔炼—连续烟化法处理低品位锑矿原理

采用熔池熔炼—连续烟化法处理低品位锑矿，锑矿石的挥发熔炼过程是在烟化炉内实现的。新建烟化炉的开炉及加料操作，与烟化炉处理高钨电炉锡渣相类似(详见第 6 章)，此处不再赘述。

炉料一入炉就经受高温的作用，并在熔池内沸腾、搅拌，气、固、液三相充分接触，剧烈地进行干燥脱水、离解、挥发、氧化和造渣等一系列复杂的物理化学反应。

根据锑及其主要化合物的蒸气压与温度的数据及关系曲线(详见第 10 章)和图 14-1 的有关反应自由焓与温度的关系曲线，在熔池熔炼—连续烟化炉的正常作业温度 1100～1200 ℃时，烟化炉内大致发生如下主要化学反应：

$$2C+O_2=2CO \quad (14\text{-}1)$$

$$C+O_2=CO_2 \quad (14\text{-}2)$$

$$2CO+O_2=2CO_2 \quad (14\text{-}3)$$

$$CaCO_3=CaO+CO_2 \quad (14\text{-}4)$$

$$MgCO_3=MgO+CO_2 \quad (14\text{-}5)$$

$$4FeAsS=4FeS+4As \quad (14\text{-}6)$$

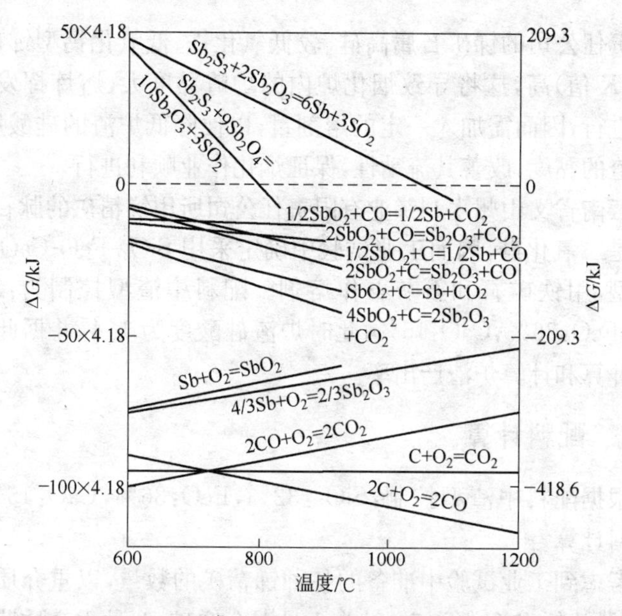

图 14-1　有关反应自由焓与温度的关系曲线

$$2/3FeS+O_2=2/3FeO+2/3SO_2 \quad (14\text{-}7)$$

$$S+O_2=SO_2 \quad (14\text{-}8)$$

$$2/9Sb_2S_3+O_2=2/9Sb_2O_3+2/3SO_2 \quad (14\text{-}9)$$

$$Sb_2S_3+2Sb_2O_3=6Sb+3SO_2 \quad (14\text{-}10)$$

$$4/3Sb+O_2=2/3Sb_2O_3 \quad (14\text{-}11)$$

$$9Sb_2O_4+Sb_2O_3=10Sb_2O_3+\frac{9}{2}O_2 \quad (14\text{-}12)$$

由以上各反应式可以看出，在熔池熔炼—连续烟化炉的作业条件下，锑矿石中的锑最后将以三氧化锑的形式挥发，在冷凝收尘系统内富集收集，而反应过程中形成以及加入的氧化钙、氧化镁、氧化亚铁等将与物料中的二氧化硅等脉石造渣，由渣口放出。

14.3　渣型选择

从表 14-1 的化学分析结果可以看出，云南省文山州木利锑业有限责任公司的锑矿石属高硅、较低氧化铁、低氧化钙型锑矿，硅酸度（K 值）高，这将导致烟化炉内的炉渣黏度大，熔炼挥发作业难以进行，因而需加入一定的熔剂量，以便降低炉渣的硅酸度，减小炉渣的黏度，改善其流动性，保证烟化作业顺利进行。

云南省文山州木利锑业有限责任公司所用锑精矿的脉石成分主要是二氧化硅，因而工业试验中确定采用 SiO_2-FeO-CaO 系炉渣渣型，用铁矿石和石灰石作熔剂。配料中渣型控制为：SiO_2：32%，FeO：36%，CaO：15%，此时炉渣硅酸度为 1.4，并据此进行配料计算和计算炉渣产出率。

14.4 配料计算

根据配料中渣型控制：SiO_2：32%，FeO：36%，CaO：15%，进行配料计算。

考虑到工业试验中准备的各种锑精矿的数量，以重介质锑矿 40%、跳汰锑矿 60%混矿，计为 1 号混合锑矿；两种重介质跳汰混合锑矿各取 50%进行混矿，计为 2 号混合锑矿，混矿后两种锑矿扣除水分后的化学成分见表 14-5。

表 14-5 混合锑矿的化学成分

名 称	化学成分（质量分数）/%								
	Sb	SiO_2	Fe	CaO	MgO	Al_2O_3	S	As	Pb
1 号混合矿	29.22	37.63	6.11	1.55	0.77	4.12	6.84	0.03	0.01
2 号混合矿	28.46	35.63	7.21	1.14	0.77	4.69	7.36	0.03	0.01

以 100 kg 锑矿为例，计算所需加入的铁矿石和石灰石的数量。

需加入的铁矿石量 $T_{铁矿石}$ 为：

$$T_{铁矿石}=(H_{SiO_2}\cdot\alpha-H_{FeO})/T_{FeO}+T_{SiO_2}\cdot\alpha/T_{FeO}+Y\cdot Y_{灰分}\cdot(Y_{灰分SiO_2}\cdot\alpha-Y_{灰分FeO})/T_{FeO} \tag{14-13}$$

需加入的石灰石量 $S_{石灰石}$ 为：

$$S_{石灰石}=(H_{SiO_2}\cdot\beta-H_{CaO})/S_{CaO}+T_{铁矿石}\cdot(T_{铁矿石SiO_2}\cdot\beta-T_{铁矿石CaO})/S_{CaO}+Y\cdot Y_{灰分}\cdot(Y_{灰分SiO_2}\cdot\beta-Y_{灰分CaO})/S_{CaO} \tag{14-14}$$

式中 $T_{铁矿石}$——需加入的铁矿石量；

H_{SiO_2}——混合锑矿中 SiO_2 含量；

H_{FeO}——混合锑矿中 FeO 含量；

T_{FeO}——铁矿石中 FeO 含量；

T_{SiO_2}——铁矿石中 SiO_2 含量；

α=选定渣型中 FeO 含量/选定渣型中 SiO_2 含量；

Y——加入的烟煤量；

$Y_{灰分}$——烟煤中灰分含量；

$Y_{灰分SiO_2}$——烟煤灰分中 SiO_2 含量；

$Y_{灰分FeO}$——烟煤灰分中 FeO 含量；

$S_{石灰石}$——需加入的石灰石量；

β=选定渣型中 CaO 含量/选定渣型中 SiO_2 含量；

H_{CaO}——混合锑矿中 CaO 含量；

S_{CaO}——石灰石中 CaO 含量；

$T_{铁矿石SiO_2}$——需加入的铁矿石中 SiO_2 含量；

$T_{铁矿石CaO}$——需加入的铁矿石中 CaO 含量；

$Y_{灰分CaO}$——烟煤灰分中 CaO 含量。

烟化法中，煤耗量占入炉物料的比例一般不大于35%，即便以入炉矿石计，其比例也不宜超过50%，否则能耗过高，烟化炉就失去了本身的优越性。考虑到该因素，可以认为上述两计算式中，第三项由烟煤带入的灰分中 SiO_2 消耗的熔剂量占加入的总熔剂量的比例不大，因而配料计算时忽略烟煤带入的灰分中 SiO_2 消耗的熔剂量，计算出的熔剂总需要量适当增加，便能保证烟化作业对熔剂量的需求，将各数据代入上述两式，即可计算出烟化条件下每处理100千克锑矿所需的铁矿石和石灰石的数量：

$T_{铁矿石}$ 约 50 kg，$S_{石灰石}$ 约 30 kg。

即配料比为：混合锑矿(1号、2号)：铁矿石：石灰石=100：50：30。

所占百分比为：

混合锑矿质量分数(1号、2号)：铁矿石质量分数：石灰石质量分数=56∶27∶17。

14.5 试验内容、结果和讨论

14.5.1 设备的无负荷及满负荷试运行

熔池熔炼—连续烟化法工艺的设备装置系统，虽然已经在处理锡炉渣等熔炼方面相继取得成功并已显示出比传统烟化炉熔炼的优越性，但在锑的熔炼方面的应用尚属首次，兼之全部工业试验装置除排烟收尘系统系利用文山州木利锑业有限责任公司原有鼓风炉排烟收尘系统设备外，其他设备全部新建，因此在进行工业试验时，首先分别对新建设备进行了：

(1) 单台无负荷试运转；

(2) 无负荷联动试运转；

(3) 单台带负荷、满负荷试运转；

(4) 带负荷联动试运转等项工作。

整个熔池熔炼—连续烟化炉系统无漏水、漏风现象。冷却水的供应系统能满足工业试验开炉要求，无水套供水不足现象。排烟收尘系统装置完好，处于备用状态。熔炼烟化炉有较大负压，管道、烟道无破裂、渗漏现象，所有阀门开启灵活，布袋室可分别关风振打，整个电路系统畅通无阻，即设备的无负荷及满负荷试运行正常，可进行工业试验。

14.5.2 冷料开炉试验

一般烟化炉需配置化矿和保温设备(常用鼓风炉或反射炉化矿，电热前床保温)。在本次工业试验中，在总结以往工作经验和沉没熔炼扩大试验的基础上，大胆尝试用冷料直接开炉，即甩掉烟化炉前需配置的化矿和保温设备，锑矿石以冷料的形式直接加入烟化炉进行脱水、加热、熔化、熔炼挥发、造渣等作业。

试验过程是这样进行的：新建烟化炉的开炉及加料操作，与烟化炉处理高钨电炉锡渣相类似。待炉内温度升高到烟化炉作业的正常温度 1100～1200 ℃ 时，炉内整个熔池已基本形成，此时，将经配料混匀后的锑矿石、铁矿石、石灰石等冷炉料从烟化炉炉顶的加料口加入炉内。从试验情况(1～3 炉)看,冷料加入后,经受高温的作用,在熔池内沸腾、搅拌,气、固、液三相充分接触,传热、传质过程完全,冷物料剧烈地进行干燥脱水、离解、挥发、氧化、造渣等一系列复杂的物理化学反应。伴随着有大量的白色挥发气体(气相 Sb_2O_3)产生,炉况顺畅,未出现剧烈降温、固结、死炉等现象,这充分说明采用熔池熔炼—连续烟化法工艺处理低品位锑矿,直接冷料开炉是可行的。

14.5.3 合理渣型试验

按选择的渣型确定的配料比(质量分数),即:混合锑矿(1 号、2 号)∶铁矿石∶石灰石＝56∶27∶17,进行配料。试验中第 5 炉～第 15 炉主要考察渣型选择是否合理,从渣口放渣情况看,渣的流动性较好,证明渣的黏度值不高,该渣型能使炉况顺畅,烟化作业顺利进行。表 14-6 是第 5 炉～第 15 炉炉渣含锑的试验结果,从表中也可看出,渣含锑较低,平均值仅为 0.468%(个别炉次渣含锑偏高的原因是吹炼时间较短的缘故)。以上试验结果说明,渣型的选择是合理的。

表 14-6 第 5 炉～第 15 炉炉渣含锑试验结果

炉 次	第 5 炉	第 6 炉	第 7 炉①	第 8 炉	第 9 炉	第 10 炉
渣含锑/%	0.45	0.49	1.19	0.50	0.46	0.49
炉 次	第 11 炉	第 12 炉	第 13 炉	第 14 炉	第 15 炉	平均值
渣含锑/%	0.48	0.46	0.42	0.55	0.40	0.47

①该炉渣含锑偏高的原因主要是吹炼时间较短的缘故。

14.5.4 风煤比试验

在风煤比试验中,风量固定,用变动加煤量的大小来改变风煤比。试验结果为:在加料阶段,为了加快化矿速度,保持炉内有较高温度,风煤比宜偏大,空气过剩系数控制在 0.95～1.0,而在后期，炉内主要完成液态挥发作业，风煤比可适当减小，空气过剩系数控制为 0.9～0.94。

14.5.5　吹炼时间试验

吹炼时间是一个重要的工艺参数，吹炼时间的长短直接影响着锑的挥发率。工业试验中对不同炉次确定不同吹炼时间后所获得的渣含锑的数据见表 14-7。根据表 14-7 的数据绘制的吹炼时间与渣含锑的关系曲线，如图 14-2 所示。

表 14-7　不同吹炼时间下的渣含锑①

吹炼时间/min	15	20	25	30	35	40
渣含锑/%	1.19	0.84	0.69	0.50	0.46	0.38

①表中的渣含锑是同一吹炼时间下三炉的平均值。

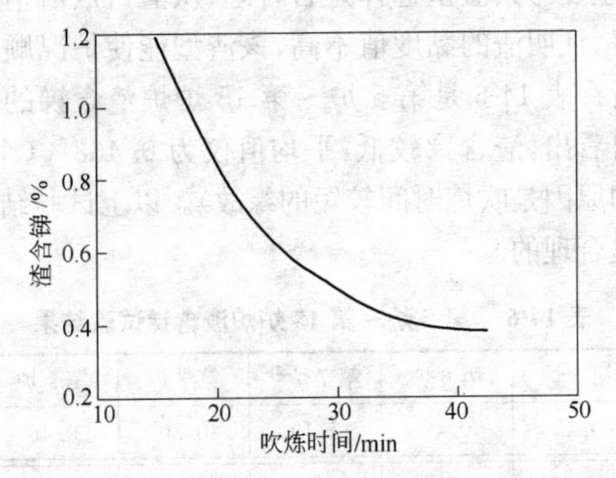

图 14-2　吹炼时间与渣含锑的关系曲线

从表 14-7 和图 14-2 的试验结果可以看出，吹炼时间长，渣含锑低，但随着吹炼时间的延长，后期的挥发效率很低，加大了烟化作业的成本。同时，由于使用的云南省泸西县圭山烟煤灰分中造渣成分属酸性，二氧化硅含量达 42.72%，如吹炼时间过长，炉渣黏度增大，炉渣容易变稠，流动性变差，反而影响正常的烟化作业。因此确定吹炼时间为 30 min，此时渣含锑已降至 0.5%。

14.5.6 处理量试验

在确定入炉物料的配料比,固定风煤比、吹炼时间的条件下,进行处理量试验。根据烟化炉的设计能力,初步确定烟化炉的加料速度为2.0～2.5 t/h。加入两批料共计5 t后,停止加料,烟化20～30 min,放出部分贫化炉渣,以上即完成一炉作业,随后再加料进入第二炉作业。暂定放渣期间停止加料,烟化炉加料时间作业率为85%,这样烟化炉生产能力为每天处理物料40～50 t。从试验情况看,在确定的配料比,风煤比、吹炼时间的条件下,按2.5 t/h的加料速度,炉况正常,渣含锑小于0.5%,即每天物料的处理量可达50 t,并基本可实现连续加料。

14.5.7 综合条件试验

根据以上确定的各条件,进行综合条件试验。工艺参数为:

状态:冷料开炉;

配料比(质量分数):混合锑矿(1号、2号)∶铁矿石∶石灰石=56∶27∶17;

风煤比:空气过剩系数0.9～1.0;

吹炼时间:30 min;

处理量:每小时2.5 t物料;

物料:混合锑矿(1号、2号)1400 kg,铁矿石675 kg,石灰石425 kg。

综合条件下,共连续进行了40炉试验,处理物料200 t,其中锑矿石112 t,试验结果见表14-8～表14-10。

表14-8 综合条件试验下的炉渣成分

炉次	炉渣成分(质量分数)/%				硅酸度 K
	Sb	SiO_2	FeO	CaO	
18～23炉平均值	0.49	32.12	33.80	16.50	1.4
24～35炉平均值	0.47	36.42	37.70	15.09	1.5
36～57炉平均值	0.46	42.33	33.67	15.29	1.8

表 14-9　系统产品锑氧粉质量分数

炉　次	锑氧粉质量分数/%		
	火柜尘(Sb_2O_3)	表冷尘(Sb_2O_3)	布袋尘(Sb_2O_3)
1～57 炉平均值	49.24	77.04	77.88

表 14-10　锑氧粉成分

名　称	化学成分(质量分数)/%					
	SiO_2	Sb	Fe	S	C	CaO
1～57 炉锑氧粉综合值	2.68	76.40	1.72	0.18	4.56	<0.5
鼓风炉锑氧粉	1.01	80	0.15	0.18	0.7	<0.5

14.6　主要技术经济指标

14.6.1　炉床处理能力

处理量试验已确定加料速度为每小时 2.5 t,每天处理物料 50 t,则 4 m^2 烟化炉的炉床处理能力为:12.5 t 物料/(m^2·d)。

14.6.2　入炉锑矿石含锑品位

按表 14-1 的锑矿石化学分析结果,入炉锑矿石含锑品位在 28.46%～29.22%之间。

14.6.3　煤耗

供煤量为 600 kg/h,物料处理量为 2.5 t/h,则煤耗为 24%。如以处理锑矿石计,则煤耗为 428.57 kg 煤/t 锑矿石。一般烟化炉的常规煤耗 35%～40%,实际正常炉次的供煤量为 450～570 kg/h,还小于煤耗 24%的指标。

14.6.4　锑的挥发率

为计算锑的挥发率,首先计算产渣率:

按上述确定的配料比,每 180 kg 混合入炉物料中,产出的渣量为：

$$
\begin{aligned}
\text{产出渣} = & H_{\text{锑矿}} \times (H_{SiO_2} + H_{FeO} + H_{CaO} + H_{MgO} + H_{Al_2O_3}) + \\
& T_{\text{铁矿石}} \times (T_{\text{铁矿石}SiO_2} + T_{FeO} + T_{CaO} + T_{MgO}) + \\
& S_{\text{石灰石}} \times (S_{SiO_2} + S_{FeO} + S_{CaO} + S_{MgO} + S_{Al_2O_3}) + Y_{\text{灰分}}
\end{aligned} \tag{14-15}
$$

式中 $H_{\text{锑矿}}$——加入的混合锑矿量；

H_{SiO_2}——混合锑矿中 SiO_2 含量；

H_{FeO}——混合锑矿中 FeO 含量；

H_{CaO}——混合锑矿中 CaO 含量；

H_{MgO}——混合锑矿中 MgO 含量；

$H_{Al_2O_3}$——混合锑矿中 Al_2O_3 含量；

$T_{\text{铁矿石}}$——加入的铁矿石量；

$T_{\text{铁矿石}SiO_2}$——铁矿石中 SiO_2 含量；

T_{FeO}——铁矿石中 FeO 含量；

T_{CaO}——铁矿石中 CaO 含量；

T_{MgO}——铁矿石中 MgO 含量；

$S_{\text{石灰石}}$——加入的石灰石量；

S_{SiO_2}——石灰石中 SiO_2 含量；

S_{FeO}——石灰石中 FeO 含量；

S_{CaO}——石灰石中 CaO 含量；

S_{MgO}——石灰石中 MgO 含量；

$S_{Al_2O_3}$——石灰石中 Al_2O_3 含量；

$Y_{\text{灰分}}$——烟煤中灰分含量。

代入各数据后计算得每 180 kg 入炉物料产出的渣量大致为 120 kg，即渣率约为 70％。

锑的挥发率为：

$$
\text{挥发率} = 1 - \frac{\text{渣含锑}(\%) \times \text{入炉物料量} \times \text{渣率}(\%)}{\text{入炉锑矿石数量} \times \text{锑矿石含锑品位}(\%)} \tag{14-16}
$$

将各表的相关数据代入上式，可计算出综合条件试验过程中锑的挥发率为 97.97％，大于要求的 94％的锑挥发率指标。

14.6.5 渣含锑

按表 14-8 中,综合试验条件下各炉次的渣含锑,得出工业试验中平均渣含锑为 0.4675%,远小于要求的渣含锑小于 1%的指标。

14.6.6 锑氧粉含锑量

按反射炉精炼锑的要求,入炉锑氧粉的含锑量需大于 75%,工业试验中,据表 14-10 的锑氧粉综合成分分析,锑氧粉含锑量为 76.4%,预计能满足反射炉精炼锑的要求。

14.6.7 铁矿石和石灰石用量

按配料比下的实际用量计算:铁矿石用量为 482 kg/t 锑矿石,或铁矿石率为 27%(占入炉物料的比例);石灰石用量为 304 kg/t锑矿石,或石灰石的消耗率为 17%(占入炉物料的比例)。

工业试验的主要参数和技术经济指标见表 14-11。

表 14-11 熔池熔炼—连续烟化法工艺的主要参数和技术经济指标

名　称	主要参数和指标	备　注
试验规模	4 m^2烟化炉及相应设备	
试验状态	冷料开炉	
入炉锑矿品位/%	28.46～29.22	
加料速度/$t \cdot h^{-1}$	2.5	
配料比(质量分数)/%	56∶27∶17	锑矿∶铁矿∶石灰石
风煤比	0.9～1.0	空气过剩系数
吹炼时间/min	30	
炉床处理能力/t 物料·$(m^2 \cdot d)^{-1}$	12.5	
煤耗/kg 煤·t^{-1}锑矿石	428.57	
锑挥发率/%	97.97	
渣含锑/%	0.4675	
锑氧粉含锑/%	76.4	
铁矿石消耗/kg 铁矿石·t^{-1}锑矿石	482	
石灰石消耗/kg 石灰石·t^{-1}锑矿石	304	

14.7 经济效益初步评价

继工业试验后，文山州木利锑业有限责任公司又开炉进行了试生产，累计处理锑矿石 560 t，产出含锑综合品位大于 75%的锑氧粉 200 余吨，锑的直收率大于 90%。现以收集到的某年月该公司鼓风炉生产锑氧粉的主要经济技术指标和本试验所确定的熔池熔炼—连续烟化法处理低品位锑矿工业试验的工艺参数为基础，以一个月(实际生产 26 d)为生产周期，进行初步经济效益比较和评价，其结果见表 14-12。

表 14-12　烟化法熔炼工艺与鼓风炉熔炼工艺处理锑矿的主要指标比较

名　称	主要参数和指标		说　明
工艺路线	烟化法熔炼工艺	鼓风炉熔炼工艺	
规　模	4 m^2烟化炉	0.84 m^2鼓风炉两座	按 26 天计
锑矿品位/%	28.46～29.22	37.55	
处理量/t 锑物料·月$^{-1}$	728	594	
配料比	56∶27∶17	56∶35∶9	锑矿∶铁矿∶石灰石
风煤比	0.9～1.0		空气过剩系数
吹炼时间/min	30		
焦率/%		37.12	焦炭/锑物料
炉床能力/t 物料·(m^2·d)$^{-1}$	12.5		
利用系数/t 锑物料·(m^2·d)$^{-1}$		5.11	
煤耗/%	24		煤/物料
锑挥发率/%	97.97	88.99	
锑直收率/%	90	78.42	
渣含锑/%	0.4675	2.69	
锑氧粉总量/t	247	220	

续表 14-12

名 称	主要参数和指标		说 明
锑氧粉含锑/%	76.4	80.00	
铁矿石消耗 /kg 铁矿石 · t^{-1} 锑物料	482(24%)	625(35%)	
石灰石消耗 /kg 石灰石 · t^{-1} 锑物料	304(17%)	161(9%)	
原燃材料消耗			
(1) 焦炭/t		394	单价 400 元/t
(2) 煤耗/t	312		单价 240 元/t
(3) 铁矿石消耗/t	350	370	单价 105 元/t
(4) 石灰石消耗/t	220	100	单价 100 元/t
(5) 电耗/kW · h	325160	256520	单价 0.162 元/kW · h
(6) 工资/元	39282.56	39282.56	
吨锑氧消耗			
(1) 焦炭/t · t^{-1} 锑氧粉		1.79	
(2) 煤耗/t · t^{-1} 锑氧粉	1.26		
(3) 铁矿石耗/t · t^{-1} 锑氧粉	1.42	1.68	
(4) 石灰石耗/t · t^{-1} 锑氧粉	0.89	0.45	
(5) 电耗/(kW · h) · t^{-1} 锑氧粉	1316	1166	
(6) 工资/元 · t^{-1} 锑氧粉	159.04	159.04	
吨锑氧成本/元 · t^{-1} 锑氧粉	927	1709.60	

注:1. 鼓风炉数据主要根据文山州木利锑业有限责任公司月生产和财务报表提供,实际消耗数较指标计算消耗数大,这可能是考虑了其他零星消耗之故;

2. 鼓风炉入炉锑物料包括块矿(含锑 46.88%)、团矿(含锑 27.58%)、泡渣(含锑 33.06%)、冰酮(含锑 33.58%)等,而烟化炉入炉锑物料主要指锑矿石,含锑平均品位为 28.84%。

3. 烟化法锑氧粉吨加工成本计算中,其电耗按球磨机每天 24 h 计算,实际上,球磨机的电耗远小于该数值。

从表14-12的数据可以看出，熔池熔炼—连续烟化法工艺与鼓风炉挥发熔炼工艺相比较，首先，它能处理中低品位锑矿，扩大了锑矿利用范围和锑资源的综合利用水平；其次，无论从处理量、锑的挥发率、锑的直收率、渣含锑等技术经济指标来看，都有较大程度的改善，特别是用粉煤代替了优质冶金焦，使其加工成本大幅度降低。虽然粉煤系统的增加，增大了电耗，但综合起来，吨锑氧粉的加工费仍比鼓风炉挥发熔炼工艺低得多。从以上经济角度比较也说明，烟化法液态挥发工艺比鼓风炉挥发工艺优越。

14.8 小结

(1) 工业试验的结果表明，采用熔池熔炼—连续烟化法工艺处理低品位锑矿，以取代目前国内通用的鼓风炉挥发熔炼和直井式挥发熔炼工艺处理锑矿是可行的。确定的工艺技术路线畅通，指标合理。

(2) 用熔池熔炼—连续烟化法工艺处理含锑品位为15%～30%的低品位锑矿，取得了炉床处理能力为12.5 t物料/(m^2·d)，锑挥发率97.97%，直收率90%，渣含锑0.4675%，锑氧粉含锑76.4%，煤耗24%，铁矿石率27%，石灰石率15%的较好技术经济指标，经工业试验和试生产证明，作业正常，指标稳定，工艺路线先进。

(3) 用熔池熔炼—连续烟化法工艺处理低品位锑矿，实现了冷料开炉，省去了一般烟化炉必需的化矿、保温设备，简化了生产工序，大大节约了基建投资。

(4) 该工艺实现了以煤代焦，降低了能耗，可处理大批量低品位锑矿，大幅度提高选冶回收率，达到了降低生产成本的目的。

(5) 该试验的成功，为我国的锑冶金工业开辟了一条新的途径，有重大的经济效益、社会效益和很大的推广应用价值。它是锑冶炼技术的一项改革，对锑冶炼行业的技术进步有较大意义，必将对我国的炼锑业产生很大的影响。该项目经国际联机情报检索，证明“具有国内外新颖性”。

15 烟化法锑氧粉的还原熔炼

15.1 简述

经熔池熔炼—连续烟化法液态挥发制得的三氧化锑是一种中间产物，需进行还原熔炼方能制得金属锑。三氧化锑的还原熔炼包括氧化锑还原成金属锑和原料中脉石的造渣两个紧密联系的反应过程。

三氧化锑是极易还原的氧化物，还原熔炼采用无烟煤或木炭为还原剂。曾有人研究过用气体还原剂或利用三氧化锑的挥发性在气态中进行还原，但尚未在工业上应用。

为了减少三氧化锑的挥发，还原熔炼作业一般在碱性熔剂覆盖下进行，常采用碳酸钠作为熔剂，与脉石造渣。这种熔剂熔点较低(约 850 ℃)，密度较小，在 1000 ℃左右的炉温下能保证炉渣有一定的流动性，从而易与还原出来的金属锑分离。

如第 11 章所述，三氧化锑的还原熔炼大部分在反射炉内进行，个别工厂用鼓式旋转窑进行熔炼，在还原过程中，原料内含有的各种杂质金属氧化物，大部分被还原成金属进入锑中，其中最常见的是 As_2O_3 和 PbO，因为在焙烧过程中，锑精矿内砷和铅的硫化物与锑一道氧化挥发进入冷凝系统，被捕收于粗锑氧粉中，所以在大多数情况下，所得的金属锑需要精炼脱砷、铅，以制取合格的金属锑。

火法精炼所用的除铁剂一般是硫化锑精矿及硫酸钠，脱砷、脱硫剂是苛性钠和碳酸钠。

为使精炼作业获得合格的产品和良好的经济效果，在生产中往往按产品质量要求对不同的焙烧挥发产物进行合理配料。

由于三氧化锑容易挥发，加之炉顶加料的影响，在还原过程中,不可避免地有大量三氧化锑再次进入烟道和收尘系统,形成二次三氧化锑,需再次进行还原熔炼。

在还原过程中所产生的还原渣(俗称泡渣),需采用专门的泡渣鼓风炉处理,使其中锑的化合物直接还原为金属锑,或在挥发熔炼过程中搭配处理,以三氧化锑形式回收。

云南省文山州木利锑业有限责任公司的锑矿石属高硅矿,渣黏度大,硅酸度(K)高,加之采用熔池熔炼—连续烟化法工艺处理中低品位锑矿,烟化炉对锑矿原料限制不严,粉矿块矿都可入炉,同时采用粉煤作燃料,对烟尘质量造成影响,从工业试验的结果表14-10锑氧粉成分可看出,虽然烟化法锑氧粉含锑品位大于75%,为76.40%,但与鼓风炉烟尘比较,成分较复杂,杂质含量较高。

在采用"熔池熔炼—连续烟化法处理低品位锑矿"工业性试验顺利完成后,曾在文山州木利锑业有限责任公司生产现场,在未改变配料比(与鼓风炉锑氧粉还原熔炼的配料比相同)的情况下,对烟化法锑氧粉进行了反射炉还原熔炼试验。入炉物料的配比为:烟化法锑氧粉∶还原剂(木炭)∶助熔剂(苏打)=100∶10∶2,炉温1000 ℃。结果发现还原熔炼时间延长,每炉熔炼时间达12 d,而同样的配料比及相同炉温下,鼓风炉锑氧粉的还原熔炼时间为6 d,两者比较,烟化法锑氧粉的冶炼时间延长一倍,设备生产能力降低一半,技术经济指标有较大幅度的降低,还原熔炼时间的延长,极大地影响了厂方的经济效益。为此,在工业试验结束后,又在现场采集烟化法锑氧粉综合样,对其还原熔炼进行研究。

15.2 烟化法锑氧粉还原熔炼试验

15.2.1 试验设备和方法

15.2.1.1 测试仪器

首先,通过光谱分析,定性得出物料的元素组成,然后再经化学分析,定量得出物料的元素含量。

采用日本产3015型X射线衍射分析仪(仪器特点见第4章),考察物料的物相组成。

15.2.1.2　其他试验设备

其他试验设备如下：

(1) 高温箱式电炉：型号 SX2-6-13，炉膛尺寸 250 mm×150 mm×100 mm；常用温度 1300 ℃，升温速度 100 ℃/min；

(2) 还原熔炼容器：100 mL 石墨坩埚及高铝坩埚；

(3) 称量设备：HCTP11-10 和 HC-TP12B-1 架盘药物天平；

(4) 温度自控器。

15.2.1.3　试验方法

锑氧粉、碳酸钠与木炭混合均匀，以坩埚为容器，置高温箱式电炉中升温至一定温度进行还原熔炼，一定时间后，取出搅拌、倾析，渣、锑分别取样，渣样进行分析。

15.2.2　物料性质

15.2.2.1　烟化法锑氧粉的光谱及化学分析

由文山州木利锑业有限责任公司现场采集两种工业试验烟化法锑氧粉试料，其一为烟化法锑氧粉综合样（记为 ST-1），其二为开停炉时的产出品样，称之为次锑氧粉样（记为 ST-2）。首先进行光谱分析，其结果见表 15-1，然后对其主要元素进行化学分析，结果见表 15-2，为便于比较，表 15-2 中也列出了工业生产中鼓风炉锑氧粉的主要化学成分。

表 15-1　烟化法锑氧粉的光谱分析结果

名　称	元素质量分数/%						
	Al	Si	Sb	Mn	Mg	Pb	Sn
ST-1 成分	1	1	>10	0.01	0.1	0.01	0.001
ST-2 成分	>1	1	>10	0.01	0.1	0.01	0.003

名　称	元素质量分数/%						
	Fe	Ti	V	Cu	Zn	Na	Ni
ST-1 成分	3	0.1	0.03	0.03	0.03	0.1	0.02
ST-2 成分	3	0.1	0.03	0.03	0.03	0.1	0.02

表 15-2 烟化法锑氧粉的化学分析结果

名 称	化学成分(质量分数)/%						
	Si/SiO_2	Sb/Sb_2O_3	Fe/FeO	S	C	Ca	Al_2O_3
ST-1 成分	1.25/2.68	76.40/91.45	1.34/1.72	0.18	4.56	<0.50	1.46
ST-2 成分	2.37/4.94	65.67/78.62	1.85/2.38	0.29	8.74	0.47	2.65
鼓风炉锑氧	0.47/1.01	81.66/97.76	0.12/0.15	0.18	0.70	<0.50	0.15

由表 15-2 可知,采用鼓风炉挥发熔炼的锑氧粉较纯净,除 Sb 外,杂质总量为 2.24%,而用烟化法挥发熔炼的锑氧粉综合样 ST-1杂质含量达 8.85%,次锑氧粉样 ST-2 达 21.39%。烟化法锑氧粉 ST-1 含 Sb 平均为 76.4%,ST-2 为 65.67%,二者成分复杂、杂质含量高。鼓风炉锑氧粉除含少量 SiO_2 外,其他杂质都较少,而烟化法锑氧粉综合样 ST-1 含 SiO_2 为 2.68%,比鼓风炉锑氧粉高 2.65 倍,含铁高出约 12 倍,Al_2O_3高出约 10 倍;次锑氧粉样 ST-2 杂质含量更高,SiO_2 比鼓风炉锑氧粉高 4.9 倍,Al_2O_3、Fe,分别高 15 倍以上。

15.2.2.2 烟化法锑氧粉的物相分析(X 射线衍射)

采用 X 射线衍射对两种烟化法锑氧粉进行物相分析,结果表明:烟化法锑氧粉以 Sb_2O_3 为主,Sb_2O_3 有两种晶型结构,主要以等轴晶系的形态存在,斜方晶系的较少,其他物相有无定形碳和石墨、赤铁矿(Fe_2O_3)、石英(SiO_2)等,而鼓风炉锑氧粉物相主要是等轴晶系,杂质相谱线无法辨识。

从以上分析结果可以看出,烟化法锑氧粉较鼓风炉锑氧粉物相变化不大,但 SiO_2 等杂质含量较鼓风炉锑氧粉高,故需进行配料计算,在不同的配料比下进行试验,以便确定最佳工艺条件,保证烟化法锑氧粉还原熔炼的顺利进行。

15.2.2.3 烟化法锑氧粉的筛分分析

取烟化法次锑氧粉样 ST-2 进行筛分,结果见表 15-3。

表 15-3 烟化法次锑氧粉(ST-2)的筛分结果

筛 目	+120 目	+200 目	−200 目
比例/%	0.1	0.9	99

＋200 目以上的占总量的 1%，其颜色为红褐色，与挥发烟尘完全不同，可以认定是机械吹出的矿石粉尘。

15.2.3　配料原则

烟化法锑氧粉还原熔炼时的配料，主要是考虑助熔剂和还原剂的加入量。

15.2.3.1　助熔剂用量

助熔剂的消耗量主要由锑氧粉的质量确定，其用量随入炉锑氧粉中 SiO_2 含量的增高和熔结程度的增大而增多。为了防止入炉锑氧粉过分挥发，炉内熔体温度一般不宜超过 1000 ℃，故采用较低熔点的碳酸钠(熔点 850 ℃)作为熔剂，使炉料和还原剂中的脉石氧化物渣化。助熔剂碳酸钠的配入量是熔炼作业的关键，配入量太少，不能形成该还原熔炼温度下的低熔点渣，锑炉渣难以流动，不易实现渣、锑分离，配入量过高则影响作业成本。因而进行配料计算时，助熔剂碳酸钠的配入量，低限以锑炉渣能发黏，扒动时能粘结成团，渣、锑能分离为标准，高限则以锑炉渣刚能流动为限度。当然提高助熔剂碳酸钠的配入量，锑渣分离会更迅速，效果会更好，但从经济成本考虑，则不合算。

15.2.3.2　还原剂用量

还原剂的用量是由入炉锑氧粉中三氧化锑的实际含量和加入还原剂的实际含炭量决定的。

实际上，配入的还原剂量并不能全部用于还原反应，还有一部分被燃烧掉，即使考虑到入炉的锑氧粉在高温和负压下，部分挥发进入冷凝系统，还原剂的实际消耗量仍比理论量大。

试验中以木炭为还原剂。

烟化法锑氧粉中含炭量达 4.56%～8.74%，是鼓风炉锑氧粉含炭量的 6.5～12.5 倍，根据 X 射线衍射分析，烟化法锑氧粉中的炭，其物相为无定形碳和石墨。预备试验表明，还原熔炼时，含于锑氧粉内的炭都充当了还原剂。因此，配料计算时应先考虑这部分还原剂的数量，不足部分再以木炭或无烟煤补充。

还原剂数量太多，会成为锑炉渣中的悬浮体，使炉渣不能聚集、流动，并且使黏度提高，金属锑与渣难以分离，同时，还原剂在炉内容易烧损，所以，需根据熔炼时间的长短，考虑一适当的过量系数，但过量系数太大对熔炼作业是不利的。

15.2.4 烟化法锑氧粉还原反应的热力学及渣型

根据烟化法锑氧粉的 X 射线衍射分析，Sb 以 Sb_2O_3 形态存在，Sb_2O_3 是极易还原的氧化物之一，其标准生成自由焓随温度的变化曲线如图 15-1 所示。它的位置处于 Ag_2O、HgO、CuO、PbO（1000 ℃以下）和 As_2O_3（650 ℃以下）等曲线之下，在较高温度下比 As_2O_3、SnO_2 等容易还原，与 PbO 相近，而与由碳氧化成 CO_2 的曲线在较宽的温度范围内其标准生成自由焓有较大差值。由此可见，用碳质还原剂还原三氧化锑在热力学上是非常有利的。

用固体碳还原三氧化锑可由以下两反应式表示：

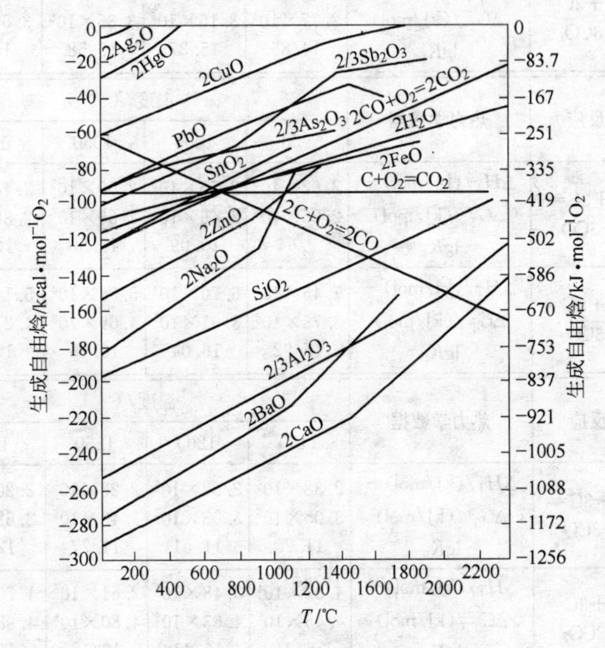

图 15-1 氧化物的 $\Delta G^{\ominus}$ - T 图

$$2Sb_2O_3+3C=4Sb+3CO_2 \quad (15\text{-}1)$$

$$Sb_2O_3+3C=2Sb+3CO \quad (15\text{-}2)$$

两反应式的热焓、自由焓和平衡常数的对数，见表 15-4。由表 15-4 可以看出，反应式 15-1 的自由焓变化负值和平衡常数与反应式 15-2 比较，均大得多，所以具有更大的热力学趋势。反应式 15-2 与一般金属氧化物的还原反应一样，实际上在一定程度上是由反应式 15-3 与布多尔反应组成的，即：

表 15-4 氧化锑、碳还原的热焓、自由焓和平衡常数

还原反应	热力学数据	温度/℃			
		700	800	850	900
$Sb_2O_3+3C=2Sb+3CO$	ΔH_T/(kJ/mol)—	2.88×10^5	2.78×10^5	2.73×10^5	2.67×10^5
	$\Delta G_T^{\ominus}$/(kJ/mol)	1.23×10^5	1.64×10^5	1.85×10^5	2.06×10^5
	$\lg K_p$	6.57	8.00	8.61	9.15
$2Sb_2O_3+3C=4Sb+3CO_2$	ΔH_T/(kJ/mol)—	1.09×10^5	9.55×10^4	8.87×10^4	8.17×10^4
	$\Delta G_T^{\ominus}$/(kJ/mol)	2.77×10^5	3.16×10^5	3.35×10^5	3.54×10^5
	$\lg K_p$	14.86	15.37	15.58	15.76
还原反应	热力学数据	950	1000	1050	1100
$Sb_2O_3+3C=2Sb+3CO$	ΔH_T/(kJ/mol)—	2.62×10^5	2.56×10^5	2.50×10^5	2.44×10^5
	$\Delta G_T^{\ominus}$/(kJ/mol)	2.26×10^5	2.46×10^5	2.66×10^5	2.86×10^5
	$\lg K_p$	9.64	10.09	10.50	10.87
$2Sb_2O_3+3C=4Sb+3CO_2$	ΔH_T/(kJ/mol)—	7.45×10^5	6.70×10^4	5.94×10^4	5.14×10^4
	$\Delta G_T^{\ominus}$/(kJ/mol)	3.73×10^5	3.91×10^5	4.09×10^5	4.27×10^5
	$\lg K_p$	15.92	16.04	16.16	16.25
还原反应	热力学数据	1150	1200	1250	1300
$Sb_2O_3+3C=2Sb+3CO$	ΔH_T/(kJ/mol)—	2.38×10^5	2.32×10^5	2.26×10^5	2.20×10^5
	$\Delta G_T^{\ominus}$/(kJ/mol)	3.05×10^5	3.08×10^5	3.43×10^5	3.62×10^5
	$\lg K_p$	11.20	11.51	11.77	12.03
$2Sb_2O_3+3C=4Sb+3CO_2$	ΔH_T/(kJ/mol)—	4.32×10^4	3.48×10^4	2.61×10^5	1.70×10^4
	$\Delta G_T^{\ominus}$/(kJ/mol)	4.45×10^5	4.63×10^5	4.80×10^5	4.98×10^5
	$\lg K_p$	16.34	16.41	16.48	16.54

$$Sb_2O_3 + 3CO = 2Sb + 3CO_2 \tag{15-3}$$

$$C + CO_2 = 2CO \tag{15-4}$$

$$Sb_2O_3 + 3C = 2Sb + 3CO \tag{15-5}$$

日本理化研究会渡边元雄曾在502 ℃和596 ℃（低于金属锑和三氧化锑的熔点）的温度下研究了三氧化锑与CO按反应式15-3还原的平衡气相组成，经过实测和计算，认为还原可以进行到底，在596 ℃下气相的平衡组成为：CO 0.15%，CO_2 99.85%。

液态Sb_2O_3还原的有关资料表明，在Sb_2O_3熔点（熔点：656 ℃）以上的温度用CO进行还原时，CO和CO_2的平衡分压比可用下式计算：

$$\lg(p_{CO_2}/p_{CO}) = 3.58 - 1.24\lg T + 2790T \tag{15-6}$$

所得的CO在CO和CO_2混合气体中的体积百分数如下：

温度/℃	700	900	1100	1200
$CO/(CO+CO_2)$/%	0.2	0.7	1.8	2.84

对液态Sb_2O_3的还原，A. A. 罗兹洛夫斯基曾按照以下3个反应式：

$$Sb_2O_{3(液)} + 3CO = 2Sb_{(液)} + 3CO_2 \tag{15-7}$$

$$Sb_2O_{3(液)} + 1.5C = 2Sb_{(液)} + 1.5CO_2 \tag{15-8}$$

$$Sb_2O_{3(液)} + 3C = 2Sb_{(液)} + 3CO \tag{15-9}$$

计算出其标准自由焓变化与温度的关系分别为：

$$\Delta G_T^\ominus = -138866.96 - 496.14T - 25.31\times10^{-3}T^2 + 1.72\times10^{-6}T^3 - 0.4184\times10^3T^{-1} + 170.46T\lg T\,(J/mol) \tag{15-10}$$

$$\Delta G_T^\ominus = 122423.84 - 716.55T - 13.39\times10^{-3}T^2 + 0.8786\times10^{-6}T^3 - 6.694\times10^5T^{-1} + 150.37T\lg T\,(J/mol) \tag{15-11}$$

$$\Delta G_T^\ominus = -383756.48 - 936.97T - 1.464\times10^{-3}T^2 - 12.970\times10^5T^{-1} + 130.30T\lg T\,(J/mol) \tag{15-12}$$

按各方程式，计算在不同温度下其标准自由焓的数值见表15-5。

表 15-5　三氧化锑还原反应的标准自由焓　(J/mol)

反应式	温度/℃					
	700	800	900	1000	1100	1200
(15-7)	−148.448	−144.013	−139.244	−134.223	−129.035	−123.637
(15-8)	−150.122	−172.381	−194.305	−215.853	−237.107	−258.069
(15-9)	−151.837	−200.790	−249.408	−297.482	−345.180	−397.506

从表 15-5 的数据可以看出，反应式 15-9，即固体碳还原三氧化锑，生成一氧化碳的趋向最大，此反应与用碳还原其他氧化物一样，是经过气相按式 15-7、式 15-8 两个反应进行的：

$$Sb_2O_{3(液)} + 3CO = 2Sb_{(液)} + 3CO_2 \quad (15\text{-}7)$$

$$3C + 3CO_2 = 6CO \quad (15\text{-}5)$$

$$Sb_2O_{3(液)} + 3C = 2Sb_{(液)} + 3CO \quad (15\text{-}9)$$

反应式 15-7，式 15-5 都是可逆反应，反应进行的方向取决于温度和气相成分。在同一温度下，反应式 15-5 中 CO 的平衡浓度大于反应式 15-7 平衡所需的浓度时，三氧化锑就被还原。

三氧化锑的还原反应速度很快，在低温下即可迅速进行。若在 1000 ℃的高温下，可在数分钟内还原出大部分金属锑。但还原熔炼应包括 Sb_2O_3 还原为金属锑和原料中的脉石造渣两个紧密联系的反应过程。若造渣反应进行得不好，或熔点高、密度大、不熔化，则不能实现金属锑与渣的分离，若金属锑以微细质点嵌布在固体炉渣内，即使反复搅拌，虽能使金属锑颗粒长大，也难以彻底分离。

原料中主要造渣脉石成分是 SiO_2，此处还有 Al_2O_3、CaO、FeO、Fe_2O_3 及 MgO，要迅速形成低熔点渣，工业上传统的做法是添加苏打作助熔剂，苏打（Na_2CO_3）的熔点为 850 ℃，熔融时有挥发性，也有较强的腐蚀性，配入苏打可与脉石结合，生成较低熔点的化学物质，以利于脉石熔化造渣及实现渣锑分离。根据相图，对脉石造渣的渣型探讨如下。

15.2.4.1　SiO_2-Na_2O 系

SiO_2-Na_2O 系相图，如图 15-2 所示。此系有四种化合物，即正硅酸钠（$2Na_2O \cdot SiO_2$）、偏硅酸钠（$Na_2O \cdot SiO_2$）、二硅酸钠（$Na_2O \cdot 2SiO_2$）和 $3Na_2O \cdot 8SiO_2$。其中二硅酸钠 $Na_2O \cdot 2SiO_2$ 为一致熔融化合物，熔点 874 ℃，它有两种变体，分为 α_I 和 β 型，转化温度 710 ℃，含 SiO_2 66%，Na_2O 34%，该化合物与偏硅酸钠（$Na_2O \cdot SiO_2$）及 $3Na_2O \cdot 8SiO_2$ 分别形成共晶，相应熔化温度为 874 ℃及 799 ℃，成分为 SiO_2 62.1%，Na_2O 37.9%及 SiO_2 71.4%，Na_2O 28.6%，二硅酸钠含 SiO_2 较高，适用于 1000 ℃左右的炉温，并且其附近有两个低温共晶，可以使炉渣熔点及黏度不致出现较大的波动，因此，配料时在 SiO_2 高、其他杂质含量低的情况下均可按这一化合物成分计算。但在大量多组元脉石成分的影响下，很难做到准确计算。

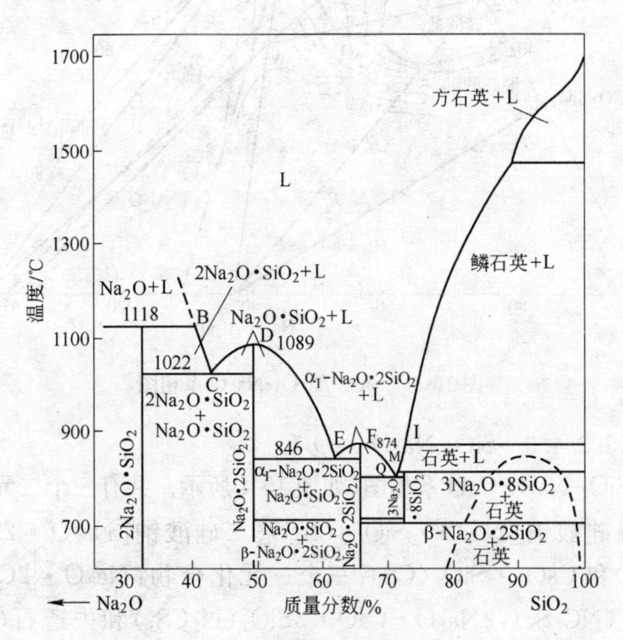

图 15-2　SiO_2-Na_2O 系相图

15.2.4.2 SiO_2-Al_2O_3-Na_2O 系

SiO_2-Al_2O_3-Na_2O 系相图，如图 15-3 所示。在以 SiO_2 及 Na_2O 为主的体系中，Al_2O_3 与 SiO_2，Al_2O_3 与 Na_2O 之间都难以形成化合物，在 SiO_2-Na_2O 系中添加 Al_2O_3，可以形成多种化合物，如 $NaAlSiO_4$ 等，但不致引起炉渣熔点及黏度有较大的提高。

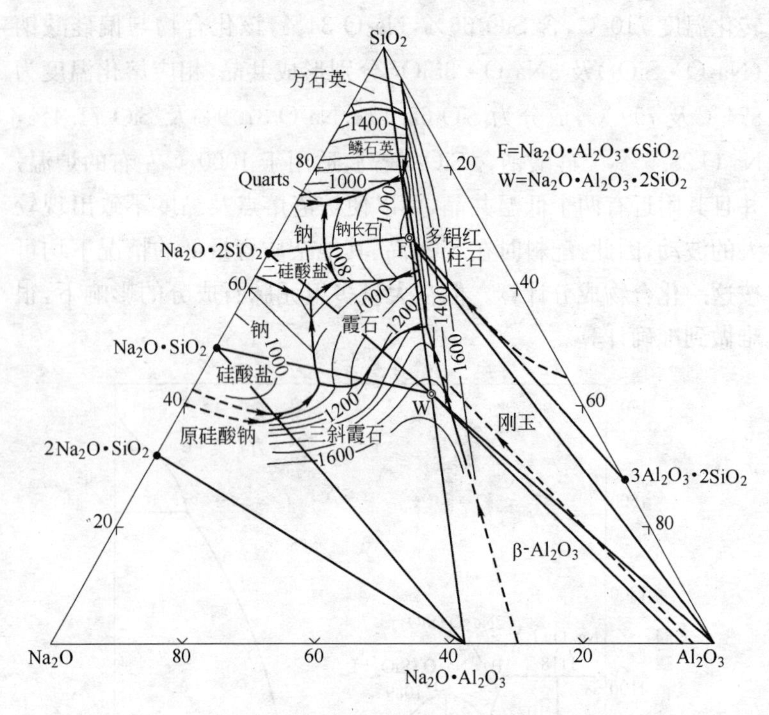

图 15-3 SiO_2-Al_2O_3-Na_2O 系相图

15.2.4.3 SiO_2-Na_2O-CaO 系

SiO_2-Na_2O-CaO 系相图，如图 15-4 所示。共有三个二元化合物：偏硅酸钠［$Na_2O \cdot SiO_2$］(NS)、二硅酸钠［$Na_2O \cdot 2SiO_2$］(NS_2)和 $CaO \cdot SiO_2$ (CS)；三个三元化合物：$Na_2O \cdot 2CaO \cdot 3SiO_2$ (NC_2S_3)，$2Na_2O \cdot CaO \cdot 3SiO_2$ (N_2CS_3)和失透石（或称析晶石）$Na_2O \cdot 3CaO \cdot 6SiO_2$ (NC_3S_6)。以 Na_2O-SiO_2 为主的

渣相成分中,随 CaO 的增加,往往引起炉渣熔点的提高,从图 15-4 中 Na_2O-SiO_2 联线底边往上看,$Na_2O \cdot 2SiO_2$ 化合物处于底边联线上,随着 CaO 的增多,则出现越来越多的固熔体,熔点也随之升高。烟化法锑氧粉中含 CaO 数量少,故还原熔炼时,对其熔点影响不大。此系中有几个无变量点,其熔点低、含 CaO 不高,反应时有可能生成。但因其数量少,物相分析时一般不易查出,故统一归入玻璃相中。这几个无变量点的性质见表 15-6。

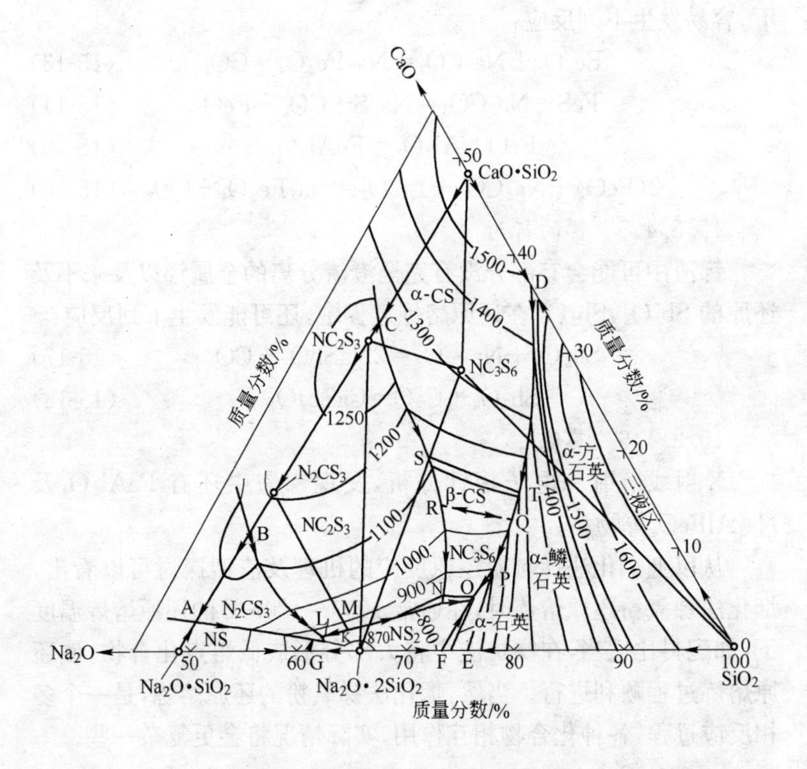

图 15-4 SiO_2-Na_2O-CaO 系相图

15.2.4.4 铁的行为

铁在原料中以 Fe_2O_3 及 FeS 存在,在还原剂含量不高的情况

表 15-6　$Na_2O \cdot SiO_2$-$CaO \cdot SiO_2$-SiO_2 系中几个无变量点的性质

图上点号	相间平衡	平衡性质	平衡温度/℃	组成/%		
				$w(Na_2O)$	$w(CaO)$	$w(SiO_2)$
K	液＝NS＋NS_2＋N_2CS_3	共晶点	821	37.5	1.8	60.7
L	NC_2S_3＋液＝NS_2＋N_2CS_3	包晶点	827	36.6	2.0	61.4
N	NC_2S_3＋液＝NS_2＋NC_3S_6	包晶点	740	24.1	5.2	70.7
O	液＝NS_2＋NC_3S_6＋SO_2	共晶点	725	21.3	7.0	24.3

下，容易发生下列反应：

$$Fe_2O_3+Na_2CO_3=Na_2Fe_2O_4+CO_2 \quad (15\text{-}13)$$

$$FeS+Na_2CO_3=Na_2S+CO_2+FeO \quad (15\text{-}14)$$

$$FeO+Al_2O_3=FeAl_2O_4 \quad (15\text{-}15)$$

$$2(FeO)+Na_2CO_3+1/2O_2=Na_2Fe_2O_4+CO_2 \quad (15\text{-}16)$$

15.2.4.5　锑的行为

锑渣中可能会有部分没有完全澄清分离的金属锑以及来不及还原的 Sb_2O_3，Sb_2O_3 在还原熔炼过程中，还可能发生下列反应：

$$Sb_2O_3+Na_2CO_3=2NaSbO_2+CO_2 \quad (15\text{-}17)$$

$$Sb_2O_3+CaO=CaSb_2O_4 \quad (15\text{-}18)$$

15.2.4.6　其他

X 射线衍射和电子探针分析，发现锑渣中还有 $FeAl_2O_4$ 及 Na_2AlFeO_4 等物相。

从以上烟化法锑氧粉还原反应的机理及渣型探讨可以看出，烟化法锑氧粉还原熔炼时，在通常 1000～1200 ℃的还原熔炼温度下，如配料比适当，在锑炉渣中将大部分形成低熔点化合物，使还原熔炼过程顺利进行。当然，烟化法锑氧粉的还原熔炼，是一个多相反应过程，各种化合物相互作用，实际情况将会更复杂一些。

15.2.5　试验内容、结果及讨论

15.2.5.1　烟化法锑氧粉综合样 ST-1 的正交试验

理论还原剂用量：根据配料原则，按反应式：$Sb_2O_3+1.5C\rightarrow$

2Sb＋1.5CO_2 计算的理论还原剂用量为 5.65%，原料中含炭 4.56%，尚缺炭 1.08%（占还原剂用量的 23.68%），用木炭补充。

理论助熔剂 Na_2CO_3 用量：根据配料原则及炉渣相图，按 SiO_2 与 Na_2CO_3 结合为 $Na_2O \cdot 2SiO_2$，Al_2O_3 与 Na_2CO_3 结合为 $Na_2O \cdot Al_2O_3 \cdot 6SiO_2$ 来计算，需 Na_2CO_3 的数量为 6.55%。

根据以上计算数据及配料原则，正交试验中，设定还原熔炼时间：20 min。因子为：木炭加入量：0，2.5%，4%；碳酸钠加入量：6%，7%，8%；还原熔炼温度：950 ℃，1000 ℃，1050 ℃。详见表 15-7。

表 15-7 正交试验

水 平	因 子		
	温度/℃	木炭/%	碳酸钠/%
Ⅰ	1050	0	6
Ⅱ	1000	2.5	7
Ⅲ	950	4	8

正交试验的结果见表 15-8。级差分析结果见表 15-9。

表 15-8 正交试验的结果

编号 ST-1	原料量/g	温度/℃	木炭量/%	碳酸钠/g	金属量/g	回收率/%	渣产量/g	锑炉渣（质量分数）/%				
								Sb	SiO_2	Fe	Na_2O	Al_2O_3
ST-1	200	1000	0	6	126.5	82.90	28.0	24.04	20.49	6.87	18.47	10.77
ST-2	200	1000	2.5	7	127.5	83.55	21.5	22.02	20.72	4.04	20.92	10.75
ST-3	200	1000	4	8	126.0	82.57	55.0	38.95	17.06	2.83	14.23	10.25
ST-4	200	1050	0	7	127.0	83.22	33.0	16.27	23.13	7.40	21.20	11.08
ST-5	200	1050	2.5	8	123.0	80.60	42.0	31.17	19.03	5.22	14.29	9.91
ST-6	200	1050	4	6	115.0	75.36	27.5	24.51	18.57	6.18	15.53	10.28
ST-7	200	950	0	8	117.0	76.67	49.5	30.88	18.26	5.00	17.85	9.45
ST-8	200	950	2.5	6	126.3	82.77	32.2	24.68	21.53	4.14	19.53	10.70
ST-9	200	950	4	7	120.2	78.83	32.5	35.62	17.08	3.16	15.97	9.22

表 15-9 级差分析结果

Ⅰ	Ⅱ	Ⅲ	K_1	K_2	K_3	R	$K_1-\mu$	$K_2-\mu$	$K_3-\mu$
2.490	2.392	2.330	0.830	0.797	0.777	0.054	2.280	−1.000	−3.070
2.438	2.469	2.368	0.810	0.823	0.789	0.020	0.253	1.586	−1.800
2.410	2.456	2.398	0.803	0.819	0.800	0.034	−0.377	1.147	−0.773

根据级差分析，温度条件中以 1000 ℃为最好，木炭条件以 2.5%为最好，此时还原剂的过量系数为 1.27，Na_2CO_3 用量以 7%为宜，此最佳工艺条件即 ST-1-2 组试验条件。为了减低碱耗，Na_2CO_3 用量可选用 6%，此时金属回收率变化不大。

综合正交试验的试验结果，可归纳出烟化法锑氧粉还原熔炼的最佳工艺条件为：还原熔炼温度 1000 ℃；碳酸钠加入量 6%～7%；木炭加入量 2.5%（过量系数为 1.27），此时金属回收率在 83%左右。

15.2.5.2 烟化法次锑氧粉 ST-2 的还原熔炼试验

为进一步弄清烟尘质量对还原熔炼的影响，对烟化法次锑氧粉 ST-2 进行还原熔炼试验研究。

按前述配料原则及方法计算，烟化法次锑氧粉 ST-2 还原熔炼时所需还原剂木炭的理论量为 4.86%，需助熔剂碳酸钠的理论量为 12.05%。由于烟化法次锑氧粉 ST-2 本身的含炭量已高达 8.74%，为所需理论炭量的 1.8 倍，故勿需外配木炭作还原剂。

不同试验条件下，其金属回收率随还原熔炼时间、碳酸钠的配入量、还原熔炼温度、木炭配入量等的变化关系分别见表 15-10～表 15-13 和图 15-5～图 15-8。

表 15-10 金属回收率与还原熔炼时间的关系

固定条件	还原熔炼温度：1000 ℃，木炭配入量：0，碳酸钠数量：10%			
还原熔炼时间/min	15	30	45	60
金属回收率/%	67.00	72.33	79.18	72.71

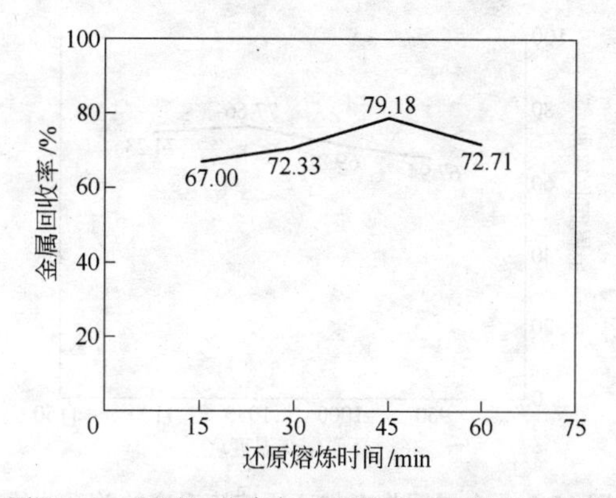

图 15-5　金属回收率与还原熔炼时间的关系曲线

表 15-11　金属回收率与碳酸钠配入量的关系

固定条件	还原熔炼温度:1000 ℃,木炭配入量:0,熔炼时间:45 min				
碳酸钠配入量/%	8	10	12	14	16
金属回收率/%	61.41	67.00	76.40	82.22	86.41

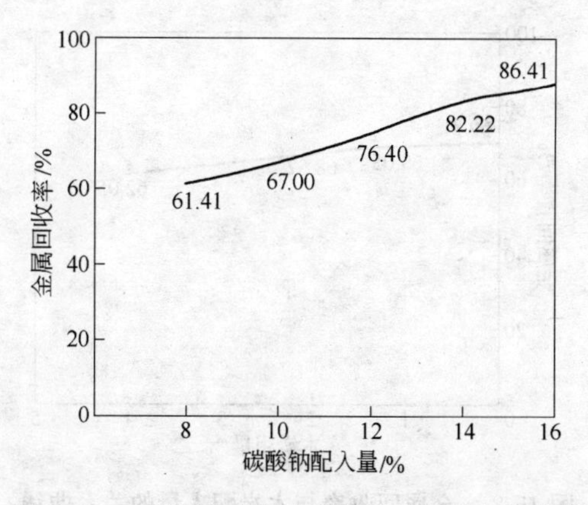

图 15-6　金属回收率与碳酸钠配入量的关系曲线

表 15-12　金属回收率与还原熔炼温度的关系

固定条件	碳酸钠配入量:12%,木炭配入量:0,还原熔炼时间:45 min			
还原熔炼温度/℃	950	1000	1050	1100
金属回收率/%	67.94	69.81	77.66	74.23

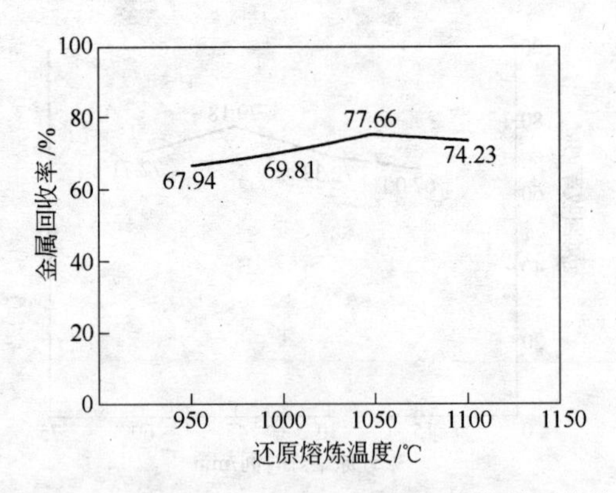

图 15-7　金属回收率与还原熔炼温度的关系曲线

表 15-13　金属回收率与木炭配入量的关系

固定条件	碳酸钠配入量：10％，还原熔炼温度：1000 ℃，熔炼时间 45 min			
木炭配入量/％	0	1	2	4
金属回收率/％	69.81	69.05	68.52	62.05

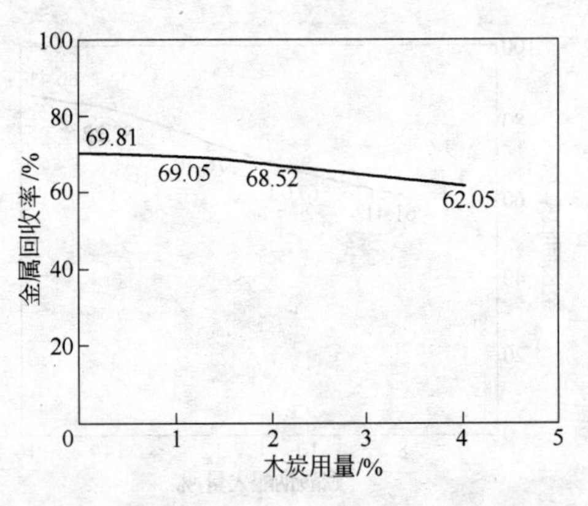

图 15-8　金属回收率与木炭配入量的关系曲线

金属回收率与还原熔炼时间的关系曲线如图 15-5 所示，随着还原熔炼时间的延长，回收率有所提高，到 45 min 时出现一极大值 79.18％，随后又复下降。这表明还原熔炼过程中始终存在着两个相互矛盾的过程：三氧化锑的还原反应和高温挥发反应。还原熔炼过程的前期，前者速度远远大于后者，后期则后者的相对速度有所增高。故还原熔炼的适宜时间为 45 min。

金属回收率与碳酸钠配入量的关系曲线如图 15-6 所示，从图中可以看出，随碳酸钠用量的增加，回收率呈明显增加的趋势，但碳酸钠的消耗太高，使成本提高太大，这是不经济的，故确定碳酸钠的适宜配比为 12%～14%。

金属回收率与还原熔炼温度的关系曲线如图 15-7 所示，随着还原熔炼温度的升高，金属回收率也随之提高，但温度达 1050 ℃以上时，回收率则呈下降趋势，这可能是温度过高，导致锑氧粉直接挥发所致，故还原熔炼时的炉温不宜超过 1000 ℃。

金属回收率与木炭用量的关系曲线如图 15-8 所示，随着含炭量增加，熔渣黏度上升，渣锑分离不好，金属回收率下降，在含炭量增加到 10%的极端条件下，无金属产出，渣锑根本无法分离，故试验确定的适宜外配碳量为 0%。

上述工艺条件优化试验确定了烟化法次锑氧粉的适宜还原熔炼条件为：不外配还原剂、配加 10%～12%的碳酸钠、还原熔炼温度 1000 ℃、还原熔炼延续时间 45 min。在优化条件下进行综合验证试验，结果见表 15-14，还原熔炼后的锑炉渣成分见表 15-15。

表 15-14 部分烟化法次锑氧粉的还原熔炼条件

编号	还原熔炼条件				金属回收率 /%
	还原熔炼温度 /℃	还原熔炼时间 /min	木炭加入量	碳酸钠加入量 /%	
ST-2-2	1000	45	0	10	67.00
ST-2-3	1000	45	0	12	76.40
ST-2-4	1000	45	0	14	82.22

由以上分析可见，综合试验验证了条件试验结果，在不外配还原剂、配加 12%的碳酸钠、还原熔炼温度 1000 ℃、还原熔炼延续时间 45 min 的条件下，锑的还原熔炼回收率达 76.4%，适当增加熔剂量，回收率可增高到 80%以上。但由于试验规模较小，熔体

表 15-15 还原熔炼后的部分锑炉渣化学成分

编号	锑炉渣成分(质量分数)/%					
	SiO_2	CaO	Fe	Al_2O_3	Na	Sb
ST-2-2	13.81	1.25	3.32	7.28	10.66	23.82
ST-2-3	14.40	1.04	2.19	7.95	13.20	36.50
ST-2-4	12.22	1.45	1.56	6.82	18.75	14.64

分离时间不足,还原熔炼渣中金属态锑的含量太高。可以预见,在工业装置中,熔体分离时间充足时,渣含锑应能大幅下降。

综合上述试验研究结果可以认为,烟化法次锑氧粉还原熔炼的适宜工艺条件为:还原熔炼温度:1000 ℃;碳酸钠加入量:12%;还原熔炼时间:45 min,不需加入木炭,此时金属回收率在 76%左右。但是,在调整还原熔炼条件后,此类锑氧粉虽能进行正常的还原熔炼作业,但其技术经济指标较差。故在采用“熔池熔炼—连续烟化法”处理低品位锑矿时,应尽量减少此类含有机械尘的低品位锑氧粉的生成。

15.3 还原熔炼后的锑渣特性

15.3.1 研究方法和设备

15.3.1.1 熔点测定

用昆明冶金研究院自制的熔点测定仪测量,测定仪以大功率的镍片为发热体,磨细的炉渣置镍片上加温,并通氩气保护,用显微镜观察熔化情况,记录下熔化开始和终了的温度,用双铂铑热电偶测温,并随时用纯银丝校正热偶温度,仪器灵敏度±25 ℃,每种渣样测定三次,结果取平均值。

15.3.1.2 X 射线衍射

X 射线衍射仪的型号和性能见前述。

15.3.1.3 电子探针分析

使用仪器:日本岛津产 EPMA-1600 型电子探针分析仪。分析晶体 RAP、LS5A、LiF、AOP ,电压 15 kV,电流 18 mA。

15.3.2 还原熔炼后的锑渣熔点分析

对还原熔炼正交试验后的9种锑渣(编号为ST-1-1～ST-1-9),进行熔点测试。熔点测试值见表15-16。

表15-16 锑渣熔点测试值

编号ST-1	ST-1	ST-2	ST-3	ST-4	ST-5	ST-6	ST-7	ST-8	ST-9
熔点/℃(开始至终了)	918～1000	813～918	936～970	840～870	964～1000	885～950	860～900	812～902	873～910

再选择部分烟化法次锑氧粉还原熔炼后的锑渣(编号为ST-2-1～ST-2-9),进行熔点测试。ST-2-1～ST-2-9的还原熔炼条件及熔点测试值分别见表15-17和表15-18。

表15-17 部分烟化法次锑氧粉的还原熔炼条件

编号	还原熔炼条件				金属回收率/%
	还原熔炼温度/℃	还原熔炼时间/min	木炭加入量	碳酸钠加入量/%	
ST-2-1	1000	45	0	8	61.41
ST-2-2	1000	45	0	10	67.00
ST-2-3	1000	45	0	12	76.40
ST-2-4	1000	45	0	14	82.22
ST-2-5	1000	45	0	16	86.41
ST-2-6	1000	45	1	10	69.05
ST-2-7	1000	45	2	10	68.52
ST-2-8	1000	45	4	10	62.05
ST-2-9	1000	45	10	10	无金属产出

表15-18 锑渣熔点测试值

编号ST-2	ST-1	ST-2	ST-3	ST-4	ST-5	ST-6	ST-7	ST-8	ST-9
熔点/℃(开始～终了)	910～982	870～943	810～893	680～850	840～923	740～849	900～937	900～1000	915～1010

从表 15-16,表 15-18 的熔点测试数据可以看出,烟化法锑氧粉还原熔炼后的锑渣皆是低熔点炉渣,适于 1000 ℃的还原熔炼温度。

炉渣黏度:采用定性方法考察,即锑炉渣搅拌澄清后,可以用倾析法分离者,认为其流动性较好。

15.3.3 锑渣的 X 射线衍射分析

选择两种烟化法锑氧粉还原熔炼后的锑渣 ST-1-2 和 ST-2-4,记为 S-34 和 ST-35,进行 X 射线衍射和电子探针分析。该两种锑渣的化学成分分析结果分别见表 15-8 和表 15-15。

锑渣 S-34 样,经 X 射线衍射分析,证明有如下物相:

(1) Sb;

(2) $NaAlSiO_4$;

(3) $(Na_2O)_{33}NaAlSiO_4$;

(4) $FeAl_2O_4$;

(5) $CaSb_2O_4$;

(6) Na_2AlFeO_4;

(7) Sb_2O_3;

(8) $Na_2SiO_3 \cdot 5H_2O$(样品吸水而成)。

其 X 射线衍射图如图 15-9 和图 15-10 所示。

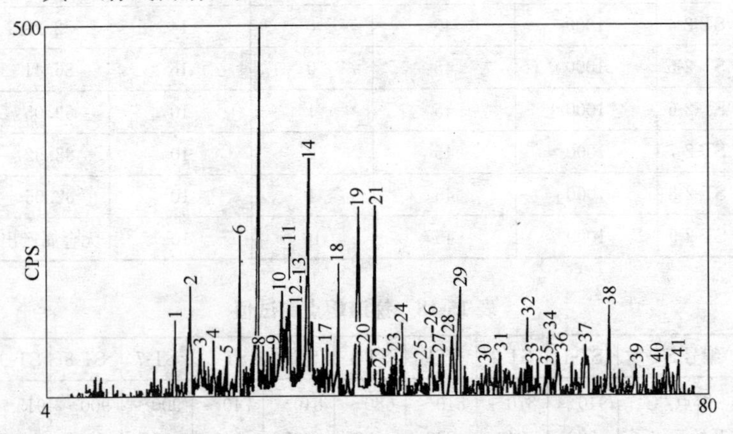

图 15-9 锑渣 S-34 的 X 射线衍射(一)

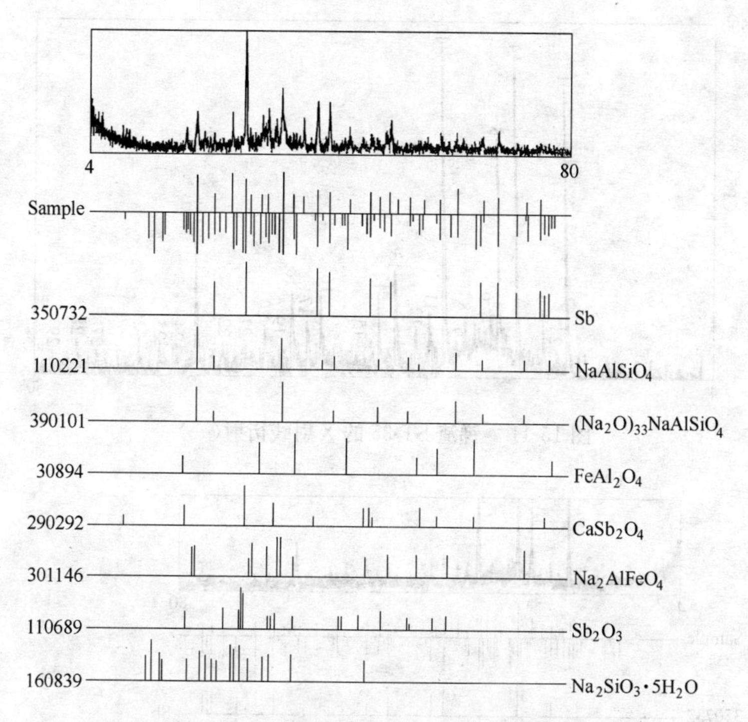

图 15-10 锑渣 S-34 的 X 射线衍射(二)

经 X 射线衍射分析，查明锑渣 ST-35 中有下列物相：

(1) Sb；

(2) $NaAlSiO_4$；

(3) $CaSb_2O_4$；

(4) $(Na_2O)_{33}NaAlSiO_4$；

(5) Na_2AlFeO_4；

(6) $Ca_5Sb_5O_{17}$；

(7) $Na_2SiO_3 \cdot 5H_2O$(样品吸湿而生成)。

其 X 射线衍射图，如图 15-11 和图 15-12 所示。

15.3.4 锑渣中各物相相对百分含量

锑渣中各物相相对百分含量见表 15-19。锑渣中有 12.70%～

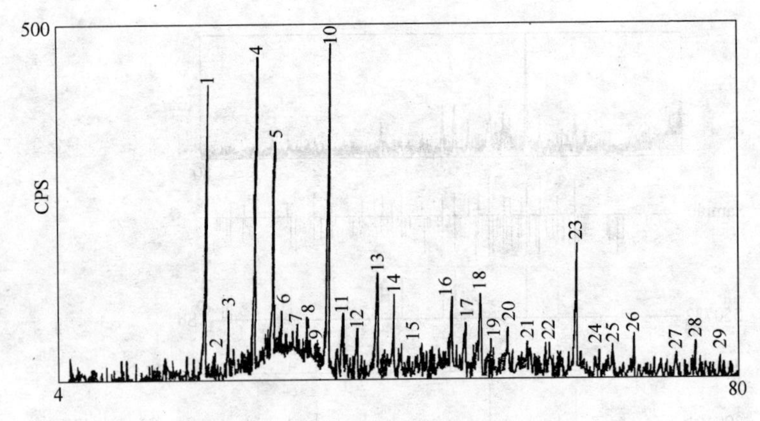

图 15-11　锑渣 ST-35 的 X 射线衍射(一)

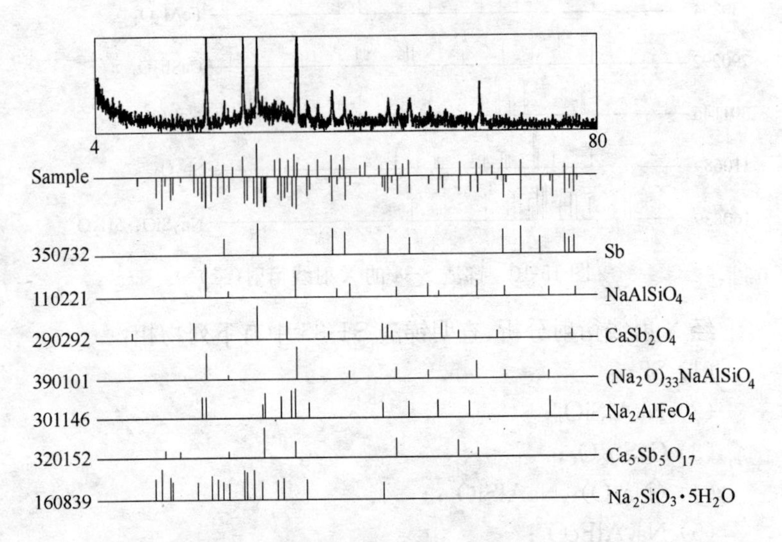

图 15-12　锑渣 ST-35 的 X 射线衍射(二)

22.00%的锑未能与渣分离,这可能是试验规模及澄清时间不够所导致的,这也是造成金属锑的回收率较低的原因之一。

15.3.5　锑渣的电子探针分析

"S-34"锑渣的元素定性分析结果如图 15-13 所示,形貌及元素分布图略。元素定量分析见表 15-20。

表 15-19 锑渣中各物相相对质量分数

物相名称	质量分数/%	
	S-34 (ST-1-2)	ST-35 (ST-2-4)
Sb	22.00	12.70
$NaAlSiO_4$	7.80	25.40
$(Na_2O)NaAlSiO_4$	4.30	7.00
Na_2AlFeO_4	8.90	4.50
$AlFe_2O_4$	3.20	0.30
$CaSbO_4$	7.10	7.40
Sb_2O_3	4.50	少量
$Na_2O \cdot SiO_2 \cdot 5H_2O$	28.50	20.00
SiO_2	少量	少量
玻璃及其他	13.70	22.70
合 计	100.00	100.00

表 15-20 锑渣 S-34 的元素定量分析

元 素	Sb	SiO_2	Fe_2O_3	Na_2O	Al_2O_3	K_2O
质量分数/%	28.146	27.499	8.549	18.804	8.981	1.085
元 素	S	TiO_2	CaO	ZnO	As_2O_3	MgO
质量分数/%	0.961	1.040	0.59	0.822	0.731	0.62

从图 15-13 中可见 S-34 锑渣中所含元素峰值，主要元素为 Sb、Si、Na、Al、Fe，其他元素为 K、S、Ti、Ca、Zn、As、Mg。

从 S-34 锑渣形貌图及 K、Al、Sb、Na、Ca、Si、O、Fe 等元素的面扫描分析图(图略)知，锑主要以金属锑状态存在，与硅、氧基本

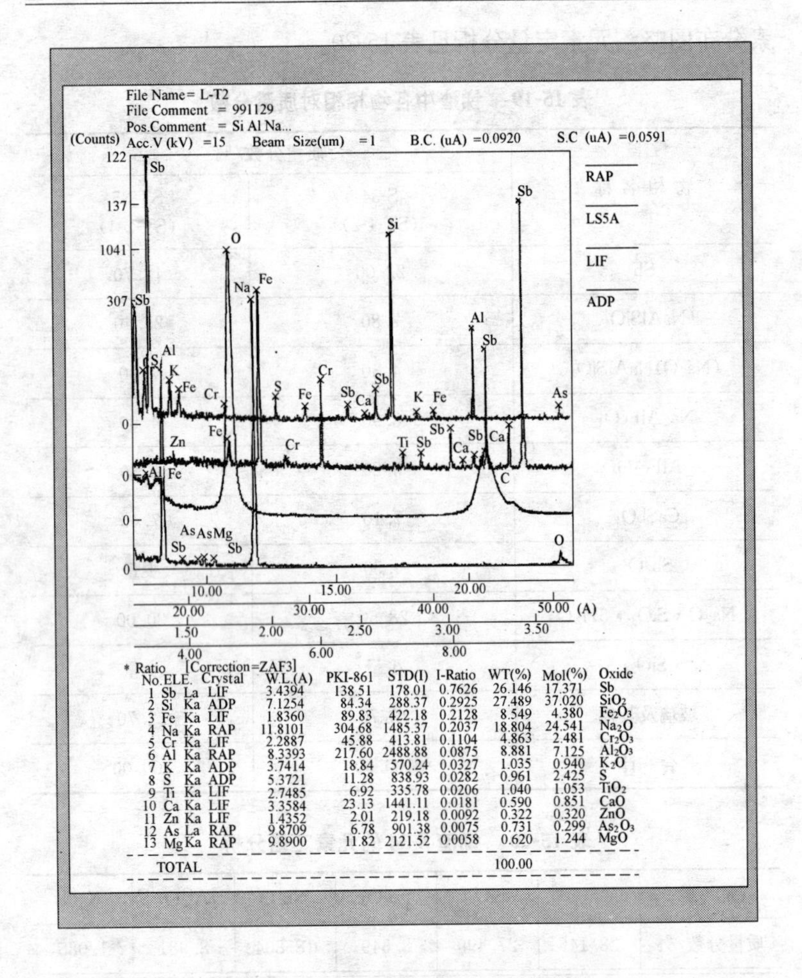

* Ratio　[Correction=ZAF3]

No.	ELE.		Crystal	W.L.(A)	PKI-861	STD(I)	I-Ratio	WT(%)	Mol(%)	Oxide
1	Sb	La	LIF	3.4394	138.51	178.01	0.7626	26.146	17.371	Sb
2	Si	Ka	ADP	7.1254	84.34	288.37	0.2925	27.489	37.020	SiO_2
3	Fe	Ka	LIF	1.8360	89.83	422.18	0.2128	8.549	4.380	Fe_2O_3
4	Na	Ka	RAP	11.8101	304.68	1485.37	0.2037	18.804	24.541	Na_2O
5	Cr	Ka	LIF	2.2887	45.88	413.81	0.1104	4.863	2.481	Cr_2O_3
6	Al	Ka	RAP	8.3393	217.60	2488.88	0.0875	8.881	7.125	Al_2O_3
7	K	Ka	ADP	3.7414	18.84	570.24	0.0327	1.035	0.940	K_2O
8	S	Ka	ADP	5.3721	11.28	838.93	0.0282	0.961	2.425	S
9	Ti	Ka	LIF	2.7485	6.92	335.78	0.0206	1.040	1.053	TiO_2
10	Ca	Ka	LIF	3.3584	23.13	1441.11	0.0181	0.590	0.851	CaO
11	Zn	Ka	LIF	1.4352	2.01	219.18	0.0092	0.322	0.320	ZnO
12	As	La	RAP	9.8709	6.78	901.38	0.0075	0.731	0.299	As_2O_3
13	Mg	Ka	RAP	9.8900	11.82	2121.52	0.0058	0.620	1.244	MgO
TOTAL								100.00		

图 15-13　S-34 锑渣的元素定性分析

上没有关系，而 Si、Al、Na、K、Fe 等元素主要以氧化物形式生成硅酸盐物相和少量铁、铝氧化物物相，有少量铁熔入金属锑中。

ST-35 锑渣的元素定性分析结果如图 15-14 所示，形貌及元素分布图略。元素定量分析结果见表 15-21。

从图 15-14 中可见 ST-35 锑渣中所含元素峰值，主要元素为 Sb、Si、Na、Al，其他元素为 K、S、Ti、Fe、Ca、Zn、As、Mg。

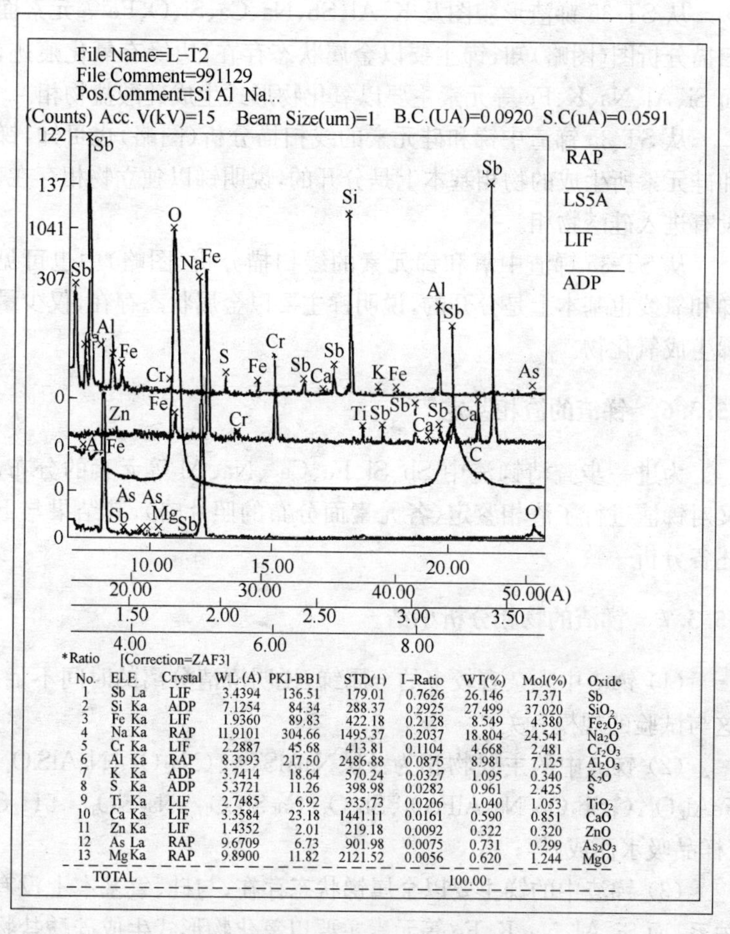

图 15-14　ST-35 锑渣的元素定性分析

表 15-21　锑渣 ST-35 的元素定量分析

元　素	Na_2O	Sb	SiO_2	Al_2O_3	Fe_2O_3	CaO
质量分数/%	30.51	11.896	21.192	18.735	1.297	1.112
元　素	K_2O	Al_2O_3	TiO_2	S	MgO	
质量分数/%	1.016	3.197	1.274	0.725	0.414	

从 ST-35 锑渣形貌图及 K、Al、Sb、Na、Ca、Si、O、Fe 等元素面扫描分析图(图略)知,锑主要以金属状态存在,边缘有氧化痕迹,而 Si、Al、Na、K、Fe 等元素主要以氧化物形式生成硅酸盐物相。

从 ST-35 锑渣中锑和硅元素的线扫描分析(图略)也可知,锑和硅元素所生成的物相基本上是分开的,说明锑以独立物相存在,没有进入硅酸物相。

从 ST-35 锑渣中氧和锑元素的线扫描分析(图略)中也可见锑和氧线也基本上是分开的,说明锑主要以金属状态存在,仅少量锑生成氧化物。

15.3.6 锑渣的渣相鉴定

为进一步查清锑渣中 Sb、Si、Fe、Ca 、Na、Al 等元素的分布,又对锑渣进行了渣相鉴定(各元素面分布的照片略),其结果与上述各分析一致。

15.3.7 锑渣的物相分析小结

(1) 锑渣中夹杂有较多的金属锑,说明澄清分离的时间不足,这与试验的规模有关;

(2) 锑渣中的主要物相为:Sb、$NaAlSiO_4$、$(Na_2O)_{33}NaAlSiO_4$、$FeAl_2O_4$、$CaSb_2O_4$、Na_2AlFeO_4、Sb_2O_3、$Ca_5Sb_5O_{17}$、$Na_2SiO_3 \cdot 5H_2O$(样品吸水而成)等;

(3) 锑渣中的锑主要以金属锑状态存在,与硅、氧基本上没有关系,而 Si、Al、Na、K、Fe 等元素主要以氧化物形式生成硅酸盐物相和少量铁、铝氧化物物相,有少量铁熔入金属锑中。

(4) 尚有少量的 Sb_2O_3,以独立相存在,说明还有提高回收率的可能性;

(5) 锑渣中各元素互相结合,分别以独立相的形态存在,这与按传统相图确定的物相有一定差异,配料计算尚有改进余地;

(6) 试料熔炼时间较短,导致结晶粒度细小,各物相互相结合紧密,会给测定结果带来一定偏差。

15.4 小结

(1) 试验研究的结果表明:虽然烟化法锑氧粉比鼓风炉锑氧粉的成分复杂、杂质含量较高,但通过改变还原熔炼制度,能顺利实现烟化法锑氧粉的还原熔炼。用含锑品位为76.4%和65.64%的两种烟化法锑氧粉,分别进行还原熔炼试验,在不同的配料比下,实现了正常的还原熔炼作业,回收率分别达到83%和76%。

(2) 烟化法锑氧粉的物相较鼓风炉锑氧粉物相变化不大,以Sb_2O_3为主,Sb_2O_3主要是等轴晶系,斜方晶系的较少,其他物相有无定形碳和石墨、赤铁矿(Fe_2O_3)、石英(SiO_2)等。

(3) 助熔剂碳酸钠的配入量是熔炼作业的关键,其数量主要由锑氧粉的质量决定,对烟化法锑氧粉,配比以6%～7%为宜,提高配比,效果当然更好,分离更迅速。

(4) 烟化法锑氧粉中所含的固定碳,可以100%作还原剂,配料计算时应先考虑这部分还原剂的数量,不足部分再以木炭或无烟煤补充。考虑到还原剂在炉内的烧损,还原剂的过量系数宜控制在1.2～1.3之间。

(5) 烟化法锑氧粉适宜的还原熔炼工艺条件为:还原熔炼温度:1000 ℃;助熔剂碳酸钠的配入量:6%～7%;还原剂木炭加入量:2.5%(过量系数控制在1.2～1.3之间)。

(6) 还原熔炼后的锑炉渣,熔点低、黏度小,说明配料比下选定的渣型是适宜的。锑渣中的主要物相为:Sb、$NaAlSiO_4$、$(Na_2O)_{33}NaAlSiO_4$、$FeAl_2O_4$、$CaSb_2O_4$、Na_2AlFeO_4、Sb_2O_3、$Ca_5Sb_5O_{17}$、$Na_2SiO_3 \cdot 5H_2O$(样品吸水而成)等。锑渣中的锑主要以金属锑状态存在,与硅、氧基本上没有关系,而Si、Al、Na、K、Fe等元素主要以氧化物形式生成硅酸盐物相和少量铁、铝氧化物物相,有少量铁熔入金属锑中,尚有少量的Sb_2O_3以独立相存在。

(7) 较低品位的锑氧粉(次锑氧粉),虽能进行正常的还原熔炼作业,但需加入较多的碳酸钠,而且其技术经济指标较差,故在采用"熔池熔炼—连续烟化法"处理低品位锑矿时,应尽量减少此类含有机械尘的低品位锑氧粉的生成。

16 铅冶炼技术概况

16.1 概述

我国的铅工业是1949年以后发展起来的。1949年，全国产铅精矿含铅量、粗铅产量、精铅产量分别仅为0.19万t、0.29万t和0.26万t，经过50年的努力，到2000年，上述各产品的产量已分别达到56.9万t、54.7万t和105万t，位居世界第二，到2003年，我国精铅产量已达154万t，跃居世界第一位。2006年，我国精铅产量更是高达273万t。

铅主要用于制造合金，按照性能和用途，铅合金可分为：

(1) 耐蚀合金，主要用于蓄电池栅板、电缆护套、化工设备和管道等；

(2) 焊料合金，主要用于电子工业、高温焊料、电解槽耐蚀件等；

(3) 电池合金，主要用于生产干电池；

(4) 轴承合金，主要用于各种轴承生产；

(5) 模具合金，主要用于塑料及机械工业用模具。

铅的化合物，如铅白、铅丹、铅黄及密陀僧等广泛用于颜料；盐基性硫酸铅、磷酸铅和硬脂酸铅用作聚氯乙烯的稳定剂。此外，铅对X射线、γ射线都具有良好的吸收能力，广泛用于X光机和原子能装置的防护材料。目前，国内外正研究将铅应用于电动汽车和电动自行车上(作为动力电池)、重力水准测量装置、核废料包装物、氡气防护屏、微电子材料和超导材料等。

我国铅的消费结构，按1985年全国工业普查资料为：蓄电池占40.8%，电缆护套占15.3%，氧化铅占13.2%，机械制造占6.9%，其他方面占13.1%。由于近些年来，我国汽车工业的飞速发展，蓄电池消费铅大幅度增加，占铅消费量的比例增加到60%以上，随着铅蓄电池工业的快速发展，这一比例将进一步扩大。

我国历年铅消费量的年均递增率为：1960～1970年为2.86%，1970～1980年为3.45%，1980～1990年为1.8%，2000年，我国人均铅消费量为0.45 kg，2003年，我国精铅消费量31.7万t，其增幅为10.45%，随着我国工业的发展，铅消费将呈上升趋势。

世界已查明的铅资源量约为15亿t，储量较大的国家为澳大利亚、中国、美国、加拿大、秘鲁和墨西哥等国。世界勘查和开采铅锌矿的主要类型有喷气沉积型、密西西比河谷型、砂页岩型、黄铁矿型、矽卡岩型、热液交代型脉型等，以前四类为主，它们占世界储量的85%以上，尤其是喷气沉积型，不仅储量大，而且品位高，世界各国均很重视。

我国铅资源产地有700多处，保有铅总储量3572万t，居世界第2位。铅锌矿主要分布在滇西兰坪地区、滇川地区、南岭地区、秦岭—祁连山地区以及内蒙古狼山—阿尔泰地区。铅锌矿成矿时代从太古宙到新生代皆有，以古生代铅锌矿资源最为丰富。

目前全国已探明的铅储量为：云南（572.80万t）、广东（401.36万t）、内蒙古（339.38万t）、江西（260.14万t）、湖南（259.14万t）、甘肃（259.06万t）。此外，铅保有储量较多的省（区）还有四川、广西、陕西、青海等，上述各省（区）的铅保有储量总计占全国总保有储量的80%。云南铅储量占全国总储量的17%，位居全国榜首，广东、内蒙古、江西、湖南、甘肃次之，探明储量均在200万t以上。从矿床类型来看，有与花岗岩有关的花岗岩型（广东连平）、矽卡岩型（湖南水口山）、斑岩型（云南姚安）矿床，有与海相火山有关的矿床（青海锡铁山），有产于陆相火山岩中的矿床（江西冷水坑和浙江五部铅锌矿），有产于海相碳酸盐（广东凡口）、泥岩—碎屑岩系中的铅锌矿（甘肃西成铅锌矿），有产于海相或陆相砂岩和砾岩中的铅锌矿（云南兰坪金顶）等。

我国铅锌矿资源重要远景区有秦岭、祁连山、川黔滇、豫西、额尔古纳地区、大兴安岭和阿尔泰等地区。

16.2 铅及其主要化合物的性质

16.2.1 铅的性质

铅属于重金属,为元素周期表中第ⅣB族元素,元素符号 Pb,原子序数为 82,价电子层结构 $5d^{10}6s^{2}6p^{2}$,金属铅结晶属等轴晶系,为面心立方晶格。铅物理性质方面的特点为硬度小、密度大、熔点低、沸点高、展性好、延性差,铅对电与热的传导性能差,高温下易挥发,在液态下流动性大。其主要物理性质见表 16-1。

表 16-1 铅的主要物理性质

原子量	207.21
熔点 t/℃	327.43
熔化热 Q/kJ·mol^{-1}	5.121
沸点 t/℃	1525
铅的蒸气压/kPa	
893 K	1.33×10^{-4}
983 K	1.33×10^{-3}
1093 K	1.33×10^{-2}
1233 K	1.33×10^{-1}
1403 K	1.33
1563 K	13.3
1689 K	38.5
1798 K	101.3
汽化热 Q/kJ·mol^{-1}	177.8
密度 ρ/g·cm^{-3}	11.3437(293 K)
线膨胀系数 α_t/K^{-1}	29.1×10^{-9}
电阻率 μ/Ω·m	20.648×10^{-8}(293 K)
热导率 λ/W·(m·K)$^{-1}$	35.3(300 K)
莫氏硬度/kg·mm^{-2}	1.5
磁化率 Xm/m^3·kg^{-1}	-1.39×10^{-9}

铅在完全干燥的常温空气中为金属光泽，在不含空气的水中或常温空气中，不发生任何化学反应，但在潮湿或含有二氧化碳的空气中，铅易失去光泽而变成暗灰色，其表面被 PbO_2 薄膜覆盖。

铅在空气中加热熔化时，最初氧化成 PbO_2，温度升高时则氧化成 PbO，继续加热到 330～450 ℃ 时，形成的 PbO 又氧化为 Pb_2O_3，在 450～470 ℃之间，则形成 Pb_3O_4（即 $2PbO \cdot PbO_2$），俗称铅丹。无论 Pb_2O_3 或 Pb_3O_4，在高温下都会发生离解，如：

$$Pb_3O_4 = 3PbO + 1/2O_2 \tag{16-1}$$

上述反应的离解压与温度关系见表 16-2。

表 16-2 Pb_3O_4 离解压与温度的关系

温度/℃	450	475	500	525	550	575	600
离解压/Pa	1400	3200	6933	14800	29730	56260	113324

所有含氧量比较多的铅氧化物在高温下都不稳定，在高于 600 ℃温度时，都能离解成 PbO 和 O_2。

铅易溶于硝酸、硼氟酸、硅氟酸、醋酸及硝酸银中，难溶于稀盐酸及硫酸，缓溶于沸盐酸及发烟硫酸中。

铅是放射性元素钍、铀、锕分裂的最后产物，它可吸收放射性线，具有抵抗放射性物质射过的性能。

16.2.2 铅主要化合物的性质

铅的化合物主要有硫化铅、氧化铅、硫酸铅和氯化铅等。

16.2.2.1 硫化铅

硫化铅(PbS)，具有金属光泽，在自然界中呈方铅矿存在，色黑(结晶状态呈灰色)。PbS 中，含 Pb 量为 86.6%，其主要性质见表 16-3。

PbS 中的 Pb 能被对硫亲和力大的金属置换，如温度高于 1000 ℃时，铁可置换 PbS 中的铅，反应式为：

$$PbS + Fe \rightleftharpoons FeS + Pb \tag{16-2}$$

表 16-3 硫化铅的主要性质

性质	数值
密度 ρ/g · cm^{-3}	7.40～7.64
熔点 t/℃	1135
PbS 的蒸气压/kPa	
1125 K	1.033
1201 K	0.267
1248 K	1.330
1347 K	7.990
1381 K	1.33×10^4
1433 K	2.67×10^1
1494 K	5.33×10^4
1554 K	1.013×10^2
PbS 的离解压/Pa	16.8(1000 ℃)

上述反应即为炼铅常见的“沉淀反应”原理。

PbS 可与 FeS、Cu_2S 等金属硫化物形成锍，CaO、BaO 对 PbS 能起分解作用，反应式为：

$$4PbS+4CaO=4Pb+3CaS+CaSO_4 \quad (16\text{-}3)$$

在还原气氛下，PbS 还可发生下列反应：

$$2PbS+CaO+C(CO)=Pb+PbS\cdot CaS+CO(CO_2) \quad (16\text{-}4)$$

当炉料中存在大量的 CaS 时，将降低铅的回收率，这是因为 CaS 能与 PbS 形成稳定的 CaS · PbS。

在铅的熔点附近，PbS 不溶于铅中，随着温度的升高，PbS 在铅中的溶解度增加。1040 ℃时，PbS 与 Pb 的熔合体分为两层，上层含 PbS 89.5%，Pb 10.5%；下层含 PbS 19.4%，Pb 80.6%。冷却时，PbS 以纯净的结晶体从 Pb－PbS 熔合体中析出，这是鼓风炉熔炼中炉结形成的原因之一。

PbS 溶解于 HNO_3 及 $FeCl_3$ 的水溶液中，故 HNO_3 和 $FeCl_3$ 都可用来作为方铅矿的浸出剂。

PbS 几乎不与 C 和 CO 发生反应，在空气中加热 PbS 时，生成 PbO 和 $PbSO_4$，其开始氧化的温度为 360～380 ℃。

16.2.2.2 氧化铅

氧化铅(PbO),又称密陀僧,氧化铅有两种同素异形体:属于正方晶系的红密陀僧和斜方晶系的黄密陀僧。熔化的密陀僧急冷时呈黄色,缓冷时呈红色,前者在高温下稳定,两者的相变点为450～500 ℃。氧化铅的主要性质见表16-4。

表16-4 氧化铅的主要性质

熔点 t/℃	886
沸点 t/℃	1472
PbO的蒸气压/kPa	
1216 K	0.133
1312 K	0.667
1358 K	1.330
1495 K	7.990
1538 K	1.33×10^4
1603 K	2.67×10^1
1675 K	5.33×10^4
1745 K	1.013×10^2

氧化铅是难离解的稳定化合物,但其容易被碳和一氧化碳所还原。

氧化铅是强氧化剂,能氧化Te、S、As、Sb、Bi和Zn等。同时,氧化铅又是两性氧化物,它既可与SiO_2、Fe_2O_3结合,生成硅酸盐或铁酸盐,也可与CaO、MgO等反应生成铅酸盐,如:$PbO_2+CaO=CaPbO_3$。此外,氧化铅还可与Al_2O_3结合生成铝酸盐。氧化铅对硅砖和黏土砖的侵蚀作用很强烈。

所有的铅酸盐都不稳定,在高温下即离解并放出氧气。

氧化铅是良好的助熔剂,它可与许多金属氧化物形成易熔的共晶体或化合物。在PbO过剩的情况下,难熔的金属氧化物即使不形成化合物也会变成易熔物,此种性质在铅冶炼过程中具有很重要的意义。

16.2.2.3 硫酸铅

硫酸铅($PbSO_4$),是较稳定的化合物。密度为6.34 g/cm³,熔点为 1170 ℃。硫酸铅开始分解的温度为 850 ℃,激烈分解的温度为 905 ℃。PbS、ZnS 和 Cu_2S 等存在时,能加速硫酸铅的分解,并使其开始分解温度降低。例如 $PbSO_4$ 和 PbS 系中,反应开始温度为 630 ℃。$PbSO_4$ 和 PbO 都能与 PbS 发生相互反应生成金属铅,这是硫化铅精矿直接熔炼的主要反应之一。

16.2.2.4 氯化铅

氯化铅($PbCl_2$)为白色,熔点:498 ℃,沸点:954 ℃,密度:5.91 g/cm^3。

氯化铅($PbCl_2$)能溶解于碱金属和碱土金属氯化物(如 NaCl 等)的水溶液中,但在水溶液中的溶解度甚小,25 ℃时仅为 1.07%,100 ℃时为 3.2%。氯化铅在 NaCl 等水溶液中的溶解度随温度增高、NaCl 浓度的提高而增大,当有 $CaCl_2$ 存在时,氯化铅的溶解度更大。如:在 50 ℃时,NaCl 饱和溶液中铅的最大溶解度为 42 g/L,在有 $CaCl_2$ 存在下,将 NaCl 饱和溶液加热至 100 ℃时,则铅的溶解度可增加到 100~110 g/L。

16.3 铅的冶炼方法

与许多有色金属一样,从铅矿石中提取铅的方法主要有两种,火法炼铅和湿法炼铅。但湿法炼铅目前仍处于研究阶段,或只用于小规模生产和再生铅的回收。当代工业生产铅的方法几乎全部采用火法炼铅。

据不完全统计,世界上的矿产铅约 75%是采用烧结焙烧-鼓风炉还原熔炼流程生产的,约 10%是用铅锌密闭鼓风炉生产的,约 15%是用直接熔炼法生产的。

炼铅的主要原料是铅矿石,其次是二次铅物料。铅矿石分为硫化矿和氧化矿两大类,硫化矿中,方铅矿(PbS)分布最广,它属原生矿,且多与辉银矿(Ag_2S)、闪锌矿(ZnS)共生,除此以外,还常与黄铁矿(FeS)、黄铜矿($CuFeS_2$)、硫砷铁矿(FeAsS)和辉铋矿(Bi_2S_3)等共生。脉石成分主要有石灰石、石英石、重晶石等。矿石中还含有 Sb、Cd、Au 及少量的 In、Ge、Tl、Te 等。

氧化铅矿属次生矿，主要包括白铅矿（$PbCO_3$）和铅矾（$PbSO_4$），其常与硫化矿共存。

二次铅物料主要有：回收的废蓄电池残片及填料，蓄电池厂及炼铅厂所产的铅浮渣，二次金属回收厂和有色金属生产厂所产的含铅炉渣，二次金属回收和贵金属冶炼厂所产含铅烟尘，湿法冶金所产的浸出铅渣，铅熔炼所产的含铅锍以及铅消费部门产生的各种铅废料等。

在工业发达国家，以再生铅为原料生产铅的数量已占铅总产量的40%～44%。

一些铅精矿成分的实例见表16-5，我国铅精矿的等级标准见表16-6，部分再生铅原料的化学成分见表16-7。

表16-5 一些铅精矿成分的实例 （质量分数/%）

矿例		Pb	Zn	Fe	Cu	Sb	As	S	MgO	SiO_2	CaO	Ag /g·t^{-1}	Au /g·t^{-1}
国内精矿	Ⅰ	66.0	4.9	6	0.7	0.1	0.05	16.5	0.1	1.5	0.5	900	3.5
	Ⅱ	59.2	5.74	9.03	0.04	0.48	0.08	19.2	0.47	1.55	1.13	547	
	Ⅲ	60	5.16	8.67	0.5	0.46		20.2		1.47	0.46	926	0.78
	Ⅳ	46	3.08	11.1	1.6		0.22	17.6		4.5	0.48	800	10
国外精矿	Ⅰ	76.8	3.1	1.99	0.03		0.2	14.1	0.2		75		
	Ⅱ	74.2	1.3	3	0.4		0.12	15	0.5	1	1.7		
	Ⅲ	50	4.04		0.47	0.03	0.004	15.7		13.5	2.3		

表16-6 我国铅精矿的等级标准

品级	铅/%	杂质/%				
		Cu	Zn	As	MgO	Al_2O_3
一级品	≥70	≤1.5	≤5	≤0.3	≤2	≤4
二级品	≥65	≤1.5	≤5	≤0.35	≤2	≤4
三级品	≥60	≤1.5	≤5	≤0.4	≤2	≤4
四级品	≥55	≤2.0	≤6	≤0.5	≤2	≤4

续表 16-6

品 级	铅/%	杂质/%				
		Cu	Zn	As	MgO	Al_2O_3
五级品	≥50	≤2.0	≤7	—	≤2	≤4
六级品	≥45	≤2.5	≤8	—	≤2	≤4
七级品	≥40	≤3.0	≤9	—	≤2	≤4

表 16-7 部分再生铅原料的化学成分 （质量分数/%）

再生铅原料名称	Pb	Sb	Sn	Cu	Bi
废铅蓄电池极板	85～94	2～6	0.03～0.5	0.03～0.3	<0.1
压管铅板(管)	>99	<0.5	0.01～0.03	<0.1	—
铅锑合金	85～92	3～8	0.1～1.0	0.1～0.8	0.2～0.5
电缆铅皮	96～99	0.11～0.6	0.4～0.8	0.018～0.31	—
印刷合金	98～99	0.05～0.24	0.05～0.02	0.02～0.13	—

16.4 烧结焙烧—鼓风炉还原熔炼法

烧结焙烧—鼓风炉还原熔炼法属传统的炼铅方法，一般包括铅精矿烧结焙烧，鼓风炉还原熔炼、粗铅火法精炼三大环节。其生产工艺流程如图 16-1 所示。

16.4.1 硫化铅精矿的烧结焙烧

硫化铅精矿烧结焙烧的目的一是氧化脱硫，即使金属硫化物变为金属氧化物，从而被碳还原，而硫以二氧化硫形式排除，用于制酸；二是在高温下将粉料烧结成块，以适应鼓风炉熔炼作业的要求。

硫化铅精矿烧结焙烧的一个重要指标就是烧结焙烧的脱硫率。所谓脱硫率是指硫化铅精矿焙烧时烧去的硫量与焙烧前炉料中总含硫量的百分比，用公式可表示如下：

脱硫率＝[炉料含硫量－(烧结块残硫量＋返粉含硫量)]/炉料含硫量×100％ (16-5)

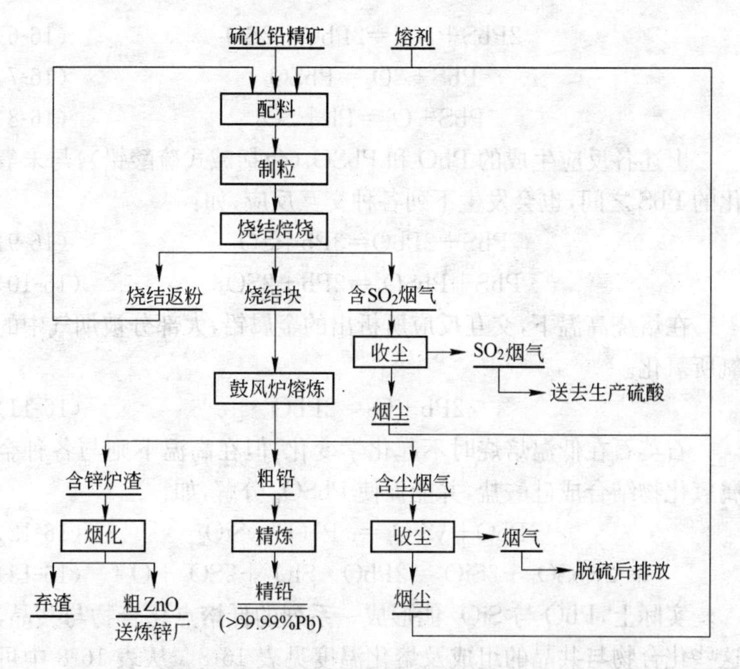

图 16-1 硫化铅精矿的烧结焙烧—鼓风炉还原熔炼工艺流程

铅精矿烧结焙烧的脱硫率一般为70%左右。

对烧结块有一定的质量要求，主要是化学成分应满足还原反应与造渣过程的要求；烧结块应有一定的机械强度，以便在鼓风炉还原熔炼时不致被一定高度的炉料层所压碎；烧结块应为多孔质结构并具有良好的透气性。烧结块的质量主要用强度、孔隙率和残硫率3个指标来衡量。

由于鼓风炉炼铅以自熔性烧结块为原料，因此物料烧结前应按鼓风炉熔炼炉渣的成分要求进行配料。鼓风炉熔炼炉渣一般采用 SiO_2-CaO-FeO 系，因此在充分考虑精矿中的脉石造渣成分和焦炭中的灰分基础上，应按配料原则加入一定量的熔剂，熔剂主要是石英石（河沙、SiO_2）、石灰石（CaO）和铁矿石或烧渣（Fe_2O_3）。

16.4.1.1 烧结焙烧的主要化学反应

烧结焙烧中发生的主要化学反应为：

$$2PbS+3O_2=2PbO+2SO_2 \quad (16\text{-}6)$$

$$PbS+2O_2=PbSO_4 \quad (16\text{-}7)$$

$$PbS+O_2=Pb+SO_2 \quad (16\text{-}8)$$

上述各反应生成的 PbO 和 $PbSO_4$（包括碱式硫酸铅），与未氧化的 PbS 之间，也会发生下列各种交互反应，如：

$$PbS+2PbO=3Pb+SO_2 \quad (16\text{-}9)$$

$$PbS+PbSO_4=2Pb+2SO_2 \quad (16\text{-}10)$$

在焙烧高温下，交互反应所析出的金属铅，大部分被烟气中的氧所氧化。

$$2Pb+O_2=2PbO \quad (16\text{-}11)$$

石英石在低温焙烧时不起化学变化，但在高温下则与各种金属氧化物结合成硅酸盐，并能促使 $PbSO_4$ 分解，如：

$$xPbO+ySiO_2=xPbO\cdot ySiO_2 \quad (16\text{-}12)$$

$$2PbSO_4+2SiO_2=2PbO\cdot SiO_2+2SO_2+O_2 \quad (16\text{-}13)$$

实际上，PbO 与 SiO_2 能形成一系列的低熔点化合物与共晶，这些化合物与共晶的组成及熔化温度见表 16-8。从表 16-8 中可以看出，这些化合物与共晶的熔化温度都在 800 ℃以下，比 PbO 的熔点（886 ℃）还低。

表 16-8　PbO-$PbSiO_3$ 系化合物与共晶的熔化温度

化合物或共晶	PbO 含量/%	熔化温度/℃
PbO	100.0	886
$2PbO\cdot SiO_2$	88.1	740
$3PbO\cdot 2SiO_2$	84.8	690
$PbO\cdot SiO_2$	78.8	766
PbO-$2PbO\cdot SiO_2$	89.4	717
$2PbO\cdot SiO_2$-$3PbO\cdot 2SiO_2$	85.0	670
$3PbO\cdot 2SiO_2$-$PbO\cdot SiO_2$	81.0	670

烧结焙烧时加入的铁矿石（或硫酸厂副产的烧渣）或精矿中的 FeS_2 氧化后的产物 Fe_2O_3 将与 $PbSO_4$ 和 PbO 发生下列反应：

$$PbSO_4+Fe_2O_3=PbO\cdot Fe_2O_3+SO_2+1/2O_2 \quad (16\text{-}14)$$

$$mPbO+nFe_2O_3=mPbO\cdot nFe_2O_3 \quad (16\text{-}15)$$

上述反应生成的不同组分的铁酸盐的熔化温度大部分也在1000℃以下(见表16-9),它们在烧结过程中也起粘结剂作用,但比$xPbO\cdot ySiO_2$容易分解,因此烧结块中铁酸铅的含量远小于硅酸铅(见表16-8)。

表16-9 $PbO\text{-}Fe_2O_3$的熔化温度

PbO/%	Fe_2O_3/%	熔化温度/℃	PbO/%	Fe_2O_3/%	熔化温度/℃
100	—	886	83	17	850
95	5	810	80	20	925
92.5	7.5	785	70	30	1137
90	10.0	762	60	40	1227
88	12.0	752	—	100	1527

石灰石($CaCO_3$)在烧结焙烧加热到910℃时,会吸收热量分解成石灰(CaO)。

$$CaCO_3=CaO+CO_2-189630\quad(J) \quad (16\text{-}16)$$

氧化钙(CaO)能促使硫化铅、硫酸铅等转化为氧化物。

$$PbS+CaO=PbO+CaS \quad (16\text{-}17)$$

$$PbSO_4+CaO=PbO+CaSO_4 \quad (16\text{-}18)$$

石灰石(或石灰)有利于氧化铅的生成,但不能提高烧结脱硫率,上述反应形成的硫化钙和硫酸钙仍把硫随烧结块带进了鼓风炉中。

黄铁矿(FeS_2)和磁硫铁矿(Fe_nS_{n+1})是硫化铅精矿中的必然伴生物,当加热到300℃以上时,黄铁矿和磁硫铁矿都发生分解反应产出硫蒸气。

$$FeS_2=FeS+1/2S_2 \quad (16\text{-}19)$$

$$Fe_nS_{n+1}=nFeS+1/2S_2 \quad (16\text{-}20)$$

离解时放出的蒸气被氧化成SO_2:

$$1/2S_2+O_2=SO_2 \quad (16\text{-}21)$$

铜在硫化铅精矿中呈黄铜矿($CuFeS_2$)、铜蓝(CuS)和辉铜矿(Cu_2S)等形态存在。焙烧时,铜的各种硫化物大部分变化为氧化物,最终以游离或结合的氧化亚铜或少量未氧化的硫化亚铜的形式留在烧结块中。发生的主要反应如下:

$$6CuFeS_2 + 35/2O_2 = 3Cu_2O + 2Fe_3O_4 + 12SO_2 \quad (16\text{-}22)$$

$$2CuS + 5/2O_2 = Cu_2O + 2SO_2 \quad (16\text{-}23)$$

$$2Cu_2S + 3O_2 = 2Cu_2O + 2SO_2 \quad (16\text{-}24)$$

硫化锌结构致密,是一种较难氧化的物质,加之即便氧化后,其生成的硫酸盐和氧化物为一种很致密的膜层,能紧紧包裹在未被氧化的硫化物颗粒表面,阻碍了氧的渗入,故在烧结焙烧时,需要较长的时间、过量的空气和较高的烧结温度,才能使硫化锌转化为氧化锌,反应式为:

$$ZnS + 3/2O_2 = ZnO + SO_2 \quad (16\text{-}25)$$

铅精矿中的 As 是以毒砂($FeAsS$)及雌黄(As_2S_3)的形态存在的,焙烧时,FeAsS 首先受热离解,然后氧化生成极易挥发的三氧化二砷(As_2O_3)。

$$FeAsS = As + FeS \quad (16\text{-}26)$$

$$2As + 3/2O_2 = As_2O_3 \quad (16\text{-}27)$$

$$As_2S_3 + 9/2O_2 = As_2O_3 + 3SO_2 \quad (16\text{-}28)$$

$$2FeAsS + 5O_2 = Fe_2O_3 + As_2O_3 + 2SO_2 \quad (16\text{-}29)$$

As_2O_3 在 120 ℃时已显著挥发,到 500 ℃时,其蒸气压已达到 10^5 Pa,因此烧结焙烧时的脱硫一般能达到 40%～80%。少部分未挥发的三氧化二砷进一步氧化,变为难挥发的五氧化二砷(S_2O_5),然后与其他金属氧化物(如 PbO、CuO、FeO、CaO 等)作用生成很稳定的砷酸盐,残留于烧结块中。

锑主要以辉锑矿(Sb_2S_3)和硫锑铅矿($5PbS_2Sb_2S_3$)的形态存在于铅精矿中,锑的硫化物在烧结焙烧过程中的行为类似于 As_2S_3,只是在同样焙烧温度下,生成的 Sb_2O_3 的蒸气压较 As_2O_3 小,挥发温度高,故脱锑程度没有脱砷高。

$$Sb_2S_3 + 9/2O_2 = Sb_2O_3 + 3SO_2 \quad (16\text{-}30)$$

在高温及大量过剩空气下，部分 Sb_2O_3 氧化成稳定且难挥发的四氧化二锑（Sb_2O_4）及五氧化二锑（Sb_2O_5），它们同金属氧化物作用而生成锑酸盐。

镉常伴生于铅精矿中，其形态主要为硫化镉（CdS），焙烧时有少部分挥发进入烟尘。硫化镉氧化生成氧化镉（CdO）和硫酸镉（$CdSO_4$）：

$$2CdS+3O_2=2CdO+2SO_2 \tag{16-31}$$

$$CdS+2O_2=CdSO_4 \tag{16-32}$$

生成的硫酸镉，在焙烧末期的高温下，离解成氧化镉，最后残留于烧结块中的镉一般以氧化镉形式存在。

银常以辉银矿（Ag_2S）存在于铅精矿中，氧化焙烧时，部分变为金属银和硫酸银（Ag_2SO_4）：

$$Ag_2S+O_2=2Ag+SO_2 \tag{16-33}$$

金在铅精矿中以金属状态存在，烧结焙烧时金的状态不会发生变化，仍以金属状态存在于烧结块中。

某厂铅烧结块的物相组成见表 16-10，烧结焙烧前后含铅物料中各元素的形态变化见表 16-11。

表 16-10 某厂铅烧结块的物相组成 （质量分数/%）

铅的形态	金属铅 (Pb)	氧化铅 (PbO)	硅酸铅 ($PbO·SiO_2$)	铁酸铅 ($PbO·Fe_2O_3$)	硫酸铅 ($PbSO_4$)	硫化铅 (PbS)	总铅 (Pb)
试样Ⅰ	0.80	10.67	24.13	2.00	1.08	7.60	46.28
试样Ⅱ	1.00	16.60	20.20	1.07	0.87	7.80	47.54

表 16-11 烧结焙烧前后含铅物料中各元素的形态变化

元素	烧结前（炉料）		烧结后（烧结块）	
	主要形态	次要形态	主要形态	次要形态
铅	PbS	$PbCO_3$	PbO，$xPbO·ySiO_2$	Pb，$mPbO·nFe_2O_3$，$PbSO_4$，PbS
铜	$CuFeS_2$	Cu_2S，CuS	Cu_2O，Cu_2S	CuO，$mCu_2O·nSiO_2$，$xCu_2O·xFe_2O_3$
锌	ZnS		ZnO	$ZnSO_4$，ZnS

续表 16-11

元素	烧结前(炉料)		烧结后(烧结块)	
	主要形态	次要形态	主要形态	次要形态
铁	FeS_2	Fe_nS_{n+1}	Fe_2O_3,$mPbO \cdot nFe_2O_3$	Fe_3O_4,$2FeO \cdot SiO_2$
砷	FeAsS	As_2S_2	As_2O_3(挥发)	$Pb_3(AsO_4)_2$,$Fe_3(AsO_4)_2$
锑	Sb_2S_3	$5PbS \cdot 2Sb_2S_3$	Sb_2O_3(挥发)	$Pb_3(SbO_4)_2$
镉	CdS		CdO	$CdSO_4$
银	Ag_2S		Ag	
金	Au		Au	
钙	$CaCO_3$		CaO	$CaO \cdot Fe_2O_3$,$2CaO \cdot SiO_2$,$2CaSO_4$
硅	SiO_2		$xPbO \cdot ySiO_2$	$2CaO \cdot SiO_2$,$2FeO \cdot SiO_2$

16.4.1.2 烧结焙烧的主要设备

为保证配料后的炉料在烧结前达到最佳湿度,并使其化学成分、粒度和水分均匀一致,需对炉料进行良好的混合与润湿。炉料的混合一般采用二次或三次混合,并且混合与润湿同时进行。最后一次混合,即将其制粒,制粒的目的是防止各组分因密度和粒度的不同而发生偏析现象,并使炉料各组分分配均匀,改善炉料的透气性。生产上广泛采用的混合设备为鼠笼混合机和圆盘混合机,也采用反螺旋的圆筒混合机。

混合料的制粒,常采用圆筒制粒机和圆盘制粒机。

圆筒制粒机是一个直径为 1.2~2.8 m,长 2~12 m 的钢板圆筒,有的内衬耐磨橡胶,有的则在筒内纵向装有等距离的角钢或直径 20~30 mm 的圆钢,筒内设有与纵向平行的多孔管状喷雾器,以供炉料的最后一次润湿。圆筒制粒机示意图及圆筒制粒成球示意图如图 16-2、图 16-3 所示。

圆盘制粒机制粒效率高,团粒粒级易于调节。某厂使用的圆盘制粒机是由机座和载于机座上的倾斜圆盘构成。如图 16-4 所示。

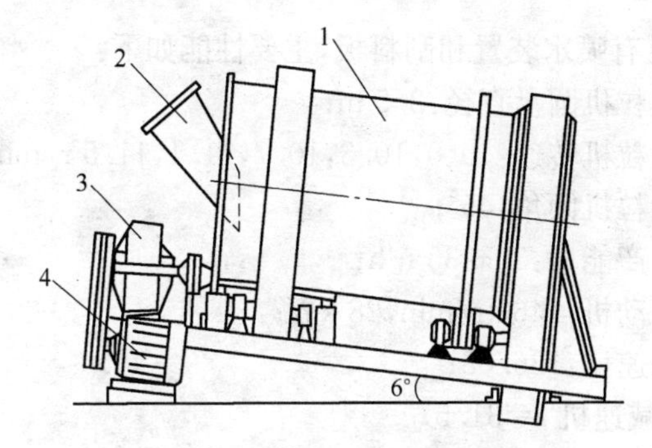

图 16-2　圆筒制粒机示意图

1—圆筒；2—进料溜子；3—减速箱；4—电动机

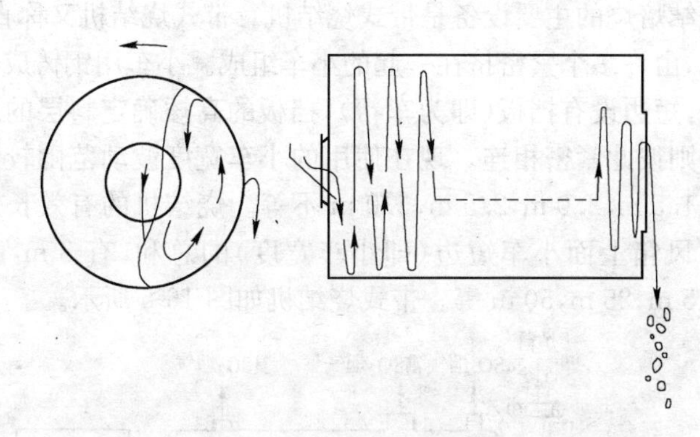

图 16-3　圆筒制粒成球示意图

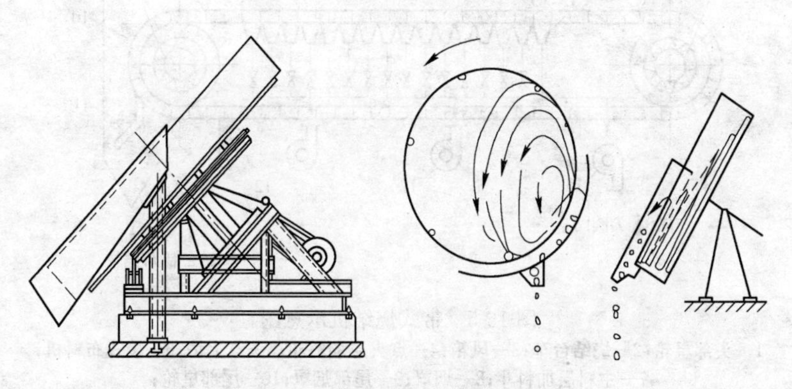

图 16-4　圆盘制粒机及成球示意图

盘上设有喷水装置和刮料板，主要性能如下：

(1) 制粒机圆盘直径：3.5 m；

(2) 制粒机转速：10.0，10.3，10.7，11.1，11.5 r/min；

(3) 制粒机倾角：45°；

(4) 生产能力：30～35 t/h；

(5) 电动机：1460 r/min，28 kW；

(6) 总速比：136.08；

其中：减速机 $i=31.5$；

　　伞齿轮 $i=4.32$；

　　皮带轮 $i=1$。

烧结焙烧的主要设备是带式烧结机。带式烧结机又称直线型烧结机，由许多个紧密挤在一起的小车组成。小车用钢铸成，底部有炉箅，短边设有挡板（即为车帮），挡板的高矮确定料层的厚薄，而长边则彼此紧密相连。现在使用的小车宽度波动范围较大，有1.0 m，1.5 m，2.0 m，2.5 m，3.0 m 不等。烧结机的有效长度，即为所有风箱上面小车短边（即小车宽度）的总和，有 8 m，12 m，14 m，15 m，25 m，50 m 等。带式烧结机如图 16-5 所示。

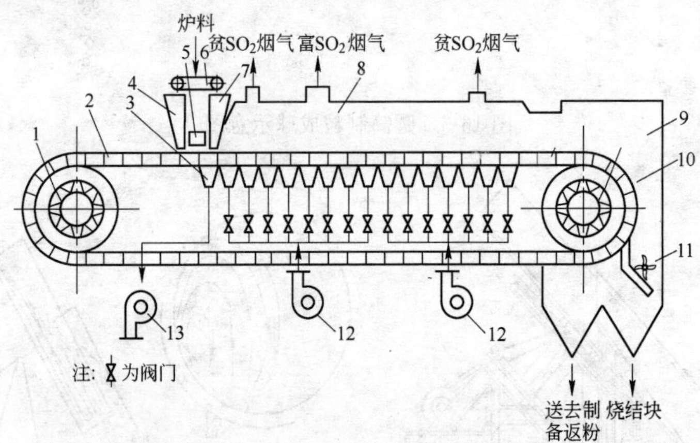

图 16-5　带式烧结机示意图

1—头部星轮；2—烧结台车；3—风箱；4—点火层加料斗；5—点火炉；6—梭式布料机；7—主料层加料斗；8—烟罩；9—尾部烟罩；10—尾部星轮；11—单轴破碎机；12—鼓风机；13—抽风机

从烧结机上倾倒下来的炽热烧结块块度大、温度高,不易运输和储存,也不能直接加入鼓风炉中,否则对还原不利,还会使鼓风炉熔炼造成“热顶”恶化炉况,因此需对热烧结块进行适当的破碎和冷却。我国目前的破碎方法,通常是在烧结机尾部下方,配置一台单轴破碎机(俗称狼牙棒),借助从小车翻倒下来的烧结块碰撞到它上面而达到破碎的目的。在破碎机下方两米左右配置倾斜度为35°左右的钢条筛,筛条距离约50～60 mm。筛上产品进烧结块料仓,运往鼓风炉熔炼,筛下产品送到冷却圆筒,经喷水冷却后,送破碎机进行多级破碎,筛分成合格返粉,再送回配料。

图16-6和图16-7分别是株洲冶炼厂和韶关冶炼厂的烧结物料破碎流程。

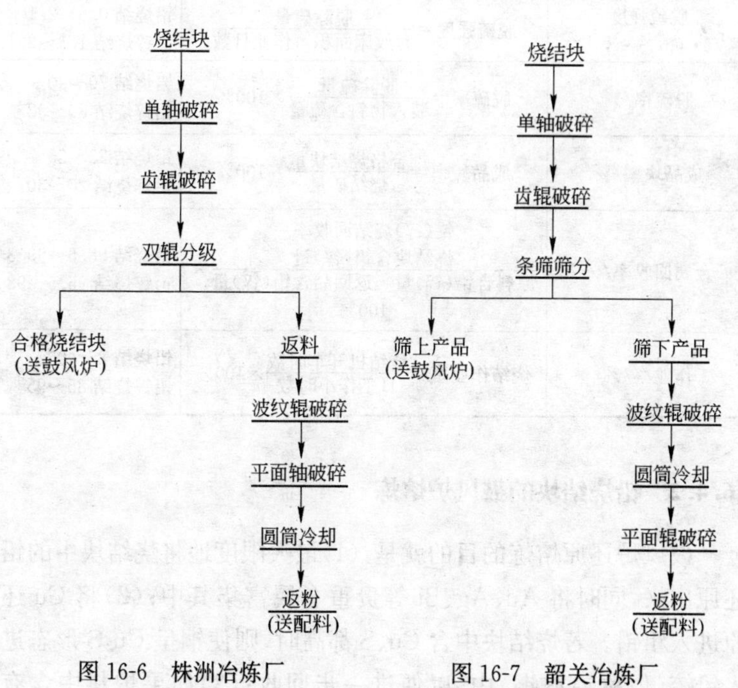

图16-6 株洲冶炼厂烧结物料破碎流程

图16-7 韶关冶炼厂烧结物料破碎流程

表16-12为铅烧结焙烧的主要技术经济指标。

表 16-12 铅烧结焙烧的主要技术经济指标

项 目	计算方法	一般指标
鼓(吸)风强度 /$m^3 \cdot (m^{-2} \cdot min^{-1})$	鼓(吸)风强度$=\frac{鼓风(吸风)量}{烧结有效面积}$	鼓风烧结 15～30 (吸风烧结 60～80)
漏风率/%	漏风率$=\frac{漏入风量}{漏风前风量}\times 100\%$	鼓风烧结 10～90 (吸风烧结 50～100)
垂直烧结速度 /$mm \cdot min^{-1}$	垂直烧结速度$=\frac{料层厚度}{烧穿时间}$	铅烧结 10～15 铅锌烧结 12～20
床能率 /$t \cdot (m^{-2} \cdot d^{-1})$	烧结机床能率$=\frac{总处理物料量}{有效床面积\times 作业日数}$	铅烧结 25～30 铅锌烧结 21～27
烧结机利用系数 /$t \cdot (m^{-2} \cdot d^{-1})$	烧结机利用系数$=\frac{烧结块产量}{有效床面积\times 作业日数}$	铅烧结 6～10
脱硫强度 /$t \cdot (m^{-2} \cdot d^{-1})$	脱硫强度$=\frac{脱除硫量}{有效床面积\times 作业日数}$	铅烧结 0.8～2.1 铅锌烧结 1.3～2.1
脱硫率/%	脱硫率$=\frac{脱除硫量}{装入物料含硫量}\times 100\%$	铅烧结 70～90 铅锌烧结 80～92
成品块率/%	成品块率$=\frac{合格烧结块量}{烧结矿量}\times 100\%$	铅烧结 25～35 铅锌烧结 20～30
金属回收率/%	铅(锌)烧结回收率$=\frac{烧结块含铅(锌)量}{原料含铅(锌)量-返回品含铅(锌)量}\times 100\%$	铅烧结 98.5～99.3 铅锌烧结 96.5～98
作业率/%	烧结作业率$=\frac{烧结机开车时数}{日工作小时数}\times 100\%$	铅烧结 85～95 铅锌烧结 85～95

16.4.2 铅烧结块的鼓风炉熔炼

鼓风炉还原熔炼的目的就是:(1)最大限度地将烧结块中的铅还原出来,同时将 Au、Ag、Bi 等贵重金属富集其中;(2)将 Cu 还原进入粗铅。若烧结块中含 Cu、S 都高时,则使铜呈 Cu_2S 形态进入铅锍(俗称铅冰铜)中,以便进一步回收;(3)如果炉料中含有 Ni、Co 时,则使其还原进入黄渣(俗称砷冰铜);(4)将烧结块中的一些易挥发有价金属化合物(如锗、镉等)富集于烟尘中,以便于进一步综合回收;(5)使脉石成分(SiO_2、FeO、CaO、MgO、Al_2O_3)造渣,锌等也以 ZnO 形态入渣,以便回收。

铅鼓风炉熔炼的过程主要包括:碳质燃料的燃烧过程;金属氧化物的还原过程;脉石氧化物(含氧化锌)的造渣过程;也包括发生的造锍、造黄渣过程和上述熔体产物的沉淀分离过程。

鼓风炉炼铅的原料由炉料和焦炭组成。炉料主要为自熔性烧结块,它占炉料组成的 80%~90%,除此以外,根据鼓风炉正常作业的要求,有时还需加入少量的铁屑、返渣、黄铁矿、萤石等辅助物料。焦炭是熔炼过程的发热剂和还原剂,一般用量为炉料量的 9%~13%,即称为焦率。

16.4.2.1 铅鼓风炉还原熔炼的基本原理

铅鼓风炉还原熔炼的实质就是用焦炭作为还原剂,把铅的氧化物还原为金属铅,但在鼓风炉内,沿高度分布的各段,却发生不同的物理化学反应,具体可将其分为 5 个区域,如图 16-8 所示,各区域的反应可描述如下:

(1) 炉料预热区(100~400 ℃)。在该区内,炉料被烘干,表面附着水被蒸发,易还原的氧化物(如游离的 PbO、Cu_2O 等)被还原;

(2) 上还原区(400~700 ℃)。在此区域内,结晶水开始脱出,碳酸盐及某些硫酸盐开始分解,还原过程进一步进行,$PbSO_4$ 被 CO 还原成 PbS,氧化铅还原析出的铅液滴聚集,在向下流动的过程中,将 Au、Ag 捕集,铁的高价氧化物被还原成低价氧化物;

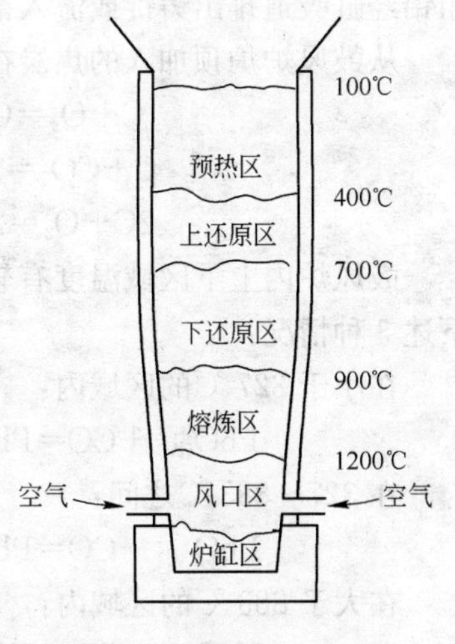

图 16-8 铅鼓风炉内炉料温度和物理化学变化

(3) 下还原区(700~900 ℃)。在此区域内,CO 的还原作用强烈,上述两区域内开始发生的反应大多在此区域完成，$CaSO_4$、$MgSO_4$、$ZnSO_4$ 的分解和硫化物的沉淀反应、金属铜的硫化反应分别进行，此外，高价砷、锑的氧化物被还原为低价氧化物，硅酸铅呈熔融状态开始被还原；

(4) 熔炼区(900～1300 ℃)。上述各区域内发生的反应均在此区域完成，SiO_2、FeO、CaO 造渣，并熔解了 Al_2O_3、MgO、ZnO，CaO、FeO 置换了硅酸铅中的 PbO，游离出来的氧化铅则被还原为金属铅。炉料完全熔融，形成的液体向下流动，经赤热的焦炭层过热，进入炉缸，而灼热的炉气上升，与下降的炉料作用，发生上述各化学反应；

(5) 炉缸区。炉缸区包括风口以下至炉缸底部，其上部温度为 1200～1300 ℃，下部温度为 1000～1100 ℃，过热后的各种熔融体流入炉缸后继续完成上述未完成的化学反应并按密度差分层。最下层为粗铅(密度约 11 t/m^3)，上层为黄渣(密度约为 7 t/m^3)，再上层为铅锍(密度约 5 t/m^3)，最上层为炉渣(密度约为 3.5 t/m^3)。产出的粗铅经渣层、铅锍和黄渣层沉降，同时捕集了贵金属。分层后，铅锍、黄渣、炉渣等从炉缸的排渣口排出，至前床或沉淀锅，而粗铅经缸吸道排出铸锭或流入铅包送精炼。

从鼓风炉炉顶加入的焦炭在鼓风炉内发生如下反应：

$$C+O_2=CO_2+408\ kJ \qquad (16\text{-}34)$$

$$C+CO_2=2CO-162\ kJ \qquad (16\text{-}35)$$

$$2C+O_2=2CO+246\ kJ \qquad (16\text{-}36)$$

鼓风炉内上下区域温度有较大差别，氧化铅在炉内的反应有下述 3 种情况：

在小于 327 ℃的区域内：

$$PbO_{(固)}+CO=Pb_{(固)}+CO_2+63625\ J \qquad (16\text{-}37)$$

在 327～883 ℃之间：

$$PbO_{(固)}+CO=Pb_{(液)}+CO_2+58183\ J \qquad (16\text{-}38)$$

在大于 883 ℃的区域内：

$$PbO_{(液)}+CO=Pb_{(液)}+CO_2+67895\ J \qquad (16\text{-}39)$$

上述三反应均为放热反应，反应的平衡常数方程式为：

$$\lg K_p = 3250/T + 0.417\times10^{-3}T + 0.3 \tag{16-40}$$

应将烧结块中的 Fe_2O_3 还原为 FeO，而不能还原为 Fe_3O_4，因为 Fe_3O_4 会像金属铁一样使炉缸“积铁”，导致炉子停产，同时，只有 FeO 才能形成性质良好的铁硅酸盐炉渣。

烧结块中除含主金属铅和主要杂质金属铁的化合物之外，还含有锌、铜、砷、锑、铋、镉等的氧化物，它们在鼓风炉熔炼中的行为如下：

烧结块中的铜大部分以 Cu_2O、$Cu_2O\cdot SiO_2$ 和 Cu_2S 的形态存在。Cu_2S 在还原熔炼过程中不发生化学反应直接进入铅锍。Cu_2O 视烧结块的焙烧程度而发生不同的化学反应。如果烧结块中残留有足够的硫，那么 Cu_2O 会与其他金属硫化物发生诸如下面的反应：

$$Cu_2O + FeS = Cu_2S + FeO \tag{16-41}$$

上述反应即为鼓风炉熔炼的硫化（造锍）反应。

当烧结块残留的硫很少时，Cu_2O 则按下式反应：

$$Cu_2O + CO = 2Cu + CO_2 \tag{16-42}$$

被还原的金属铜进入粗铅中。$Cu_2O\cdot SiO_2$ 在铅鼓风炉还原气氛下，不可能被完全还原，未被还原的 $Cu_2O\cdot SiO_2$ 进入炉渣中。

锌在烧结块中主要以 ZnO 及 $ZnO\cdot Fe_2O_3$ 的状态存在，只有小部分的锌呈 ZnS 和 $ZnSO_4$ 状态，在铅鼓风炉还原熔炼过程中 $ZnSO_4$ 发生如下反应：

$$2ZnSO_4 = 2ZnO + 2SO_2 + O_2 \tag{16-43}$$

砷在铅烧结块中以砷酸盐形式存在，在还原熔炼的温度和气氛下，砷酸盐被还原为 As_2O_3 和砷，As_2O_3 挥发到烟尘中，元素砷则一部分溶解于粗铅中，一部分与铁、镍、钴等结合为砷化物并形成黄渣。

锑化合物在铅还原熔炼过程中的行为与砷相似。锡主要以 SnO_2 的形式存在，SnO_2 在还原熔炼过程中按下式反应：

$$SnO_2 + 2CO = Sn + 2CO_2 \tag{16-44}$$

还原后的 Sn 大部分进入粗铅，小部分进入烟尘、炉渣和铅锍中。

镉主要以 CdO 形式存在，在 600～700 ℃的温度下，氧化镉被还原为金属镉，由于镉的沸点较低（776 ℃），易挥发，故在还原熔炼时，大部分镉进入烟尘中。

铋以 Bi_2O_3 形式存在，在鼓风炉还原熔炼时，被还原为金属铋进入粗铅中。

铅是金、银的捕收剂，鼓风炉还原熔炼时，大部分金、银进入粗铅中，只有很少一部分进入铅锍和黄渣中。

炉料中的 SiO_2、CaO、MgO 和 Al_2O_3 等脉石成分，在鼓风炉还原熔炼时不会被还原，它们全部与 FeO 一起形成炉渣。

一些炼铅厂鼓风炉炼铅炉渣的化学成分见表 16-13。

表 16-13 某些铅厂炼铅炉渣化学成分 （质量分数/%）

编号	Pb	Cu	ZnO	SiO_2	CaO	FeO	Al_2O_3	备注
1	1.8	0.5	15.8	22	16.24	31.8	—	MgO 计入 CaO 中
2	1.96	0.27	13.7	21.76	18.05	30.80	—	MgO 计入 CaO 中
3	1.5	0.5	12～15	26	17	28.6	—	—
4	2.3	—	23	21	14.7	25.6	5.7	MnO_2 4.3
5	3.5	0.25	18.7	20	9.0	28.8	—	—

16.4.2.2 铅鼓风炉还原熔炼的产物

铅鼓风炉还原熔炼的产物主要是粗铅和炉渣，由于原料成分和熔炼条件的不同，其产物还可能产出铅锍和黄渣。

烧结块中的各种含铅化合物和金属铅在鼓风炉内经过一系列的物理化学反应，得到粗铅，同时一些贵金属及其他金属，如铜、铋等也一起进入粗铅中。粗铅的成分因原料成分和熔炼条件的不同而变化很大，一般含 Pb97%～98%，如果是大量处理铅的二次原料，则含 Pb 会降到 92%～95%，粗铅需进行精炼，最后才能得到满足用户要求的精铅。

铅烧结块中的残硫量一般为 1.5%～3.0%，主要呈 PbS、$PbSO_4$ 形式存在，此外还有少量的 Cu_2O、ZnS、$ZnSO_4$、FeS、CaS、

$CaSO_4$ 等硫化物和硫酸盐。这些硫化物或硫酸盐在炼铅鼓风炉内被还原后，生成 Cu_2S、ZnS、FeS、PbS 等的金属硫化物共熔体，称为铅锍。在铅鼓风炉熔炼过程中，有时要求副产铅锍，其目的是为了富集烧结块中的铜。一些铅厂的铅锍成分见表 16-14。

表 16-14 炼铅鼓风炉所产铅锍成分 （质量分数/%）

厂别	Cu	Pb	Fe	S	Zn	As	Sb
1	12.5	17.18	28.54	17.6	12.76	—	—
2	15.0	9.1	37.9	23.6	5.4		
3	28.6	44.3	7.6	17.1	—	—	—
4	18～24	12～18	24～30	15～18	7～8	0.5～2.5	0.5～0.8

黄渣是鼓风炉炼铅在处理含砷、锑较高的原料时产出的金属砷化物与锑化物的共熔体。烧结块中的砷、锑氧化物及其盐类，在鼓风炉还原熔炼过程中被还原为砷、锑，然后与铜、铁族元素形成许多砷化物和锑化物，这些砷、锑化物在高温下互相熔融，形成鼓风炉黄渣。为了提高 Ag、Pb、Au 的直接回收率，铅鼓风炉熔炼一般不希望产出黄渣，只有当 As、Sb 或 Ni、Co 含量较高时，才考虑产出少量黄渣。一些铅厂炼铅鼓风炉所产黄渣的成分见表 16-15。

表 16-15 一些铅厂炼铅鼓风炉所产黄渣的成分 （质量分数/%）

编号	As	Sb	Fe	Pb	Cu	S	Ni+Co	Au	Ag
1	17～18	1～2	25～35	6～15	20～34	1.3	0.5～1.0	0.012	0.2
2	23.4	6.5	17.8	11.2	24.3	3.5	11.3	0.001	0.077
3	35.00	0.6	43.3	4.6	7.8	4.4		0.0007	0.134

16.4.2.3 炼铅鼓风炉的类型和结构

经多年实践和改进，目前，炼铅厂普遍采用上宽下窄的倾斜炉腹型鼓风炉，国外炼铅厂也有许多采用双排风口椅形水套炉的，称为皮里港式鼓风炉。两种鼓风炉，如图 16-9，图 16-10 所示。

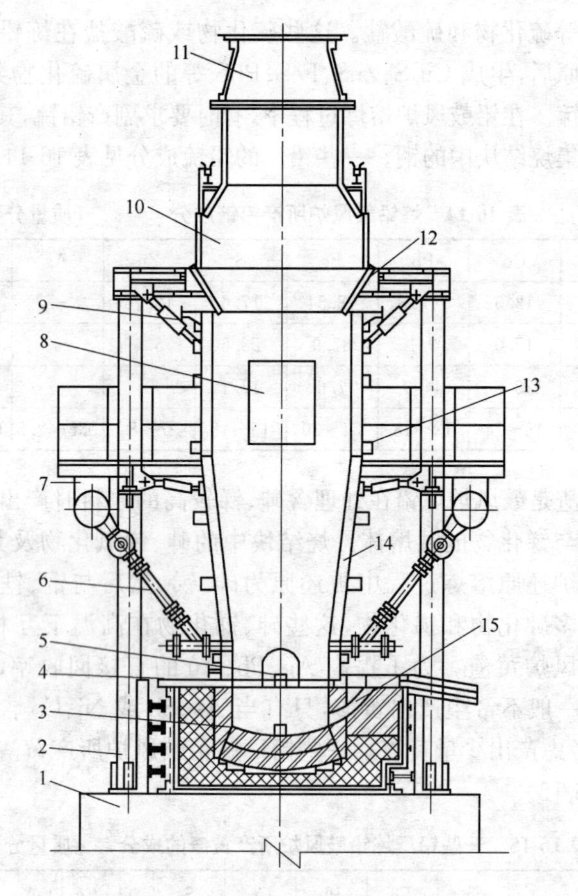

图 16-9　普通炼铅鼓风炉示意图

1—炉基；2—支架；3—炉缸；4—水套压板；5—咽喉口；6—支风管及风口；
7—环形风管；8—打炉结工作门；9—千斤顶；
10—加料门；11—烟罩；12—下料板；13—上侧水套；
14—下侧水套；15—虹吸道及虹吸口

铅鼓风炉由炉基、炉缸、炉身、炉顶和风管、水管系统及支架等组成。

炉基一般用硅酸盐混凝土浇注，高出地面 2～2.5 m，承受鼓风炉的全部质量，单位面积承受负荷的能力一般为 50～60 t/m²。

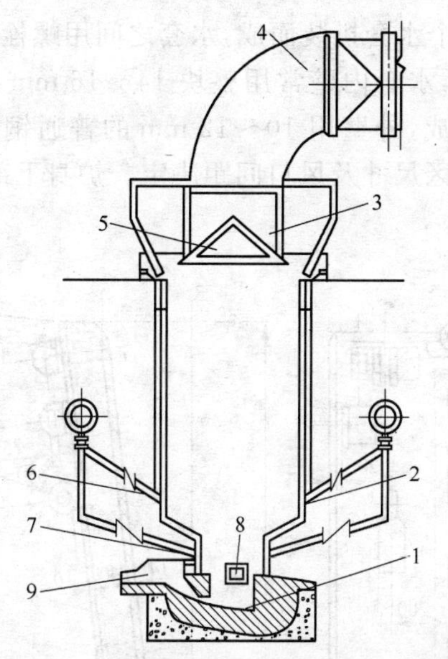

图 16-10 椅形双排风口炼铅鼓风炉示意图

1—炉缸；2—椅形水套炉身；3—炉顶；4—烟道；
5—炉顶料钟；6—上排风口；7—下排风口；
8—放渣咽喉口；9—出铅虹吸口

炉缸砌筑在炉基上，常用厚钢板制成炉缸外壳。炉缸用耐火材料砌筑结构如图 16-11 所示。

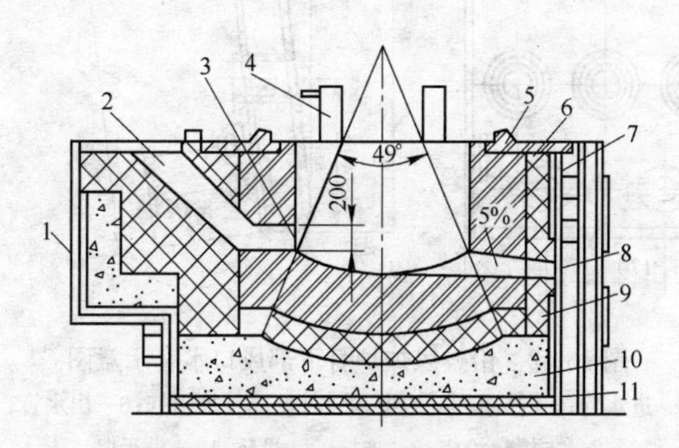

图 16-11 铅鼓风炉炉缸结构

1—炉缸外壳；2—虹吸道；3—虹吸口；4—U 形水箱；5—水套压板；6—镁砖砌体；
7—填料；8—安全口；9—黏土砖砌体；10—捣固料；11—石棉板

炉身由多个水套拼装而成，水套之间用螺栓扣紧并固定于炉子的钢架上，水套内壁常用整块 14～16 mm 的锅炉钢板压制成型焊接而成，外壁用 10～12 mm 的普通钢板。水套的宽度视炉子风口区尺寸及风口间距决定。炉身下部风口水套，如图 16-12 所示。

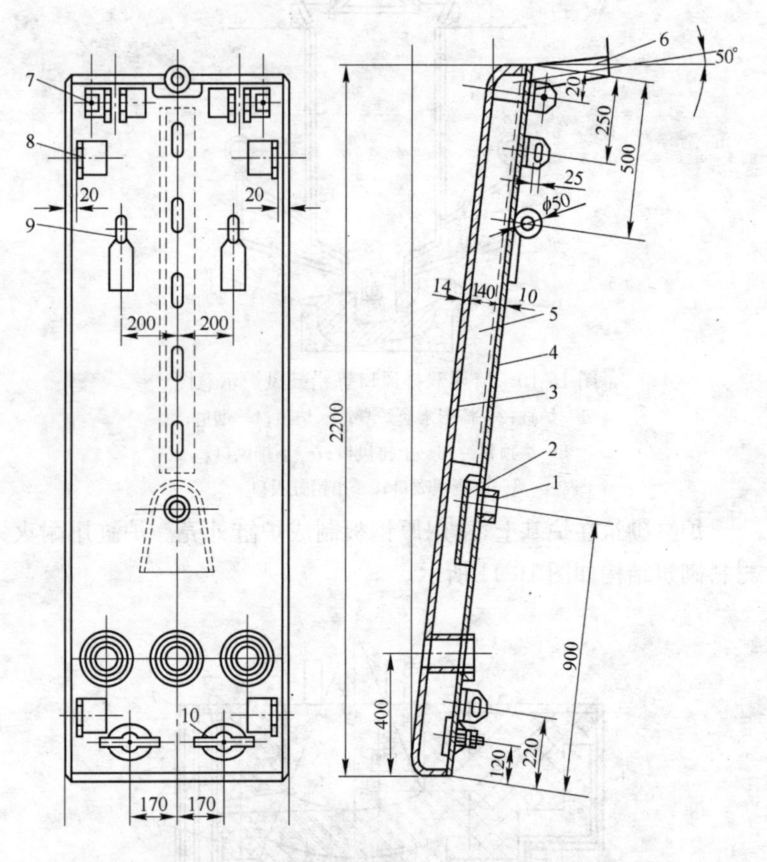

图 16-12　铅鼓风炉炉身下部风口水套示意图

1—进水管；2—挡罩；3—内壁；4—外壁；5—加强筋；6—出水管；7—支撑螺栓座；8—连接；9—吊环；10—排污口

炼铅鼓风炉结构的参数实例见表 16-16。

表 16-16 炼铅鼓风炉结构的参数实例

结构参数	国内炼铅厂				国外炼铅厂			
	Ⅰ	Ⅱ	Ⅲ	Ⅳ	Ⅰ	Ⅱ(2台)	Ⅲ(2台)	Ⅳ(2台)
风口区								
横断面积/m^2	8.0	8.65	5.6	6.24	11.7	11.4(11.5)	11.2(8.05)	11.2(8.4)
宽度/m	1.4	1.35	1.25	1.3	1.83	1.66(1.65)	1.4(1.4)	1.6(1.4)
长度/m	6.01	6.41	4.45	4.8	6.4	6.85(6.93)	8(5.75)	7(6)
炉子总高度/m	6.95	6	7	6.95				
料柱高度/m	3.5～4	3.3～3.8	3～3.5	3	5.9			
风口设置								
风口高度/m	0.45	0.29	0.4	0.45	0.58	0.505(0.505)		
风口直径/mm	100	93	92	100	57		100(97)	100(90)
风口个数	36	48	30	32	57	80(76)	76(56)	76(56)
风口比/%	3.53	3.77	3.55	4.05		4.32	5.33	5.33
炉腹角	3°36′	7°30′	9°12′	0°				
炉缸深度/m	0.7	0	0.7	0.163				
炉底厚度/m	0.78	0.80	0.87	0.89				

有炉缸的鼓风炉,熔炼产物主要在炉内进行分离沉淀,但排出的熔渣还含有少量金属和铅锍颗粒,需进一步进行分离回收。而无炉缸的鼓风炉,熔体产物均在炉外进行分离。目前大型铅厂均采用电热前床作为鼓风炉重要的附设分离设备,并同时作为鼓风炉与烟化炉之间的熔渣贮存器。

电热前床的结构一般是两端头为半圆形的矩形容器,外壳为普通钢板制成,两侧以立柱拉紧固定。电热前床结构,如图 16-13 所示,电热前床的主要技术性能指标见表 16-17。

鼓风炉料柱高度及相关技术指标见表 16-18;铅鼓风炉两种不同料柱操作的生产指标比较见表 16-19;铅鼓风炉水套的供水实例见表 16-20;国内炼铅厂铅鼓风炉冶炼的主要技术经济指标见表 16-21。

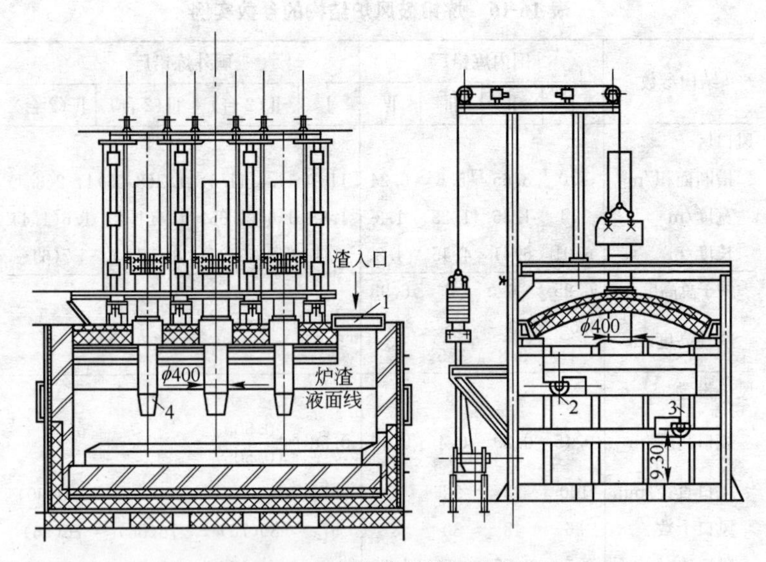

图 16-13　电热前床结构示意图

1—进渣口；2—放渣口；3—放铅口；4—电极

表 16-17　电热前床的主要技术性能指标

项　目	单位	床面积/m^2			项　目	单位	床面积/m^2		
		10	13	16.75			10	13	16.75
前床内部尺寸：长	mm	5200	5600	6200	电极中心距	mm	1200	1200	1200
宽	mm	2000	2600	2700	电极直径	mm	400	400	500
高	mm	1750	1960	2390	变压器功率	kV·A	750	1250	750
电极数量	根	3	3	3					

表 16-18　鼓风炉料柱高度及相关技术指标

厂名	炉料	风口区断面积/m^2	炉子有效高度/m	料柱高度/m	床能率/$t\cdot(m^{-2}\cdot d^{-1})$	鼓风强度/$m^3\cdot(m^{-2}\cdot min^{-1})$	风压/kPa	料面温度/℃	烟尘率/%
株洲冶炼厂	铅烧结块	8.56	6.0	3.5～4.0	50.5	44.5～47.2	13.3～14	150～300	2～4
水口山三厂	铅烧结块	5.6	5.4	3～3.5	60～70	35～45	12～17	250～450	<3

续表 16-18

厂名	炉料	风口区断面积/m^2	炉子有效高度/m	料柱高度/m	床能率/t·(m^{-2}·d^{-1})	鼓风强度/m^3·(m^{-2}·min^{-1})	风压/kPa	料面温度/℃	烟尘率/%
鸡街冶炼厂	铅团矿	6.24	5.0	3.0	50	26	11～16	200～300	7～8
豫光金铅公司	铅烧结块	5.6	6.0	3.5～4.5	70	45～50	11～22	250～400	8

表 16-19 铅鼓风炉两种不同料柱操作的生产指标比较

项目	单位	高料柱作业	低料柱作业	项目	单位	高料柱作业	低料柱作业
料柱高度	m	3.6～5.5	2.5～3.5	鼓风强度	m^3/(m^2·min)	25～35	40～60
床能率	t/(m^2·d)	50～55	60～70	鼓风压力	kPa	11～20	6.7～11
渣含铅	%	1～2	2～3.5	炉料空气消耗量	m^3/t	500～900	1440
焦率	%	10～13	7.5～10	烟气中含尘量	g/m^3	3～6	8～24
熔炼过程脱硫率	%	30～50	60～70	烟尘率	%	0.5～2.0	3～5
料面烟气温度	℃	100～300	300～600	铅直收率	%	93～96	85～90

表 16-20 铅鼓风炉水套的供水实例

厂名	炉子规格/m^2	水套内壁总面积/m^2	冷却方式和压力	耗水量/t·h^{-1}	产汽量/t·h^{-1}	单位面积水套耗水量/L·(m^{-2}·h^{-1})
株洲冶炼厂	8.65	68.09	汽化冷却 p=0.4 MPa	3	3	44
水口山三厂	5.6	70	汽化冷却 p=0.2～0.35 MPa	2	2	28.6
鸡街冶炼厂	6.24	48.8	水冷 p=0.2～0.3 MPa	132		2700
江西冶炼厂	1.2	16.1	上水套水冷，下水套汽化冷却 p=0.2～0.35 MPa	6～7	0.5	372～430

表 16-21　国内炼铅厂铅鼓风炉冶炼的主要技术经济指标

项　目	单　位	豫光金铅公司	株洲冶炼厂	水口山三厂	鸡街冶炼厂
风口区断面积	m^2	5.6	8.65	5.6	6.24
炉料含铅量	%	43	45～49	38～42	30～33
料柱高度	m	3.5～4.5	3～3.7	3～3.5	3.0
鼓风强度	$m^3/(m^2 \cdot min)$	40～45	44	25～35	26
炉渣成分					
FeO	%	25～38	30～33.2	32～36	37～40
SiO_2	%	21～30	17～19	20～24	25～27
CaO+MgO	%	16～20	19～21	17.5～19.5	16～17
Pb	%	≤2	3～5	2.5	1.5
Zn	%	≤12	10～15	10～15	3.34
床能率	$t/(m^2 \cdot d)$	70	43～53	60～70	50
焦率	%	12	11～13	9.6～10	5～6
铅直收率	%	95	90～95	86～90	80～85
铅回收率	%	95	95.5～97.5	95.5～97.5	95～97
锍产出率	%	0～5		0.1～0.4	5～6.5
渣率	%	55～65	43～50		56～58
烟尘率	%	8	2～3	<3	7～8
作业时率	%	98	75～85	>98	
金回收率	%	97	99	98	
银回收率	%	95	99	96	
粗铅成分					
Pb	%	97	95.7～97.0	96～98	95～96.7
Cu	%	≤0.5	0.7～2.5	0.5～1.5	0.1～0.3

烧结焙烧—鼓风炉还原熔炼这一传统的炼铅方法，处理能力大，原料适应性强，加之长期生产积累的丰富经验和不断的技术改造，使这一传统炼铅工艺还保持着活力，但该法存在着烧结过程中脱硫不完全，产出低浓度的烟气无法制酸，冶炼流程长，含铅物料运转量大，粉尘多，大量散发铅蒸气，严重恶化了车间劳动卫生条件，对环境造成严重污染，耗能大，生产率低等缺点。

目前，对烧结焙烧—鼓风炉还原熔炼工艺的改造和完善主要包括：

(1) 对烧结机结构进行改造，加大烧结机尺寸和提高密封效果；

(2) 采用富氧鼓风或热风技术，降低焦炭。据报道，当铅鼓风炉鼓入200～300 ℃的预热空气时，炉子生产能力可提高20%～30%，焦炭消耗降低15%～25%；

(3) 解决烧结焙烧过程中的烟气回收问题，较为成功的有丹麦的托普索法，其主要特点是不论烟气中二氧化硫浓度高低，均可用于产出93%～95%的硫酸。

16.5 硫化铅精矿的直接熔炼法

硫化铅精矿的直接熔炼法是指硫化铅精矿不经焙烧或烧结焙烧而直接生产出金属的熔炼方法。

30余年来，冶金工作者试图通过PbS受控氧化，即 $PbS+O_2=Pb+SO_2$ 的途径来实现硫化铅精矿的直接熔炼，以简化生产流程，降低生产成本，利用氧化反应的热能以降低能耗，产出的高浓度二氧化硫烟气用于制酸，以减少对环境的污染，但由于直接熔炼会产生大量的铅蒸气、铅粉尘，且熔炼产物不是粗铅含硫高就是炉渣含铅高，致使许多直接熔炼的方法都不是很成功。

近年来，冶金工作者根据金属硫化物直接熔炼的热力学原理，运用现代冶金强化熔炼的新技术，探寻结构合理的冶金反应器，对直接炼铅进行了多种方法的研究，其中有些方法已成功地用于工业实践，显示出直接熔炼法的强大生命力，可以预见，直接熔炼法将逐渐取代传统的铅冶炼法。

硫化铅精矿的直接熔炼法可分为两类：

(1) 把铅精矿喷入灼热的炉膛空间，在悬浮状态下进行氧化熔炼，然后在沉淀池进行还原和澄清分离，如基夫赛特法。这种熔炼方式也称为闪速熔炼法；

(2) 把铅精矿直接加入翻腾的熔体中进行熔炼，如QSL法、水口山法、奥斯麦特法和艾萨法等，这种熔炼方法称为熔池熔炼法。

各种方法的比较见表16-22。熔池熔炼法除了表中列出的底吹和顶吹法外，正在试验中的还有瓦纽柯夫法，它是一种侧吹的熔池熔炼方法。

表 16-22　硫化铅精矿直接熔炼各种方法比较

熔炼类型	闪速熔炼	熔池熔炼			闪速/熔池
喷吹方式		底吹		顶吹	
炼铅方法	基夫赛特法	QSL法	水口山法	奥斯麦特法/艾萨法	倾斜式旋转转炉(卡尔多炉)法
主要设备	精矿干燥设备；由闪速反应塔、有焦炭层的沉淀池和连通电炉三部分构成的基夫赛特炉	精矿制粒设备；设有氧化/还原两段的卧式长转炉	精矿制粒设备；只有氧化段的卧式短转炉	带有直插顶吹喷枪及调节装置的固定式坩埚炉	带有顶吹喷枪，既可沿横轴倾斜又可沿纵轴旋转的转炉
炉子数量	1台	1台	底吹转炉与鼓风炉各1台	氧化炉、还原炉（或鼓风炉）各1台	1台
作业方式	连续	连续	氧化熔炼连续	氧化熔炼连续	间断
精矿入炉方式	从反应塔顶部喷干精矿	制粒湿精矿下落入炉	制粒湿精矿下落入炉	湿精矿（块矿）下落入炉	干/湿；喷枪喷吹下落
氧气入炉方式	通过顶部氧气-精矿喷嘴	通过设在炉底的喷枪	通过设在炉底的喷枪	顶吹浸没喷入熔池	通过水冷却喷枪
氧化过程	在反应塔内完成	在底吹转炉氧化段完成	在底吹转炉完成	在顶吹炉完成	在同一炉内分批进行
还原过程	主要在沉淀池焦滤层进行	在底吹转炉还原段完成	用鼓风炉还原	在另一座顶吹炉或鼓风炉还原	在同一炉内分批进行
使用工厂	乌-卡尔(哈)；维斯姆港厂(意)；特累尔厂(加)	斯托尔贝格厂(德)；高丽锌公司温山厂(韩)；西北铅锌厂(中)	豫光金铅公司(中)；池州冶炼厂(中)；水口山三厂(中)	诺丁汉姆厂(德)；云南驰宏锌锗股份有限公司(中)	比利顿公司隆斯卡尔厂(瑞典)

16.5.1 氧气底吹炼铅法

16.5.1.1 QSL 法

该法属于熔池熔炼法。它是利用熔池熔炼的原理和浸没底吹氧气的强烈搅动，使硫化物精矿，含铅二次物料与熔剂等原料在反应器（熔池）内充分混合，迅速熔化和氧化，生成粗铅、炉渣和 SO_2 烟气的方法。

QSL 法于 1973 年提出，也在德国斯托尔贝格（Stolberg）炼铅厂和韩国高丽锌公司温山（Onsan）冶炼厂取得成功，20 世纪 90 年代，我国西北铅锌冶炼厂曾引进了一套 QSL 设备。

QSL 法炼铅，如图 16-14 所示。德国斯托尔贝格炼铅厂 QSL 法炼铅工艺流程，如图 16-15 所示。韩国高丽锌公司温山冶炼厂 QSL 法与传统炼铅法的比较见表 16-23。

表 16-23 韩国高丽锌公司温山冶炼厂 QSL 法与传统炼铅法的比较

传统炼铅法		QSL 法	
烧结加入		加入	
精矿	1000(65%Pb)	精矿	1000(65%Pb,含二次物料)
熔剂	130	熔剂	7
点火用油	4	煤	95
水	256	软化水	13
空气	6200	空气	45
烧结烟尘	150(返回料)	烟尘	192(返回料)
烧结返粉	2000(返回料)	氧气	288
鼓风炉烟尘	160(返回料)	氮气	65
鼓风炉返渣	560(返回料)		
烧结产出			
烧结块			
返粉	2000		
烟尘	150		
鼓风炉加入		产出	
烧结块		粗铅(98%Pb)	645
焦炭	155	炉渣	214
空气	880	烟气	936
鼓风炉产出		烟尘	192
粗铅(98%Pb)	630	Pb-Zn 氧化物	62
炉渣	320		
烟气	1025		
烟尘	160		
返渣	560		

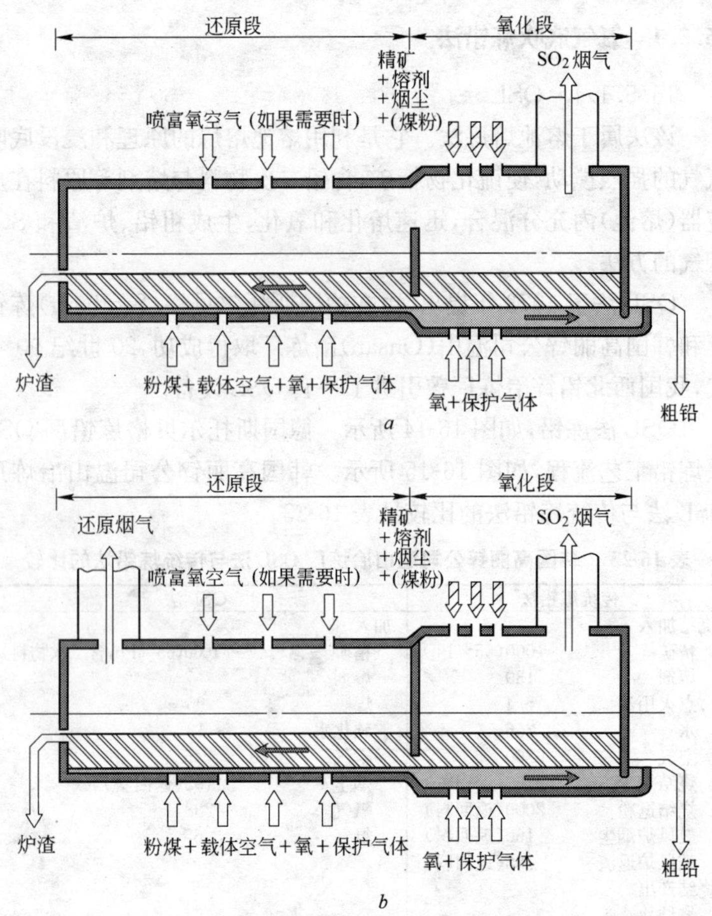

图 16-14　QSL 法炼铅示意图

a—氧化段与还原段烟气不分流；*b*—氧化段与还原段烟气分流

QSL 法具有以下优点：(1)备料简单，充分利用了硫化铅精矿成球性能好的特点，只需一次混合，一次成球，无需干燥即可入炉；(2)设备简单，在一个密闭的设备中直接熔炼出粗铅，粗铅含硫低，精炼前粗的铅可以无需脱硫；(3)布局合理，在一个反应器内创造了合理的氧位梯度和温度梯度，从而生成稳定的渣组成梯度和渣含铅梯度，QSL 法可以按冶金反应的进程在炉内控制不同氧位，

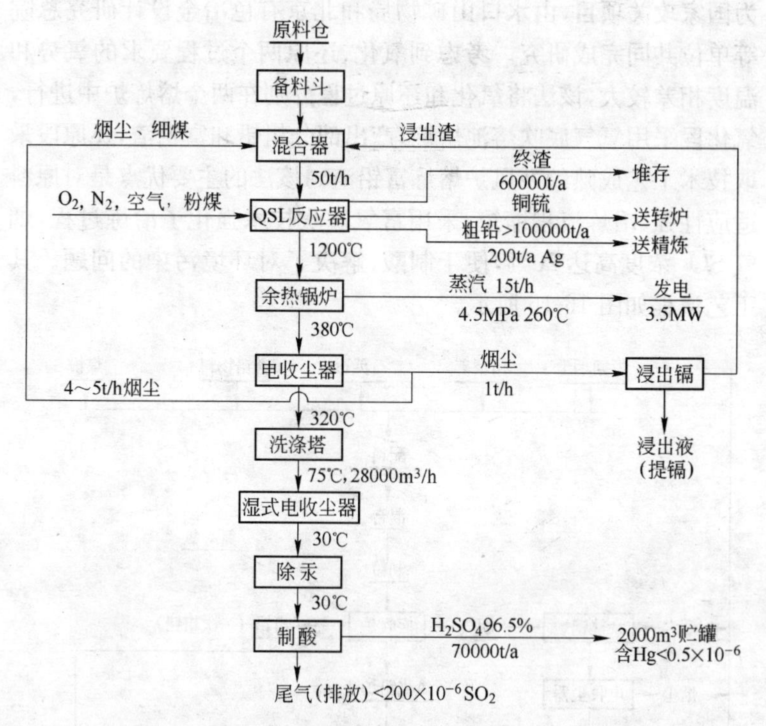

图 16-15　德国斯托尔贝格炼铅厂 QSL 法炼铅工艺流程

给改善粗铅含硫和炉渣含铅两项主要指标创造了有利条件，适应性强，处理的物料大部分可以是湿料和球团，而无需干燥，粉尘飞扬也很少，硫回收率高。

原料中硫几乎全部进入烟气。且余热利用程度高，环境卫生达到工业环保标准。其缺点是氧化区和还原区相当集中，要求对过程控制精细，对过程掌握需要较长时间，喷枪寿命短。氧气喷枪寿命 150～1600 h，粉煤喷枪使用期为 2～3 个月，要求经常更换的喷枪，既影响连续作业，又增加了生产费用，烟尘率高达 25%，必须返回处理；另外，渣含铅高，一定要配合烟化才能得到弃渣。

16.5.1.2　水口山炼铅法(SKS 法)

该法为我国自主开发的一种氧气底吹直接炼铅法，1993 年列为国家攻关项目，由水口山矿物局和北京有色冶金设计研究总院等单位共同完成研究。考虑到氧化、还原两个过程要求的氧势和温度相差较大，该法将氧化和还原过程分别在两个熔炼炉中进行，氧化段采用氧气底吹熔池熔炼，产出部分粗铅和富铅渣，还原段采取技术工艺成熟的鼓风炉熔炼富铅渣。该法的主要优点是对原料适应性强、冶炼流程缩短，采用富氧底吹技术强化了冶炼过程，烟气 SO_2 浓度高达 20%，便于制酸，解决了对环境污染的问题。其工艺流程如图 16-16 所示。

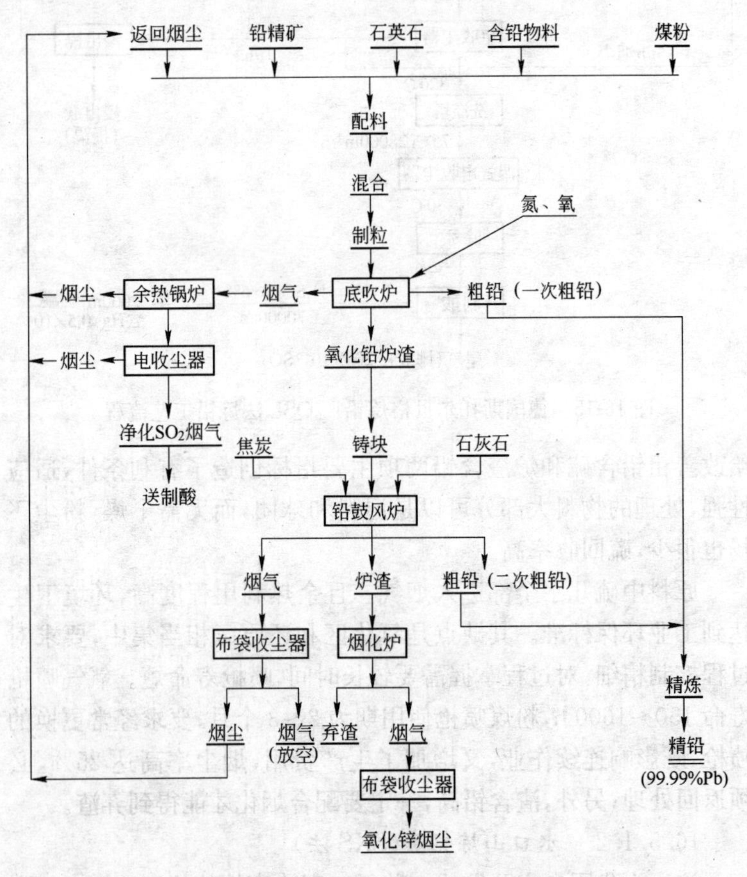

图 16-16 水口山炼铅法工艺流程

16.5.2 基夫赛特炼铅法

该法是前苏联有色金属矿冶科学院开发的直接炼铅的方法，全称为氧气鼓风旋涡电热熔炼法，是一种较成熟的直接炼铅工艺，自 1986 年投产以来，经过不断的改进，现在前苏联、德国、意大利、玻利维亚和加拿大等 7 家工厂使用。

基夫塞特炼铅炉主要由四部分组成：

(1) 安装有氧气—精矿喷嘴的反应塔；

(2) 具有焦炭过滤层的沉淀池；

(3) 贫化炉渣、挥发锌的电热区；

(4) 冷却烟气并捕集高温烟尘的直升烟道，即立式余热锅炉。

该工艺的特点是含铅物料与工业纯氧一起喷入炉内，同时加入作为还原用焦炭。在炉内一次冶炼成粗铅并排除弃渣，经净化后的烟气用于制酸，其主要优点是工艺流程稳定，设备使用寿命长、每个炉期可达 3 年，对原料的适应性强，可以处理不同品位的铅精矿、铅银精矿、铅锌精矿和鼓风炉难以处理的硫酸盐残渣、湿法锌厂产出的铅银渣、废铅蓄电池糊、各种含铅烟尘，焦耗少，精矿热能利用和余热回收率较高，烟尘率低，仅为 5%，金属和硫的回收率高。其缺点为：对原料的要求较高，入炉的物料粒度要求小于 1 mm，物料需干燥，电热沉淀耗电高，需要含氧浓度大于 90%的工业氧，需配套建设制氧厂，一次投资较高。

基夫塞特炼铅炉结构如图 16-17 所示，基夫塞特炼铅炉反应塔和

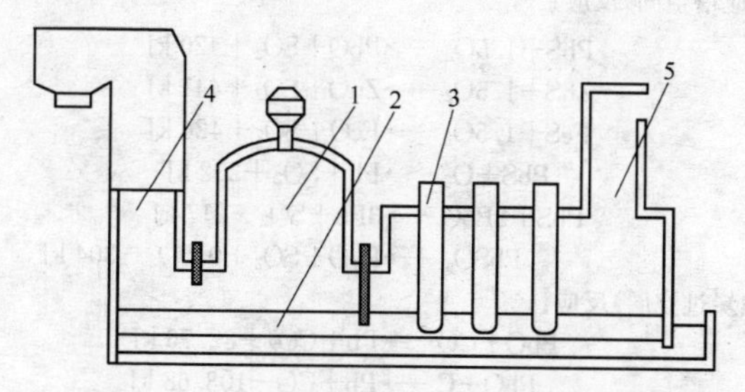

图 16-17 基夫塞特炼铅炉结构示意图

1—反应塔；2—沉淀池；3—电热区；4—直升烟道；5—复燃室

焦滤层的垂直断面如图 16-18 所示。意大利维斯姆港(Port Vesme)炼铅厂基夫塞特炼铅法的主要生产技术指标见表 16-24。

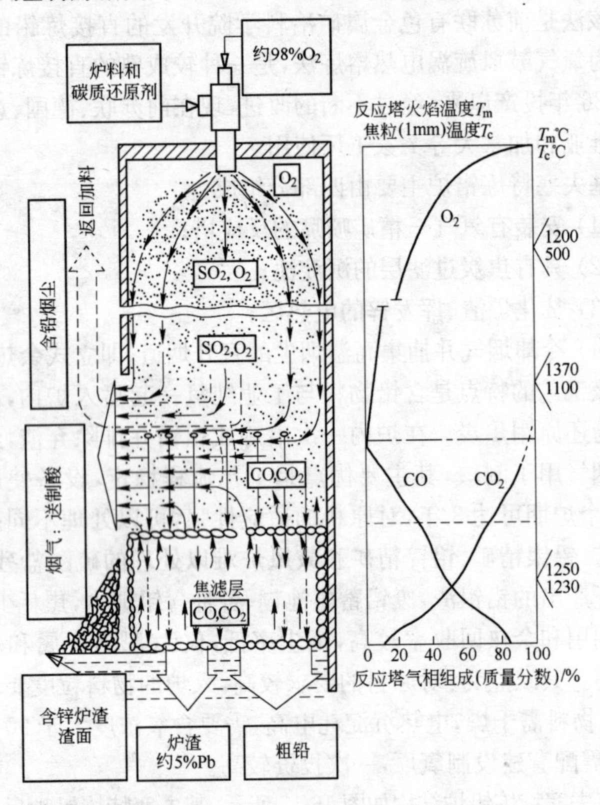

氧化(反应塔空间)反应：

$$PbS + 1.5O_2 \longrightarrow PbO + SO_2 + 420\ kJ$$

$$ZnS + 1.5O_2 \longrightarrow ZnO + SO_2 + 441\ kJ$$

$$FeS + 1.5O_2 \longrightarrow FeO + SO_2 + 426\ kJ$$

$$PbS + O_2 \longrightarrow Pb + SO_2 + 202\ kJ$$

$$PbS + 2PbO \longrightarrow 3Pb + SO_2 - 217\ kJ$$

$$PbSO_4 \longrightarrow PbO + SO_2 + 0.5O_2 - 304\ kJ$$

还原(焦炭过滤层)反应：

$$PbO + CO \longrightarrow Pb + CO_2 + 82.76\ kJ$$

$$PbO + C \longrightarrow Pb + CO - 108.68\ kJ$$

$$CO_2 + C \longrightarrow 2CO - 165.8\ kJ$$

图 16-18　基夫塞特炼铅炉反应塔和焦滤层的垂直断面示意图

表 16-24 意大利维斯姆港炼铅厂基夫塞特炼铅法的主要生产技术指标

项 目	指标数	项 目	指标数
炉料脱硫率/%	97	从含硫烟气回收蒸汽量/t·t^{-1}炉料	0.6(4 MPa)
炉渣产率/%	24~30	从电炉烟气回收热/kJ·t^{-1}炉料	2.09×10^5
含铅/%	1.5~2	炉料单位消耗:O_2/m^3·t^{-1}	165
含锌/%	7~10	焦炭/kg·t^{-1}	45(100%C)
氧化锌产率/%	4~5	电极/kg·t^{-1}	1
含铅/%	约 20	电耗/kW·h·t^{-1}	140
含锌/%	约 60	空气中铅浓度/μg·m^{-3}	<50
电收尘器出口 SO_2/%	23	废水(净化后返回水淬)/m^3·h^{-1}	3
出口含尘量/mg·m^{-3}	20	铅直收率/%	97.0
循环烟尘量/%	5	设备作业率/%	>96

注:1. 原料平均成分(%):Pb50.0,Zn6.0,Cu0.3,Fe7.0,$SiO_2$7.0,其他 19.7;

2. 其他金属直收率(%):Ag98.5,Cu80.0,Sb92.0;

3. 粗铅成分:Pb97.5%,Ag1370 g/t。

16.5.3 富氧顶吹炼铅法

富氧顶吹炼铅法主要包括艾萨法和奥斯麦特熔炼法,其核心为顶吹浸没喷枪技术,故也称浸没熔炼或沉没熔炼。

16.5.3.1 艾萨—鼓风炉还原炼铅工艺

艾萨—鼓风炉还原炼铅工艺是澳大利亚芒特艾萨公司 ISA 熔炼装备与云南冶金集团总公司自主研发的富铅渣鼓风炉熔炼技术进行组合创新而形成的一种高效、节能、清洁的炼铅新工艺,也称为富氧顶吹熔炼—鼓风炉还原炼铅工艺。2005 年 6 月,在云南冶金集团总公司下属的云南驰宏锌锗股份有限公司规模为每年 8 万 t 粗铅的铅冶炼厂也正式投入生产应用,效果良好。随后,于 2006 年,与澳大利亚 Xtrata 公司(原 Mount Isa 公司),共同将该炼铅工艺推广应用到哈萨克斯坦哈氏锌业公司,并首次正式使用 I-Y 铅冶炼方法登记,Y 为云南冶金集团总公司英文名称缩写

YMG(现称 CYMG)的第一个字母。

硫化铅精矿采用 ISA 炉富氧顶吹氧化熔炼，在熔池内熔体—炉料—富氧空气之间强烈搅拌和混合，大大强化了热量传递、质量传递和化学反应速度；物料一入炉就开始反应，相应地延长了反应时间，因此反应过程更加充分。ISA 炉的喷枪直接插入熔池，使用特殊的喷枪结构，实现了枪位自动调节控制，同时喷枪容易拆卸，大大提高了更换的速度。炉体结构紧凑，整体设备简单，操作简易，生产费用低。还原熔炼以鼓风炉熔炼为基础，增加热风技术、富氧供风技术和粉煤喷吹技术，形成独特的 YMG 炉还原技术，处理能力大幅度提高，焦炭消耗和渣含铅降低。

富氧顶吹熔炼—鼓风炉还原炼铅工艺(I-Y 铅冶炼方法)，具有如下优点：

(1) 处理能力大，生产效率高。ISA 炉设计日处理物料 440 t/d，实际生产中一般处理物料量在 550～650 t/d 以上，最高达 760 t/d。如果要继续提高处理能力，只需直接将富氧浓度适当提高，不需要增加大的硬件投入；

(2) 原料适应性强。在 1 年多的生产实践中，ISA 炉成批量(5000)处理的物料有优质铅精矿，有含 Cu、Zn 严重超标的物料，也有含铅只有 25%的渣料，同时也处理过电铅铜浮渣等多种复杂物料；

(3) 设备配套、灵活。ISA 炉与鼓风炉(YMG 炉)之间用铸渣机连接，可以连续，也可以断开，互相制约度小；

(4) 环保效果优越。ISA 炉的密封性好，冶炼过程中烟气泄露点少，作业环境好，同时，产生的烟气 SO_2 浓度高，能完全满足制酸要求，SO_2 回收利用率高；

(5) 生产效率高。整个工艺采用 DCS 控制，自动化程度高，生产效率大；

(6) 鼓风炉增加自有的专利技术后，处理能力大幅度提高，床处理能力达到 75 t/(m²·d)。

富氧顶吹熔炼—鼓风炉还原炼铅生产工艺利用了 ISA 炉氧

化熔炼和鼓风炉还原熔炼的优势,并考虑了湿法炼锌浸出渣的处理问题,增加了烟化炉系统,其工艺流程如图 16-19 所示。

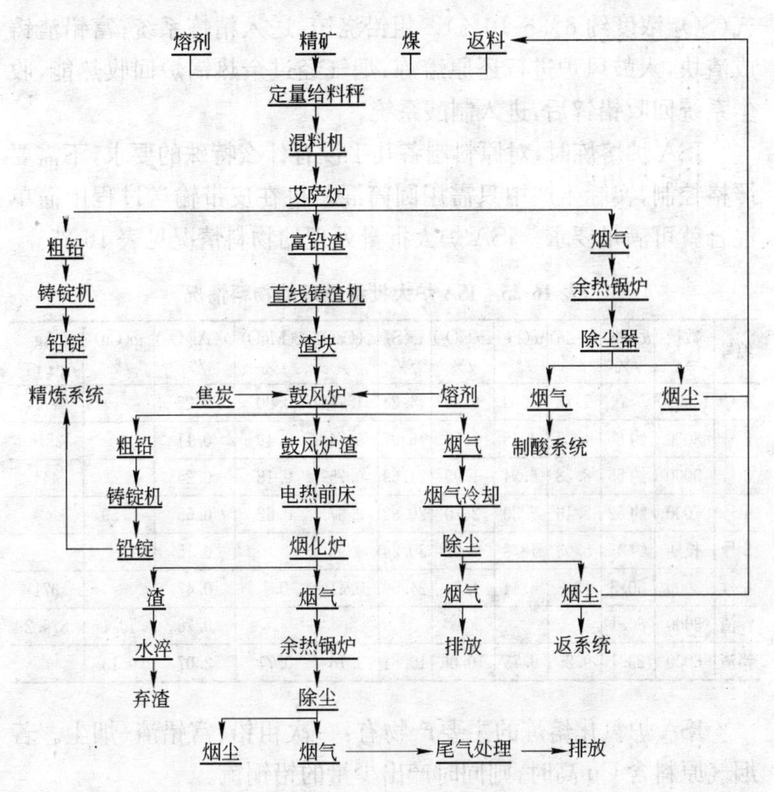

图 16-19 艾萨—鼓风炉还原炼铅工艺流程

艾萨炉熔炼实现了高度的自动化控制,从配料、上料、炉内气氛、温度控制、设备运行状况等的监控,都能通过 DCS 系统完成。

熔炼的主要物料有铅精矿、石英石熔剂、烟尘返料、煤(煤是主要燃料,也可以采用油,但应从喷枪喷入炉内。兼有还原剂的作用)。物料在料仓内,由抓斗吊车混合均匀,抓到各自对应的中间料仓,通过定量皮带秤精确控制,首先将设定的加料速度、物料分析数据,输入中心计算机,完成物料平衡计算,然后将各种物料量传输到对应的计量秤,控制皮带秤的运行,全部物料传送到主皮带，经过混合制粒后，送入艾萨炉熔炼。根据熔炼情况，调节风量、氧浓度、氧料比，完成各种反应，产出粗铅、富铅渣、高浓度 SO_2 烟气（SO_2 浓度约 8%～10%）。粗铅浇铸，送入精炼系统；富铅渣铸成渣块，入鼓风炉进行还原熔炼；烟气经过余热锅炉回收热能，收尘系统回收铅锌后，进入制酸系统。

ISA 炉熔炼时，对原料制备几乎没有什么特殊的要求，不需要严格控制，实际生产中只需用圆筒混料机在皮带输送过程中简单混合就可满足要求。ISA 炉大批量处理的物料情况见表 16-25。

表 16-25　ISA 炉大批量处理的物料情况

编号	数量/t	w(Pb)/%	w(Zn)/%	w(Fe)/%	$w(SiO_2)$/%	w(S)/%	w(CaO)/%	w(MgO)/%	$w(Al_2O_3)$/%	w(Cu)/%	Ag/$g \cdot t^{-1}$
1号	150000	>71	1.73	1.89	0.96	14.24	1.70	0.90	0.22		
2号	8000	约 65	4.35	4.45	1.82	16.07	0.74	0.49	0.11		2816
3号	5000	约 55	8.28	6.94	1.99	21.69	0.75	0.18	0.24		444
4号	7000	约 52	8.16	7.30	2.70	20.82	0.67	0.82	0.53	2.59	
5号	长期	约 45	5.03	18.9	0.62	30.24	0.96		0.15		
6号	3000	50.3	13.3	6.44	4.34	24.59	0.41	0.1	0.47		371
浮渣	3000	80.1							0.76	10.1	875.2
铅渣	6000	23.1	9.25	6.75	10.06	10.81	3.16	0.71	2.07	0.13	

ISA 炉氧化熔炼的主要产物有：一次粗铅、富铅渣、烟尘。若烟气原料含 Cu 高时，则同时产出少量的铅铜锍。

ISA 炉产出的一次粗铅外观质量较好，杂质少、纯度高，生产实践中，粗铅总量的 70%含铅超过 98%，少数（总量的 5%以下）小于 96%。产出的粗铅成分见表 16-26。

表 16-26　产出的粗铅成分　　（质量分数/%）

Pb	Cu	Sb	Bi	As	Ag
98.45	0.4	0.09	0.0060		0.439
98.3	0.39	0.027	0.0113	0.002	0.419
99.6	0.160	0.146	0.0209	0.03	0.114
98.12	0.36	0.012	0.0296		0.427

续表 16-26

Pb	Cu	Sb	Bi	As	Ag
97.96	0.51	0.04	0.0266	0.04	0.534
97.5	0.42	0.07	0.0153		0.243
98.7	0.87	0.09	0.0202	0.01	0.201
98.8	0.63	0.08	0.0158		0.198

生产中 ISA 炉产出的部分富铅渣化学成分见表 16-27。ISA 炉产出的烟尘成分见表 16-28。

表 16-27 ISA 炉产出的部分富铅渣化学成分 （质量分数/%）

Pb	Fe	SiO_2	S	Zn	CaO	MgO	Al_2O_3	SiO_2/Fe	CaO/SiO_2
48.70	16.10	13.00	0.24	7.90	3.00	1.43	1.17	0.81	0.23
44.16	14.62	13.95	0.38	7.36	3.29	1.69	1.77	0.95	0.24
48.20	9.87	13.77	0.65	5.78	3.19	1.25	1.18	1.40	0.23
50.77	6.90	7.75	0.06	3.95	3.51	1.43	1.32	1.12	0.45
49.94	8.61	6.13	0.10	5.61	2.93	1.08	0.97	0.71	0.48
44.79	16.70	16.45	0.17	8.23	3.04	1.43	1.96	0.99	0.18
30.3	17.98	14.96	0.28	24.33	4.32			0.83	0.29

表 16-28 ISA 炉产出的烟尘成分 （质量分数/%）

Pb	S	Zn
64.76	5	2.43
58.4	5.4	3.2
55.25	4.8	4.35
57.29	5.1	4.98

烟气组成与氧化熔炼的富氧浓度、物料硫含量关系密切。烟气中，SO_2 浓度大多在 8%～13%之间，高的时候可达 15%左右。O_2 浓度在 6%～9%之间。烟气含尘量很高，达 60～70 g/m³，经除尘后可降到原含量的 1%以下。烟气量为鼓入风量的 1.6～1.8 倍。

鼓风炉以富铅渣为原料，配入适当的石英石和石灰石，产出粗铅。鼓风炉炉渣含铅 3%～3.5%，进入电热前床，后进入烟化炉。电热前床中有少量的铅再次沉淀，实际进入烟化炉的渣含铅在

3%以下。鼓风炉的烟尘含铅为40%～45%，烟尘率在3%以下，可全部返回ISA炉熔炼系统。部分鼓风炉烟尘的实际分析数据见表16-29，部分鼓风炉渣分析数据见表16-30。

表16-29　部分鼓风炉烟尘的实际分析数据　（质量分数/%）

Pb	S	Zn
45.05	1.58	21.57
46.93	1.96	19.58
57.23	2.72	16.92
50.16	1.85	16.22

表16-30　部分鼓风炉渣分析数据　（质量分数/%）

Pb	Fe	SiO_2	S	Zn	CaO	MgO	Al_2O_3
1.94	26.51	22.59	0.11	12.19	13.78	2.44	3.45
1.49	26.18	22.94	0.12	10.05	15.39	2.20	3.01
1.51	28.13	21.70	0.074	12.77	16.14	2.52	3.50
1.12	28.73	23.44	0.345	9.978	15.13	1.92	4.06
2.31	27.45	22.98	0.32	9.52	16.49	2.09	4.29
1.24	26.75	26.87	0.097	10.21	16.21	2.88	3.21
1.28	25.51	22.59	0.11	10.19	163.78	2.44	3.45
1.94	22.62	22.40	0.21	11.19	15.56	2.29	3.97
2.51	25.98	24.24	0.13	10.90	17.06	2.43	3.42
1.49	29.18	22.94	0.19	10.05	15.39	2.20	3.01

鼓风炉的烟气成分主要是CO_2、N_2等，SO_2浓度很低，即便生产中喷入粉煤（即用粉煤取代部分焦炭，这是YMG炉的关键技术之一），烟气中的SO_2浓度也在500 mg/m^{3}以下，可无需处理而达标排放。

富氧顶吹熔炼—鼓风炉还原炼铅的设备主要有艾萨炉、喷枪、余热锅炉、烧嘴、喷枪卷扬、鼓风炉、电热前床等。辅助系统有供风、收尘、铸渣、铸铅、制酸等外部系统。

艾萨炉是直立的圆柱体炉，炉底是球缺形反拱底，上部呈喇叭扩大形，最外层由钢板焊接而成，炉底直接制作成倒拱球形钢壳。艾萨炉结构，如图16-20所示。喷枪结构，如图16-21所示。

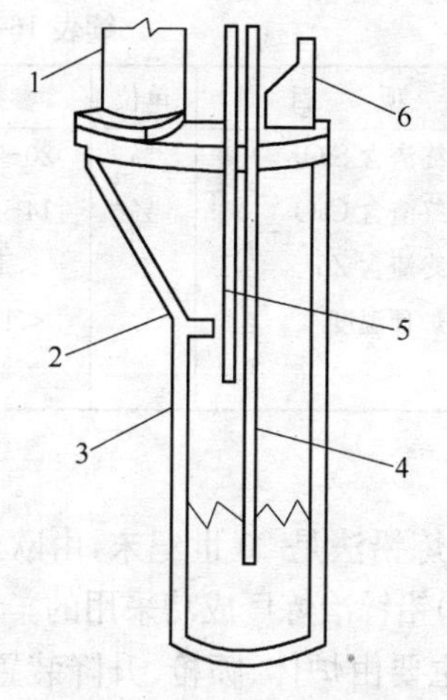

图 16-20 艾萨炉结构示意图

1—垂直烟道；2—阻溅板；3—炉体；4—喷枪；5—辅助燃烧喷嘴；6—加料箱

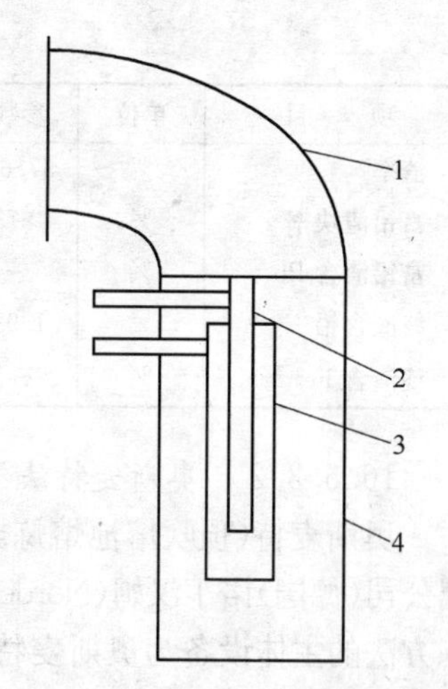

图 16-21 艾萨炉喷枪结构示意图

1—软管；2—测压管；3—油管；4—风管

富氧顶吹熔炼—鼓风炉还原炼铅工艺的主要技术指标见表16-31。

表 16-31 富氧顶吹熔炼—鼓风炉还原炼铅工艺的主要技术指标

项 目	单位	参数	项 目	单位	参数
ISA 炉生产工艺指标			熔池高度	m	<2.3
日处理物料量	t/d	550～650	富铅渣含 Pb	%	40～50
日最大处理物料量	t/d	760	富铅渣 SiO_2/Fe		0.8～1.0
混合料品位	%	55～65	富铅渣 CaO/SiO_2		0.3～0.5
混合料水分	%	约 8.5	熔池温度	℃	920～1000
燃料煤率	%	<1	粗铅产率	%	40～60
石英砂	%	2～5	烟尘率	%	13～15
石灰石	%	2～4	烟气 SO_2 浓度	%	8～15
富氧浓度	%	≥34	氧气浓度	%	90～93
二次风量	m^3/s	≥1.0	ISA 炉最大床能力	$t/(m^2 \cdot d)$	103
喷枪供风压力	MPa	0.2	鼓风炉生产工艺指标		
ISA 炉床能力	$t/(m^2 \cdot d)$	80～90	炉床能力	$t/(m^2 \cdot d)$	61.25
O_2/Consumption	m^3/t	80～110	焦率	%	13.14
			烟尘率	%	2.47

续表 16-31

项　　目	单位	参数	项　　目	单位	参数
渣率	%	57.60	终渣含 SiO_2	%	20～24
富铅渣块率	%	>73	终渣含 CaO	%	14～17
富铅渣含 Pb	%	35～45	终渣含 Zn	%	<11
终渣含铅	%	1.98	炉顶温度	℃	<180
终渣含 Fe	%	27～29			

16.5.3.2　奥斯麦特法

奥斯麦特(顶吹熔池熔炼方法)炼铅法是20世纪末,由欧洲金属公司(德国)诺丁汉姆(Nordenham)铅锌冶炼厂成功采用的。该熔炼方法的主体设备为奥斯麦特炉,主要由炉体、喷枪、升降装置、加料装置、排渣口、出铅口、烟气出口等组成。其结构如图16-22所示。

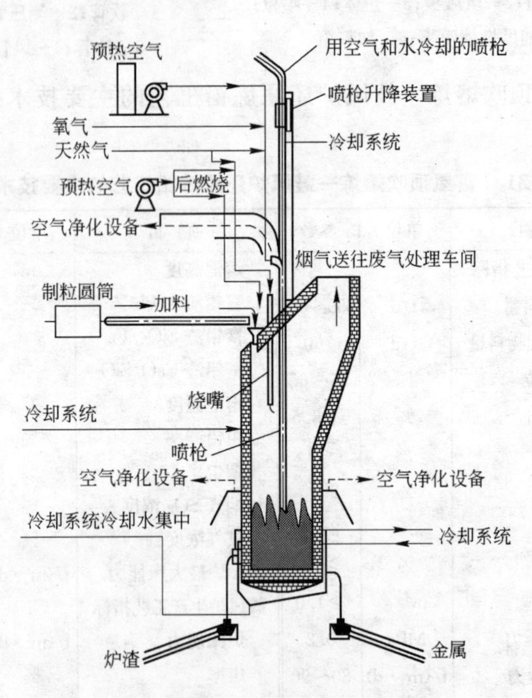

图 16-22　奥斯麦特熔炼炉示意图

诺丁汉姆厂的奥斯麦特炼铅工艺流程如图16-23所示，目前工业上运行的奥斯麦特炉外径4.2 m，高9.5 m。年处理量为12×10^4 t/a铅精矿和其他含铅二次物料。熔炼产出的一次粗铅送往精炼，产出的初渣成分为：Pb 40%～60%，Zn 5%～15%，SiO_2 10%～20%，CaO 5%～10%，FeO 10%～30%。奥斯麦特炼铅工艺与传统的烧结焙烧—鼓风炉还原熔炼工艺比较，环保效益较好，其重金属和二氧化硫逸放量的比较见表16-32。

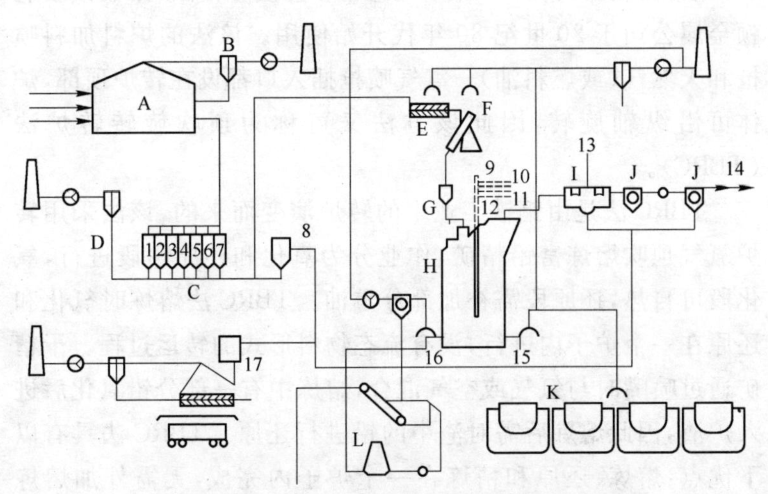

图16-23　诺丁汉姆厂的奥斯麦特炼铅工艺流程

A—原料仓库；B,D—收尘器；C—配料设备；E—螺旋加料机；F—制粒机；G—炉料分配器；H—奥斯麦特熔炼炉；I—热交换器；J—电收尘器；K—脱铜槽；L—炉渣水淬；1—精矿；2—废蓄电池糊；3—煤；4—火法精炼渣；5—石灰石；6—河砂；7—赤铁矿；8—烟尘；9—天然气；10—空气；11—氧气；12—屏蔽空气；13—蒸汽；14—SO_2烟气；15—粗铅；16—炉渣；17—氧化锌烟尘

表16-32　重金属和二氧化硫逸放量的比较　(kg/a)

炼铅方法	Pb	Cd	Sb	As	Tl	Hg	SO_2
传统法(1990年)	24791	572	460	219	38	17.2	7085
奥斯麦特法(1997年)	1451	4.05	27.52	5.58	1.27	0.87	140.4
对比/%	−94.1	−99.3	−94	−97.5	−96.7	−94.4	−98.0

奥斯麦特炼铅工艺在韩国高丽锌公司获得了应用，目前该公司有 4 座奥斯麦特炉，用于处理各种铅锌废料，如氧化锌浸出渣、铅烟尘、QSL 法炼铅炉渣和废蓄电池糊等杂料。

16.5.4　倾斜式旋转转炉法

倾斜式旋转转炉（又称卡尔多炉）直接炼铅法，由瑞典玻利顿金属公司于 20 世纪 80 年代开始使用。该法的炉料加料喷枪和天然气（或燃料油）—氧气喷枪插入口都设在转炉顶部，炉体可沿纵轴旋转，因此该方法又可称为顶吹旋转转炉法（TBRC）。

TBRC 法是由钢铁工业中的转炉演变而来的，该法采用转炉氧气顶吹熔炼富铅精矿，作业分为氧化和还原两段进行，氧化段可自热，还原段需补加部分重油。TBRC 法熔炼时氧化和还原在一个炉子内进行，没有流态物料形式的转运过程。干精矿通过喷嘴时与氧气或空气混合，熔炼中有一部分铅氧化后进入炉渣，因此熔炼后需对渣中的铅进行还原。TBRC 法具有以下优点：熔炼、还原和精炼在一个炉子内完成，无需外加熔炼炉；炉料可直接加入炉内，无需制团、筛分等预处理；生产灵活，无论高、低品位原料都可在同一周期内分别或同时处理，适应性强，可处理各种物料，包括精矿、再生铅、贵金属泥及烟尘等；炉子结构紧凑、密封性好，可防止排放物扩散，满足环保要求。但该法为阶段性作业，烟气浓度时高时低，不易控制，不利于 SO_2 的回收和利用，且要求入炉物料含水小于 0.5%，需复杂的干燥系统，还原期还需加油。

倾斜式旋转转炉，又称卡尔多炉（Caldo），由圆筒形炉缸和喇叭形炉口组成，炉体外壳为钢板，内砌铬镁砖，如图 16-24 所示。其工艺流程如图 16-25 所示。

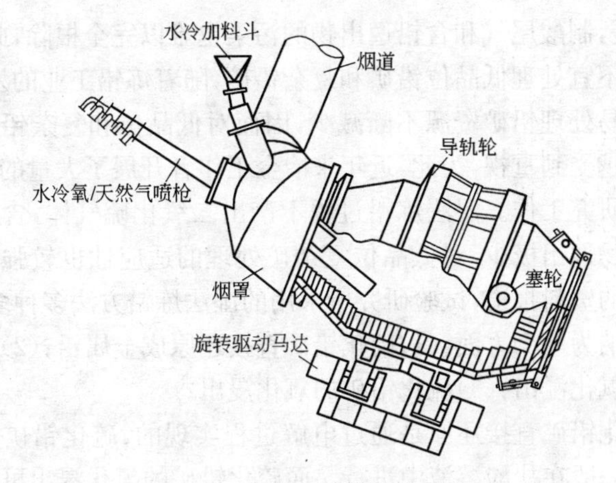

图 16-24 倾斜式旋转转炉示意图

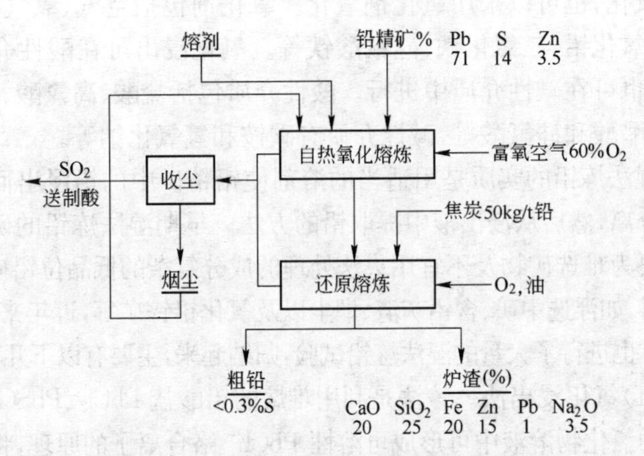

图 16-25 倾斜式旋转转炉直接炼铅工艺流程

16.6 湿法炼铅工艺

烧结焙烧—鼓风炉还原熔炼,作为一种传统的火法炼铅流程也很成熟,然而,该法产出的烟气中二氧化硫浓度低,不易回收,对大气造成严重污染,冶炼过程中含铅逸出物也会造成对生产环境和大气的污染,能源消耗较大。尽管基夫赛特法和 QSL 法等这样一些现代火法炼铅工艺,产出的高二氧化硫浓度烟气可以用于制酸，但是，制酸尾气和含铅逸出物的污染也难以完全根除，此外，火法炼铅不宜处理低品位铅矿和复杂铅矿，随着炼铅工业的发展，高品位和易处理铅矿资源不断减少，因而对低品位和复杂铅矿的处理越来越受到重视，为此，近年来冶金工作者开展了大量的湿法炼铅试验研究工作。湿法炼铅过程不产出二氧化硫气体，含铅烟尘和挥发物逸出极少，对低品位复杂矿处理的适应性也较强。根据近年来的资料报道，试验研究所采用的湿法炼铅方法多种多样，主要可归纳为 3 个方面：(1)硫化铅矿直接还原成金属铅；(2)硫化铅矿的非氧化浸出；(3)硫化铅矿的氧化浸出。

硫化铅矿直接还原是通过电解过程实现的，硫化铅矿的非氧化浸出一般在盐酸溶液中进行。而硫化铅矿的氧化浸出可以采用电解氧化，也可以采用氧化剂氧化。氧化剂包括空气、氧气、双氧水、过氧化铅、三氯化铁、硅氟酸铁等。氧化浸出可在酸性介质中进行，也可在碱性介质中进行。酸性介质包括盐酸、高氯酸、硫酸、硝酸、醋酸和硅氟酸等，碱性介质有碳铵和氢氧化钠等。

湿法炼铅的实质是用适当的溶剂使铅精矿中的铅浸出而与脉石等分离，然后从浸出液中提取铅的方法。早期湿法炼铅的研究对象主要为难选矿物及不宜用火法处理的成分复杂的低品位铅矿和含铅物料，如浮选中矿、含铅灰渣、烟尘以及氧化铅锌矿等，近年来，对硫化铅矿也进行了大量的湿法炼铅试验，归纳起来，主要有以下几种：

(1)氯化浸出法。该法是利用难熔的铅酸盐 $PbCl_2$、$PbSO_4$ 等在过量的氯化物溶液中可形成可溶性 $PbCl_4^{2-}$ 络合离子的原理，将铅精矿或含铅物料中的 PbS 转变为 $PbCl_4^{2-}$ 络合离子，其反应式为：

$$PbCl_2 + 2NaCl = Na_2PbCl_4 \quad (16\text{-}45)$$

$$PbSO_4 + 4NaCl = Na_2PbCl_4 + Na_2SO_4 \quad (16\text{-}46)$$

为了消除 Na_2SO_4 引起的可逆反应，可同时加入 $CaCl_2$，生成 $CaSO_4$ 沉淀，采用 NaCl 和 $CaCl_2$ 混合溶液浸出时，先要将精矿中的 PbS 转变成 $PbCl_2$ 和 $PbSO_4$。

该法可回收精矿中的银，例如：采用 3 mL HCl 与 5 g $CuCl_2$ 的饱和溶液 2 L，浸出 18% Pb、550 g/t Ag 的物料 300 g，室温下浸出

2 h,浸出渣再经一次浸出，Pb 和 Ag 的浸出率分别达 90%,95%。

氯化浸出所得的浸出液中除含 Pb 外,还含有许多杂质,需净化后才能进行沉淀或电解。

浸出液的净化可利用金属标准电位的差异,把电位序高于铅的杂质置换除去,净化后的溶液提取铅可采用如下一些方法：

1) 使 $PbCl_2$ 结晶析出,然后在 NaCl 熔盐中将电解 $PbCl_2$；

2) 用铁置换沉淀铅；

3) 用铅或石墨阳极电解得海绵铅；

4) 加 $Ca(OH)_2$ 生成 $Pb(OH)_2$ 沉淀后还原熔炼；

氯化浸出的浸出剂除 NaCl、$CaCl_2$ 外,还可采用 $FeCl_3$ 与 NaCl 的混合液,反应式如下：

$$PbS+2FeCl_3=PbCl_2+2FeCl_3+S \tag{16-47}$$

在浸出过程中,PbS 中的硫形成元素硫,精矿中的锌、铜等伴生金属一部分进入熔液,一部分留在残渣中。

当浸出温度为 100 ℃,浸出 15 min 后,即可将 99%以上的 PbS 转变为 $PbCl_2$,过滤后的渣为含脉石和元素硫的浸出渣,滤液冷却后再过滤可得含 99.9%$PbCl_2$ 的高纯结晶物。

(2) 碱浸出法。高浓度的碱溶液能溶解碳酸铅、硫酸铅等而生成亚铅酸盐。例如：

$$PbCO_3+4NaOH=Na_2PbO_2+Na_2CO_3+2H_2O \tag{16-48}$$

对于 PbS,则可在高压釜中,加入 CuO 添加剂进行浸出,使之生成不溶性的硫化铜渣,反应式为：

$$PbS+4NaOH=Na_2S+Na_2PbO_2+2H_2O \tag{16-49}$$

$$Na_2S+CuO+H_2O=CuS+2NaOH \tag{16-50}$$

试验得出,在压力为 2.53×10^6 Pa、NaOH 浓度为 350 g/L、液固比为 3～8、PbS 粒度小于 0.076 mm 的条件下,浸出 1 h 便可使 PbS 完全分解。

氧化铅锌矿的浸出条件为:浸出温度 40～80 ℃,液固比 3～8,浸出时间 1～2 h,此时,铅、锌的浸出率分别达 80%～90%和 83%～93%,而 SiO_2 只有 3%～6%浸出,该工艺中,浸出液含碱量偏高,浸出液中铅的浓度又偏低,仅为 20 g/L,因此,不是一种很好的湿法炼铅方法。

(3) 加压浸出法。加压浸出法包括加压酸浸法和加压碱浸法。在 110 ℃、142 kPa 压力下,酸浸 6~8 h,可使铅精矿中 95%的铅和锌进入溶液。碱浸是将铅精矿与含有 NH_4OH 和$(NH_4)_2SO_4$ 的水溶液制浆,矿浆浓度为 15%~20%,然后在密闭的浸出槽中加热至 85 ℃左右,通氧使其分压达 42.6 kPa,通入氨气使矿浆 pH 值达 10,在 2 h 内可使 90%左右的铅转变为碱式硫酸铅,然后用硫酸铵将其回收。

(4) 硫酸铁浸出法。该法利用含 80.4 g/L 的热硫酸铁水溶液,使 PbS 转变为 $PbSO_4$,并得到元素硫,然后用碳酸盐溶液,使硫酸铅转变为碳酸铅,再将碳酸铅溶于硅氟酸后,进行电解,即可制得含量为 99.9%的金属铅。

(5) 直接电解浸出法。硫化铅精矿的直接电解有两种方法,即将铅精矿压制成硫化铅阳极电解或硫化铅精矿悬浮电解。压制阳极电解时,制作阳极可采用直接冲压、热压成型或冷压成型等方法,成型时配入 5.5%的石墨,在氯酸铅水溶液中隔膜电解。槽电压为 1.29~1.79 V、电流密度为 150 A/m^2、电解周期 150 h 时,电流效率为 80%,铅提取率可达 92.5%~99.6%。

硫化铅精矿采用矿浆悬浮直接电解时,需将矿石细磨至 −0.25 mm,在隔膜电解槽中进行电解,产出元素硫和溶于电解液的氯化物。电解液为酸性溶液,除 HCl 外,还含有其他可溶性金属氯化物。在电解温度为 80 ℃,电流密度 129 A/m^2,2 摩尔 $AlCl_3$ 溶液作阴极液时,铅的电解回收率可达 97.7%,电解效率为 90%。

湿法炼铅正处在研究开发阶段,它具有许多优点,这些工艺仍处于小型试验或半工业试验阶段,尚有一些需要解决的问题,进一步的研究仍在广泛进行之中。

16.7 粗铅精炼

由于原料不同和处理工艺的差异,产出的粗铅中,都含有一定量的杂质，一般杂质含量为2%～4%，也有的低于2%或高于5%，一些厂家的粗铅成分见表16-33。

表16-33 一些厂家的粗铅成分 （质量分数/%）

工厂	Pb	Cu	As	Sb	Sn	Bi	Ag	Au/g·t^{-1}
株洲冶炼厂	96～97	1～2.5	0.2～0.4	0.5～1.1	<0.2	0.2～0.4	0.1～0.4	
水口山三厂	96～97.5	0.2～0.8	0.1～0.2	0.6～1.2	<0.2	<0.5	0.1～0.2	5～20
豫光金铅公司	>95	<1.0	0.1～0.3	0.6～1.0	0.03	<0.5	0.25	30
韶关冶炼厂	96.13	1.82	0.06	1.27	0.02	0.15	0.27	
特累尔厂(加)	94	1.96		1.42			0.42	
乌-卡厂(哈)	91	3.25	1.25	1.5		0.13		

粗铅精炼的目的主要是除去杂质和回收贵金属，尤其是回收银。我国的精铅国家标准见表16-34。

表16-34 GB/T 469—1995 铅锭化学成分 （质量分数/%）

牌号	化学成分									
	Pb	杂质								
		Ag	Cu	Bi	As	Sb	Sn	Zn	Fe	总和
Pb99.994	≤99.994	≤0.0005	≤0.001	≤0.003	≤0.0005	≤0.001	≤0.001	≤0.0005	≤0.0005	≤0.006
Pb99.99	≤99.99	≤0.001	≤0.0015	≤0.005	≤0.001	≤0.001	≤0.001	≤0.001	≤0.001	≤0.01
Pb99.96	≤99.96	≤0.0015	≤0.002	≤0.03	≤0.002	≤0.005	≤0.002	≤0.001	≤0.002	≤0.04
Pb99.90	≤99.90	≤0.002	≤0.01	≤0.03	≤0.01	≤0.05	≤0.005	≤0.002	≤0.002	≤0.10

粗铅的精炼方法有火法和电解法两种。目前世界上铅产量的70%是采用火法精炼生产的，只有加拿大、秘鲁、日本和我国的一些炼铅厂采用电解法精炼。

火法精炼的基本原理是利用粗铅中杂质金属与主金属(铅)在高温熔体中物理性质或化学性质方面的差异，使之形成与熔融主金属不同的新相(如精炼渣)，并将杂质金属富集于其中，将其分离，从而达到精炼的目的。例如：

(1) 铜在粗铅中的溶解度随温度降低而减小,可采用熔析法除铜;

(2) 铜对硫的亲和力大于铅,因而可加硫除铜;

(3) 砷、锑、锡等杂质对氧的亲和力大于铅,从而可采用氧化(或氧化加碱)精炼和碱性精炼除砷、锑、锡;

(4) 粗铅中添加第三种甚至更多种金属,使它们与杂质金属形成亲和力大于铅的金属间化合物(合金),如加锌除银、加钙镁除铋等。

粗铅火法精炼各主要工序的流程如图 16-26 所示。火法精炼

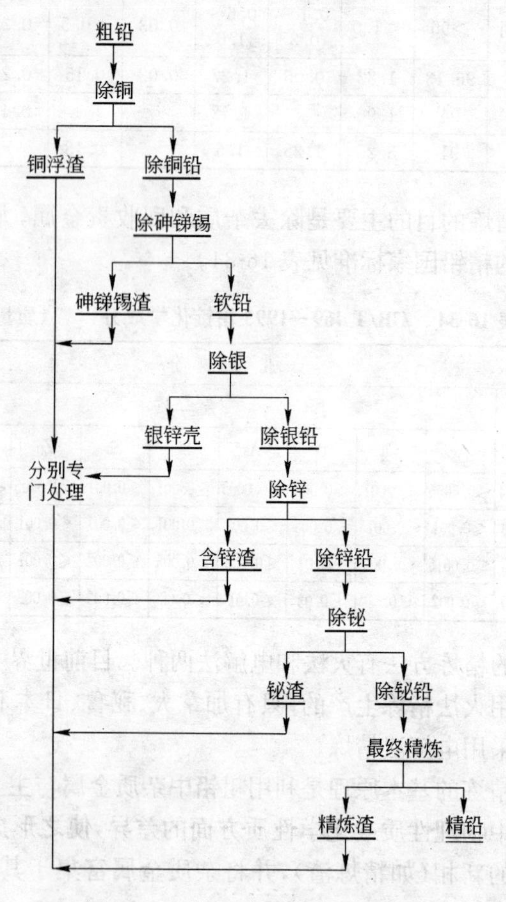

图 16-26　粗铅火法精炼工艺流程

的主要技术经济指标见表16-35。

表16-35 火法精炼的主要技术经济指标

金属回收率和生产率	指标	备注
铅直收率/%	90	到精铅
铜回收率/%	95	到商品锍
银回收率/%	97	到金银合金
金回收率/%	98	
铋回收率/%	87.8	到金属铋
劳动生产率/t·(人·h)$^{-1}$	2.8	
吨铅单耗	指标	备注
电能/kW·h	32	
水/m^3	12.3	
燃料/MJ	2550	75 m^3 天然气
锌锭/kg	9.1	
碱试剂/kg	25.8	其中:NaOH 7.6kg,Na_2CO_3 4.4kg,$NaNO_3$ 13.8kg
金属添加剂/kg	4.2	其中:Ca 1.2kg,Na 0.1kg,Mg 2.8kg,Sb 0.1kg

火法精炼的优点是设备简单、投资少、生产周期短、占用资金少、生产成本较低,缺点是工序多、铅冶炼直收率低、劳动条件较差。

电解精炼的基本原理是利用不同元素在电解过程中的阳极溶解或阴极析出难易程度的差异而提纯金属,使粗铅中的杂质因电化学不溶解而以元素(如Au、Ag)或化合物(如Bi_2O_3、Bi_2S_3)形态进入阳极泥,控制适宜的电解液和电解条件,在阴极析出满足纯度要求的精铅。

我国炼铅厂的粗铅精炼,大部分采用粗铅火法精炼—电解精炼的联合工艺流程。在火法精炼部分,只是除铜或除锡,得到初步除铜(锡)粗铅,再将其浇铸成阳极板电解精炼。火法精炼产出的初步除铜(锡)粗铅一般含Pb 98%~98.5%,含其他杂质1.5%~

2.0%，详细成分见表 16-36。

表 16-36　粗铅电解精炼阳极板化学成分　（质量分数/%）

工　厂	Pb	Cu	Sb	As	Sn	Bi	Ag
株洲冶炼厂	98～98.5	0.03～0.06	0.4～1	0.1～0.4	<0.25	0.2～0.4	0.1～0.4
水口山三厂	98～98.5	0.03～0.08	0.5～1	0.5～1			
韶关冶炼厂	98.5	0.06	0.4～0.6	0.1～0.2		0.02	0.15～0.2
豫光金铅公司	≥98	<0.05	0.4～0.8	0.3			0.2～0.25

粗铅电解精炼如图 16-27 所示。常用电极的标准电极电位见表 16-37。铅电解精炼技术操作条件实例见表 16-38。粗铅电解精炼工艺流程实例如图 16-28 所示。粗铅电解精炼的主要技术指标见表 16-39。

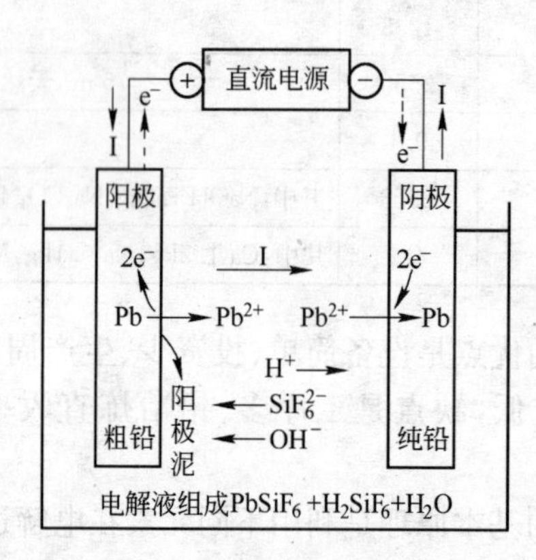

图 16-27　粗铅电解精炼示意图

表 16-37　常用电极的标准电极电位

电极氧化态/还原态	电极反应	标准电位 $\varphi^{\ominus}$/V
Na^{+}/Na	$Na^{+}+e \rightleftharpoons Na$	−2.71
Al^{3+}/Al	$Al^{3+}+3e \rightleftharpoons Al$	−1.30
Mn^{2+}/Mn	$Mn^{2+}+2e \rightleftharpoons Mn$	−1.10
Zn^{2+}/Zn	$Zn^{2+}+2e \rightleftharpoons Zn$	−0.76
Fe^{2+}/Fe	$Fe^{2+}+2e \rightleftharpoons Fe$	−0.44

续表 16-37

电极氧化态/还原态	电极反应	标准电位 $\varphi^\ominus$/V
Cd^{2+}/Cd	$Cd^{2+}+2e \rightleftharpoons Cd$	−0.40
Ni^{2+}/Ni	$Ni^{2+}+2e \rightleftharpoons Ni$	−0.24
Sn^{2+}/Sn	$Sn^{2+}+2e \rightleftharpoons Sn$	−0.14
Pb^{2+}/Pb	$Pb^{2+}+2e \rightleftharpoons Pb$	−0.13
H^+/H_2	$2H^++2e \rightleftharpoons H_2$	+0.00
Sb^{3+}/Sb	$Sb^{3+}+3e \rightleftharpoons Sb$	+0.10
Bi^{3+}/Bi	$Bi^{3+}+3e \rightleftharpoons Bi$	+0.20
As^{3+}/As	$As^{3+}+3e \rightleftharpoons As$	+0.30
Cu^{2+}/Cu	$Cu^{2+}+2e \rightleftharpoons Cu$	+0.34
O_2/OH^-	$H_2O+\frac{1}{2}O_2+2e \rightleftharpoons 2OH^-$	+0.40
Fe^{3+}/Fe^{2+}	$Fe^{3+}+e \rightleftharpoons Fe^{2+}$	+0.77
Ag^+/Ag	$Ag^++e \rightleftharpoons Ag$	+0.80
O_2/H_2O	$4H^++O_2+4e \rightleftharpoons 2H_2O$	+1.23
Cl_2/Cl^-	$Cl_2+2e \rightleftharpoons 2Cl^-$	+1.36
Au^+/Au	$Au^++e \rightleftharpoons Au$	+1.50

表 16-38 铅电解精炼技术操作条件实例

项目名称		株洲冶炼厂	水口山三厂	韶关冶炼厂	豫光金铅公司	特累尔厂(加)	阿罗依(秘)	竹原厂(日)	温山(韩)
电解液成分/g·L^{-1}	总酸	100～180	120～170	100～150	90～160		130	120～130	
	Pb^{2+}	55～120	60～110	60～100	60～135	170～180	80	90～100	90～110
	游离酸	80～120	70～100	60～80	60～90	85～95	74	50～60	65～75
电解液温度/℃		40～50	35～45	35～45	35～45	38～42	37	32	35～38
电流密度/A·m^{-2}		170～190	172～190	160	130～180	178～192	178	140	145～170

续表 16-38

项目名称		株洲冶炼厂	水口山三厂	韶关冶炼厂	豫光金铅公司	特累尔厂(加)	阿罗依(秘)	竹原厂(日)	温山(韩)
阳极周期/d		4	3	3	2～3	6	4	8	6
阴极周期/d		2	3	3	2～3	3	4	4	7
同极距/mm		90	90	90	95	100	100	110	100
循环量/L·(min·槽)$^{-1}$		22～35	20～35	20～30	18～22	20～25	15	25～30	40～45
吨铅消耗添加剂量	胶/kg	0.4～1	0.5～0.8	0.38～0.46	0.6	0.275		0.9	1.0
	木质磺酸钠/kg	0.4～1	—	—	—	0.76		—	0.5
	β-萘酚/kg		5～7.5	13	20	—		—	

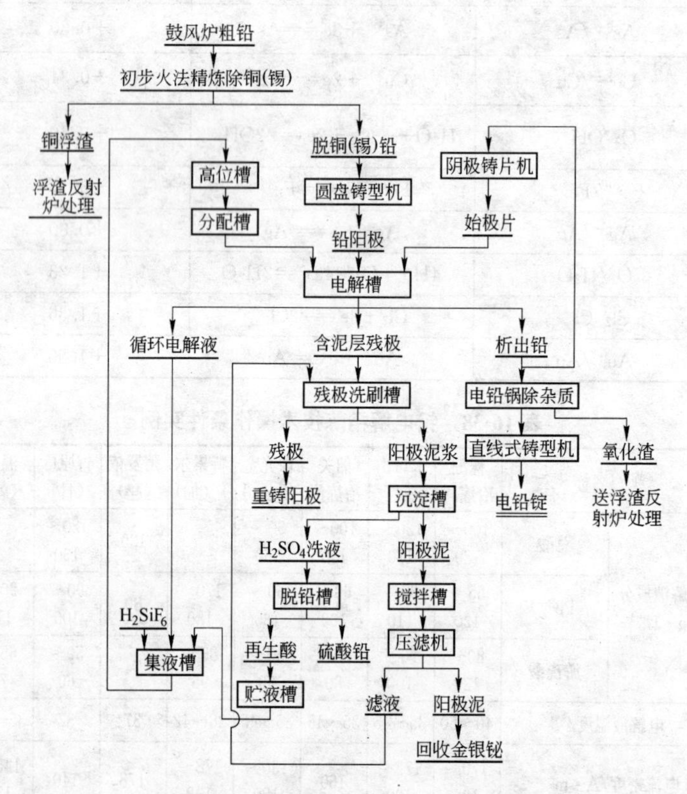

图 16-28　粗铅电解精炼工艺流程实例

表 16-39 粗铅电解精炼的主要技术指标

项目	株洲冶炼厂	水口山三厂	韶关冶炼厂	豫光金铅公司	特累尔（加）	阿罗依（秘）	温山厂（韩）	神冈厂（日）
电流密度/A·m^{-2}	170～200	145～150	190	130～180	178～192	134	145～170	136
电流效率/%	93～96	92～95	95.52	92～98	92	90.2	94	95
槽电压/V	0.43～0.56	0.39～0.42	0.36～0.43	0.38～0.42	0.45～0.5	0.5～0.7	0.5～0.7	0.4～0.6
吨铅的直流电耗/kW·h	120～150	110～115	160	143	120	190	175	155

电解精炼法的优点是精铅产品质量高、生产过程稳定、操作条件好，尤其适宜于处理含银、铋高的粗铅。缺点是生产周期长、占用资金量大、投资较大、生产成本略高。

无论是火法精炼还是电解精炼，皆可获得含 Pb99.99%以上的精铅，同时，能从精炼的副产品中回收金、银、铋、铜、锡、锑、硒等有价金属。

17 炼铅炉渣的处理方法

17.1 概述

采用鼓风炉冶炼粗铅时，铅炉渣的产出位置在炉缸区。过热后的各种熔融体，流入炉缸后继续反应并按密度差分层。最下层是粗铅，其次是黄渣，再上层是铅锍，最上层为炉渣。炉渣的组成和性质决定着铅熔炼过程中金属的还原程度及燃料的消耗量，最终决定着金属的熔炼效果和熔炼过程的主要经济技术指标。一般每生产1 t粗铅，产出1～2 t炉渣，按炉渣密度3.5 t/m^3、粗铅密度11 t/m^3 估算，炉渣的体积将为粗铅的3～6倍，这些铅炉渣如果不经处理，长期大量堆存，将会对铅冶炼厂的周围环境构成污染。

鼓风炉法以及QSL法、基夫赛特法等铅冶炼工艺产出的铅炉渣，炉渣中一般含Zn(%)3～20、含Pb(%)0.5～5，此外，还含有Cu、Sn、Au、Ag、Ge、In、Tl等有价金属，如不加以回收，将是对宝贵资源的浪费，因此应采取措施，尽量回收有价金属，实现铅冶炼过程资源的综合利用。

处理炼铅炉渣的方法主要有回转窑法、电炉法和烟化炉法。其中烟化法是工业上广泛采用的方法。

17.2 炼铅炉渣的组成

火法炼铅过程中，在获得粗铅的同时，还将产出炉渣。炉渣主要由炼铅原料中的脉石氧化物和冶金过程中的铁、锌氧化物组成。炉渣主要来源于以下几个方面：

(1) 矿石或精矿中的脉石氧化物，如炉料中未被还原的氧化物SiO_2、CaO、Al_2O_3、MgO等以及炉料中仅被部分还原后形成的氧化物，如FeO等；

(2) 经熔融金属和熔渣冲刷而受侵蚀的炉衬材料。这部分组成炉衬耐火材料的氧化物也熔入炉渣，当然，这些氧化物所占炉渣的比例较小；

(3) 为满足铅冶炼条件，按选定的渣型而配入的熔剂，如石英石、石灰石等；

(4) 加入的炭质还原剂和燃料（如煤、焦炭），以灰分形式带入的脉石成分。

炼铅炉渣是一个非常复杂的高温熔体体系，它由 SiO_2、FeO、CaO、MgO、Al_2O_3、ZnO 等多种氧化物组成，并且它们之间可相互结合，形成化合物、固溶体、共晶混合物，此外，还含有少量硫化物、氟化物等。虽然有各种炼铅方法（如传统的烧结—鼓风炉炼铅法、密闭鼓风炉炼铅法和基夫赛特法、QSL 法等），各工厂使用的原料有所差异，炉渣成分有所不同，但基本的炉渣成分一般在下列范围波动：Zn(%)3～20、Pb(%)0.5～1.5、SiO_2(%)13～30、Fe(%)17～31、CaO(%)10～25、MgO(%)1～5、Al_2O_3(%)3～7、Cu(%)0.5～1.5。值得重视的是炼铅炉渣中还含有少量的铟、锗、铊、硒、碲、金、银等稀贵金属和镉、锡等其他重金属，应考虑将它们综合回收。

一些炼铅工厂的典型炉渣成分见表 17-1，鼓风炉炼铅炉渣中铅的物相分布情况见表 17-2。

表 17-1　一些炼铅工厂的典型炉渣成分　　（质量分数/%）

工厂名称	Pb	Zn	Fe	SiO_2	CaO	MgO	Al_2O_3	炼铅方法
希尔姑兰（美）	2	10	23.3	22	12	4		烧结—鼓风炉
特累尔（加）	4	18	27	20	11			烧结—鼓风炉
特累尔（加）	5	17.8	21.8	20.9	12.7			基夫赛特法
隆斯卡尔（瑞）	4.2	4.6	31.1	21	28			卡尔多转炉
维斯姆港（意）	4	9	20.2	22	20			基夫赛特法
斯托尔贝格（德）	2～3	7～8	19.4～21.8	21～23				QSL 法
皮里港（澳）	2.6	16	24.9	22	14	1	5	烧结—鼓风炉

续表 17-1

工厂名称	Pb	Zn	Fe	SiO_2	CaO	MgO	Al_2O_3	炼铅方法
芒特·艾萨(澳)	2.6	13.9	17.7	21	24.5			烧结—鼓风炉
温山(韩)	5	15	20.7	19.3	13.2			QSL 法
株洲冶炼厂	2.5～3.5	10～13	23～25	18～20	19～21	1	4.5～5.5	烧结—鼓风炉
豫光金铅公司	2.8	5～7	29.6	30	12.4		1～3	烧结—鼓风炉
水口山有色金属公司第三冶炼厂	1.3	12.3	28.1	28.1	17.5		5.5	烧结—鼓风炉

表 17-2 鼓风炉炼铅炉渣中铅的物相分布情况

工厂名称		Pb_{PbO}		Pb_{PbS}		$Pb_{xPbO\cdot ySiO_2}$		$Pb_{金属}$		$Pb_{其他}$		$Pb_{总}$	
		质量/g	%	质量/g	%	质量/g	%	质量/g	%	质量/g	%	质量/g	%
国内	一厂	0.26	13.0	0.73	36.1			0.77	37.8	0.26	13.0	2.02	100.0
	二厂	—	—	0.22	9.6	0.69	24.2	1.0	37.2	0.82	29.0	2.83	100.0
特累尔厂(加)				0.5	17	0.5	17	2.0	66			3.0	100.0
神岗厂(日)		0.8	31.1	0.8	31.1	0.8	31.1	0.2		微	0	2.6	100.0
佐贺关厂(日)		0.08	8.8	0.23	25.2	0.55	60.5	0.01	1.1	0.04	4.4	0.91	100.0

17.3 回转窑法处理炼铅炉渣

回转窑法，也即 Waeltz 法，其最早应用是在 1926 年，由波兰首次用于处理低锌氧化矿、采矿废石，随后又用该法处理湿法炼锌厂的浸出渣和铅鼓风炉的高锌炉渣。该法实质上就是在物料中配入焦粉，在一定尺寸的回转窑中加热，使铅、锌、铟、锗等有价金属还原挥发，最后以氧化物的形式回收。

据报道，如采用回转窑法处理铅水淬渣，渣含锌应大于 8%，若含锌低于 8%时，则锌的回收率小于 80%，产出的氧化锌质量也很差，此外，对水淬渣的粒度、焦粉粒级分布等，也有一定的要求。

回转窑法处理炼铅炉渣时，沿长度方向，可分为不同的温度带，如预热带、反应带和冷却带等，以ϕ1.9 m×32 m的回转窑为例，沿长度方向各温度带分布见表17-3。

表 17-3 回转窑温度带分布情况

项 目	预热带	反应带	冷却带
长度/m	8～9	21～23	1～2
温度/℃	650～800	1100～1250	950

注：冷却带为窑渣温度，其余为烟气温度。

回转窑处理炼铅炉渣时，其产物主要有氧化锌、窑渣和烟气。氧化锌又可分为烟道氧化锌和滤袋氧化锌。窑渣产出率为炉料量的65%～70%，成分一般为：Zn 1.45%、Pb(%)0.3～0.5、Fe 22.8%、SiO_2 26.6%、CaO 12.6%、MgO 3.3%、Al_2O_3 7.8%、C(%)15～20。ϕ1.9 m×32 m回转窑处理铅炉渣的技术经济指标见表17-4。

表 17-4 回转窑处理铅炉渣的技术经济指标

项目	单位生产率	锌回收率	铅回收率	焦粉率	年生产天数	焦粉单耗	重油单耗	高铝砖单耗	电力单耗
单位	t/(m^3·d)	%	%	%	d	t/tZnO	kg/tZnO	kg/tZnO	kW·h/tZnO
指标	1.5～2	80～85	75～82	35～45	250	3.5～4	60～110	100～140	150～300

回转窑处理铅炉渣的主要缺点是：窑壁粘结造成窑龄短、耐火材料消耗大；由于处理冷态固体原料，故燃料消耗较大、成本较高，随着烟化炉在铅炉渣烟化处理中的广泛应用，使用回转窑处理炼铅炉渣的工厂已不多。

17.4 电热法处理炼铅炉渣

电热法处理炼铅炉渣的实质就是在电炉内往熔渣中加入焦炭，使ZnO等还原为金属并挥发，随后再将锌蒸气冷凝成金属锌，而铜等则部分进入铜锍中回收。电炉法处理炼铅炉渣于 1942 年，率先在美国赫尔库拉纽炼铅厂（Herculaneum Lead Plant）使用。

日本神冈炼铅厂曾用电热蒸馏法处理含铅 3%、含锌 16.2% 的炼铅鼓风炉炉渣，采用的工艺流程如图 17-1 所示。

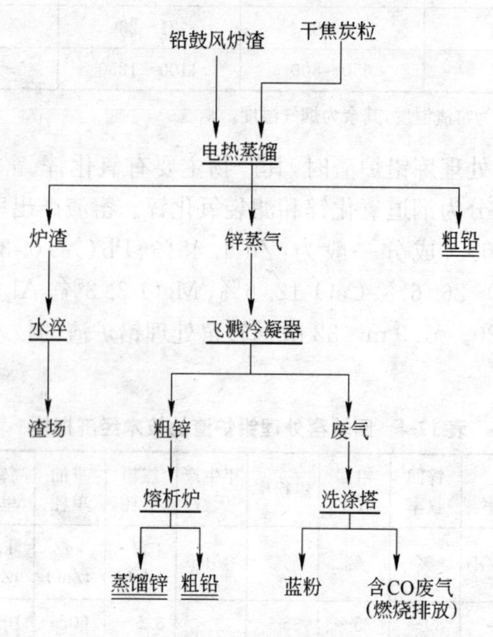

图 17-1　电热法处理炼铅炉渣流程

电炉功率为 1650 kV · A，炼铅鼓风炉渣以液态形式加入，并加入干焦炭粒，在电炉内进行还原蒸馏。蒸馏气体中含有 50% 的锌，其余大部分为一氧化碳，蒸馏气体进入飞溅的冷凝器后冷凝，产出液态金属锌，冷凝器排除的废气用洗涤塔洗涤，回收蓝粉后燃烧排放。

神冈炼铅厂电热法处理炼铅鼓风炉炉渣能力为 33000 t/a，铅的回收率为 83.5%，锌的回收率为 70%，每产 1 t 锌的电力消耗为 6500 kW · h，焦炭消耗为 304 kg。

日本的契岛铅冶炼厂也使用电热法处理含锌18.2%的炉渣，可将其含锌量降为6.5%。

加拿大诺兰达(Noranda)公司的伯列顿(Bellednne)冶炼厂曾采用直流电弧炉处理含锌为16%的高锌炉渣，试验中采用了 $CaO:SiO_2$ 比较高的炉渣，操作温度为1400～1500 ℃，此时弃渣中的含锌量很容易降到3%以下。

17.5 烟化法处理炼铅炉渣

17.5.1 烟化法处理炼铅炉渣的工艺过程

烟化法处理炼铅炉渣的实质为物料的还原挥发过程。在烟化反应中，包括碳的燃烧反应，炉渣和冷料的熔化以及金属氧化物的还原反应，炉渣中锌等有价金属以氧化物烟尘的形式挥发回收等过程。

烟化炉烟化法属于熔池熔炼，在该反应体系中，液态铅锌炉渣为连续相，煤颗粒和空气气泡为分散相，夹带煤粒的空气气泡在熔渣中呈高度分散状。由于鼓入熔池的气体使高温熔体发生了强烈的搅动，因此强化了气—液—固相之间的传质传热过程，加速了燃料的燃烧和金属氧化物的还原反应和挥发过程。烟化炉内气泡与熔渣反应模型如图17-2所示。

烟化炉烟化法为周期性作业，其中还原吹炼的时间占整个生产周期的60%～70%。粉煤在整个熔炼工艺中起还原剂和发热剂双重作用。烟化炉熔炼的工艺过程大致可分为加料、熔化升温、还原熔炼、放渣水淬等4个步骤。

(1) 加料。烟化炉加料方式一般采用间断加料，可以直接处理熔融炉渣，有时也可按比例添加部分冷料和熔剂；

(2) 熔化升温。即将待处理的含锌、铅等有价金属的鼓风炉熔融炉渣以及冷料加入高温的烟化炉吹炼池底部。升高烟化炉内温度，待熔池底部物料熔化后，从吹炼池两侧相对布置的风嘴中鼓入一次空气。一次空气携带粉煤吹入熔池底部，从风口喷射入熔池的粉煤再次与二次空气混合，由于喷吹作用使空气与煤粉混合

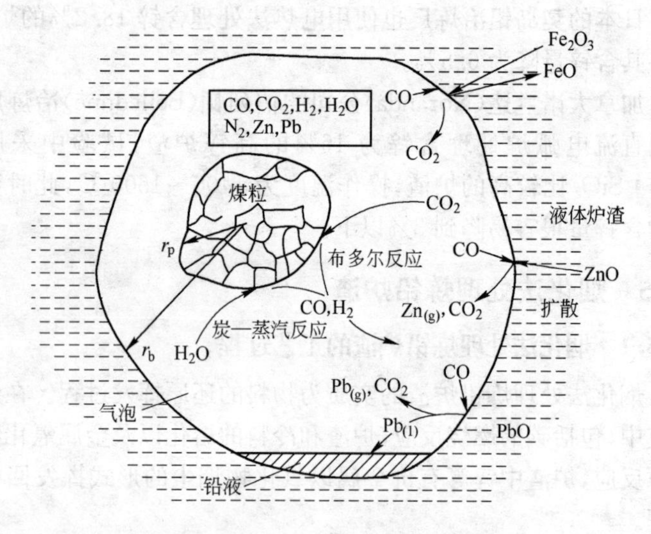

图 17-2　烟化炉内气泡与熔渣反应模型

十分充分，煤粉与空气的混合物在高温熔体的加热下着火、燃烧、放热，促使熔池温度进一步升高，加热熔化熔池上部固体炉料，随着烟化炉内温度迅速上升，炉内物料熔化后全部进入熔池，同时由于风嘴在烟化炉两侧的相对布置，产生强烈对流效果，使熔池内物料上下翻腾，达到搅拌均匀的目的，此时烟化炉内温度一般可达到1200～1300℃；

（3）还原熔炼。烟化炉内物料完全熔化且升温到冶炼工艺要求的温度时，合理减少粉煤和空气混合射流中的空气量，使部分粉煤燃烧放热，维持熔体在还原反应中所需的高温。另外，随着鼓风量的减少，使烟化炉内气氛呈强还原性，还原性燃烧气流及浸没在熔体中的高温碳粒与熔体发生强烈搅拌，充分接触反应后，使鼓风炉炉渣中的铅、锌由氧化物还原成铅、锌蒸气，低熔点的气态铅、锌单质随烟气上升进入炉膛上部空间和烟道系统，在即将离开烟化炉时，被专门补入的空气（三次空气）或炉气再次氧化成 PbO 或 ZnO 颗粒，这些小颗粒悬浮在烟气中，最后被捕集于收尘设备内。炉渣中的铅也有可能以 PbO 或 PbS 的形式挥发，锡则被还原成

Sn及SnO或硫化为SnS挥发，Sn和SnS在炉子上部空间再次氧化成SnO_2，此外，In、Cd及部分Ge也挥发，并随ZnO一起被捕集回收；

(4) 放渣水淬。烟化熔炼结束后，从渣口放出部分渣，重新加入物料继续生产。

烟化法处理炼铅炉渣烟化过程示意图及主要反应式，如图17-3所示。烟化法处理炼铅炉渣的设备连接，如图17-4所示。

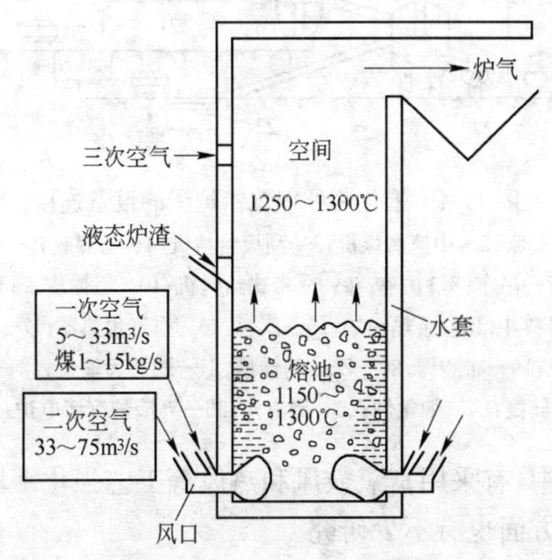

熔池(还原)反应

$$ZnO_{(液)}+CO \longrightarrow Zn_{(气)}+CO_2$$

$$C+O_2 \longrightarrow CO_2$$

$$C+CO_2 \longrightarrow 2CO$$

$$PbO_{(液)}+CO \longrightarrow Pb_{(气,液)}+CO_2$$

$$PbS_{(液)},PbO_{(液)} \xrightarrow{挥发} PbS_{(气)},PbO_{(气)}$$

空间(氧化)反应

$$2CO+O_2 \longrightarrow 2CO_2$$

$$Zn_{(气)}+1/2O_2 \longrightarrow ZnO_{(固)}$$

$$Pb_{(气)}+1/2O_2 \longrightarrow PbO_{(固)}$$

$$PbS_{(固)}+3/2O_2 \longrightarrow PbO_{(固)}+SO_2$$

图17-3　烟化法处理炼铅炉渣烟化过程示意图及主要反应式

17.5.2　烟化法处理炼铅炉渣的燃料与还原剂

采用烟化法处理炼铅炉渣时，基本上都采用粉煤作为烟化法熔炼的燃料和还原剂，大多数烟化炉对煤质没有要求。在烟化工

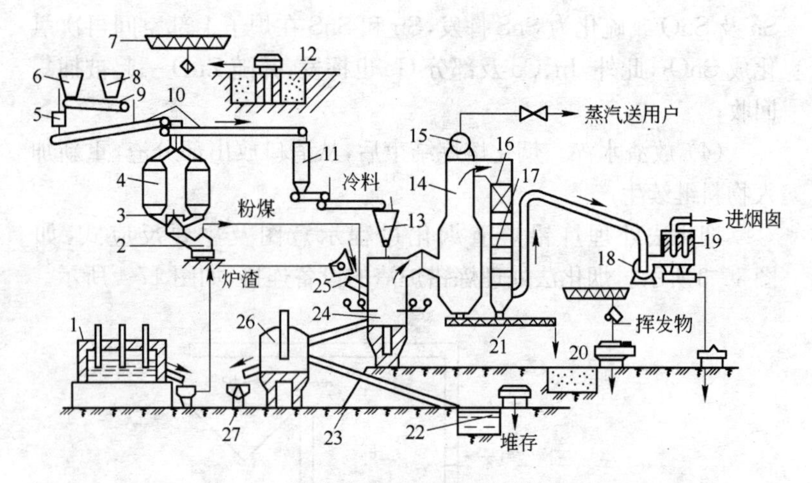

图 17-4　烟化法处理炼铅炉渣的设备连接

1—电热前床；2—中速磨煤机；3—刮板给料机；4—粉煤仓；5—破碎机；6—料斗；7—吊车；8，11—渣斗；9—带式给料机；10—运输皮带；12—料场；13—冷料料斗；14—余热锅炉；15—汽包；16—空气预热器；17—省煤器；18—排风机；19—布袋器；20—ZnO 粉储槽；21—螺旋运输机；22—弃渣储池；23—弃渣储槽；24—烟化炉；25—倒渣斗；26—弃渣的沉清电炉；27—渣仓

艺发展过程中，有采用富氧鼓风和热风等工艺强化手段的报道，在还原剂替代方面也有不少研究。

哈萨克斯坦契姆肯特（Чимкент）炼铅厂在富氧鼓风的工业试验中指出，在提高煤粉用量的同时，需提高空气过剩系数。富氧浓度为 24%～25%时，ZnO 的产量提高了 47%，锌的回收率由空气吹炼的 73%提高到 82%～84%，粉煤消耗降低 22%；当富氧浓度为 29.60%时，生产率提高 85%，燃料节省 34%。

澳大利亚皮里港（Port Pirie）炼铅厂曾采用热风烟化处理鼓风炉炉渣。采用热风可以带进烟化炉内的显热，使反应物的活性增强，因而可以提高燃料的燃烧速度，缩短烟化反应时间。

各种碳质还原剂中，含氢较高的还原剂有利于烟化过程中金属的挥发。天然气和重油无疑可以提高烟化炉的生产率，降低燃烧成本，简化自动控制和改善工作条件。契姆肯特炼铅厂在 1975

年首先采用天然气的成套烟化设备，保加利亚普罗夫迪夫(Plovdiv)铅锌厂为了降低煤粉消耗，曾采用重油替代煤粉，实现了连续吹炼。

我国的烟化炉，多采用煤粉作为燃料。煤粉的燃烧贯穿于整个烟化过程中，粉煤除了作为燃料本身参加氧化(燃烧)反应外，还作为还原剂(产生 CO)参加金属氧化物的还原反应。燃烧过程不仅发生在烟化炉上部空间中，还在熔池内部进行。

煤粉的燃烧过程可分为浸没燃烧、延续燃烧和二次燃烧 3 个阶段。

(1) 浸没燃烧。一次空气携带的粉煤在加压和均化作用下，从喷口高速进入熔池，在溶池内 1200～1300 ℃的高温下，混合喷口的二次空气迅速升温着火，着火的燃料射流在熔池中燃烧形成浸没火焰，该火焰在熔体浮力作用下产生轻微飘浮。浸没燃烧放出的热量提高了整个熔池的温度，同时相对布置的喷嘴喷出高速、着火的燃烧气流，其引射作用引起熔体浅层两股熔液的对流，形成熔体的搅拌，使熔体与粉煤火焰接触面剧增。在还原熔炼期内，浸没燃烧是在空气供给不足的条件下进行的，因此产生大量的 CO，为冶炼过程提供了还原剂。

(2) 延续燃烧。浸没燃烧阶段鼓入熔池中的空气速度很快，供入的助燃空气不能完全满足燃烧的需要，同时，由于鼓入熔池中的空气速度很快，以至于有一部分射流中的空气没有充分助燃就离开了熔池，因而熔池面既含有 CO 又含有少量 O_2。进入炉膛后，参加还原反应剩余的 CO 还会继续被氧化。这种在没有追加助燃空气的情况下，燃气在熔池面上继续燃烧的过程称之为延续燃烧。延续燃烧是粉煤浸没燃烧的延续，由于有延续燃烧的存在，烟气从熔池面到炉顶，即使有炉壁水套吸热，其温度的下降也是非常缓慢的。延续燃烧过程发生在熔池面与三次风口之间的炉膛内，包括不可避免地从侧部加料口吸入的空气参与的燃烧，这时的燃烧也算作延续燃烧的一部分。

(3) 二次燃烧。由于冶炼工艺要求很强的还原性气氛，延续燃烧阶段未能把炉气中的CO及炭粒燃烧完全，也不能把被还原出的金属蒸气完全氧化，因此需要从炉顶吸入三次空气，进行二次燃烧，以保证产品氧化锌烟尘的质量，同时减少CO污染大气。二次燃烧阶段，由于助燃空气过量，燃烧是充分完全的，并放出大量的热。

17.5.3 烟化法处理炼铅炉渣的产物

烟化法处理炼铅炉渣的产物主要包括烟气和弃渣。烟气的主要成分为铅、锌等氧化物以及少量稀有元素，应根据其特性，确定不同的工艺路程回收其中的有价金属。对于弃渣，也可以变废为利，实现综合利用。

17.5.3.1 烟气的回收

烟气是炼铅炉渣烟化处理的主要产物。烟化法高温烟气经淋水冷却器冷却，进入表面冷却器，烟气温度小于100 ℃后进入布袋收尘系统。废气通过滤袋后直接排入大气。

烟尘中的主要成分是氧化锌，受原料成分、烟化炉和收尘设备的影响，不同集尘点的氧化锌成分差异较大，而且外观颜色也很明显。氧化锌粉可以直接外销或按一定比例与锌浸出渣挥发窑产出的氧化锌混合，经脱氟、氯后送往湿法炼锌工厂生产金属锌并回收其他的稀有金属。

17.5.3.2 烟化炉弃渣利用

采用烟化法处理炼铅炉渣，一般烟化炉弃渣的化学成分见表17-5，随着国家环境要求的日益提高，需要对烟化炉弃渣进行无害化处理。

表17-5 烟化炉的弃渣成分 （质量分数/%）

厂 名	Pb	Zn	Ge	Fe	SiO_2	CaO	Al_2O_3	MgO
会泽铅锌矿	0.09	1.49	0.00062	24.7	34	16.4	8.2	5.36
株洲冶炼厂	0.12	1.92	0.00070	28.67	27	20.8	7.0	1.09
韶关冶炼厂	0.15	1.35	<0.001	29.0	26	21.22	6～7	

续表 17-5

厂 名	Pb	Zn	Ge	Fe	SiO_2	CaO	Al_2O_3	MgO
Trail 厂(加)	0.05	2.5						
Pirie 港厂(澳)	0.03	2.8		27.6	28	18.2		
Kellog 厂(美)	0.05	1.4		34.2	28			

普通的硅酸盐水泥原料约含 60%～65% CaO、20% SiO_2、6% Al_2O_3、3% Fe_2O_3 以及少量的其他氧化物，水泥生产过程中，原料在 1500 ℃左右的高温下经固相反应生成 $3CaO\cdot SiO_2$、β-2 $CaO\cdot SiO_2$、3 $CaO\cdot Al_2O_3$ 和 4 $CaO\cdot Al_2O_3\cdot Fe_2O_3$ 等矿物，$3CaO\cdot SiO_2$ 和 β-2$CaO\cdot SiO_2$ 是影响水泥强度的主要原料。经烟化处理后的烟化炉渣含有水泥熟料的多种组成，可作为外掺料替代部分水泥原料，也能够作为矿化剂促成 $3CaO\cdot SiO_2$ 的形成。用弃渣代替铁矿石来制造水泥，不仅消除了渣害，减少环境污染，而且还可降低成本。

17.5.4 烟化法处理炼铅炉渣的余热利用及自动化控制

在烟化炉的余热利用方面，我国学者做了大量的研究，较早采用的是沸腾炉余热锅炉。

1998 年 9 月，韶关冶炼厂为回收其烟化工艺过程中产生的高温烟气物理热同时改善烟化吹炼技术，对其 8m^2 烟化炉、余热锅炉进行一体化研制。设计中采用了特殊材料和迷宫式膨胀结构，解决了锅炉受热面的金属结构纵向和横向的热膨胀问题，采用 RMC20 型、RMS20 型水夹套刮板机，同时根据烟化炉的烟尘和沉降规律，选择了不同的清灰装置。在多种清灰措施的联合作用下，有效清除了锅炉的积灰积尘，确保了炉子的正常运行，大大降低了工人的劳动强度，改善了劳动环境。

在烟化炉系统的自动化控制方面，曾对烟化炉给煤系统进行了研究，开发出综合控制系统。综合控制系统工作时，首先根据每炉的进料情况（所加热料和冷料数量、前炉留下的炉渣量、原料特性等）和进料时间等，由专家吹炼经验确定开炉吹炼方案，同时，系统将根据烟化炉实测炉温、风量、煤量和开炉时间判断炉内还原气氛，根据烟化炉不同的工作过程，通过模糊控制器自动修正加煤和减煤，再通过信号合成器将增减煤量和专家吹炼经验合成、量化，最终形成对给煤量的控制信号，以此来控制烟化炉的炉内还原气氛。

长期以来，在烟化炉生产中主要依靠操作工人观察烟化炉三次风口的火焰来判断当前炉内的温度和挥发情况，特别是吹炼终点判断，更是依赖于三次风口的火焰。目前，利用数码相机拍摄三次风口火焰的图像，再通过图像的预处理，编程截取感兴趣的部分(风口部分)，通过 RGB 三基色处理、二值化处理、颜色空间的转换、纹理分析等方法，对三次风口火焰图像进行处理，寻找到烟化炉吹炼三次风口的火焰图像特征，为烟化炉吹炼终点的判断提供了新的途径。

17.5.5　烟化法处理炼铅炉渣的影响因素

影响烟化法处理炼铅炉渣的因素很多，如烟化的温度和烟化时间、还原剂的种类和数量、鼓风强度和空气过剩系数的数值、炼铅炉渣中的金属含量及炉渣成分、吹炼时间的长短、熔池的深度以及预热空气、富氧空气等强化措施，将在后面的章节中作详细讨论。吹炼时间对烟化渣中铅、锌的影响情况，如图 17-5 所示。处理含锌 12%的炼铅渣时，锌的挥发率与温度和吹炼时间的关系，如图 17-6 所示。处理含铅 2.5%的炼铅渣时，铅的挥发率与温度

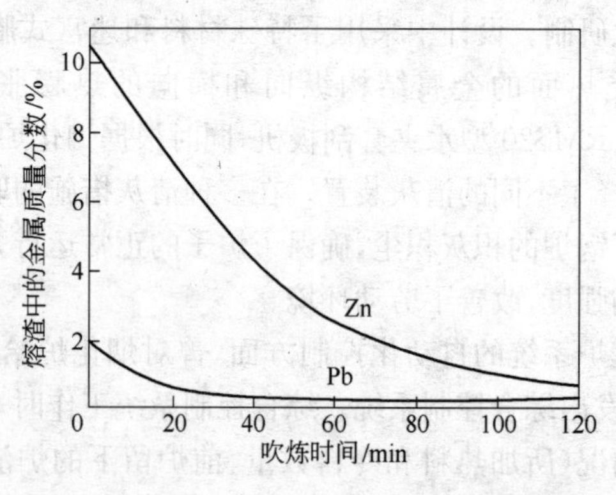

图 17-5　吹炼时间和烟化渣中铅、锌的质量分数

和吹炼时间的关系如图 17-7 所示。

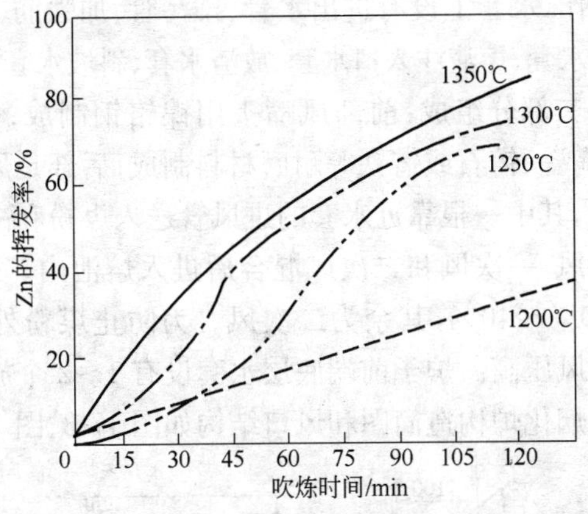

图 17-6 锌的挥发率与温度和吹炼时间的关系

（处理含锌 12%的炼铅渣）

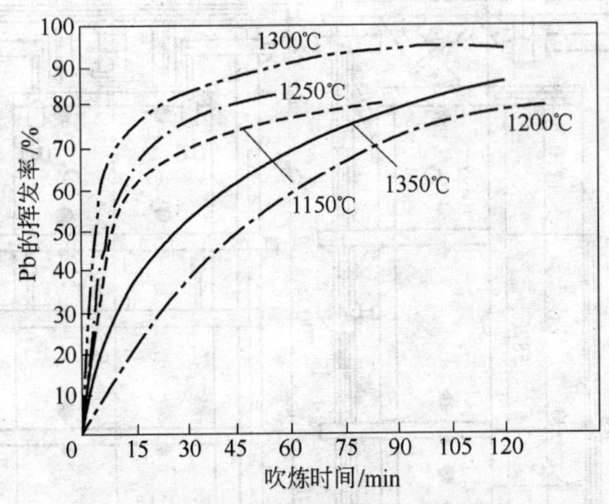

图 17-7 铅的挥发率与温度和吹炼时间的关系

（处理含铅 2.5%的炼铅渣）

17.5.6 处理炼铅炉渣的烟化炉及风口结构

烟化炉是处理炼铅炉渣设备中的主体部分，在烟化炉内完成烟化吹炼的全部过程。烟化炉炉型为长方体竖式结构，炉底由带冷却水管的铸铁或铸钢构成，炉底上砌一层高铝耐火砖，也有用砌耐火砖的水套作为炉底的。水套内壁由锅炉钢板焊接制作，外壁用普通钢板焊接制作，水套上设有进出水管、排污管、加强筋、调节阀。水套分为风口水套、熔渣注入口水套、放渣水套、斜坡水套、炉顶水套。

风口由三部分组成：前部风嘴头用镍铬钢制成；中部为连接管，一般由陶瓷、铸石或铸铁等耐磨材料制成；后部是风煤混合器，有两根支管，其中一根靠近水套的进风管送入煤粉和一次风，另一根送入二次风，一次风和二次风混合后进入熔池内。一次风约占总风量的30％～40％，其余为二次风。为防止煤粉外逸，二次风压要比一次风压高。炉子前端底层水套设有1～2个放渣口，炉顶为水平式。烟化炉构造简图和风口结构如图17-8、图17-9所示。

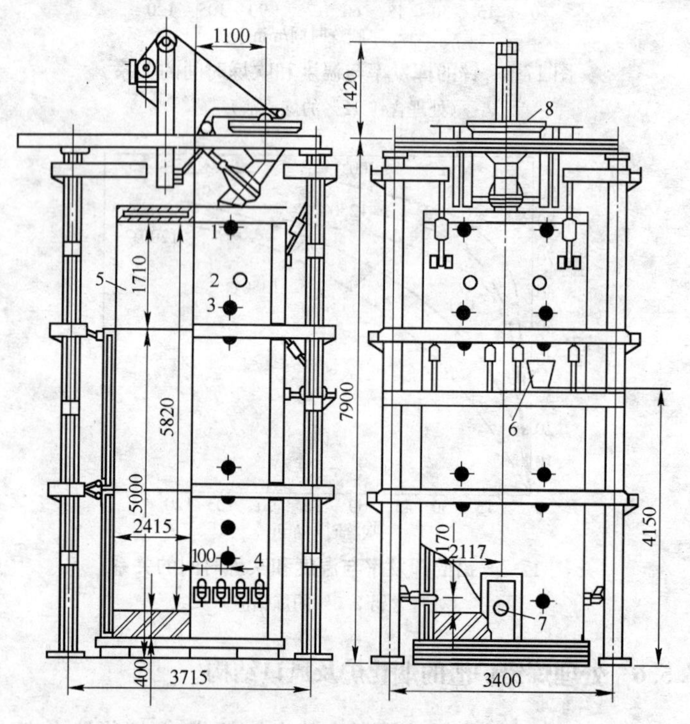

图17-8　烟化炉构造

1—水套出水管；2—三次风口；3—水套进水管；4—风口；5—排烟口；6—熔渣加入口；7—放渣口；8—冷料加入口

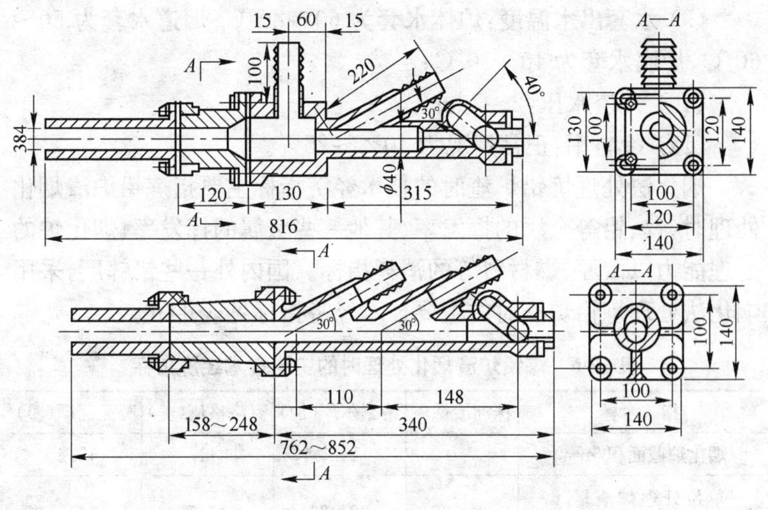

图 17-9 风口结构

17.5.7 处理炼铅炉渣烟化炉的技术条件和主要指标

采用烟化炉处理不同的炼铅炉渣时,有不同的烟化炉技术条件。某厂烟化炉的技术条件控制如下:

(1) 作业温度为 1200～1250 ℃;

(2) 作业周期为 70～110 min/炉;

(3) 空气过剩系数(α)值:加热期 0.75～1.0,还原期 0.55～0.7;

(4) 燃料率:处理液体渣时为 15%～25%,处理固体渣时为 30%～50%;

(5) 鼓风压力:吹炼期为 50～70 kPa,进料时为 40～42 kPa;

(6) 风比为:一次风/二次风=3/7～4/6;

(7) 粉煤消耗量:加热期为 0.6～1.6 kg/(t 渣 · min),还原期为 0.9～2.0 kg/(t 渣 · min);

(8) 空气消耗:加热期为 5～8 m^3/kg 煤,还原期为 3.8～6.8 m^3/kg 煤;

(9) 水套出水温度:炉体水套为60～80 ℃;烟道水套为50～60 ℃,炉底水套为40～50 ℃;

(10) 冲渣水压:2～3 kg/cm^2;

(11) 冷料率:正常情况为10%～25%。

烟化法处理炼铅炉渣时的技术经济指标主要指炼铅炉渣烟化处理时,锌、铅等金属的挥发率、其他一些金属的挥发率、烟化炉的处理能力以及原、燃材料等的消耗指标。国内外一些铅锌厂,采用烟化法处理炼铅炉渣时的主要技术经济指标见表17-6。

表17-6　炼铅炉渣烟化处理时的主要技术经济指标

指　标	株洲冶炼厂	特累尔厂(加)	克洛格厂(美)	契瓦瓦厂(墨)
烟化炉截面积/m^2	7.0	22.3	11	15.4
单位处理炉渣量/t·(m^{-2}·d^{-1})	30～35	22～26	45.5	41
每周期处理渣量/t	22～27	60	38	45
燃料率/%	20～23	29	17.5	17.2
吨渣空气消耗/m^3	1100～1200	1300	1020	560
金属挥发率:Zn/%	75～85	86.5	92.8～93.5	90～92
Pb/%	85～95	99	98	
初渣成分:Zn/%	11.7	18	15～22	
Pb/%	2.02	2.5	1.8	
终渣成分:Zn/%	1.92	2.9	1.4	
Pb/%	0.12	0.03	0.05	
氧化锌烟尘:产率/%	10～15	29	23	
含Zn/%	55～62	60～70	63	
含Pb/%	11～13	9	10	

18 烟化法处理含锗鼓风炉炼铅炉渣

18.1 概述

锗(Ge)属于稀散金属。锗是 1886 年,由德国化学家温克莱尔(C. A. Winkler)在分析由德国弗莱堡矿业学院教授温斯巴哈(Albin Weisbach)提供的含银矿石(硫银锗矿)中发现的,但实际上,早在 1872 年,俄国著名化学家 Д. И. 门捷列夫,在研究他的元素周期表的特性时,就预感到在硅与锡之间,还应该存在一个"类硅"的元素。温克莱尔在从该含银矿石中分离出这一类似非金属的元素后,敏捷地认为,这个元素就是门捷列夫所预言的"类硅",为了纪念他的祖国——德国(German),温克莱尔将其取名为锗(Germanium)。

温克莱尔发现了锗,是科学发展过程中极为重要的事件,在人类自然科学发展史上具有深远的意义和影响。因为锗的发现及其后续在各领域的广泛应用,不但证明了锗对人类发展的重要性,而且在当时,锗的发现直接验证了门捷列夫提出的"类硅"元素的存在,证明了元素周期表的准确性和可靠性。

1886 年以后,由于硫银锗矿资源非常少且未发现新的锗资源,严重限制了锗的发展和应用,其研究工作几乎停止和瘫痪,直到 1920 年,在西南非洲的楚梅布发现了一种含锗的新矿物——锗石(含锗约 8%)后,锗的研究才得以顺利开展。

实际上,锗金属的应用是随着半导体工业的发展而发展起来的,1921 年,制成了锗检波器。

1941 年,第一家生产二氧化锗的工厂——易格皮切工业公司,在美国的迈阿密成立,该公司对从铅、锌冶炼过程中回收锗进行了系统的研究,同年生产出纯度为 99.9%的二氧化锗。

1948 年,利用电阻率为 10~20 Ω·cm 的高纯金属锗,制备出了世界上第一只非点接触的晶体管放大器——锗晶体管。

1950年，帝尔和理特用乔赫拉斯基法培育出了世界上第一根锗单晶。

1952年，美国人浦芳发明了区熔提纯技术，并将该技术首先应用在锗的提纯上。

20世纪50年代末至60年代末的10年间，是锗的生产技术、产品质量、用量迅速发展的时期。例如，在质量上：1956年，还原锗的电阻率为7 Ω·cm，区熔锗为30～40 Ω·cm，到了1958年，还原锗的电阻率在20 Ω·cm以上，区熔锗达到50 Ω·cm，高纯锗单晶的少数载流子寿命突破1500 μs，并且生长出了无位错锗单晶；在产量上：美国锗的消耗量，从1958年的11 t增加到1965年的23 t。

18.2 锗的主要用途

20世纪60年代前后，锗在半导体器件领域占主导地位，但20世纪70年代以后，锗的用量有所下降，这主要是由于半导体硅生产技术的不断进步以及大规模集成电路的出现，硅器件逐步代替了锗器件，使锗器件从20世纪60年代占总用量的90%下降到20世纪80年代仅占总用量的20%左右。尽管如此，由于锗在红外、光纤、催化剂，医药、食品等领域应用的不断拓宽，锗仍然保持着一定的消耗量。锗产品的产业链发展如图18-1所示。

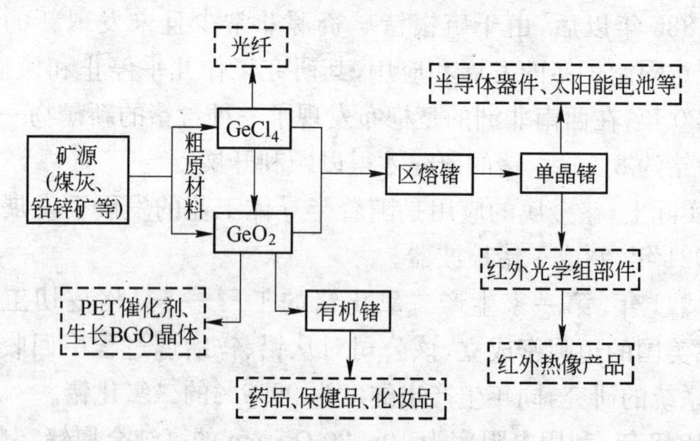

图18-1 锗产品的产业链

长期以来,锗主要用于制造半导体器件、光导纤维、红外光学元器件(军用)、太阳能电池(主要是卫星用)等,其主要应用领域如下。

18.2.1 锗在电子工业领域中的应用

在电子工业中,半导体领域大量使用锗。

自1948年制造出第一只锗晶体管至20世纪60年代末期,95%以上的锗都用于制造半导体器件。20世纪70年代,半导体领域仍然是锗的最大消耗领域,但进入20世纪80年代,半导体耗锗大大下降。1984年,西方国家在电子工业中的锗使用量只占其总消耗量的5%左右,就连锗消耗量最大的美国,近年来用于该领域的锗也仅占7%左右。尽管锗在电子工业领域的消耗比例还会减少,但由于锗器件具有其他器件所无法比拟的优越性,例如锗管除了具有非常小的饱和电阻以外还具有几乎无热辐射、功耗极小等优点,在某些器件方面依然是其他材料所无法代替的,因而锗在该领域的消耗总量将不会大量下降。

美国GDP公司通过锗管与硅管及其他器件的性能对比研究以及实际应用情况调查,得出结论:"在大功率器件中,硅管无法击败锗晶体管。由于锗晶体管超群的VGES特性及小电流驱动特性,故对于使用干电池的仪器,锗管仍是最佳产品"。

制备整流及提升电压的二极管、混频、功率放大与直流交换三极管,光电池和热电效应元件,特别是高频与大功率器件等都非锗莫属。锗在半导体工业中将还有一席之地,不会被硅全部代替。

18.2.2 锗在红外光学领域中的应用

锗材料是制作红外器件的最重要原料,红外器件被广泛应用于军事、工农业生产中。红外技术是军事遥感科学和空间科学的重要手段。红外器件被普遍应用在红外侦察、红外通讯、红外夜视、红外雷达和炸弹、导弹的红外制导,以及各种军事目标的搜索、探视、监视、跟踪等,尤其是红外热成像(利用物体本身自然辐射的红外光转变为可见图像)扩展了人们的视野。采用红外热成像技术,士兵可以在黑夜或烟雾中寻找目标,在黑夜中瞄准射击飞机、军舰、坦克等军事装置,红外热成像仪已成为不可缺少的现代军事装备之一。在民用工业中,红外器件被广泛用作各种红外系统的透镜、窗口、棱镜、滤光片、导流罩等,可用作导航与灾害报警、火车车轮测温、医疗检测、治病等。

在第二次世界大战期间,锗的检波特性被发现后即被英国军方用于雷达检波器和放大器以增强防空预警和目标识别能力,大大改善了英国防空力量。在此之前,往往是夜袭敌机飞临头上时才手忙脚乱地打开探照灯搜索目标。目标还未找到,探照灯倒成了敌机打击目标。有了雷达装备后,使预警、目标识别和打击准备的工作形成一体,敌机一来就集中探照灯和高炮对付。

锗重点转移到红外光学领域的应用始于 20 世纪 80 年代。由于锗的电子迁移率和空闪迁移率高于硅,饱和电阻和功耗非常小,几乎无热辐射,在高速开关电路方面的性能优于硅,并且锗的电阻率对温度变化特别敏感,当温度升高时锗电阻率下降,而温度下降时锗电阻率上升,因此,锗红外探测器可测出摄氏万分之五范围的温度变化。利用锗红外探测器,能观察到 1 km 以外人体发出的红外线反射波。

由于锗具有高透过率和高折射系数的特性,可通过 2～15 μm 红外线,并具有低温系数、低色散,抗大气氧化、抗潮湿气体、抗化学腐蚀的功能,可制成高纯度、高强度又易于加工抛光的晶体或镜片,因此最适合作为红外窗口、三棱镜、滤光片和红外光学透镜材料而被广泛用于各种红外传感器(包括压力、磁力、温度和放射线探测)、红外高能化学激光器、热成像仪、夜间监视器和目标识别装置等。

在 20 世纪 90 年代的海湾战争中,美国就凭借各种各样先进的红外探测器和技术,不仅掌握了对伊作战的制空权、制海权和地面作战主动权,还发现了伊方地面伪装及沙漠和地下掩蔽的武器装备和人员,并给以有选择的打击。在海湾战争中,锗在红外光学的应用又一次大出风头。可以预料，未来锗在红外光学领域的应用趋势必将进一步扩大。

18.2.3 锗在光纤通讯领域中的应用

光纤通讯是信息时代的基础。光纤通讯具有容量大、频带宽、抗干扰、保密性和可靠性强、稳定性好、损耗低以及体积小、质量轻、成本低、中继距离长等综合优点，已成为世界各国重点发展的通信技术。

自1973年以来，为适应光纤生产的要求，在锗产品中开发出了纤维光学级$GeCl_4$。生产石英(SiO_2)光纤的过程中掺入$GeCl_4$，它可转变为GeO_2，由于以锗代硅，使传输光向更长的波长(0.8～1.6 μm)区扩展(对长距离通话极为有利)，同时它还能将信号限制在纤芯之内，防止了信号损失，使光信号传输100 km而不必放大，因此在长距离电话线路、数据传输线路及局部地区网络中被广泛采用。

1993年，美国提出了信息高速公路计划，1995年，欧盟各国也随之推行。信息高速公路计划预示着信息时代的到来，也意味着一场争夺信息控制权的不流血战争的开始。光纤通信作为重要的获取信息的渠道，正以前所未有的速度获得飞速发展。日本以发展单模光纤为主，其用锗量虽仅为多模光纤的1/5～1/6，但光纤的产量巨大，已达到2000万km的量级。陆上和海洋光缆建设的高速发展，使许多国家加快了光纤到户建设，美国有6家公司计划投资数百亿美元建设光缆网，到2000年光缆网已连接1500余万个家庭。德国已用光纤连通了120万用户，英国也有30万用户进入光纤网，锗在光纤的应用上是其他长波光纤材料无法替代的，锗是具有战略性质的光信息材料。

美国20世纪80年代末期，光纤产量达600万km，5年期间增长12倍。1995年日本国内光导纤维的货运量约为490万km，比1994年增加了38%。据国家有关部门和研究机构数据，“八五”末期，我国年产光纤量为150万km，“九五”末期已达到300万km。

光纤用四氯化锗的耗锗量占世界耗锗总量的 20%～30%，据不完全统计，每年我国 $GeCl_4$ 的消耗量在 8～10 t 左右，约 95%的光纤用 $GeCl_4$ 依靠进口。

18.2.4　锗在化工、轻工领域的应用

聚酯生产过程中，催化剂作为最重要的添加物，对工艺过程、产品质量及后续加工有重要影响。

目前，国内 PET 生产厂家一般都采用锑制品（如三氧化二锑，醋酸锑，乙二醇锑等）作为催化剂。这些锑制品催化剂具有相当的活性，而且价廉易得，但是，这些催化剂所含的锑在进行催化反应后，都残留在 PET 中，PET 制品或其容器内的物品（如内衣或 PET 瓶中的饮料和食品等）若与人体接触，其中的锑如被摄入人体后，一般很难排出，会在体内积累，对健康不利。

日本已禁止含锑化合物用于和食品接触的瓶级 PET 中，韩国已限定瓶级 PET 中的锑含量在 200×10^{-6} 以下，这就促使有关 PET 催化剂生产厂商纷纷开发无锑催化剂，锗系催化剂应运而生。

英国 Meldform 锗公司于 20 世纪 90 年代研制出 GeO_2 粉末和其他用于 PET 生产的 Ge 系催化剂。2002 年，该公司对 Ge 系催化剂作了重大改进，即向标准的 Ge 催化剂中加入不同配方的促进剂，使得新型 Ge 催化剂的活性提高，制得的 PET 色相更加改善。

Ge 系催化剂的特点是活性高，安全无毒、耐热耐压、对人体无害、透明度高且具有光泽、气密性好，生产出的 PET 色相好，特别适用于生产薄膜和透明度要求较高的 PET。目前国内外在化工领域的耗锗量已达每年 20 t 以上。

18.2.5　锗在食品领域中的应用

近年来发现，野生灵芝、野生山参中含锗量分别高达 20×10^{-6} 和 40×10^{-6}。锗的生物活性和它在人体中所起的特殊医疗保健作用，引起了世界各国化学家、药理学家及营养学家的极大兴趣和关注，有机锗被冠以“人类疾病的克星”、“21 世纪救命锗”、

"21世纪生命的源泉"、"震动世界的新星"、"人类健康的卫士"、"人类的护肤神"等美名。

有机锗化合物的医疗、保健作用主要体现在以下几个方面：

(1) 抗癌作用。有机锗化合物具有抗癌性广、毒性小等优点，在防癌抗癌及其辅助化疗方面具有很好的发展前途。

Ⅰ和Ⅱ期临床研究表明，有机锗氧化物对胃癌、肺癌、子宫癌，乳腺癌、前列腺癌、多发性骨髓瘤等有一定疗效且副作用较小。对恶性淋巴瘤，卵巢癌、大肠癌、子宫颈癌、前列腺癌及黑色素瘤等有一定疗效，它能阻止癌细胞的蛋白质、DNA 和 RNA 的合成。

(2) 抗衰老作用。近年来研究表明，老年人的机体抗氧能力显著下降，超氧化物歧化酶活性较中青年人低，而脂质过氧化产物数量增加，生物膜中一些重要酶活性有所降低。自由基和脂质过氧化反应的终产物，如细胞毒性醛类在体内的堆积将导致组织细胞的不可逆损害，因此阻断自由基和脂质过氧化连锁反应的进行和提高机体的抗氧化能力，有益于延缓衰老过程。

Ge-132 有助于提高老年人的 SOD 活性，减少脂质过氧化最终产物丙二醛的产生，因而具有一定的抗衰老作用。

(3) 免疫调节作用。动物实验和临床研究表明，Ge-132 能诱导产生干扰素，活化 NK 细胞以及增强巨噬细胞的吞噬功能，因此提高了机体的免疫调节作用，在消除突变细胞，防止发生癌变，提高机体免疫能力方面发挥了重要的作用。

(4) 携氧功能。有机锗含多个锗氧键，因此氧化脱氢能力很强。当有机锗进入机体后，与血红蛋白结合，附于红细胞上，以保证细胞的有氧代谢。有机锗中的氧还能和体内代谢产物中的氢结合排出体外。此外，有机锗还能够增加组织氧分压和供氧能力。

(5) 抗疟作用。实验研究表明，"螺锗"能抑制 H 标记的次黄嘌呤掺入疟原虫，对恶性疟原虫氯喹抗药株和敏感株都有抑制作用。"螺锗"除作为有前途的抗疟新药外，对了解疟原虫抗药性产生也有一定的意义。

(6) 其他。临床研究表明，有机锗化合物对脑血管疾病、高血压,老年骨质疏松症等疾病均有一定的预防和治疗作用,同时还具有抗病毒、抑菌、杀菌和消炎作用。

18.2.6 锗用于制备锗系合金

18.2.6.1 锗酸铋

锗酸铋是一个用量或市场正在增长的产品。锗酸铋是 GeO_2 与 Bi_2O_2 共熔所生成的复合氧化物($Bi_4Ge_3O_{12}$),简称 BGO。目前国外已能生长直径大于 125 mm、长 230 mm 的 BGO 单晶和掺杂 NaI 与 $CdWO_4$ 等闪烁晶体。它们的主要优点是吸收高、密度大、余辉小并具有非吸湿性,近年来在医学领域的 CT 扫描,正电子层析摄影术及 X 射线成像等方面用量日增。此外,在核物理、高能物理、地球物理勘测、油井测量等方面也有广泛应用。目前,BGO 晶体主要应用于高能物理和核医学成像(PET)装置,西欧核子研究中心(CERN)建造的大型正负电子对撞机的 L3 电磁量能器中 BGO 晶体的用量高达 12000 根(1.5 m)。在医学成像方面,BGO 晶体已经占领了整个 PET 市场的 50%以上。

上海硅酸盐研究所采用改进的多坩埚下降法生长技术成功生产了高质量的大尺寸 BGO 晶体,实现了 BGO 晶体的产业化,在国际上获得了相当高的声誉。多年来,上海硅酸盐研究所向国际上多家高能物理研究机构提供了大量的 BGO 晶体,其中包括 CERN 的 L3 实验所用的 12000 根晶体,近几年来上海硅酸盐所又向 GE 公司等 PET 制造商大量提供 BGO 晶体,创汇数亿美元。

18.2.6.2 硅锗(SiGe)晶体管

IBM 公司采用硅锗(SiGe)工艺技术研制成功全球速度最快的新型高速晶体管,适应更广泛的应用领域。其 SiGe 晶体管传输频率达 350 GHz,速度比现有的器件快 3 倍。该晶体管的性能也超过了其他化合物半导体,如砷化镓(GaAs)和磷化铟(InP)等。

IBM 公司开发的硅锗晶体管为一种“构建模块”,能用于开发新一级的通信芯片,工作频率超过 150 GHz。该器件能应用于更广泛的领域,如汽车雷达碰撞系统、高性能局域网等。近年来,有几家 IC 制造商已进入了硅锗市场，如杰尔系统（Agere Systems）、Atmel、科胜讯（Conexant）、英飞凌（Infineon）、美信（Maxim）、摩托罗拉（Motorola）、SiGeSemiconductor、德州仪器（TI）等公司。据预测，SiGe 市场销售额将由 2001 年的 3.2 亿美元增长到 2006 年的约 27 亿美元。

硅锗合金可制成热电元件，用于军事领域。锗/硅应变超晶格是一种新型的Ⅳ族半导体超晶格材料，它在工艺上可以与成熟的硅集成工艺相容，在光电子器件，特别是光电探测器、红外探测器、异质结双极晶体管等方面有新的应用。

锗和贵金属的化合物，如铂锗卤化物可作石油精制方面的催化剂，铂锗作裂化催化剂。锗的有机化合物可作为杀菌剂和抗肿瘤药物。少量的锗与金炼成合金（含金 12%的锗共晶合金）可用于特殊精铸件，还可以在珠宝玉石工艺品生产中用作金焊料。锗铟合金可用于电阻温度计。锗铜合金可制成电阻压力计，在电子技术中作低温焊料。锗合金还可用作牙科合金。锗在超导、太阳能方面也有一定应用。

18.3 锗及其主要化合物的性质

18.3.1 锗的物理化学性质

锗（Germanium），元素符号 Ge，是银灰色的元素，极纯的锗（99.999%）在室温下很脆，但在温度高于 600 ℃（A·H·泽列克曼认为高于 550℃）时，单晶锗即可以经受塑性变形。锗的物理性质见表 18-1。

表 18-1 锗的物理性质

性质	数值	性质	数值
原子序数	32	线性膨胀系数/K^{-1}	
相对原子质量	72.5	100 K	2.3×10^{-16}
晶体结构	立方体	200 K	5.0×10^{-16}
密度（125℃）/$g\cdot cm^{-3}$	5.323	300 K	6.0×10^{-16}

续表 18-1

性　质	数　值	性　质	数　值
原子密度(25℃)/g·cm^{-3}	4.416×10^{22}	热导率/W·(m·K)$^{-1}$	
晶格常数(25℃)/nm	0.56754	100 K	232
表面张力(熔点下)/N·cm^{-1}	0.0015	200 K	96.8
断裂模量/MPa	72.4	熔点/℃	937.4
摩氏硬度	6.3	沸点/℃	2830
泊松比(125～375 K)	0.287	质量热容(25℃)/J·kg·K^{-1}	322
自然同位素丰度/%	20.4	熔化潜热/J·g^{-1}	466.5
质量数	27.4	蒸发潜热/J·g^{-1}	4602
标准还原电位/V	−0.15	燃烧热/J·g^{-1}	4006
磁敏感性	-0.12×10^{-6}	生成热/J·g^{-1}	738

在常温下，金属锗与空气、氧或水不起作用，甚至在 500 ℃时锗也基本不氧化，只有当温度高于 600 ℃时，锗才开始氧化，并且随着温度的升高按下列反应进行。

$$Ge+\frac{1}{2}O_2=GeO \tag{18-1}$$

$$GeO=GeO_{(气)} \tag{18-2}$$

$$Ge+O_2=GeO_2 \tag{18-3}$$

在 800～900 ℃的温度范围内，锗在 CO_2 中可强烈氧化，发生如下化学反应：

$$Ge+CO_2=GeO+CO \tag{18-4}$$

600 ℃时，锗开始挥发，并且随温度的升高，挥发增强，锗的挥发速度与温度变化的一些数据见表 18-2。锗的挥发速度与气氛和温度的关系如图 18-2 所示。

表 18-2 锗的挥发速度与温度的关系

温度/℃	锗的挥发率/g·(cm^{-2}·s^{-1})	温度/℃	锗的挥发率/g·(cm^{-2}·s^{-1})
847	1.45×10^{-7}	1251	1.27×10^{-4}
996	1.41×10^{-6}	1421	1.21×10^{-3}
1112	1.34×10^{-5}	1635	1.41×10^{-2}

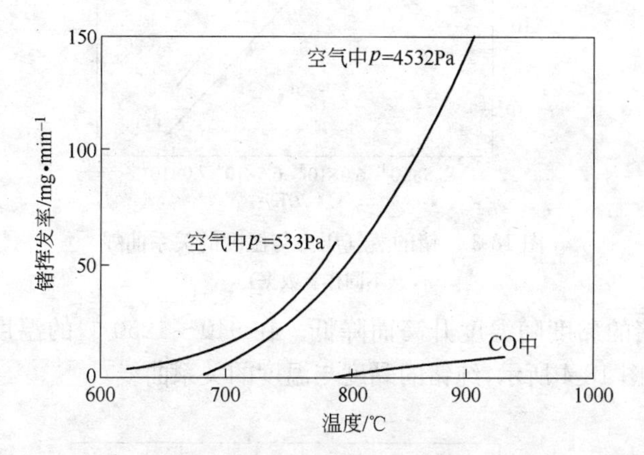

图 18-2 锗的挥发速度与气氛和温度的关系

锗在氮气中，当温度高于 800 ℃时，会发生升华。

锗的蒸气压随温度的升高而增加，且呈线性关系。在 1237～1609 ℃温度下，液态锗的蒸气压力随温度的变化数据见表 18-3，关系曲线如图 18-3 所示。

表 18-3 液态锗的蒸气压力随温度的变化数据

温度/℃	蒸气压力/Pa	温度/℃	蒸气压力/Pa
1237	0.1346	1400	1.7862
1254	0.1986	1482	2.4127
1334	0.5785	1493	5.4253
1342	0.6078	1522	11.1172
1372	1.1624	1555	15.4628
1376	1.4396	1609	35.0579

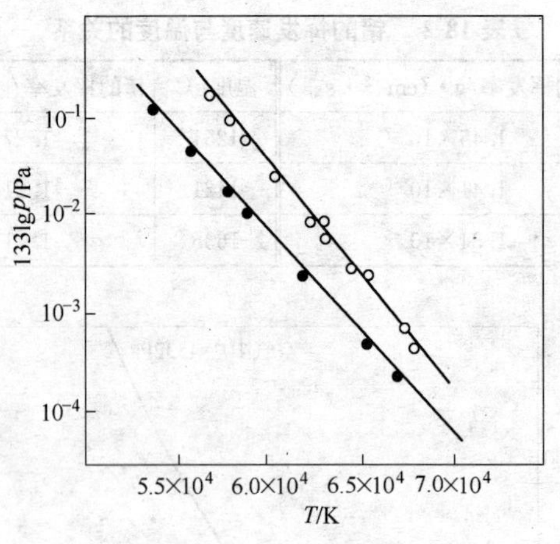

图 18-3 锗的蒸气压力与温度的关系曲线
（不同作者数据）

锗的黏度随温度升高而降低。在 940～1250 ℃的温度范围内，如图 18-4 所示，纯锗的黏度与温度的关系曲线。

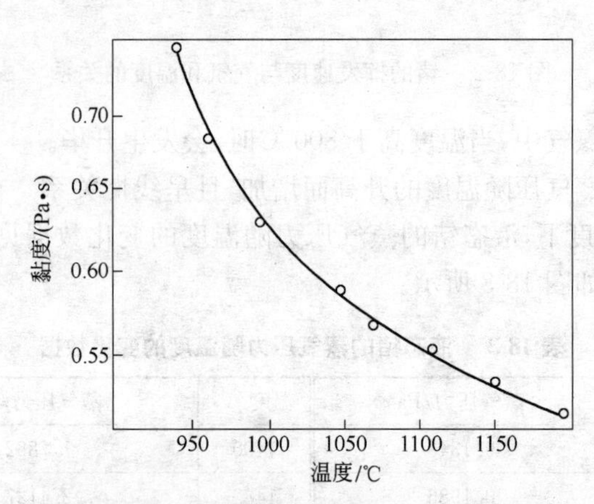

图 18-4 纯锗的黏度与温度的关系曲线

锗易与碱相熔融形成碱金属锗酸盐，如 Na_2Ge_3 等，它们易溶于水，而其他金属锗酸盐在水中溶解较少，但却易溶于酸。

水对锗不起作用，在浓盐酸以及稀硫酸中，锗较稳定，但锗可溶于热的氢氟酸、王水和浓硫酸。

锗溶于加有硝酸的浓硫酸时会生成 GeO_2，溶于王水时则生成 $GeCl_4$。

锗难溶于碱液中，即使是 50％的浓碱液，锗也很难溶，但当有氧化剂参与时，锗可溶于热碱液中。

18.3.2 锗的硫化物

锗的硫化物有 GeS、GeS_2 及 Ge_2S_3 等。

18.3.2.1 硫化锗(GeS)

GeS 分为棕色无定形 GeS 和黑色斜方晶系 GeS。在 450 ℃的惰性气氛中，无定形 GeS 可经数小时而转变成晶形 GeS。

GeS 可采用湿法、干法两种方法制备。

湿法是在含有两价锗化合物的酸性溶液中通入硫化氢气体制取。

干法是以锗酸盐为原料，首先将其在氮气保护气氛下在 800 ℃预热除砷，然后在 820 ℃时，往锗酸盐粉末通氨气，可生成 GeS，挥发后在冷凝器内收集。此外，制备 GeS 的其他方法还有 GeS_2 的氢还原法。该法是将金属锗置于硫化氢气流中，加热到 850 ℃，便有 GeS 生成并挥发，挥发物为针状或片状结晶，粉末 GeS 为黑色。

GeS 在 350 ℃时开始氧化形成 $GeSO_4$，当温度高于 350 ℃时，其最大可能的氧化产物是生成 GeO_2，即：

$$GeS + 2O_2 = GeSO_4 \tag{18-5}$$

$$GeS + 2O_2 = GeO_2 + SO_2 \tag{18-6}$$

温度和气氛对 GeS 的挥发有较大的影响，低温和强烈的还原气氛下，GeS 易挥发；800 ℃，中性气氛下，GeS 挥发较少，仅有 20％，但在氢气或一氧化碳等还原性气氛下，锗的挥发率可达 90％～98％。GeS 的挥发率与温度及气氛的关系如图 18-5 所示。

GeS 较易溶于稀盐酸中，而微溶于硫酸、磷酸和有机酸。

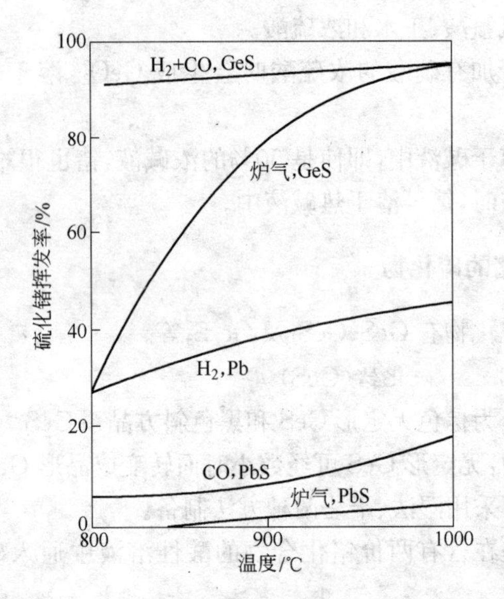

图 18-5　GeS 的挥发率与温度及气氛的关系

GeS 在热的稀硝酸溶液、过氧化氢水溶液、高锰酸钾、氯和溴中容易很快氧化，GeS 也易溶于碱或硫化物溶液而生成红色溶液。

常温下，GeS 与氯气反应生成 $GeCl_4$，GeS 在 150 ℃以上能和 HCl 蒸气剧烈反应。

结晶状的 GeS 是稳定化合物，即便在热沸的酸或碱中也极少溶解，也难以被氨水、双氧水或盐酸所氧化，但当其呈粉末状时，却不稳定，易溶于热的微碱液中，对此碱液用酸中和后，可生成红色的无定形 GeS 沉淀。

18.3.2.2　二硫化锗（GeS_2）

GeS_2 为一种白色粉末，不稳定，在 420～650 ℃升华，在700 ℃时约有 15％的 GeS_2 离解，生成易挥发的 GeS：

$$2GeS_2 \rightleftharpoons Ge_2S_3 + \frac{1}{2}S_2 \rightleftharpoons 2GeS\uparrow + S_2 \tag{18-7}$$

GeS_2 也可采用湿法、干法两种方法制备。

GeS_2在260 ℃时，开始发生氧化，当温度高于350 ℃时，其氧化速度增快，到450～530 ℃间，GeS_2的氧化速度增加较快，但在580～630 ℃间，GeS_2的氧化速度减小。然而，当温度高于635 ℃后，GeS_2的氧化速度又重新增大，到720 ℃后，约80%的GeS_2已被氧化，总的化学反应变化可表述如下：

$$3GeS_2+10O_2=2GeO_2+Ge(SO_4)_2+4SO_2 \quad (18\text{-}8)$$

在500～530 ℃之间所形成的$Ge(SO_4)_2$的最大峰值约为32%，在此前后的温度范围内，几乎不存在$Ge(SO_4)_2$。当温度高于667 ℃时，$Ge(SO_4)_2$与GeS_2和氧发生相互作用而生成GeO_2。

$$GeS_2+Ge(SO_4)_2+2O_2=2GeO_2+4SO_2 \quad (18\text{-}9)$$

GeS_2在中性气氛中，当温度高于500 ℃时就明显挥发，在700～730 ℃时挥发剧烈，气氛和温度对GeS_2挥发率的影响情况如图18-6所示，从图中可以看出，如有空气存在，GeS_2的挥发明显减小。

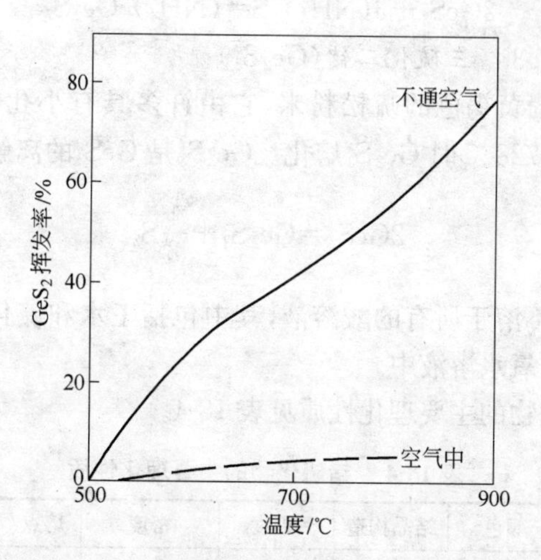

图18-6 GeS_2的挥发率与温度及气氛的关系

在650 ℃的真空或中性气氛中，GeS_2将发生如下反应：

$$GeS_2=GeS_{2(g)} \quad (18\text{-}10)$$

$$2GeS_2 = 2GeS_{(g)} + S_{2(g)} \tag{18-11}$$

$$GeS_2 = Ge + S_{2(g)} \tag{18-12}$$

$$2GeS_{(g)} = 2Ge + S_{2(g)} \tag{18-13}$$

在400～600 ℃之间，GeS_2可被氢还原，产生易挥发的GeS，反应式为：

$$GeS_2 + H_2 = GeS + H_2S \tag{18-14}$$

GeS_2也可在500～700 ℃之间，在一氧化碳中很好地挥发。GeS_2在潮湿的空气或惰性气氛里会离解，到800 ℃左右便离解完全。

GeS_2不溶于水，也不溶于冷或热沸的硫酸、盐酸或硝酸中，但GeS_2易溶于热碱，尤其是有氧化剂，如双氧水的碱液中。热氨或$(NH_4)_2S$可溶解GeS_2，并形成相应的亚酞胺锗。

$$GeS_2 + 6NH_3 = Ge(NH)_2 + 2(NH_4)_2S \tag{18-15}$$

$$2GeS_2 + 3(NH_4)_2S = (NH_4)_6Ge_2S_7 \tag{18-16}$$

18.3.2.3　三硫化二锗(Ge_2S_3)

Ge_2S_3为黄褐色的疏松粉末，它由许多具有小孔与缝隙的细晶粒组成。728 ℃时Ge_2S_3熔化。Ge_2S_3是GeS_2的离解产物：

$$2GeS_2 = Ge_2S_3 + \frac{1}{2}S_2 \tag{18-17}$$

Ge_2S_3不溶于所有的酸溶液，其中包括王水和硫化碳，但易溶于氨水或双氧水溶液中。

锗硫化物的主要理化性质见表18-4。

表18-4　锗硫化物的主要理化性质

硫化物名称	颜色	结晶构造	硬度	密度	熔点/℃	沸点/℃
GeS	黑色	斜方	2	3.54～4.01	530～665	650～850
GeS	红棕、棕黄			3.31		
GeS_2	白色	斜方	2～2.5	2.70～2.94	800～840	904
Ge_2S_3	棕黄色				728	

续表 18-4

硫化物名称	离解温度/℃	升华温度/℃	氧化温度/℃	还原温度/℃	水中溶解度/%	易溶于
GeS	>600	>350	>300	>800	0.24	$(NH_4)_2S$，HNO_3，HCl
GeS						HCl，$(NH_4)_2SO_4$
GeS_2	>600	420～720	250	400	0.45	HCl，$(NH_4)_2S$
Ge_2S_3		>650			难	$(NH_4)_2S$，NH_3

18.3.3 锗的氧化物

锗的氧化物有 GeO、GeO_2 及其水合物等。

18.3.3.1 氧化锗(GeO)

GeO 为深灰色或黑色粉末，室温下稳定存在。当温度高于 550 ℃时，GeO 开始氧化形成 GeO_2，在此温度下如缺氧，则发生 GeO 的升华。

在含 1×10^{-6} mol/L 的盐酸溶液中，用次磷酸(过量 30%)还原含 0.25～0.5 mol 的二氧化锗溶液，然后用稀氨水中和，便能制得 GeO。在空气中，潮湿的二价锗的氢氧化物容易氧化，故沉淀和洗涤需在惰性气体保护气氛下进行，此时制得的锗氢氧化物为黄色或红色的胶状物质，如果是从煮沸的溶液中进行沉淀，则制得的产物为黑褐色细粒状。如用过量的次磷酸在盐酸介质中还原 1.5～2.0 mol 的 GeO_2 溶液，再用去离子水水解，可制得白色的 GeO，再与溶液接触时则转变成红色。从含 25%硫酸的四价锗溶液中，用锌或其他强还原剂，也可制得二价锗的氢氧化物，这种二价锗的氢氧化物具有微弱的酸性，且极易溶于盐酸和其他的卤酸中，也微溶于碱中。

GeO 在 700 ℃时显著挥发，当温度高于 815 ℃时，GeO 的蒸气压已达 101.33 kPa。

用热力学和统计学的方法得到的结果绘制出的 GeO 蒸气压与温度的关系如图 18-7 所示，它们呈直线分布，其关系可用下式表达：

$$\lg p(\text{kPa}) = -1832.87/T + 2.061 \tag{18-18}$$

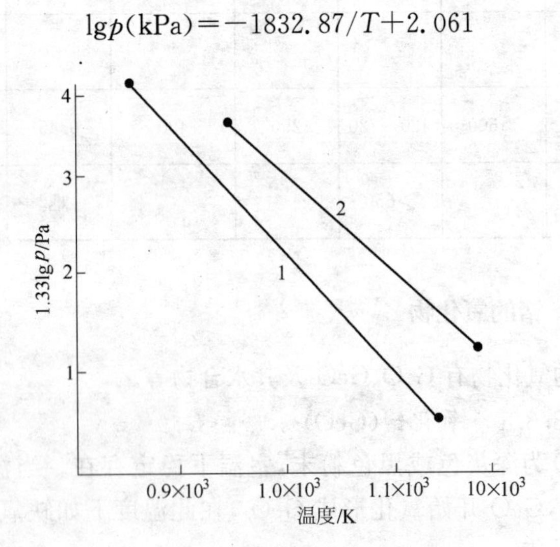

图 18-7 GeO 蒸气压与温度的关系

1—锗和 GeO_2 混合物上的压力；2—GeO 上的压力

GeO 在 175 ℃时，可与 HCl 作用生成 $GeCl_3$ 和水，在 250 ℃时，可与卤族元素如氯作用形成 $GeCl_4$ 和 GeO_2。

GeO 略溶于水，其溶解度仅为 $(3\sim0.5)\times10^{-4}$ mol/L，形成极弱的 H_2GeO_2 酸。更多的研究者认为，GeO 具有弱碱性，不溶于水而易溶于酸，在水溶液中所存在的 Ge^{2+}，是 Ge^{4+} 被还原的中间产物。

GeO 在稀硫酸中缓慢分解，在 4 mol/L 的盐酸中微微溶解，随着盐酸浓度增高而溶解度增大。

GeO 难溶于碱，这与锗的其他氧化物或硫化物（除晶形 GeS 外）易溶于碱的性质相反。

18.3.3.2 二氧化锗(GeO_2)

GeO_2为白色粉末。它有三种形态,即可溶性的无定形玻璃体、六边形晶体,不溶性的四面体。它们的物理化学性质见表18-5。

表18-5 GeO_2各变形态的物理化学性质

性 质	不溶四面体GeO_2	可溶六边形GeO_2	可溶无定形GeO_2
结晶构造	a=4.390～4.394 c=2.852～2.859	a=4.987～4.988 c=5.653～5.640	玻璃体
结晶形式	金红石	α-石英,β-石英	—
密度(25℃)/g·cm^{-3}	6.239	4.228	3.122～3.617
熔点/℃	(1086～1086)±5	(1115～1116)±4	—
沸点/℃	—	1200	—
100 g水溶解度/g	0.023(25℃)	0.433～0.453(25℃) 0.551(35℃) 0.617(41℃) 0.950～1.050(100℃)	0.518(38℃)
与盐酸作用	不	生成$GeCl_4$	生成$GeCl_4$
与NaOH作用	10倍NaOH在550℃下作用 5倍Na_2CO_3在900℃下作用	易 易	易 易
与HF作用	不	生成H_2GeF_6	生成H_2GeF_6
转变温度/℃	1033±10	1033±10	—
折射率/%	ω1.99;ε2.00～2.07	ω1.695;ε1.735	ε1.607

可溶性六边形GeO_2在长久加热条件下,会缓缓地转变为不溶性的四面体GeO_2,故处理含锗物料时,不宜长时间地加热。

GeO_2可通过水解四氯化锗或碱性锗酸盐而制得,此时制备的GeO_2为很细的粉末,即便采用显微镜鉴定也很难确定它的晶体结构,采用X射线分析,可知其晶体结构属六方晶型。如将其在380℃下焙烧,则转变为四方晶形(晶红石型),熔融的GeO_2为玻璃体结构,即无定型GeO_2。

GeO_2在空气中很难挥发,但在还原性气氛,如CO中的挥发却极为明显。GeO_2挥发率与温度和气氛的关系如图 18-8 所示。

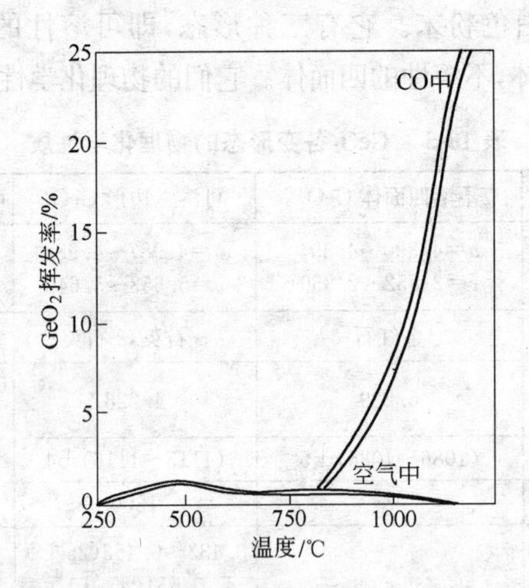

图 18-8　GeO_2挥发率与温度和气氛的关系

在氢气中还原 GeO_2，只有在温度高于 700 ℃时，GeO_2才部分以 GeO 形式挥发。当温度高于 1250 ℃时，GeO_2不受气氛影响而强烈挥发。

GeO_2的离解压很小，在 1000～1100 ℃时，GeO_2按下式离解的数量约为 90%。

$$GeO_2 = GeO_{(g)} + 1/2O_{2(g)} \tag{18-19}$$

GeO_2是一种弱酸性的两性化合物。锗在炉渣中以 GeO_4^{4+} 形态存在，为强酸性化合物。

GeO_2可与一系列金属氧化物形成 $2MeO \cdot GeO_2$、$MeO \cdot 5GeO_2$ 等，如 GeO_2 与 Na_2S 和硫一起烧结时，形成 $Na_2GeOS_2 \cdot 2H_2O$。

GeO_2在水溶液中可形成分子分散溶液或胶体溶液，溶液中含有组分简单的锗酸，如 H_2GeO_3、H_4GeO_4、$H_2Ge_5O_{11}$ 和 $H_4Ge_7O_{16}$ 等。H_2GeO_3为弱酸，$H_2Ge_5O_{11}$酸性稍强，在 pH 值为 3.31～3.36 时，溶液中几乎不存在 Ge^{4+}，pH 值为 5.5～8.4 时，溶液中的 $(Ge_5O_{11})^{2-}$ 稳定，且存在下列平衡关系：

$$(Ge_5O_{11})^{2-}+H_2O+3OH^- \rightleftharpoons 5(HGeO_3)^- \quad (18\text{-}20)$$

如溶液中加入 KCl 或 KNO_3，当 pH 值为 9.2 时，锗以 KGe_5O_{11} 形式析出，但当 pH 值大于 11 时，则溶液中仅存在有 $Ge(OH)_6^{2-}$。

GeO_2 在一些无机酸中的溶解度见表 18-6、表 18-7。

表 18-6 GeO_2 在一些无机酸中的溶解度(25 ℃)

无机酸名称	浓度 /mol·L^{-1}	溶解度 (100 mL) GeO_2/mg	浓度 /mol·L^{-1}	溶解度 (100 mL) GeO_2/mg
$HClO_4$	1.56	210.0	6.92	5.2
	3.41	64.0	10.02	0.4
	5.49	12.4	11.88	0.4
HNO_3	2.15	221.8	14.40	1.9
	4.04	116.4	16.01	0.8
	4.97	81.0	18.52	0.8
	6.07	54.0	20.14	0.6
	8.38	20.5	22.29	1.5
	10.57	7.5	24.00	1.8
H_2SO_4	1.08	323.2	8.67	6.4
	1.77	224.8	11.34	8.4
	2.64	136.6	12.36	16.8
	3.51	79.5	14.00	23.2
	4.11	53.6	15.48	5.8
	5.32	26.8	16.63	3.6
	6.52	12.8	17.43	2.0
HCl	1.04	321.2	6.54	231.6
	2.04	228.4	6.92	311.6
	3.17	168.8	8.15	1075.0
	4.03	121.2	8.82	419.0
	5.03	113.8	9.60	41.0
	6.03	164.4	13.39	2.4
HBr	0.72	315.2	7.32	152.2
	3.37	118.6	7.36	133.4
	5.47	51.4	7.60	69.2
	6.90	85.0	8.31	5.4
	7.17	123.0	8.83	5.4
HI	1.27	286.0	4.95	50.0
	2.33	170.8	4.98	42.8
	3.21	96.8	5.20	11.6
	4.17	60.4	5.79	9.2
	4.80	53.6	7.17	2.0

表 18-7 GeO_2在GeO_2-HF-H_2O系中的溶解度(25 ℃)

液相分析/%		液相中	底相分析/%	
HF	GeO_2	HF∶GeO_2	HF	GeO_2
1.00	1.55	3.37		
2.00	2.43	4.31		
3.00	3.64	4.32		
7.32	9.14	4.19		
12.48	15.25	4.30	3.45	77.45
13.04	15.93	4.28		
16.03	19.62	4.27	4.23	76.58
22.92	28.90	4.17		
25.40	31.20	4.26	6.35	80.49
26.64	32.50	4.20		
70.00	34.70	4.50		
32.80	39.60	4.30		

熔融的 GeO_2 与碱作用生成碱性锗酸盐,该盐易溶于水。GeO_2在 NaOH 中的溶解度见表 18-8,其溶解度随 NaOH 浓度的增高而增大,这一性质常被用于含 GeO_2 物料的溶解。

表 18-8 GeO_2在 NaOH 中的溶解度

NaOH/g·L^{-1}	0.0	0.05	0.1	0.2	0.4	0.5	1.0	2.0	4.0
GeO_2/g·L^{-1}	4.48	4.60	5.05	5.70	7.06	7.81	11.67	17.7	23.85

为便于比较,将锗的硫化物和氧化物的蒸气压随温度的变化数据见表 18-9。变化曲线如图 18-9 所示。

表 18-9 锗的硫化物和氧化物的蒸气压随温度的变化数据

温度/℃	蒸气压/Pa			
	GeS	GeS_2	GeO	GeO_2
444		0.066		

续表 18-9

温度/℃	蒸气压/Pa			
	GeS	GeS_2	GeO	GeO_2
489		1.453		
525	439.9			
555	973.1			
570		25.300		
577	1866.2	47.300		
593		79.100		
602	3332.5			
611		137.400		
612	4025.7			
630	5585.3			
662	9091.1			
683		380.000		
697	9784.2			
705			140.0	
724	13863.2			
788			406.5	
816			2639.3	
850			3796.4	
880			4978.8	
923			16662.5	
927				0.005
1023			1106300.0	
1027				0.048

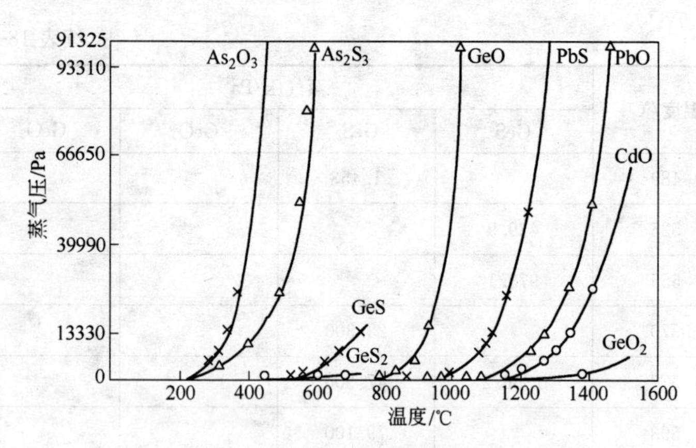

图 18-9　锗化合物的蒸气压随温度的变化曲线

18.3.4　锗的卤化物

锗的卤化物主要有 GeF_4、GeF_2、$GeCl_4$、$GeCl_2$、$GeOCl_2$、$GeBr_4$、$GeBr_2$、GeI_4、GeI_2、$HGeCl_3$ 等，它们的基本物理化学性质见表 18-10。部分卤化锗蒸气压随温度的变化曲线如图 18-10 所示。

表 18-10　锗卤化物的基本物理化学性质

卤化锗	色　彩	熔点/℃	沸点/℃	密度/$g \cdot cm^{-3}$	升华温度/℃	离解温度/℃
GeF_4	气态无色	−15	−36.5（升华）	2.46～2.47	25（空气中）	>1000
GeF_2	固态白色	110	160（离解）	—	—	>160
$GeCl_4$	液态无色	−50～−49.5	82.5～84	1.87～1.88	25（空气中）	—
$GeCl_2$	晶态白色 液态棕色	74.6	离解	—	—	>75 开始 460 完全
$GeOCl_2$	液态无色	−56	—	—	—	—
$GeBr_4$	液态无色	26.1	180～186.5	3.13～3.132	—	—

续表 18-10

卤化锗	色 彩	熔点 /℃	沸点 /℃	密度 /g·cm⁻³	升华温度 /℃	离解温度 /℃
$GeBr_2$	晶体无色	122	离解	—	—	—
GeI_4	晶体橙红色	144～146	375	4.32～4.322	—	—
GeI_2	固态橙红或黄色	240 升华	—	5.37	—	>210
$HGeCl_3$	液态无色	−71.1～−71.4	73～75.2	1.93	—	>140

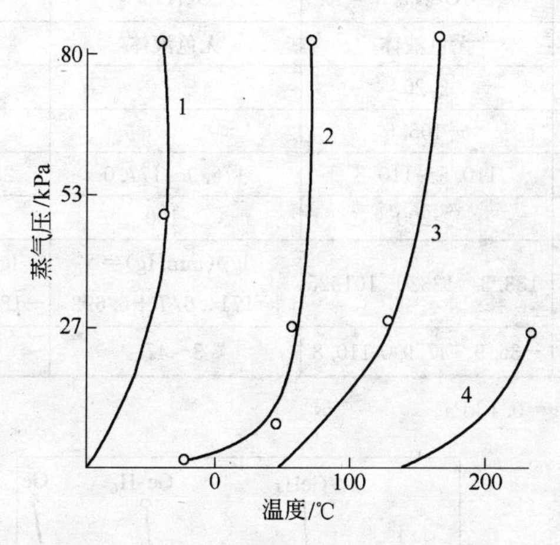

图 18-10 部分卤化锗蒸气压随温度的变化曲线

1—GeF_4；2—$GeCl_4$；3—$GeBr_4$；4—GeI_4

18.3.5 锗的氢化物

锗的氢化物为褐色的固态无定形物质。主要有 GeH_4、Ge_2H_6、Ge_3H_8、Ge_4H_{10} 及 Ge_5H_{12} 等，可用 Ge_xH_{2+2x} 表示。它们的基本性质见表 18-11，部分锗氢化物的蒸气压与温度的关系如图 18-11 所示。

表 18-11　锗氢化物的主要理化性质

性　质	GeH_4			Ge_2H_6		
颜　色	棕色固体、无色气体			无色液体		
密度/g·cm^{-3}	1.52			1.98		
熔点/℃	−164.8～−165.9			−109.0		
沸点/℃	−88.1～−89.1			29.0～31.5		
离解温度/℃	>36			>215		
蒸气压/Pa	133.3	13330	101325	133.3	13330	101325
温度/℃	−163	−120.3	−88.9	−88.7	−20.3	31.5

性　质	Ge_3H_8			Ge_4H_{10}	Ge_5H_{12}
颜　色	无色液体			无色液体	无色液体
密度/g·cm^{-3}	2.20				
熔点/℃	−105.6				
沸点/℃	110.5～110.8			176.9～177.0	234.0～235.0
离解温度/℃	>200			>100	>100
蒸气压/Pa	133.3	13330	101325	$\lg p$(mmHg)= −1714.6/T+6.692	$\lg p$(mmHg)= −1805.8/T+6.449
温度/℃	−36.9	47.9	110.8	3～47	7～47

注：1 mmHg=0.1 kPa。

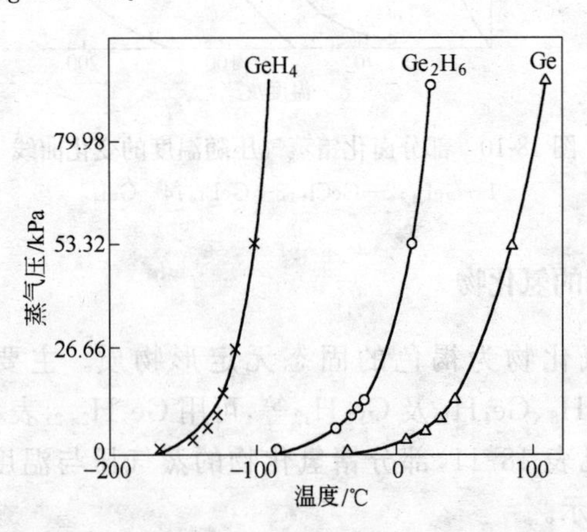

图 18-11　部分锗氢化物的蒸气压与温度的关系

18.3.6 锗的硒、碲化合物

锗的硒、碲化合物主要有 GeSe、$GeSe_2$、GeTe 等。

GeSe 的离解能为 418±62.7 kJ/mol,升华热为 53.97 kJ/mol;GeTe 的离解能为 334.7±62.8 kJ/mol,升华热为 191.6 kJ/mol。

锗的硒化物用芒硝氧化时,可制得 GeO_2,GeSe、$GeSe_2$ 溶于碱和王水,锗的碲化合物也溶于王水。

在真空、压力为 0.0133 Pa 的条件下加热锗的硒、碲化合物,GeSe 在 520～560 ℃、GeTe 在 600～640 ℃的温度条件下便显著挥发。

GeSe 在 415～596 ℃温度范围内的蒸气压与温度的关系可按下式计算:

$$\lg p(\text{kPa}) = -1250.9/T + 1.34 \qquad (18\text{-}21)$$

GeTe 在 437～606 ℃温度范围内的蒸气压与温度的关系可按下式计算:

$$\lg p(\text{kPa}) = -1340.73/T + 1.51 \qquad (18\text{-}22)$$

18.4 锗资源

锗在自然界中主要呈分散状态分布于其他元素组成的矿物中,通常被视为多金属矿床的伴生组分,形成独立矿物的几率很低。锗作为副产品主要来自两类矿床,即某些富含硫化物的 Pb、Zn、Cu、Ag、Au 矿床与某些煤矿。

实际上,锗矿床可分为伴生锗矿床和独立锗矿床两大类。如果矿床中,经常有锗独立矿物或富含锗的载体矿物(类质同象矿物或吸附体等)出现时,可作为独立锗矿床的特征。

独立锗矿床含锗规模较大,锗不再是副产品或综合回收的元素。独立锗矿床可分为:

(1) 铜-铅-锌-锗矿床,如玻利维亚中南部的锗矿床;

(2) 砷-铜-锗矿床,如西南非特素木布矿床(含 Ge8.7%);

(3) 锗-煤矿床,如中国内蒙古乌兰图嘎超大型锗矿床(Ge 金属储量 1600 t)；

伴生锗矿床有：

(1) 含锗的铅锌硫化物矿床，如中国云南会泽铅锌矿床，主要矿体中锗含量达(25～48)$\times10^{-6}$及广东凡口铅锌矿床；

(2) 含锗的沉积铁矿床和铝土矿床，如湖南宁乡铁矿；

(3) 含锗有机岩(煤、油页岩、黑色页岩)矿床，如内蒙古五牧场区次火山热变质锗—煤矿床(锗最高可达 450×10^{-6}，煤灰中可达 1%)和俄罗斯东部滨海地区的锗—煤矿床(如金锗—煤矿床、巴甫洛夫锗—煤矿床、什科托夫锗—煤矿床等，为热液—沉积成因)。

锗石和硫铜锗矿曾经是锗的主要来源，但已无可利用矿床资源。目前工业上主要从铅锌和铜的硫化矿和含锗褐煤中提取锗。我国的锗资源储量居世界之首，远景储量为 9600 t。会泽、赫章、凡口等地的铅锌矿，临沧、锡林郭勒盟、吉林营城等地的煤是我国锗的主要来源。

根据我国对含锗工业矿床的评价，锗品位大于 0.0008%的赤铁矿可作锗矿开采，锗品位 0.001%的铅锌矿、0.01%的锌精矿可综合回收利用，含锗品位 0.002%～0.1%的煤矿可综合回收利用，达到 0.1%时可作为锗矿开采。我国含锗工业矿床的分布及品位见表 18-12。

表 18-12　我国含锗工业矿床的分布及品位

矿物类型	品位/%	利用状况	矿产地	矿产品锗的品位/%
硫化铅锌矿	0.0005～0.6	已用	广东凡口	0.0033
氧化铅锌矿	0.001～0.006	已用	贵州赫章	0.006
煤　矿	0.01～0.013	已用	云南临沧	0.0176
硫化铜矿	0.001～0.004		湖北吉龙山	0.004

18.4.1　煤中锗资源

煤层中含有多种稀有元素，其中具有工业品位和开采价值的是含锗煤矿。目前发现的含锗煤矿主要有云南和内蒙古的褐煤，如胜利煤田的含锗煤矿，锗品位可达 200×10^{-6} 以上，内蒙古东部和云南大量的褐煤盆地中，锗矿资源潜力很大。

我国主要煤田（矿区）煤中锗的含量见表 18-13。山东滕县煤田、云南东部部分矿区、鄂尔多斯盆地煤中锗的分析数据见表 18-14～表 18-16。它们分别反映了我国华北石炭—二叠纪、华南二叠纪以及我国西部侏罗纪煤中含锗的概况，云南临沧褐煤部分样品中含锗情况见表 18-17。

表 18-13 中国主要煤田（矿区）煤中的锗

省地市（矿区，矿）	成煤时代（层位）	煤类	样品数	范围 $w(Ge)$ /mg·kg^{-1}	算术平均值 $w(Ge)$ /mg·kg^{-1}	几何平均值 $w(Ge)$ /mg·kg^{-1}	资料来源
河北唐山	C-P	QM	1	2.99			庄新国（1999）
山西平朔	C-P（太原组）	QM	8	0.49～0.78	0.61	0.56	庄新国（1998）
山东兖州	C-P	QM-PM	26	0.44～11.52	5.9	4.9	刘桂建（1999）
山东济宁	C-P	QM	30	1.69～9.11	5.1	4.5	刘桂建（1999）
山东滕县	C-P（太原组）	QM	553	约 80.0	6.1		李春阳（1991）
山东滕县	C-P（山西组）	QM	293	约 17.18	1.8		李春阳（1991）
山东柴星	P（山西组）	QM	1	1.6			—（1994）
山东枣庄	C-P（太原组）	PM	1	1.5			—（1994）
江苏徐州坨	C-P（太原组）	QM	1	2.1			—（1994）
江苏徐州坨	P（山西组）	QM-WY	1	1.7			—（1994）
安徽淮北	P（山西组）	QM-WY	7	1.2～4.30	2.3	2.0	—（1994）

续表 18-13

省地市（矿区，矿）	成煤时代（层位）	煤类	样品数	范围 $w(Ge)$ /mg·kg^{-1}	算术平均值 $w(Ge)$ /mg·kg^{-1}	几何平均值 $w(Ge)$ /mg·kg^{-1}	资料来源
安徽淮北	P（石河子组）	QM-WY	5	1.7～4.3	3.0	2.8	—（1994）
贵州水城	P_2（龙潭组）	QM-FM	3	0.47～4.75	1.27	0.76	曹荣树（1998）
贵州六盘水	P_2（龙潭组）	QM-WY	32		3.06		倪建宇（1998）
贵州水城	P_2（龙潭组）	QM			2.54		倪建宇（1998）
贵州水城	P_2（龙潭组）	PM			2.33		倪建宇（1998）
贵州水城	P_2（龙潭组）	JM			7.66		倪建宇（1998）
贵州六枝	P_2（龙潭组）	QM-WY	45	0.4～3.4	1.7		庄新国（1998）
云南东部	P_2（宣威组）		1334	微～22.0	3.66		周义平（1985）
山西大同	J_2（大同组）	RN	8	0.16～3.06	0.76		庄新国（1998）
内蒙古伊敏	J_2	HM-YM		约 450.0	15.0		刘金钟（1992）
内蒙古锡林	J_2-K_2	HM		135.0～820.0	244.0		袁三畏（1999）
内蒙古鄂尔多斯盆地	J_2（延安组）				0.9	1.8	李河名（1993）
神府—东胜	J_2（延安组）	CY	723	0.1～22.3	2.11		窦廷焕（1998）

续表 18-13

省地市（矿区，矿）	成煤时代（层位）	煤类	样品数	范围 w(Ge) /mg·kg^{-1}	算术平均值 w(Ge) /mg·kg^{-1}	几何平均值 w(Ge) /mg·kg^{-1}	资料来源
内蒙古东胜	J_2（延安组）	CY	18	0.00～7.0	2.8	2.0	李河名(1993)
宁夏马家堆	J_2（延安组）	CY	6	1.00～11.4	3.47	2.46	李河名(1993)
甘肃华亭	J_2（延安组）	CY	3	0.37～4.43	2.15	1.40	李河名(1993)
陕西彬县	J_2（延安组）	CY	2	0.43～2.94	1.69		李河名(1993)
陕西店头	J_2（延安组）	CY	8	0.00～4.70	1.80	1.24	李河名(1993)
陕西榆横	J_2（延安组）	CY	11	0.00～15.00	5.90	5.42	李河名(1993)
辽宁阜新	K_2（阜新组）	CY	6	0.2～0.9	0.45		Querol(1997)
云南潞西	N	HM		20.0～800.0			周义平(1985)
云南沧源	N	HM			56.0		周义平(1985)
云南腾冲	N	HM		约1730.0			周义平(1985)
云南临沧	N	HM	13	<0.3～1470.0	565.8	199.6	庄汉平(1997)
云南临沧	N	HM	1	>3000			—(2000)
云南小龙潭	N	HM	3	0.33～1.36	0.85	0.67	—(2000)
广东茂名	E_2	HM		8.0～14.0			劳林娟(1994)

表 18-14 山东滕县煤田及临近井田煤中含锗

矿 区	地层	煤层	样品数	一般 $w(Ge)$ /mg·kg^{-1}	最大 $w(Ge)$ /mg·kg^{-1}	富集点数
滕县煤田	山西组	3上	135	1.48	14.70	1
		3下	158	1.99	17.18	4
		4	1		17.18	1
		6	36	9.96	22.62	15
		8	1		24.12	1
		9	10	8.16	18.03	5
		12下	133	2.90	17.00	5
	太原组	14	48	4.74	15.29	10
		15上	25	7.78	14.00	6
		16	163	5.75	23.34	13
		17	126	7.76	80.00	39
		18上	5	12.48	18.80	4
		18下	5	21.14	36.70	3
合 计			846	4.59	80.00	107
枣庄井田		17,18		17.5～19.5		
朱子埠井田		17		11.7		
官桥井田	太原组	15上		12.6～16.1		
巨野井田						
G-14孔		18下		13.34		
G-60孔		18下		12.88		

注：富集点 $w(Ge) \geqslant 10$ mg/kg。

表 18-15 滇东部分矿区煤中含锗

矿 区	样品数	范围 $w(Ge)$/mg·kg^{-1}	平均值 $w(Ge)$/mg·kg^{-1}
宝 山	36		30.0
马 场	20	2.0～6.0	4.0
羊 场	7	2.0～5.0	3.5

续表 18-15

矿 区	样品数	范围 $w(Ge)/mg\cdot kg^{-1}$	平均值 $w(Ge)/mg\cdot kg^{-1}$
赤那河	10	微～8.0	2.5
田 坝	92	0.2～5.5	3.0
卡 居	19	2.0～10.0	5.5
罗 木	90	5.0～22.0	11.0
庆 云	225	0.3～8.0	2.8
老牛场	263	0.0～16.0	4.0
后 所	121	1.0～8.0	4.0
煤炭湾	33	1.2～6.0	4.0
徐家庄	193	0.4～11.0	3.0
龙海沟	161	0.2～7.0	2.0
小山坎	7	1.5～2.0	1.8
云 山	45	0.3～3.0	1.8
团 结	19	0.4～3.0	1.8
恩 烘	9	0.8～3.5	1.8
水草湾	20	0.6～3.5	1.9

表 18-16 鄂尔多斯盆地延安组第一段煤中含锗

位置	煤层	钻孔号(矿)	$w(Ge)/mg\cdot kg^{-1}$	位置	煤层	钻孔号(矿)	$w(Ge)/mg\cdot kg^{-1}$
东胜铜匠川	六煤组	470	0.00	东胜柳塔	五煤组	6405	1.50
		244	0.63			1509	6.00
		800	3.40			1507	4.20
		97	0.15			1513	4.20
		611	3.15			1511	3.50
		29	3.70			404	2.10
		99	1.20	宁夏马家堆	十五煤层	102	2.20
		797	0.17			灵煤 45	11.4
		31	5.75			501	1.00
		61	0.00			512	2.00
东胜柳塔	五煤组	3111	6.00			902	2.10
		3109	3.00	陕西彬县	八煤层	水帘乡	0.43
		4700	1.00			彬县东	2.94

续表 18-16

位置	煤层	钻孔号(矿)	$w(Ge)$ /mg·kg^{-1}	位置	煤层	钻孔号(矿)	$w(Ge)$ /mg·kg^{-1}
陕西榆横工区	九煤层	YH102	8.00	陕西店头	二煤层	6	2.40
		ZK104	3.80			52	0.20
		ZK107	5.00			103	0.00
		ZK204	0.00			15	3.30
		ZK303	8.00			66	2.80
		ZK304	2.00			5	4.70
		ZK507	2.93			仓村矿	0.73
		ZK508	7.50			南川矿	0.30
		ZK509	5.30	甘肃华亭	十煤层	C	4.43
		ZK513	3.40			2602	0.37
		ZK711	15.00			华亭矿	1.66

表 18-17　云南临沧褐煤部分样品中含锗

样品号	样品埋深/m	煤 $w(Ge)$/mg·kg^{-1}	炭质泥岩 $w(Ge)$/mg·kg^{-1}
S20	地表	302	
S21	地表	19	
S23	地表	<0.3	
S24	地表	398	
Z8-3	11.69～11.91		<0.3
Z8-4	36.86～37.14	12	
Z8-1	337.14～37.15		1.4
Z8-16	85.83～86.31		7.4
Z8-5	86.31～86.94		3.3
Z8-7	122.06～122.91		2.6
Z8-8	127.37～127.77	1470	
Z8-9	128.14～128.64		974
Z8-2	132.3～132.5	259	
Z8-10	137.31～137.83	780	

续表 18-17

样品号	样品埋深/m	煤 $w(Ge)/mg \cdot kg^{-1}$	炭质泥岩 $w(Ge)/mg \cdot kg^{-1}$
Z8-12	141.42～142.06		524
Z9-10	208.34～208.54	951	
Z9-7	213.00～213.22	1081	
Z9-1	216.46～216.61	844	
Z9-3	217.35～217.50	703	
Z9-2	227.15～227.33	536	

云南锗资源丰富，探明储量 1182 t(未包含褐煤中伴生的锗资源储量)，占全国探明储量的 32%，居全国第一。据云南省煤田地质勘探资料分析，云南西部(澜沧江以西)晚第三系褐煤盆地具有良好的锗富集成矿条件，在临沧—勐海和腾冲—瑞丽两个条带上分布的近 40 个盆地中，被确认具有工业回收锗价值的 4 处，锗资源量 1056 t；另发现 9 处煤中锗含量大于 20×10^{-6} 的矿点，有待进一步的地质工作验证，其潜在的锗资源量估计在 2000～3000 t。

18.4.2 铅锌矿中锗资源

18.4.2.1 *云南会泽铅锌矿*

近年来，在我国西南地区先后确定和发现了以锗、铊、镉、硒、碲等分散元素独立组成的矿床，验证了 1994 年涂光炽院士提出的著名论断:“分散元素不仅能发生富集，而且能超常富集，并可以独立成矿，而且，分散元素可以通过非独立矿物形式富集成独立矿床”。

云南会泽超大型铅锌锗矿床位于云南省东北部，行政区划属曲靖市会泽县矿山镇，地理坐标为东经 103°43′～103°45′，北纬 26°38′～26°40′，分布面积约 10 km^2。该矿山是我国主要的铅锌锗生产基地之一，具有铅锌品位特高(Pb＋Zn)多在 25%～35%，部分矿石 Pb＋Zn 含量超过 60%、伴生有价元素多(Ag、Ge、Cd、In、Ga 等)的特点，由矿山厂、麒麟厂、大水井大型铅锌矿床及银厂坡小型银铅锌矿床等组成，锗的储量可达数百吨。

会泽铅锌锗矿床，是川滇黔成矿三角区富锗铅锌矿床的典型代表，其主矿体中锗的富集系数可达 6978，显示了分散元素在该区有独特的地球化学行为。会泽铅锌锗矿床中，锗可能的赋存形式有三种，即类质同象、独立矿物和吸附形式。有的研究者认为锗的赋存形式为类质同象，并作出以下推断：

(1) 锗主要赋存于方铅矿中，以类质同象的方式交换铅进入方铅矿的晶格中；

(2) 黄铁矿中的锗可能交换了铁或可赋存于闪锌矿中；

(3) 鉴于有机质对分散元素的超强吸附作用，不排除部分锗被有机质吸附的可能性。

综合所研究的区域、矿床地质特征及地球化学分析，认为锗与主金属元素的来源一致，都来自相对高锗背景值的泥盆上统和石炭中下统的碳酸盐地层中。会泽铅锌矿床的成矿模式可概括为“大气降水淋滤—对流循环—富集成矿”。

18.4.2.2 贵州省赫章矿区

贵州省赫章、威宁地区以及相毗邻的云南昭通，蕴藏有伴生稀散金属锗、镓、铟和贵金属银的丰富的氧化铅锌矿资源。在地质部门探明的储量中，仅赫章、妈姑的两个产矿区尚可采矿石约含铅锌 200 kt，锗 180 t，镓 100 t，铟 40 t，银 120 t。有用矿物有：自铅矿、磷氯铅矿、铅丹、菱锌矿、异极矿、水锌矿和铁矾等，锗主要赋存于铁的氧化物、氢氧化物及铅锌氧化物中。妈姑矿区矿石可分为砂矿和黏土矿，两者所占比例约为 55∶45，其化学成分见表 18-18。

表 18-18 妈姑地区氧化铅锌矿化学成分 (质量分数/%)

名 称	Pb	Zn	SiO_2	FeO	CaO	Al_2O_3	MgO
砂 矿	2.5～3.0	5～8	15～18	30～35	3～4	8～10	1～1.5
黏土矿	1.8～2.8	4～6	25～35	20～25	2～3	12～15	1～1.5

续表 18-18

名 称	Ge	Cd	Ga	In	Ag	F	Cl
砂 矿	0.006～0.008	0.007～0.01	0.002～0.003	0.0015～0.002	0.003～0.004	0.04～0.05	0.007～0.01
黏土矿	0.004～0.006	0.006～0.008	0.002～0.003	0.001～0.002	0.003～0.004	0.03～0.04	0.005～0.008

18.4.2.3 凡口铅锌矿

中金岭南公司凡口铅锌矿是我国最大的地下开采矿山，也是我国特大型富含锗资源的工业伴生矿山之一。

对凡口铅锌矿不同地段和深度的锗分布特征及赋存状态，有过不同程度的研究。1963 年，韶关地质大队的《广东仁化凡口铅锌矿区水草坪矿床伴生分散元素地质勘探中间性报告》，给出了锗、镓的矿石组合样品、单矿物样品和精矿样品的化学分析结果。此后的 30 年里，有关锗元素分布特征及赋存规律的描述都大同小异，归结起来大致如下：锗主要赋存在黄铁铅锌矿石中的闪锌矿矿物中，锗在黄铁矿石中几乎不存在，在闪锌矿中占 87.29%～92.81%；锗随着闪锌矿的颜色加深，含量升高，矿物中未发现锗的独立相。

凡口铅锌矿共进行过三期地质勘探。1956 年，706 地质队对凡口铅锌矿进行了首期地质调查，探明伴生锗金属储量 C1＋C2 级 1006 t。1976 年，932 地质队作了第二期勘探工作，探明伴生锗金属储量 D 级 287 t。1989～1991 年，凡口铅锌矿进行第三期勘探工作—狮岭深部地质勘探工作，勘探成果于 1994 年通过广东省矿产储量委员会批准。矿山经过 30 多年的生产，至 2000 年底还保有锗、镓金属储量约 2100 t 以上，锗、镓金属都伴生在黄铁铅锌矿石中。2005 年，凡口铅锌矿深部矿体进入实质性的生产开采阶段，其中伴生在深部矿体黄铁铅锌矿石中的锗、镓金属是不容忽视的，据凡口铅锌矿地质科所作的储量地质报告，锗、镓金属储量分别为 427.8 t 与 378.8 t。

18.5　锗的提取方法

如前所述，锗作为一种分散元素，赋存于各种矿物、岩石和煤中。提取锗的原料主要有三类：

（1）各种金属冶炼过程中锗的富集物，如各种含锗烟尘、炉渣等；

（2）煤燃烧后的各种产物，如烟尘、煤灰、焦炭等；

（3）锗加工过程中的各种废料。

锗的提取方法，就是指根据锗的原料情况而制定的各种提取锗的方法。在锗的提取过程中，应重点注意的是：

（1）确定的生产工艺必须与主产品的生产工艺相适应；

（2）如何从大量低含量的物料中经济而有效地获取量很小的产品；

（3）提取工艺必须满足环境保护的要求，不能造成二次污染。

18.5.1　锗提取的原则流程

锗的提取过程可分为 4 个阶段：一是在其他金属提取过程中的富集；二是锗精矿的制备；三是锗的提取冶金；四是锗的物理冶金。提取锗的原则流程如图 18-12 所示。

由于含锗原料的多样性，预富集是千差万别的。富锗原料的进一步富集，也有许多种方法，从锗精矿以后的工艺流程，几乎都是相同的，即采用氯化蒸馏—水解，得到二氧化锗，然后再进一步按照产品需要进行深加工。

18.5.2　从几种有代表性的原料中提取锗的方法

18.5.2.1　从含锗矿中浮选锗精矿

对于非洲纳米比亚含锗较高的多金属硫化矿，锗主要存在于锗石和硫锗铁铜矿矿物中。1954 年，楚梅布厂用选矿法分离锗，其原则流程如图 18-13 所示。

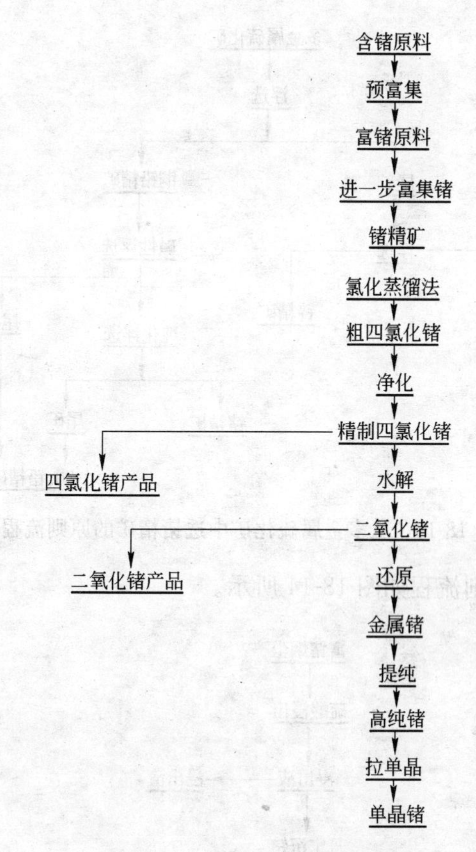

图 18-12 提取锗的原则流程

锗在锗精矿中富集了 7 倍以上，但此锗精矿中含锗量仅为 0.385%，还不能进入氯化蒸馏工序，需进一步富集。将此精矿经氧化焙烧，酸性浸出，可得到含 Ge56 g/L 的溶液，冷却后得到富锗矿泥，即可进入氯化蒸馏工序。

18.5.2.2 从有色金属冶炼副产物中提取锗

A 从含锗烟尘中提取锗

当硫化矿进行焙烧时，锗会部分富集于烟尘中。当含锗物料在进行还原焙烧或还原熔炼时，锗也会部分富集于烟尘中，富锗烟

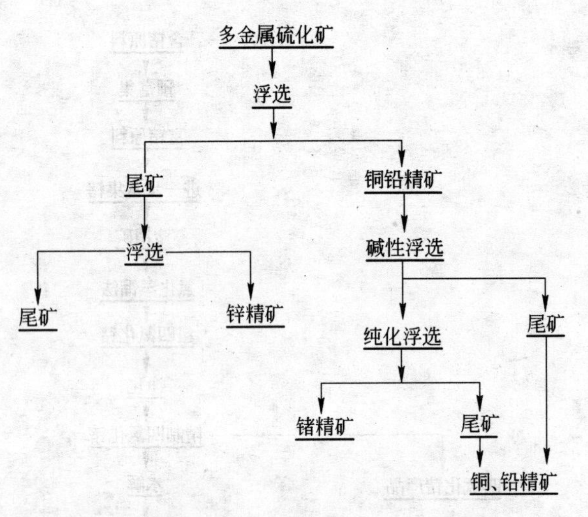

图 18-13　从多金属硫化矿中选锗精矿的原则流程

尘处理的原则流程如图 18-14 所示。

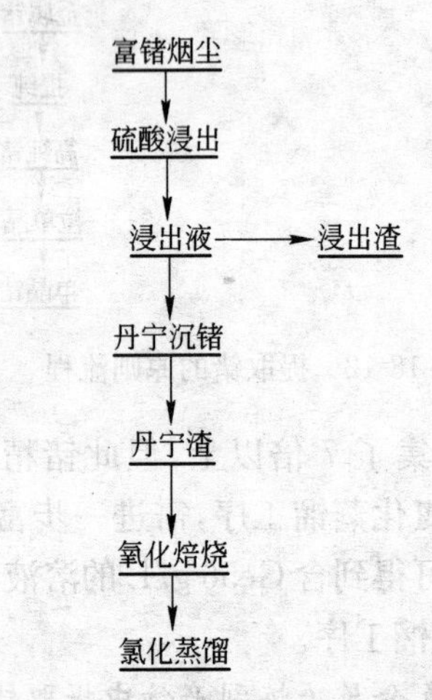

图 18-14　富锗烟尘处理的原则流程

氧化焙烧后除去砷及有机物等杂质，得到 GeO_2 烟尘，然后将其送氯化蒸馏，后续处理工艺相同。

B 从火法炼锌的副产物—硬锌中提取锗

在火法炼锌时，相当部分的锗会富集于粗锌蒸馏的副产物—硬锌中。硬锌中锗的含量已达 0.17%～1.0%，比锌精矿含锗 0.008%～0.006%富集了 21～167 倍，但仍需进一步富集。

硬锌中 80%是锌，处理的方法主要有两种：一是电炉蒸馏—熔析法，此法主要利用锌和锗蒸气压的差别，用电炉加热，使锌蒸馏进入气相与锗分离，得到的锗渣熔析分离铅后，再进一步处理。

20 世纪 90 年代，我国自行研究成功的真空蒸馏法，利用锌和锗蒸气压的差别，采用真空蒸馏，使锌挥发而锗留于残渣中达到分离的目的。锗在残渣中的富集比可达到 10～15 倍，直收率可达到 97%～94%，比原来的电炉富集法富集比大、回收率高、安全性好，但得到的锗渣含锌较高，需进一步除去。真空炉提取锗的原则流程如图 18-15 所示。

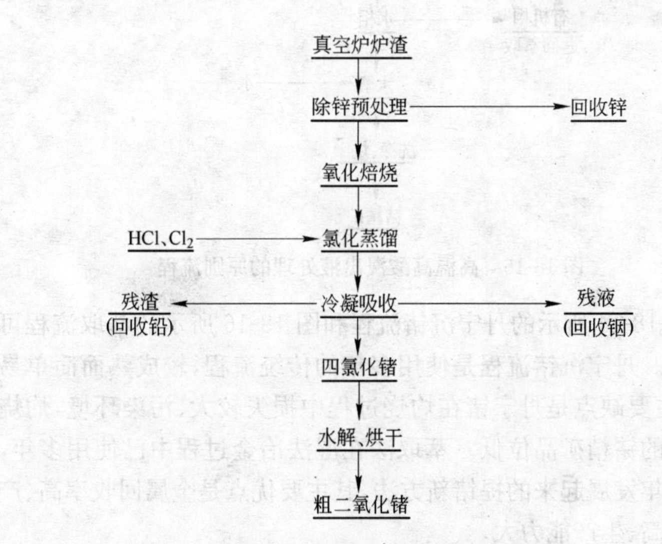

图 18-15 真空炉提取锗的原则流程

真空蒸馏法比传统的电炉蒸馏—熔析法，既缩短了流程，又大大提高了回收率。

C　从湿法炼锌的副产物中提取锗

在湿法炼锌过程中，锗富集于中性浸出渣中。当采用不同的处理流程时，锗富集于不同的产物中。当中性浸出渣采用回转窑还原挥发时，锗富集于烟尘中；当中性浸出渣采用黄钾铁矾法处理时，锗主要富集于高温高酸浸出液中。富锗烟尘的处理流程如图 18-14 所示，高温高酸浸出液处理的原则流程如图 18-16 所示。

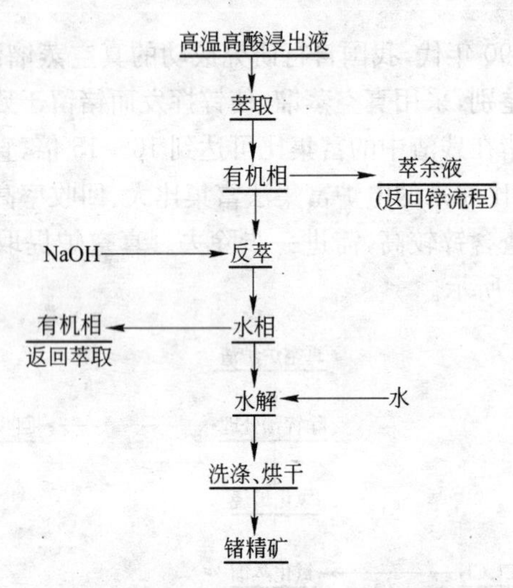

图 18-16　高温高酸浸出液处理的原则流程

图 18-14 所示的丹宁沉锗流程和图 18-16 所示的萃取流程可以互换。丹宁沉锗流程是使用多年的传统流程，较成熟而简单易行，其主要缺点是丹宁锗在灼烧过程中损失较大、污染环境，灼烧后得到的锗精矿品位低。萃取法在湿法冶金过程中已使用多年，是近些年发展起来的提锗新方法，其主要优点是金属回收率高、产品纯度高、生产能力大。

18.5.2.3　从含锗煤和煤的加工副产品中回收锗

从含锗煤中回收锗的方法很多，典型的方法有再次挥发法，其流程如图 18-17 所示。

图 18-17 含锗煤中富集锗流程

再挥发的方法有许多种，如鼓风炉挥发法、回转窑挥发法等。二次煤尘可按图 18-14 所示的富锗烟尘的处理流程进一步富集锗。

18.6 含锗铅锌矿提锗工艺

铅锌矿中的含锗资源是锗原料的重要来源。云南会泽铅锌矿(现云南弛宏锌锗股份有限公司)的提锗工艺是从含锗铅锌矿中提锗的典型代表。

18.6.1 铅锌矿的鼓风炉生产工艺

1988 年以前，会泽铅锌矿全部处理氧化铅锌矿，生产锌和锗。1988 年，麒麟厂硫化铅锌矿投产，选出的硫化锌精矿经沸腾焙烧，焙砂采用稀硫酸中性浸出，含氟氯等杂质高的浸出渣返回火法或堆存。中性浸出液经净化—电解—熔铸得锌锭。含杂质高的氧化矿净化液混合后生产电锌。

1995 年，又扩建了一台沸腾焙烧炉和 2 万 t 电锌生产能力，并将中浸渣的处理改为热酸浸出—黄钾铁矾法，既提高了锌的浸出率和湿法炼锌的直收率，也改善了锗的回收。氧化铅锌矿和硫化锌精矿生产锌及锗的原则流程，如图 18-18、图 18-19 所示。

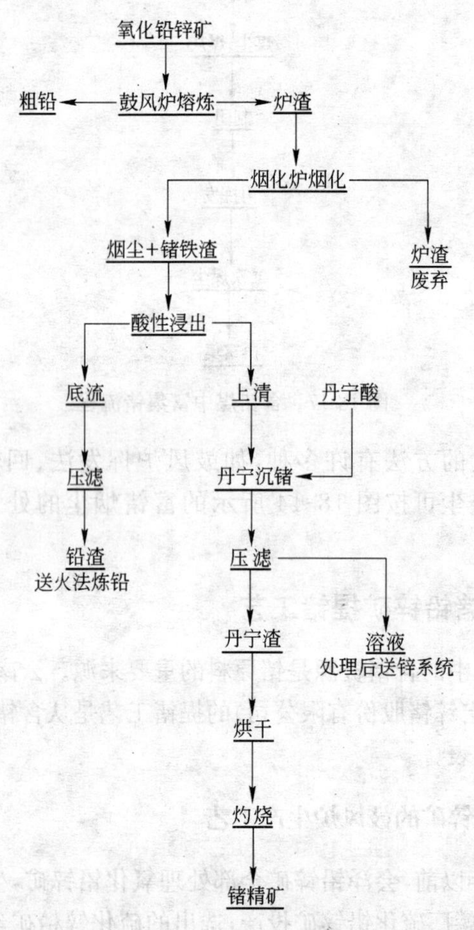

图 18-18　氧化铅锌矿生产锌及锗的原则流程

18.6.1.1　鼓风炉工艺流程

原会泽铅锌矿 1973 年前主要处理前人留下来的土炉渣，用鼓风炉化矿并回收粗铅，熔渣流入烟化炉挥发铅、锌、锗等，并使其富

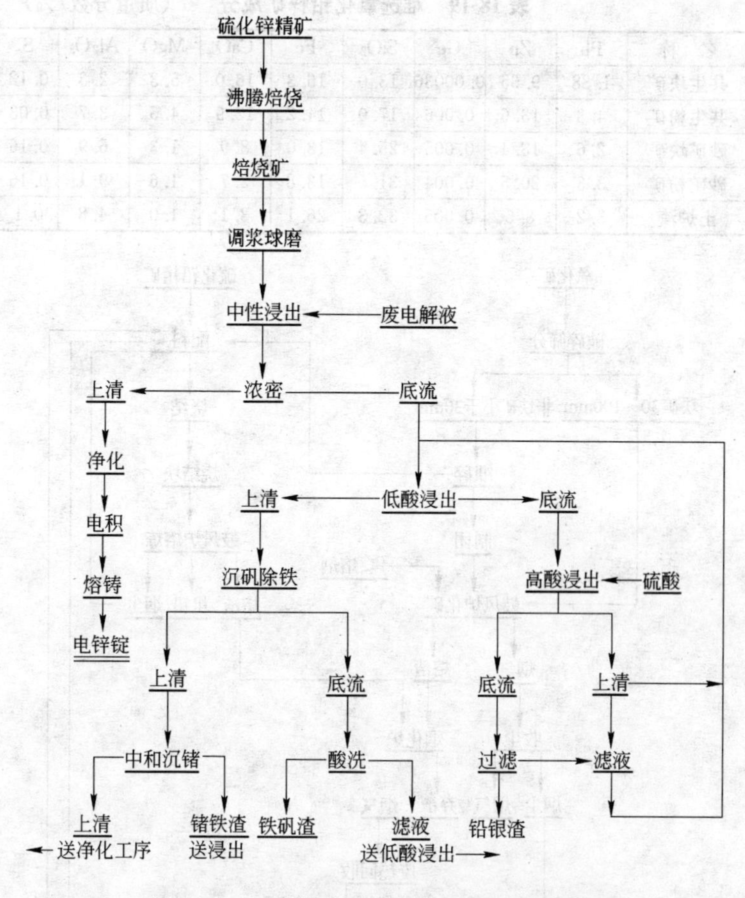

图 18-19　硫化锌精矿生产锌及锗的原则流程

集于烟尘中，再将烟尘用硫酸浸出，丹宁沉锗，最终生产电锌和粗锗，而硫酸铅渣经烧结后返回鼓风炉炼铅。该法流程简单，生产过程顺利，经济效益好，一直沿用到 20 世纪 70 年代，此后因土炉渣资源逐渐枯竭，逐年增大了原生资源配入量，现主要处理难选氧化铅锌矿，其成分见表 18-19。

采用两台鼓风炉，鼓风炉炉床面积分别为 5.6 m^2 和 7.7 m^2，生产富集锗工艺流程如图 18-20 所示。

表 18-19　难选氧化铅锌矿成分　（质量分数/%）

名　称	Pb	Zn	Ge	SiO_2	Fe	CaO	MgO	Al_2O_3	S
共生块矿	1.88	9.65	0.00036	13.0	16.3	16.0	5.3	2.3	0.12
共生粉矿	4.3	13.6	0.006	17.0	14.2	12.9	4.5	3.7	0.03
砂矿块矿	2.6	18.4	0.005	25.4	13.0	8.9	1.3	6.9	0.16
砂矿粉矿	3.3	20.5	0.004	31.5	13.8	2.7	1.6	9.1	0.16
土炉渣	3.2	8.5	0.005	32.3	26.1	3.1	1.0	4.8	0.1

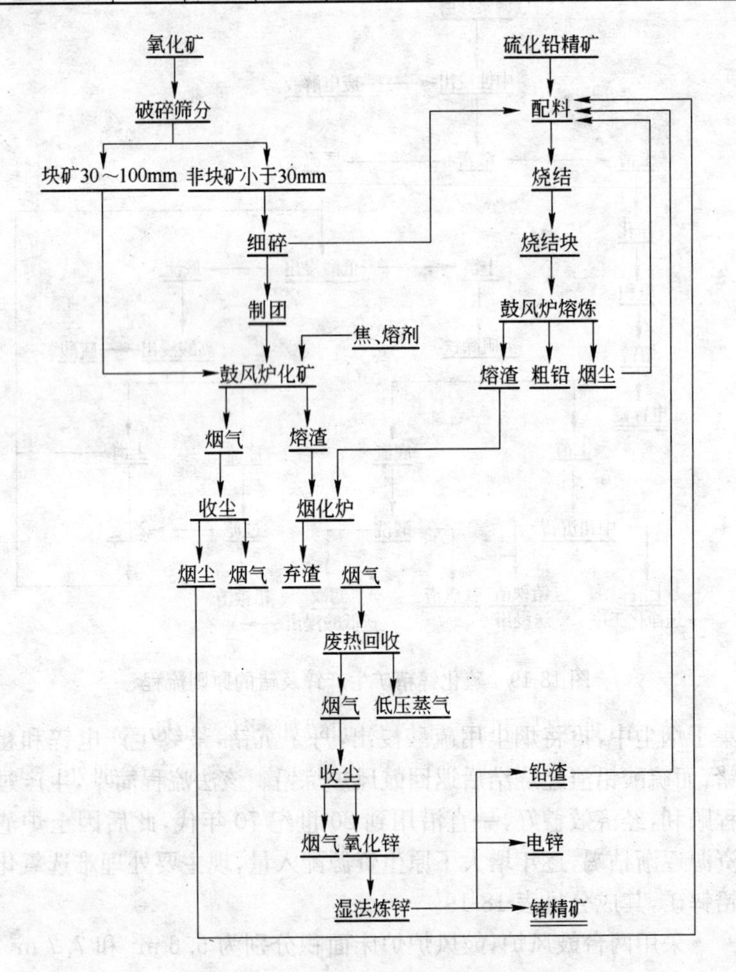

图 18-20　鼓风炉生产富集锗工艺流程

18.6.1.2 鼓风炉技术操作条件

A 配料

矿石中SiO_2、CaO(MgO)、ZnO含量偏高，而FeO低，应当进行混合配料，选择低铁渣型。该矿熔矿鼓风炉在化矿时回收铅，合理渣型应具备的条件是：在一定的熔化温度下，具有足够大的流动性；对氧化锌有一定的渣化能力以及不影响烟化炉对铅、锌、锗的挥发效率。经试验室研究及生产实践表明：鼓风炉造渣成分应控制在SiO_2(%) 23～30，CaO(%) 10～17，Fe18%，Al_2O_3 6%，MgO4%，此时即可满足鼓风炉熔炼制度的要求，并且可以不加或少加造渣熔剂，经济上有利。

B 鼓风炉炉渣的物理化学性质

该厂鼓风炉炉渣的物理化学性质如下所述。

a 炉渣成分、熔点及热焓

鼓风炉炉渣的成分、熔点和热焓见表18-20。

表18-20 鼓风炉炉渣的成分、熔点和热焓

成分	Fe(FeO)	SiO	CaO	MgO	Al_2O_3	Zn	熔点/℃	热焓/$J\cdot g^{-1}$	密度/$g\cdot cm^{-3}$
渣1质量分数/%	22.3 (28.69)	26.34	11.73	4.74	6.12	10.53	1093	1367	3.70
渣2质量分数/%	15.42 (19.84)	27.36	15.31	4.76	7.26	12.03	1123	1480	3.604

b 炉渣黏度、电导和温度的关系曲线

炉渣黏度、电导和温度的关系曲线如图18-21所示。

从图18-21可见，两种熔渣，除铁的含量有显著差别外，其他成分的含量差别较少，表明氧化亚铁对渣的物理化学性能有强烈的影响，FeO含量低的熔渣熔点高，热焓值增加，黏度也显著增加，电导率降低。随温度升高，炉渣黏度下降，电导率上升。

c 炉渣的矿相结构

炉渣的宏观组织致密、坚硬、呈铁灰色，有大小不均的气孔。

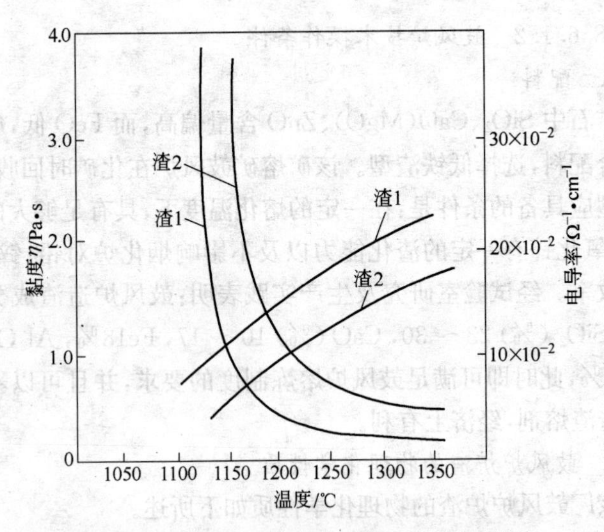

图 18-21　炉渣黏度、电导率和温度的关系曲线

渣相主要是铁橄榄石，占渣相的 70%以上，其次是锌尖晶石和铁锌尖晶石、玻璃相、Pb-As 合金等。其比例见表 18-21。

表 18-21　炉渣的矿相结构　　（质量分数/%）

粒　度	渣 1	渣 2	橄榄石及玻璃相		尖晶石		合　金	
			渣 1	渣 2	渣 1	渣 2	渣 1	渣 2
+0.074	43.8	45.8	35.16	37.24	8.15	7.75	0.49	0.81
+0.037	44.6	30.4	35.46	21.85	8.32	7.51	1.82	1.04
−0.037	11.6	23.8	9.69	16.52	1.76	5.88	0.15	1.10
合计	100	100	79.31	75.91	18.23	21.14	2.46	2.95

d　烧结及制团

粉矿造块通常采用制团和烧结两种方法，这两种方法都在生产中使用。

制团的优点是：作业在常温下进行，劳动条件好、机械损失少、工艺过程简短、设备简单且数量少，劳动生产率高、能耗低、费用相对较少。

制团设备参照401厂竖罐炼锌制团系统设计。采用二段碾磨，一段压密和一段压团流程，对产出的团矿强度要求为：1 m抛高3次，粒度小于10 mm的不超过15%。

原会泽铅锌矿的氧化矿多为泥质矿石，黏性良好，易于粘结成团。当含水分8%～10%时，不添加黏结剂，制得的团矿不经干燥仍能满足鼓风炉对团矿的要求。

当氧化铅锌物料含硫太高时，用烧结法造块，可脱去适当量的硫，但若混合物料含硫不足5.5%时，应添加少许焦粉作为补充燃料，以保证烧结能顺利进行和得到合格的烧结块，其技术操作条件与铅精矿的烧结焙烧相同。

18.6.2 烟化炉工艺流程

采用两台烟化炉，一台的炉床面积为4.4 m^2，另一台经扩大后的烟化炉主要尺寸如下：炉床面积9.38 m^2；长×宽×高为3.883 m×2.415 m×3.173 m；风口为ϕ38 mm×32个；风口中心离炉底570 mm。生产工艺流程如图18-20所示。

加入烟化炉的炉渣成分一般为Zn(%)7～10，Pb(%)2.5～4.0，Ge(%)0.004～0.005，SiO_2(%)28～34，CaO(%)8～10，Al_2O_3(%)5～7，MgO(%)2～4。

利用劣质煤作燃料与还原剂，其成分一般为：固定碳(%)45～50，挥发物(%)10～15，灰分(%)35～40。

粉煤粒度要求全部小于0.149 mm，小于0.074 mm的占80%以上。吹炼后炉渣中SiO_2的含量应小于40%，否则会严重恶化炉渣的流动性。渣中主要金属含量随吹炼时间的变化曲线如图18-22所示。

烟化炉处理含锗鼓风炉炼铅炉渣的主要技术指标如下：每炉装料量为30～35 t；每次吹炼时间为110～120 min，其中加料10～15 min，烟化吹炼90 min，放渣10～15 min；鼓风量(标态)为250～280 m^3/min；鼓风压力为65～75 kPa；一次风量∶二次风量＝3∶7；单位处理能力为30～35 t/(m^2·d)；金属挥发率为：锌(%)

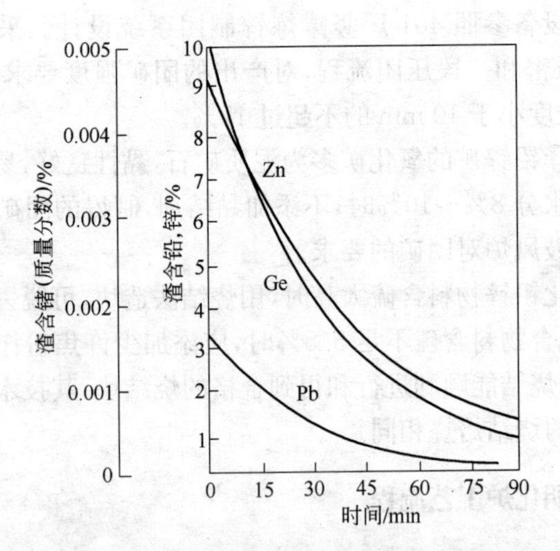

图 18-22　渣中主要金属含量随吹炼时间的变化曲线

82～87,铅(%)95～98,锗(%)84～90;烟气含尘为 9～160 g/cm^2;烟尘率为(%)12～16;氧化锌粉成分:锌(%)50～55,铅(%)18～22,锗(%)0.028～0.032。

烟化炉除了处理含锗鼓风炉炉渣外,也可同时处理其他一些含锗原料,烟化炉物料中锗的投入产出情况见表 18-22。物料中的锗 95%以上进入布袋尘而回收。烟尘中的锗在酸浸时进入溶液,再用丹宁沉锗,丹宁锗经干燥、灼烧后得到锗精矿。

18.6.3　锗在铅锌冶炼流程中的分布

18.6.3.1　锗在氧化铅锌矿冶炼流程中的走向

在鼓风炉熔炼过程中,控制铅的还原,锗与锌一起进入炉渣中。在烟化炉还原烟化时,控制吹炼温度 1250 ℃,锗与锌一起被 CO 还原,锗以 GeO 的形态进入烟气,然后又被氧化为 GeO_2 进入烟尘。在烟化过程中,产生的大量锌蒸气也会与 GeO_2 反应,使 GeO_2 还原为 GeO 而蒸发,所以,锌蒸气的产生,有利于锗的还原蒸发。部分锗可能被还原为金属锗,但又会与 GeO_2 反应生成

GeO蒸发进入烟尘。

表 18-22 烟化炉物料中锗的投入产出情况

项目	投入							产出		
	鼓风炉渣	铁闪锌矿	冷料	洗涤渣	粗尘	中浸渣	合计/kg	布袋尘	废渣	合计/kg
干重/t	8715.371	900.40	1065.40	100.72	406.17	733.57		3242.59	8679.2	
锗品位/%	0.00046	0.00046	0.0003	0.578	0.0176	0.0175		0.0341	0.0006	
锗质量/kg	402.86	7.096	31.974	582.363	71.892	128.924	1225.109	1104.924	52.07	1156.994
锗分布/%	32.88	0.58	2.61	47.54	5.87	10.52	100.00	95.50	4.50	100.00

18.6.3.2 锗在硫化锌精矿冶炼流程中的走向

硫化锌精矿在沸腾焙烧时,炉内是强氧化气氛。精矿中以硫化物形态存在的锗会被氧化为GeO_2,与锌一起进入焙砂中。在中性浸出时,又大部分随铁酸锌等难溶矿物进入中浸渣。在中浸渣低酸浸出时,锗被浸出进入溶液,溶液进行沉矾除铁,此时,控制大部分铁沉淀而锗留在溶液中,随后进行中和沉锗,使锗和铁完全沉淀进入锗铁渣。锗铁渣与氧化矿烟化炉的烟尘一起进行酸性浸出,锗进入溶液,再采用丹宁沉锗,使锗进入丹宁锗渣,经进一步处理后回收锗。

经查定,锗在流程中的分布见表 18-23。

表 18-23 锗在硫化锌精矿冶炼流程中的分布

物料名称	中浸液	沉矾后液	沉矾渣	高酸浸出渣	锗铁渣	酸性浸出液	丹宁锗渣	锗精矿
分布(质量分数)/%	1.84	40.50	13.16	44.50	38.88	32.98	31.99	29.43

由此可见,从焙砂到锗精矿的直收率不高,仅 30%左右,当

然,高酸浸出渣中的锗、银和铅等有价金属还需要进一步回收。

18.6.4 锗铁渣和含锗烟尘的处理

18.6.4.1 硫酸浸出

在实际生产中,烟尘含锗约 370 g/t,锗铁渣含锗约 0.1～0.21 g/L,液固比(8～10)∶1,用稀硫酸浸出时发生下列反应:

$$GeO_2 + 2H_2SO_4 = Ge(SO_4)_2 + 2H_2O \quad (18\text{-}23)$$

$$MeGeO_3 + H_2SO_4 = H_2GeO_3 + MeSO_4 \quad (18\text{-}24)$$

$$Me_2GeO_4 + 2H_2SO_4 = H_2GeO_3 + 2MeSO_4 + H_2O \quad (18\text{-}25)$$

当终酸 pH>1.5 时,锗以 H_2GeO_3 进入硫酸锌溶液。控制温度 70～75 ℃,浸出时间 90 min,终酸 pH=1.5～2,锗的浸出率约为 74%,浸出渣仍含锗等有价金属,可返回火法部分回收。

18.6.4.2 丹宁沉锗

溶液采用丹宁沉锗工艺。由于硫酸锌溶液还要回收锌,而丹宁是一种高分子有机化合物,其在溶液中的存在会恶化锌电解,故丹宁的加入量应是在满足沉锗的条件下越低越好。经研究,当溶液含锗为 26～45 mg/L 时,丹宁为其 23～33 倍较好;溶液的酸度过高会增加丹宁的消耗量,故溶液酸度不能太高,一般控制在 0.5～1.5 g/L为宜;溶液中铁离子浓度高时,既增加了丹宁的消耗,又会恶化丹宁沉锗的条件,所以铁离子应控制在 40 mg/L 以下,此时的温度以 60～80 ℃为宜。

丹宁沉锗的沉淀率为 96%～99%,回收率为 94%～97%。

18.6.5 从丹宁锗回收锗

丹宁锗渣经洗涤、脱水、干燥后灼烧得到锗精矿。

18.6.5.1 灼烧条件

灼烧条件为:炉膛温度 750～800 ℃;物料粒度 20～30 mm;加料量约 70 kg/m²,灼烧在箱式电炉中进行。

18.6.5.2 有关物料的成分及指标

丹宁渣和锗精矿的成分见表 18-24。

表 18-24 丹宁渣和锗精矿的成分 （质量分数/%）

项 目	Ge	As	Zn	Pb	S	SiO_2
丹宁渣	0.858～1.15	0.12～7.0	6.28～13.25	0.91～6.0	1.57～2.95	4.5～9.0
锗精矿	8～10	0.38～7.5	4.93～18.94	0.95～8.13	2.495～8.89	

灼烧灼减率为 60%～80%，灼烧回收率为 82%～99%，得到的锗精矿还需进一步处理，进行氯化蒸馏。

18.6.6 锗精矿的处理流程

锗精矿处理的原则流程如图 18-23 所示。

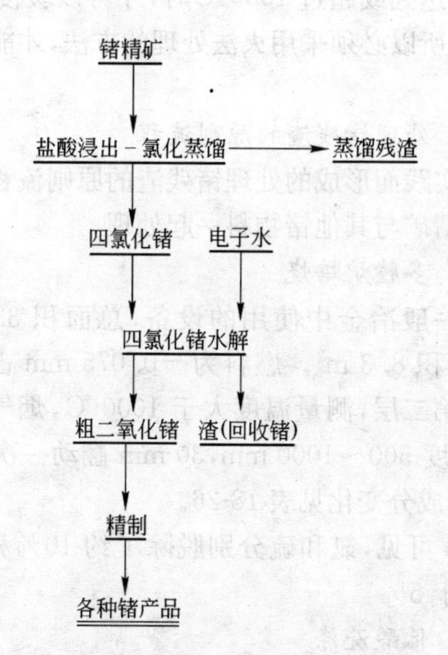

图 18-23 锗精矿处理的原则流程

18.6.7 火法—湿法联合工艺处理锗氯化蒸馏残渣

氯化蒸馏的锗残渣平均含锗 0.5%，渣中的锗大多数为四方晶型的二氧化锗及未灼烧的丹宁锗，它们均不溶于酸，含硅高，并且硅呈酸溶状态，处理过程中易形成硅胶，固液分离困难，残渣酸性大，腐蚀性强，对环境污染严重。如何有效地从锗残渣中回收锗，一直是一个较大的技术难题。锗残渣中锗的存在形态见表 18-25。

表 18-25　锗残渣中锗的存在形态　（质量分数/%）

序号	全锗	酸溶锗	酸不溶锗	酸不溶锗比率
1	0.55	0.06	0.4	89.00
2	0.5	0.08	0.51	86.40

从表 18-25 中可见，锗残渣中 86%以上的锗都不溶于酸，从二氧化锗的性质可知，直接采用湿法处理无法改变锗和硅的存在形态。四方晶型的二氧化锗不溶于水和酸，其在 1033 ℃以下是稳定的，只有当温度达到或超过 1033 ℃时，才可以缓慢地转变为可溶性的二氧化锗，所以必须采用火法处理的方法，才能使其转变为酸性可溶物。

18.6.7.1　处理锗残渣的原则流程

经过多年实践而形成的处理锗残渣的原则流程如图 18-24 所示。获得的锗精矿与其他锗物料一起处理。

18.6.7.2　多膛炉焙烧

多膛炉为一般冶金中使用的设备，总面积 33.2 m^2，共分 4 层，每层有效面积 8.3 m^2。燃料为－0.075 mm 占 60%的粉煤。热电偶安装在第二层，测量温度大于 1000 ℃，烟气温度为 700～800 ℃，料层厚度 500～1000 mm，30 min 翻动一次。锗残渣经多膛炉焙烧后，其成分变化见表 18-26。

由表 18-26 可见，氯和硫分别脱除了约 10%和 32%，其他杂质脱除率均小于 5%。

18.6.7.3　低酸洗涤

锗残渣经焙烧后，用球磨机磨细，再用稀酸洗涤脱氯。

酸洗控制的主要工艺条件为：球磨后粒度为－0.425 mm，浸出温度为 40～55 ℃，浸出终点 pH 值为 1.5～2.0，液固比(6.5～7)：1。焙烧渣酸洗后，脱氯率可达 35%以上，焙烧和酸洗作业，氯的总脱出率可达 42%以上。硅大部分转变为不溶性的稳定硅酸盐固体，所以酸洗后过滤非常容易，但酸洗后，溶液丹宁沉锗作业表明回收到的仅是酸溶锗，尚未转变为酸溶锗的物料需经过烟化炉高温处理，使其转变为六方晶型的可溶性二氧化锗。

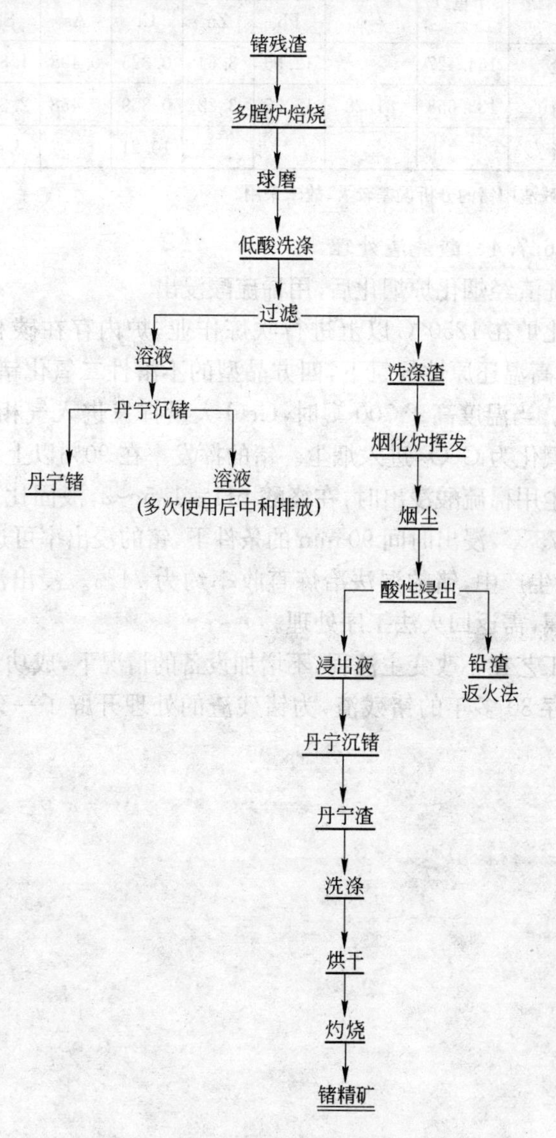

图 18-24　处理锗残渣的原则流程

表 18-26　锗残渣经多膛炉焙烧后的成分变化

名　称	干重/t	烧成率/%	元素含量 w/%					
			Pb	Zn	Cl	As	Sb	S
锗残渣	164.427		12.55	3.64	0.325	0.498	1.877	7.29
焙烧渣	133.658	81.28	15.55	3.22	0.359	0.458	2.392	6.06
杂质脱除率/%					10.21		3.47	32.42

注：锗残渣中锗的分析误差较大，故未采用。

18.6.7.4　酸洗渣处理

酸洗渣经烟化炉烟化后，用稀硫酸浸出。

烟化炉在 1250 ℃以上进行吹炼作业，炉内存在碳和一氧化碳，在此高温还原性气氛下，四方晶型的不溶性二氧化锗，被还原为 GeO。当温度高于 700 ℃时，GeO 大量挥发进入气相，在高温下又被氧化为 GeO_2 进入烟尘。锗的挥发率在 90%以上。

烟尘用稀硫酸浸出时，在终酸 pH＝1.5～2，液固比 6∶1，温度 70～75 ℃，浸出时间 90 min 的条件下，锗的浸出率可达 84%以上，实际生产中，锗的湿法冶炼直收率约为 74%。浸出渣还含有有价金属，需返回火法工序处理。

该工艺在不改变主流程，不增加设备的情况下，成功地回收了该厂堆存 30 多年的锗残渣，为锗残渣的处理开辟了一条有效的途径。

19 烟化法处理含铟鼓风炉炼铅炉渣

19.1 概述

铟(In)也属于稀散金属，它是 1863 年，由德国科学家赖赫(F. Reich)和他的助手李希特(H. T. Richter)发现的，他们在用光谱法测量闪锌矿中的铊含量时，伴随着铊的绿色特征谱线观察到蓝色的新谱线，他们确定这是一种新元素，并从其特征谱线出发，以希腊文"靛蓝"(indikon)一词命名它为 indium(铟)。

铟直到发现后的 60 年，即 1923 年，才在实验室中有少量产出。1933 年，有将铟添加到合金中的应用。铟大批量的商业应用是在二次世界大战中。其后，又开辟了许多铟的应用领域，铟的需求量不断增大。1964 年，世界铟的产量接近 50 t；1988 年，突破 100 t；1995 年，达到 239 t，2000 年为 335 t；2004 年为 325 t。中国是世界上最主要的产铟国，其产量占世界总产量的 1/3～1/2。

由于铟具有十分独特而优良的物理和化学性能，尤其是低熔点、高沸点及传导性好的特性，随着世界及我国现代化工业技术的发展，铟已成为高技术的支撑材料之一。

铟的传统应用领域是用于生产半导体、低熔点合金、焊剂、镶牙合金、电子仪表及电器接点的涂层、红外线检测器、核反应堆控制棒、飞机挡风玻璃涂层等。从 1988 年开始，铟的应用领域越来越广泛，大量的铟用于制造液晶装置(如手表、挂钟、计算器及计算机玻璃的透明导电涂层)。在防止玻璃表面产生雾化层方面，铟的用量不断增加，铟涂层最初是在汽车制造业中采用，现已普及到工业及民用建筑业。铟的新应用领域还包括在蓄电池中作添加剂，在太阳能电池中，二硒化铟—镓是重要的材料。

铟作为添加剂或组成成分可提高金属强度、硬度和抗蚀性，因而可以镀在飞机、汽车等高级轴承上，大大提高轴承使用期限。探照灯镜面上镀一层铟，可使镜子不变暗，不怕海水腐蚀，适于航海；铟镉铋合金可用在原子能工业上作吸收中子的材料。

19.2　铟及其主要化合物的性质

19.2.1　铟的物理性质

铟是昂贵的稀散金属，在元素周期表中，位于ⅢA族，原子序数49，相对分子质量为114.8。铟的最临近元素为镓、铊、锡及镉。金属铟具有银白色光泽，外观似锡，比铅还柔软，可用指甲划出痕迹。用力弯曲铟锭时，也会发生类似锡所特有的清脆的响声。铟的熔点很低，沸点却很高(2075 ℃)。铟具有良好的可锻性和可塑性，在加压的条件下几乎能加工成各种形状。铟通过滑移和生成孪晶而发生形变。

自然界中发现的铟由两种同位素组成：稳定同位素^{113}In仅占4.33%，另一同位素^{115}In占95.67%，其具有微弱的放射性(β放射源，半衰期6×10^{14} a)。铟属四方晶系，体心四方晶胞(bct)，晶格常数a=0.32512 nm，c=0.49467 nm。铟的主要物理性质见表19-1。

表 19-1　铟的主要物理性质

主要物理性质	数　值
原子体积/$cm^3\cdot mol^{-1}$	15.71
沸点/℃	2070
熔点/℃	156.4
密度(20 ℃)/$g\cdot cm^{-3}$	7.31
弹性模量(20 ℃)/GPa	10.6
电阻率(20 ℃)/$\Omega\cdot cm$	8.37×10^{-6}
熔融潜热/$kJ\cdot mol^{-1}$	3.27
蒸发潜热(熔点时)/$kJ\cdot mol^{-1}$	55.57
比热容(20 ℃)/$J\cdot(mol\cdot K)^{-1}$	27.4
线膨胀系数(20 ℃)/K^{-1}	24.8×10^{-6}

续表 19-1

主要物理性质	数 值
热导率(0～100 ℃)/W·(m·K)$^{-1}$	71.1
熔化时的体积变化率/%	+2.5
电极氧化—还原电位/V	0.34
电化学当量,(In^{3+})/μg	396
表面张力(熔点与沸点之间,T,K)/mN·m^{-1}	602－0.1T
蒸气压(熔点与沸点之间,T,K)/kPa	$\lg p = 9.835 - 12860/T - 0.7\lg T$
布氏硬度 HB	0.9
拉伸强度/MPa	2.645
伸长率/%	22

19.2.2 铟的化学性质

铟的化学性质与铁相似,原子半径与镉、汞、锡相近。

铟在空气中很稳定,不易氧化,不会失去光泽,新鲜断面呈亮白色,在空气中逐渐变暗。超过 800 ℃时,铟在空气中燃烧,发出蓝紫色火焰,生成氧化铟(In_2O_3)。

加热时铟可直接与卤素、硫族元素和磷、砷、锑等直接化合。有空气存在时,铟在水中缓慢腐蚀。铟在冷的、稀的无机酸中溶解缓慢,在热的稀酸或浓酸中溶解很快,生成相应的铟盐并放出氢气。铟溶于汞,但不溶于热水、碱及多数有机酸。铟的化合价有+1、+2、+3 三种,在水溶液中,正三价化合物最为稳定。

在自然界中,铟只有^{115}In 一种放射性同位素,有核子反应产生的放射性同位素有数十种之多,其中半衰期较长的有^{109}In(4.2 h)、^{110}In(4.9 h)、^{110}In(1.15 h)、^{111}In(2.8049 d)、^{113}In(1.658 h)、^{114}In(49.51 d)、^{115}In(4.486 h)、^{117}In(1.94 h)等。

铟对人体无明显危害,但有研究认为铟的可溶性化合物具有毒性。铟盐如与人体组织破损部位接触则可造成人体中毒。

19.2.3　铟的氧化物

铟的氧化物主要有 In_2O、InO、In_2O_3 等，此外，还有介稳氧化物，如 In_3O_4、In_4O_5、In_7O_9 等，在高温下，铟氧化物中，稳定的是 In_2O_3。铟主要氧化物的基本性质见表 19-2。

表 19-2　铟主要氧化物的基本性质

氧化物	色彩	晶　形	熔点/℃	沸点/℃	密度/g·cm⁻³
In_2O_3	黄红棕	立方体心 a=11.1056 无定形约 10.117 A 气态	1910～2000	850	7.12～7.179
InO	灰		565 升华		
In_2O	黑	立方体心			6.99
$In(OH)_3$	白	a=(7.558～7.92) ±0.005 A	150 失水离解		4.345～4.45

在高于 850 ℃的温度下，焙烧铟的氢氧化物、碳酸盐、硝酸盐、硫酸盐或在空气中燃烧铟皆可制得 In_2O_3。In_2O_3 是最常见的铟氧化物。

低温下，In_2O_3 是淡黄色无定形固体，加热后会由暗至棕红色。黄色的 In_2O_3 易溶于酸和碱。在 400～500 ℃温度范围内，用氢气或其他还原性气体能很容易地把 In_2O_3 还原为金属铟。

当温度低于 400 ℃时，用氢气还原 In_2O_3 可制备 In_2O。In_2O 为无吸湿性的黑色晶状固体，可溶解于水但不与水反应，可溶于盐酸并放出氢气。

在高真空或还原性气体中，加热 In_2O 时，可在表面上形成灰白色的 InO。InO 能溶于酸，较难挥发。

19.2.4　铟的氢氧化物

铟的氢氧化物主要有 $In(OH)_3$ 和 $InO(OH)$。$InO(OH)$是

$In(OH)_3$ 在加热温度高于 411 ℃后转变的产物。

$InO(OH)_3$ 是两性化合物，不溶于水和氨水，可溶于酸。

三价铟的水溶液中有 $In(H_2O)_5(OH)^{2+}$ 和 $In(H_2O)_4 \cdot (OH)^{3+}$，在较高温度下，可形成多核阳离子 $In(OH_2In)_n^{(3+n)}$。

19.2.5 铟的硫化物

铟的硫化物主要有 In_2S、InS、In_4S_5 和 In_2S_3 等。常温下，稳定的有 InS 和 In_2S_3。铟硫化物的主要性质见表 19-3。

表 19-3 铟硫化物的主要性质

项目	色彩	晶型	熔点/℃	沸点/℃	密度/g · cm^{-3}
InS_3	黄 红 (棕)	立方面心 a=5.36 A 尖晶石型 a=10.72 A	1050～1095		4.613～4.9
In_2S	黑	a=3.944 A 斜方 b=4.447 A	653±5		5.87～6.87
InS	红	c=10.648 A a=9.090 A 单斜 b=3.887 A	692±5	850 ℃离解	5.18
In_6S_7	黑	c=17.705 A	840		

当金属铟或 In_2O_3 溶于热硫酸时，生成 $In_2(SO_4)_3$ 溶液。硫酸铟是一种白色晶状物，为易溶解、溶于水的固体，通常含 5、6 或 10 个结晶水。

19.2.6 铟的卤化物

铟的卤化物有 $In^{I}X$、$In^{I}[In^{III}X_4]$和 InX_3 等。主要卤化物的基本物理性质见表 19-4。

表 19-4　铟主要卤化物的基本物理性质

物理性质	InF_3	InCl	$InCl_3$	InBr
熔点/℃	1170	225		220
沸点/℃	>1200	608	498(升华)	662
密度/g·cm^{-3}	4.39	4.18	3.45	4.96
色泽	白	红,黄	黄,无色	红
离解热/kg·mol^{-1}		428.4		385
ΔH_q(固)/kJ·mol^{-1}		−186.2	−537.2	−175.3
ΔH_q(气)/kJ·mol^{-1}		−75	−374.0	−56.9
汽化热/kJ·mol^{-1}				
晶体结构	六方形	立方	单斜	
水中溶解度	0.040 g/100 mL (20 ℃)	分解(快)	66.11 g/100 g 溶液(1.97d) 22 ℃	分解(慢)
乙醇中溶解度			53.2 g 溶液 (1.40d)22 ℃	

19.2.7　铟的其他化合物

铟的其他化合物包括铟的磷化物、砷化物、锑化物、磷酸盐、砷酸盐、氮化物、硝酸盐、硒化物、碲化物、氢化物、有机酸盐及其衍生物、有机化合物等。另外,铟与许多金属可以形成合金。下面重点介绍几种铟的其他化合物。

19.2.7.1　铟的半导体化合物

铟的Ⅴ族元素化合物是Ⅲ-Ⅴ族化合物半导体中的重要一支,其中主要有锑化铟、砷化铟、磷化铟和氮化铟,其主要性质及用途见表 19-5。

此外,铟的氧化物、硫属化合物及一些三元化合物也是重要的半导体材料,主要包括 In_2O_3、In_2S_3、InSe、In_2Se_3、InTe、In_2Te_3、$CuInS_2$、$CuInSe_2$、$CuInTe_2$ 等。其中 $CuInSe_2$(简称 CIS)是Ⅰ-Ⅲ-Ⅵ$_2$ 型半导体中获得重要应用的材料,利用 CIS 制成的光伏电池,其理论转化效率达18%，而其原材料成本较低、制备工艺简单，因而在民用太阳能电池材料中颇具竞争力。

表19-5 铟半导体化合物的主要性质及用途

名 称	InSb	InAs	InP	InN
能隙/eV	0.18	0.356	1.35	2.4
晶格常数/nm	0.6478	0.6058	0.5868	a=0.3533，c=0.5692
密度/$g\cdot cm^{-3}$	5.7751	5.667	4.787	
熔点/℃	525	943	1062	1200
电子迁移率 /$cm^2\cdot(V\cdot s)^{-1}$	8.2×10^4	2.3×10^4	4×10^3	
热导率 /$W\cdot(cm\cdot K)^{-1}$	0.18	0.26	0.008	0.004
线膨胀系数 /K^{-1}	5.04×10^{-6}	5.3×10^{-6}		
用 途	红外光探测器，霍耳元器件	霍耳元器件	长波长光纤通信用的红外光源及探测器，光电子集成电路	蓝色、紫外发光二极管

19.2.7.2 铟锡氧化物

铟锡氧化物是由高纯In_2O_3和高纯SnO_2合成的一种玻璃态物质，也称为ITO（全称indium tin oxide）。它是一种高度透明（可见光透过率大于90%）的导电材料（电阻率为$10^{-4}\ \Omega\cdot cm$），广泛用于电子工业中的薄膜晶体管（简称TFT，即thin film transistor）、液晶平面显示和太阳能电池等的透明电极，此外，ITO还可用于涂敷汽车、飞机玻璃窗，严寒条件下可用于消除水雾，在触摸式开关选择屏上，ITO也获得应用。

19.2.7.3 铟的有机化合物

铟的有机化合物有许多种，其中MOVPE工艺用的有机金属源（简称MO源）较为重要，目前应用最广的是三甲基铟和三乙基铟。其主要性质见表19-6。

表19-6　三甲基铟和三乙基铟的主要性质

名　称	三甲基铟	三乙基铟
英文名称	Trimethylindium	Triethylindium
分子式	C_3H_9In 或 $(CH_3)_3In$	$C_6H_{15}In$ 或 $(C_2H_5)_3In$
简化式	$InMe_3$ 或 TMIn	$InEt_3$ 或 TEIn
相对分子质量	159.924	202.005
熔点/℃	89～89.8	−32
沸点/℃	135.8	184
密度/$g \cdot cm^{-3}$	1.568(固体)	1.260(液体)

19.3　铟资源

铟在地壳中属于稀有元素,其在元素周期表中的位置在某种程度上说明了它和一系列元素的地球化学关系。铟和镉、锡结合是由于铟和这些元素的原子半径相近;铟和锌的结合是由于周期表内位于对角线上的各元素之间的性质一般相似;铟和镓的结合则是它们共属于同一主族。

有关铟在地球中的丰度(又称克拉克值),文献中不甚一致。最低值为 0.1×10^{-6},最高值为 2.5×10^{-6}。根据地球化学分类,铟属于典型的亲硫元素。在自然界中,单质铟非常罕见,仅在含锡矿床中偶有发现,而且储量甚微。铟主要伴生于方铅矿、闪锌矿、黄铜矿、黄铁矿等硫化矿中。铟在一些矿岩石中的质量浓度见表19-7。

表19-7　铟在一些矿岩石中的质量浓度　(g/t)

矿物	黄铜矿	方铅矿	闪锌矿	锡石	黄铁矿	磁黄铁矿	黄锡矿
In	0.04～1500	2～100	5～10000	2～100	1～100	0.5～200	50～100

在某些铅、锌硫化矿中,铟质量分数有时高达0.05%～1%。铟在闪锌矿中的质量分数波动在0.1%～0.0001%之间。在铁、

锡含量高的闪锌矿中,铟的质量分数也较高。据美国地质局的调查统计,2000年,全世界的铟储量约为5700 t(以铅锌矿为基础)。其探明储量中约10%集中分布在美国,35%分布在加拿大,日本和秘鲁各占约3%。世界一些地区及国家的铟储量见表19-8。

表 19-8 2000 年世界铟的储量 (t)

国家(地区)	工业储量	综合储量
美 国	300	600
加拿大	700	2000
中 国	400	1000
俄罗斯	200	300
秘 鲁	100	150
日 本	100	150
其他国家(含欧共体)	800	1500
合 计	2600	5700

在表19-8中的铟储量中,对中国铟的储量计算明显偏低。我国的铟资源拥有量居世界第一,这是因为,我国已探明的铅储量为3573万t,锌储量为9379万t,与铅锌矿共生的铟储量为8000 t左右。已知的铟矿资源分布在10多个省区,集中分布在广西、云南、广东和内蒙古四省区,占全国已探明储量的82.9%,占保有储量的84%。我国最佳的铟工业矿床情况见表19-9。值得一提的是,我国铅锌矿床中含铟率高于国外,随资源勘探工作的深入,可开发的铟资源将继续增加。

表 19-9 我国最佳的铟工业矿床情况

矿产类型			最佳工业矿床	
矿产类型	铟品位/%	利用状态	矿产地	矿床铟品位/%
锡锌铟矿	0.002～0.112	已用	广西大厂	0.112
铅锌矿	0.0003～0.006	已用	青海锡铁山	0.006
多金属矿	0.004～0.01	已用	云南都龙	0.0052
硫化铜矿	0.0002～0.004		湖北吉龙山	0.004

19.4 铟的提取方法

由上述铟的资源情况可以看出，铟在自然界中的含量非常少，并且多数铟伴生在有色金属矿物中，因此，铟的提取方法，就是研究如何从提取锌、铅、锡等有色金属后的副产品中提取、回收铟的方法。

19.4.1 铟在有色金属冶炼过程中的行为

19.4.1.1 铟在锌火法冶炼过程中的行为

锌精矿在 850～930 ℃下进行氧化焙烧时，铟的绝大部分留在焙砂中，随后可用湿法炼锌或火法炼锌处理焙砂。

在火法炼锌的烧结焙烧过程中，铟的挥发甚微。若用制团和焦结来代替烧结焙烧，则在团矿焦结时部分铟(约 20%)呈 In_2O 和 InO 状态升华并在灰尘中富集。当在蒸罐炉中还原烧结块或团矿时，大约有 60%～70%的铟和锌一起蒸馏，有 10%～15%的铟留在蒸罐炉残渣中，其余的铟分布在其他升华物，即灰尘中。根据铟在精矿中质量分数的不同，粗锌含铟在 0.002%～0.007%之间。当在精馏塔中精炼粗锌时，作为高沸点金属的铟将富集在铅馏分中，然后再在精炼铅的过程中予以提取。在锌火法冶炼过程中，团矿焦结炉的灰尘和粗锌精馏提纯过程中的铅馏分，都是提取铟原料。

19.4.1.2 铟在锌湿法冶炼过程中的行为

在锌湿法冶炼过程中，当锌焙砂中性浸出时，绝大部分铟留在不溶的浸出渣中，此外，在中性浸出渣中，还富集有铁、镓、锗和其他元素的氧化物。中性浸出后，一部分铟还有可能留在硫酸溶液中，因而除铜、镉所得的铜镉渣里还有少量的铟存在。大部分的酸浸渣用威尔兹法或烟化法处理，捕集的烟尘收集后作为提取铟的原料。

19.4.1.3 铟在铅冶炼过程中的行为

如第 16 章所述，铅的生产包括以下几个主要工序：铅精矿的烧结焙烧、鼓风炉熔炼、粗铅精炼。在采用烧结机进行烧结焙烧时，铟挥发甚微。在鼓风炉熔炼时，铟在铅和渣中的分布大体持平，部分铟进入烟尘。在鼓风炉熔炼时铟的大致分布见表 19-10。

表 19-10 鼓风炉炼铅时铟的分布 （质量分数/%）

熔炼产物	铟	占总铟量
粗 铅	0.001～0.002	30～35
炉 渣	0.001～0.0015	40～45
灰 尘	0.008～0.01	20～25

铅熔炼炉渣部分返回到烧结焙烧，其余的炉渣通常用威尔兹法处理，进一步富集锌、铅和铟等稀散金属。

将粗铅精炼，依次除去铜（熔析法或用硫处理）和锌（空气氧化法）及其他杂质。在铅的精炼过程中，约 80%～90%的铟进入含铜浮渣和氧化物（浮渣）中，铟在其中的含量达到万分之几甚至千分之几。含铜浮渣通常采用反射炉熔炼，熔炼后得到粗铅、铜锍（主要是铜的硫化物）、渣和烟尘。在含铜浮渣中，铟分布在熔炼的全部产物中，而在烟尘[质量分数约为 0.1%～0.4%]和熔渣中含量最高，因此，在铅冶炼过程中，精炼铅的产物，如含铜浮渣、氧化物（浮渣）以及铜浮渣反射炉熔炼后的烟尘和熔渣等均可作为提取铟的原料。

19.4.1.4 铟在锡冶炼过程中的行为

锡生产的实质是精矿或精矿焙烧后的焙砂还原熔炼和粗锡的精炼。熔炼锡精矿时，铟分布在烟尘（约 75%）和粗锡（约 20%）中。粗锡中含铟可达 0.1%。锡烟尘通常都要进行处理（熔炼或还原焙烧），此时，大部分铟富集在二次烟尘中。当进行锡的阳极精炼时，铟积聚在电解质中，其质量浓度可达到达 18～20 g/L，由此可见，在锡冶炼生产过程中，烟尘和用后的电解质都是提取铟的原料。

19.4.2　铟的提取方法

铟的提取方法较多,下面介绍主要的几种提取方法。

19.4.2.1　氧化造渣法提取铟

该法利用铟对氧的亲和力大大超过铅对氧的亲和力的原理,在粗铅精炼时,铟在浮渣中富集,然后使浮渣中的铟转入溶液,按图19-1的流程进行处理。所得海绵铟在碱覆盖下,在350 ℃左右熔炼

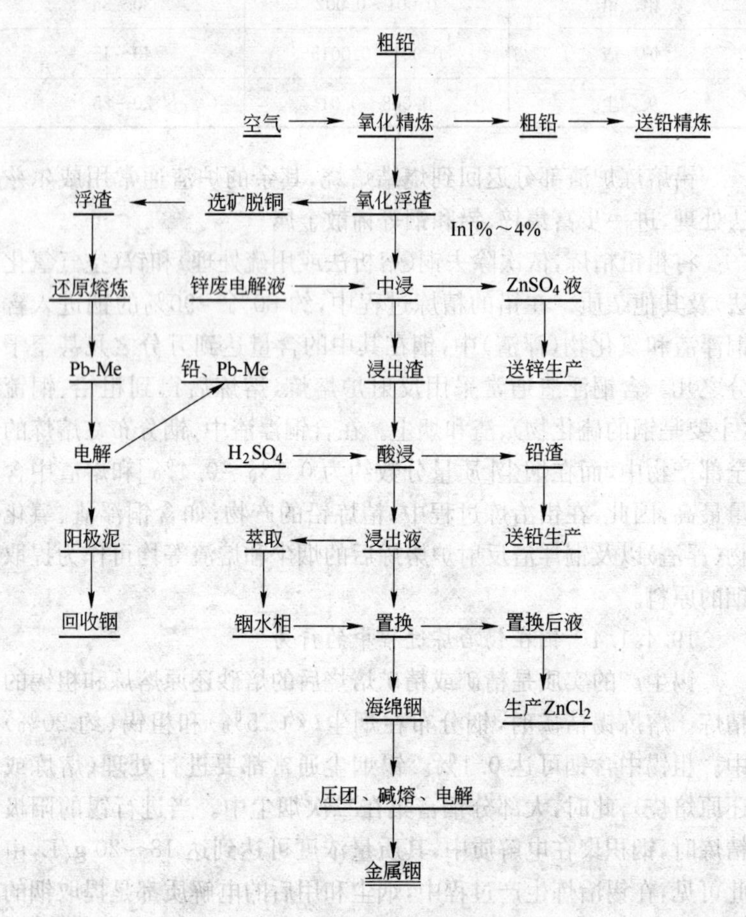

图19-1　氧化造渣法提铟流程

即可制得 99.5%铟。将含 80～100 g/L In、100 g/LNaCl 的电解液,在电流密度为 50～100 A/m^2 及 0.25～0.35 V 的槽电压下电解,即能制得纯度为 99.99% 铟,此时的电流效率可达 95%～99%。

19.4.2.2 电解富集法提取铟

该法是在氨基磺酸电解铅基础上改进的方法。当用来处理含铟的铅合金时,确定的流程图 19-2 所示。在 100 g/L 氨基磺酸(H_2NSO_2OH)、80 g/L 氨基磺酸铅、0.4 g/L 明胶的电解液中,采用 100 A/m^2 电流、0.27 V 的电压电解铅,电流效率在 95%以上。过程中铟富集于阳极泥,可按前述的氧化造渣法回收铟。

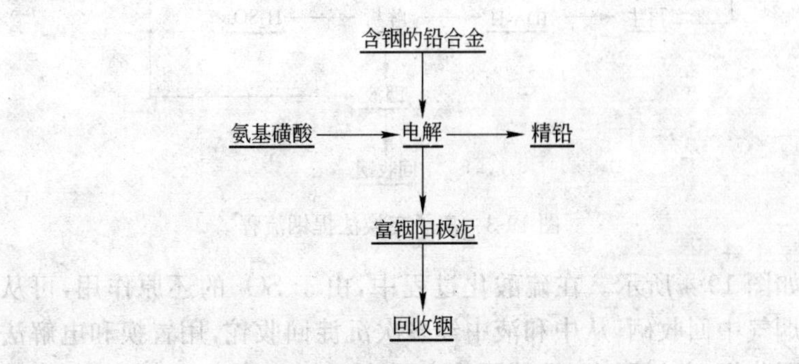

图 19-2 电解富集提铟法流程

19.4.2.3 离子交换法提取铟

前苏联的锌厂用离子交换法提取含铟的锌镉渣,铟的回收率可达 94%。德国的杜依斯堡(Duisburg)铜厂采用钠型亚氨二醋酸阳离子树脂从锌镉渣中提取铟,所用流程如图 19-3 所示。此法选择吸附性好,但成本高。在盐酸溶液体系内,可用 H 型 KY-2 强酸性阳离子交换树脂吸附铟,用 0.2 mol/L 盐酸或 NH_4OH 解析铟。

19.4.2.4 硫酸焙烧法提取铟

许多国家用硫酸化焙烧法从含铟烟尘中回收铟,采用流程

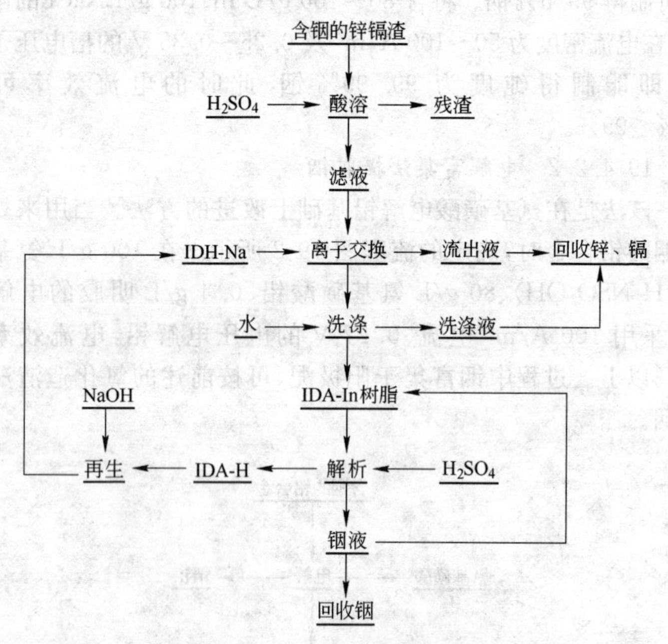

图 19-3　离子交换法提铟流程

如图 19-4 所示。在硫酸化过程中，由于 SO_2 的还原作用，可从烟气中回收硒，从中和液中经多次沉淀回收铊，用置换和电解法回收铟，此过程中，铟的回收率可达 80％。该法基于把物料中的铟等转变为硫酸盐和氧化物，而使氟、氯及砷等杂质挥发而除去。

用浓硫酸硫酸化的方法称为湿式硫酸化法，目前多数国家都采用此种酸化方法。鉴于固态硫酸盐（如 $FeSO_4$）容易运输，腐蚀性不大，生产时劳动条件好，所以有用 $FeSO_4$ 代替 H_2SO_4 进行干式酸化的研究。

19.4.2.5　热酸浸出—铁矾法回收铟

在我国，冶金工作者利用铟与铁在用 P_{204} 萃取时动力学上的差异，选用环隙式离心萃取器，在水流比为 15～30 的情况下，从锌焙砂、含铟烟尘的浸出液中快速萃取铟，萃铟率超过 96％，而铁仅

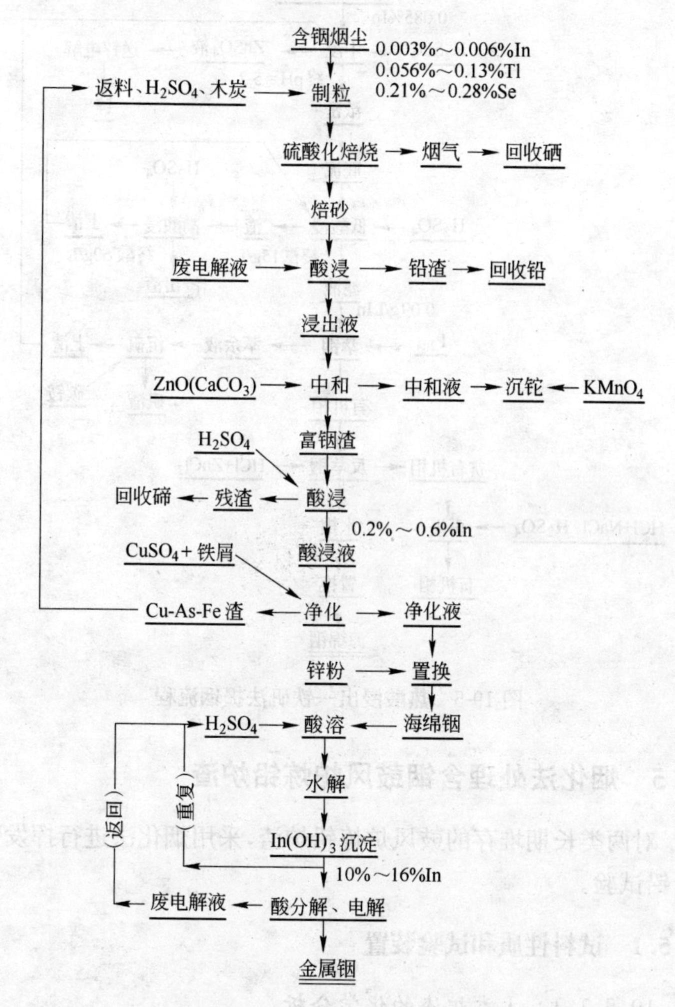

图 19-4　湿式硫酸化法综合回收铟(硒、铊)流程

被萃取 3.7%，基本上避免了 Fe^{3+} 的干扰，在试生产中，铟的回收率超过 82%，采用流程如图 19-5 所示。

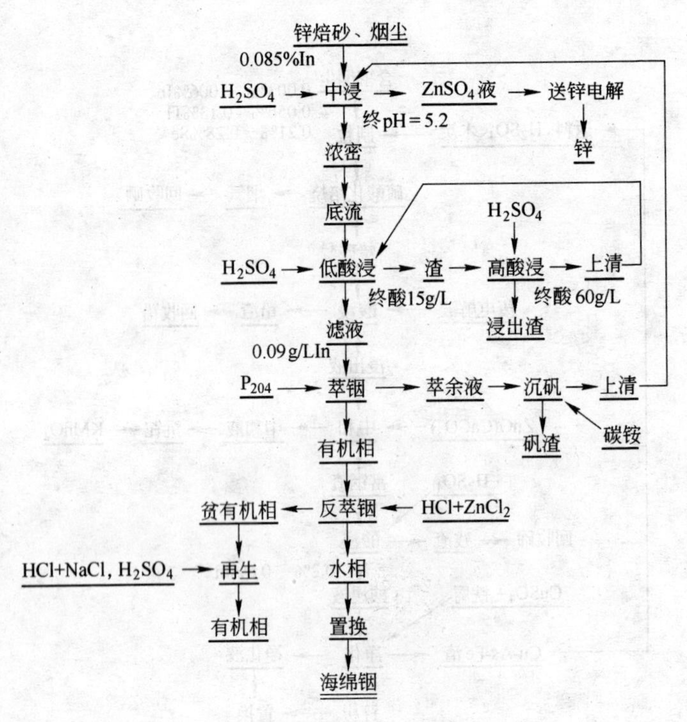

图 19-5　热酸浸出—铁矾法提铟流程

19.5　烟化法处理含铟鼓风炉炼铅炉渣

对两类长期堆存的鼓风炉炼铅炉渣，采用烟化法进行挥发铟、锌、铅试验。

19.5.1　试料性质和试验装置

19.5.1.1　Ⅰ类炉渣的化学分析

对历年堆存的Ⅰ类含铟鼓风炉炼铅炉渣综合取样的化学分析结果见表 19-11，从表中可以看出，此类炉渣中有价元素中 Zn、In 质量分数较高，有回收价值。

表 19-11 Ⅰ类炉渣的化学成分

元　素	Pb	Zn	Fe	CaO	MgO	SiO_2	Al_2O_3	In
质量分数/%	0.99	5.86	21.16	19.04	1.75	29.03	7.23	75.75 g/t

19.5.1.2　Ⅰ类炉渣的 X 射线衍射

采用日本产 3015 型 X 射线衍射分析仪，管压：25 kV，管流：20 mA，靶管：CuK_2，考查Ⅰ类炉渣的物相组成，结果如图 19-6、图 19-7 所示。

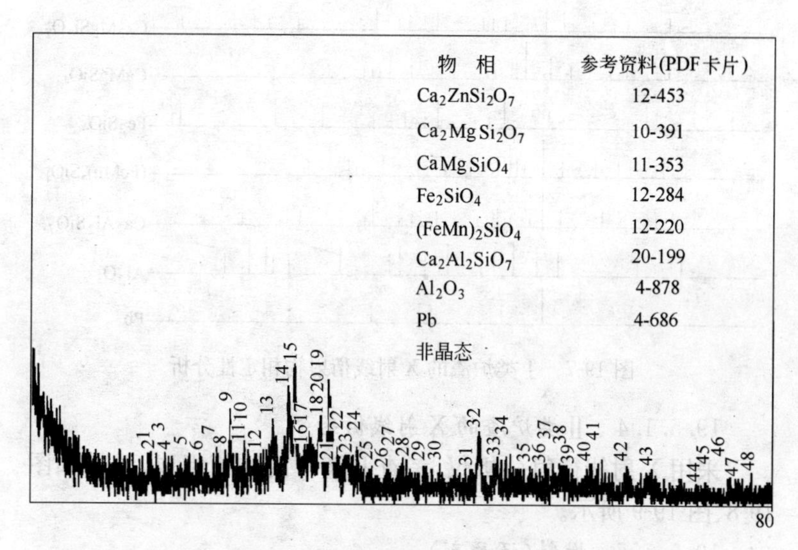

图 19-6　Ⅰ类炉渣的 X 射线衍射

19.5.1.3　Ⅱ类炉渣的化学分析

Ⅱ类鼓风炉炼铅炉渣综合取样的分析结果见表 19-12，从表 19-12 中可以看出，Ⅱ类炉渣中有价元素中 Zn、Pb 质量分数较高，且含有一定量的铟，具有回收价值。

表 19-12 Ⅱ类炉渣的化学成分

元　素	Pb	Zn	Fe	CaO	MgO	SiO_2	Al_2O_3	In
质量分数/%	2.23	13.57	20.60	20.00	10.5	21.93	5.38	44.1 g/t

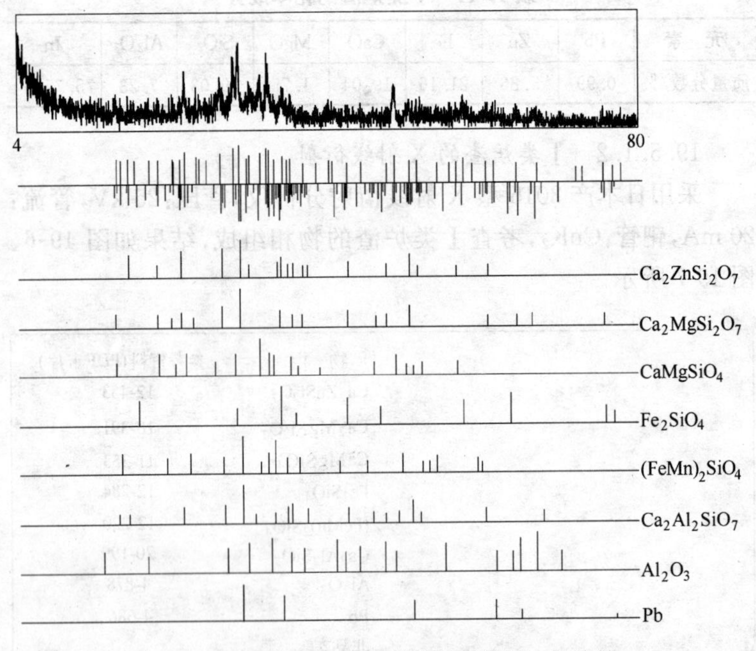

图 19-7　Ⅰ类炉渣的 X 射线衍射物相定性分析

19.5.1.4　Ⅱ类炉渣的 X 射线衍射

采用 X 射线衍射分析仪，考查Ⅱ渣样的物相组成，结果如图 19-8、图 19-9 所示。

19.5.1.5　燃料(还原剂)

试验采用井式坩埚电炉提供反应所需主要热量，适当配以焦炭作为发热剂和固体还原剂，气体还原剂为焦炭在煤气发生炉内产生的 CO 气体。焦炭化学成分见表 19-13。

表 19-13　焦炭化学成分

固定炭/%	灰分/%	S/%	灰分组成(质量分数)/%				
			SiO_2	Fe	CaO	Mg	Al_2O_3
69.51	27.03	0.13	52.28	3.72	4.07	1.08	27.38

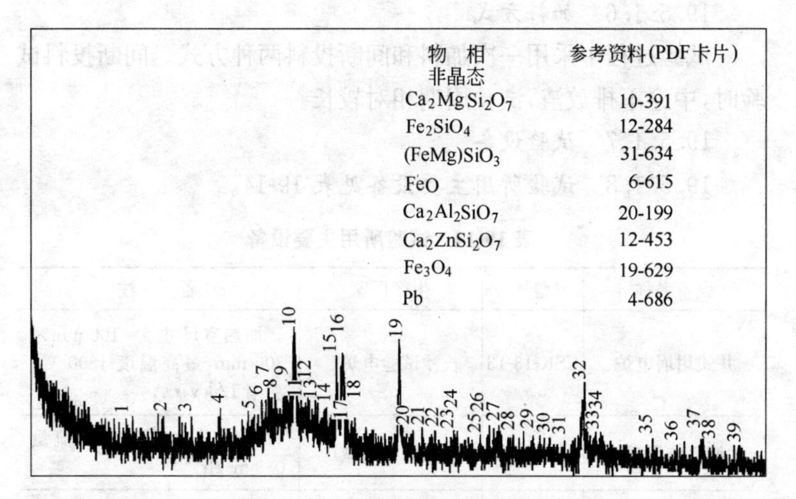

图 19-8 Ⅱ类炉渣的 X 射线衍射

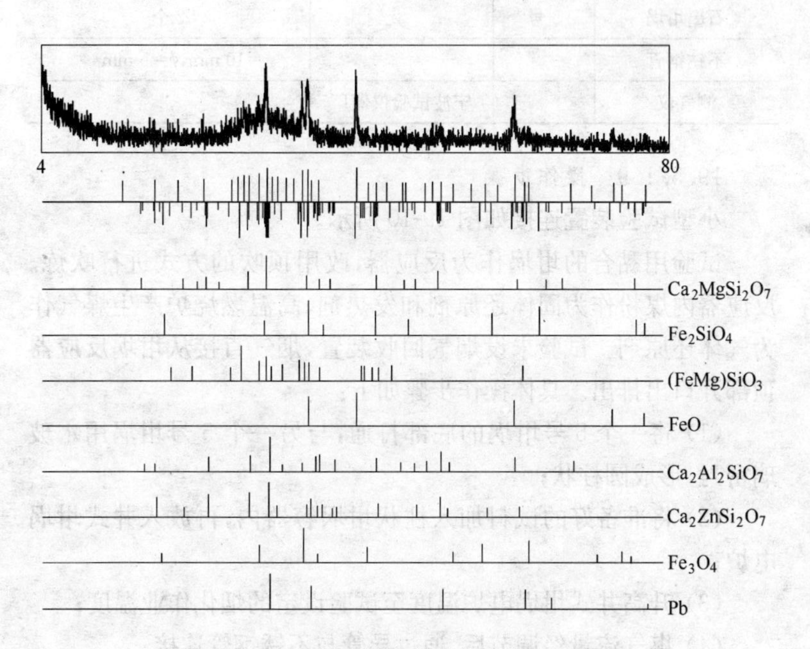

图 19-9 Ⅱ类炉渣的 X 射线衍射物相定性分析

19.5.1.6　加料方式

试验过程中采用一次加料和间断投料两种方式。间断投料试验时，中途不排放渣，试验周期相对较长。

19.5.1.7　试验设备

19.5.1.8　试验所用主要设备见表19-14。

表19-14　试验所用主要设备

设备名称	型号	生产厂家	备　注
井式坩埚电炉	CSK-13-13	长沙试验电炉厂	加热室尺寸 ϕ=100 mm×300 mm，最高温度1300 ℃，功率12 kV·A
无油气体压缩机	WM-2B	天津医疗器械厂	排气压力0.3 MPa，流量0.9 m^3/h
综合高温燃烧炉			自制
石墨坩埚	5号		2个
不锈钢管			ϕ=10 mm，ϕ=5 mm
测气仪		宁波试验仪器厂	

19.5.1.9　操作步骤

小型试验装置连接如图19-10所示。

试验用黏合的坩埚作为反应器，改用顶吹的方式进行吹炼。反应器内煤粉作为固体还原剂和发热剂，高温燃烧炉产生煤气作为气体还原剂。试验未设烟气回收装置，烟气直接从坩埚反应器顶部开口出排出。具体操作步骤如下：

(1) 将一个5号坩埚的底部打通，与另一个5号坩埚用水玻璃密封，形成圆柱状；

(2) 将准备好的试料加入柱状坩埚容器内，再放入井式坩埚电炉；

(3) 升高井式坩埚电炉温度至试验设定的烟化作业温度；

(4) 煤气流量经调节后，通过导管与不锈钢管连接；

(5) 不锈钢管内煤气由坩埚开口处与预热反应器内的试料进

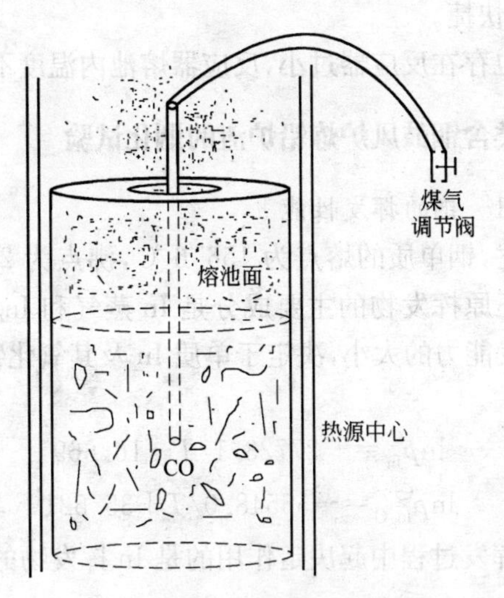

图 19-10　试验装置简图

行烟化反应；

(6) 适时对烟化反应中的试料取样，检测化验。

在试验过程中，应用该装置具有很多有利因素，当然，也存在一些不足。

其有利条件是：

(1) 反应器内还原气氛可控。调节气体压缩机鼓入的空气量，可以改变导管内的煤气流量，从而控制反应器内 CO 的流速及反应器内的还原气氛；

(2) 空气过剩系数可调节。试验中，如改变煤气发生炉的温度，会影响发生炉内产生的煤气成分。煤气发生炉温度越高，则空气过剩系数的值越大；

(3) 炉内温度可随时调节。炉内温度可控是装置的最大优点，通过调节井式坩埚的电阻，可随时升高或降低炉内温度，这对考查炉渣的黏度、熔点、流动性等极为方便；

(4) 可根据烟化状况调节渣型。坩埚的开口处为加入熔剂提供了方便条件，需要调节炉渣渣型时，可以将溶剂直接投入反应器熔渣中,方便快捷。

该装置也存在反应器过小,反应器熔池内温度不均衡等不足。

19.5.2 Ⅰ类含铟鼓风炉炼铅炉渣的烟化试验

19.5.2.1 铟的挥发性能

如前所述,铟单质的熔点为156.6 ℃,沸点为2075 ℃。一般认为 In_2O_3 还原挥发物的主要成分是In蒸气和 In_2O 蒸气,炉渣中铟元素挥发能力的大小,决定于单质In及其氧化物的蒸气压的大小。

$$\ln p_{In}^{\ominus} = -27723.1/T - 16.669 \quad (19\text{-}1)$$

$$\ln p_{In_2O}^{\ominus} = -56548.0/T + 35.521 \quad (19\text{-}2)$$

In元素挥发过程中起决定作用的是In挥发物的有效总压:

$$p_{eff} = p_{In} + 2p_{In_2O} \quad (19\text{-}3)$$

即:

$$\ln p_{eff} = -33663.7/T + 22.604 \quad (19\text{-}4)$$

根据上面的公式,可计算出In、In_2O 在高温下蒸气压的近似值和In挥发物的有效总压,见表19-15。

表19-15 高温阶段In的有效总压以及In、In_2O 的蒸气压

温度/℃	900	1000	1100	1200	1300	1400
p_{eff}/Pa	0.0026	0.0215	0.147	0.779	3.33	11.97
p_{In}/Pa	0.001	0.006	0.03	0.116	0.385	1.1
p_{In_2O}/Pa	10^{-5}	10^{-4}	0.003	0.056	0.65	5.59

根据表19-15的数据绘制的In、In_2O 等的蒸气压与温度的关系曲线,如图19-11所示,由图中可见,单质In的挥发蒸气压很小,但In挥发物的有效总压相对较大。

19.5.2.2 锌的挥发性能

锌的熔点为419 ℃,沸点906 ℃。Zn单质蒸气压与温度的关

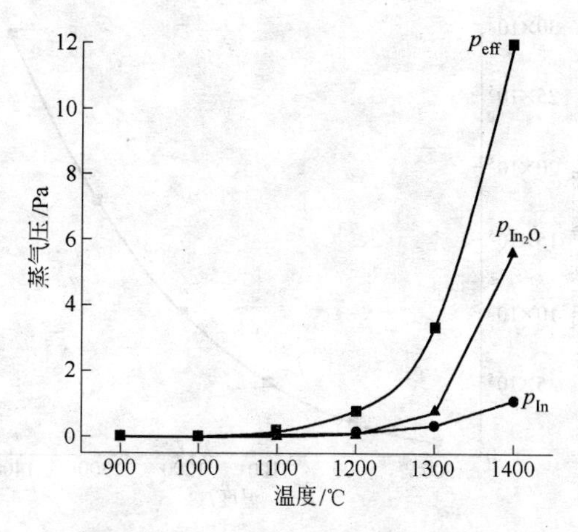

图 19-11 In 的有效总压以及 In、In_2O 的蒸气压与温度的关系曲线

系可按下式计算：

$$\lg p_{Zn}^{\ominus} = -6620/T - 1.255\lg T + 14.465 \quad (693 \sim 1180\ K) \qquad (19\text{-}5)$$

试验实际测定的高温阶段 Zn 和 ZnO 的蒸气压与温度的关系见表 19-16、表 19-17，关系曲线如图 19-12 所示。

表 19-16 Zn 的蒸气压与温度的关系

温度/℃	900	1000	1100	1200	1300	1400
$p_{Zn}^{\ominus}$/Pa	0.932×10^5	2.334×10^5	5.078×10^5	9.878×10^5	17.56×10^5	29.01×10^5

表 19-17 ZnO 的蒸气压与温度的关系

温度/℃	900	1000	1100	1200	1300	1400
$p_{ZnO}^{\ominus}$/Pa	—	—	—	$<1.333\times10^2$	2.0×10^2	4.0×10^2

由表 19-16 和表 19-17 的对比可知，Zn 的蒸气压比 ZnO 的蒸气压大得多，因此，烟化过程中要强化 Zn 的还原反应，这有利于 Zn 的挥发。

19.5.2.3 物料的熔点及流动性考查

物料熔点与流动性定性考查：称取 400 g Ⅰ类含铟鼓风炉炼铅

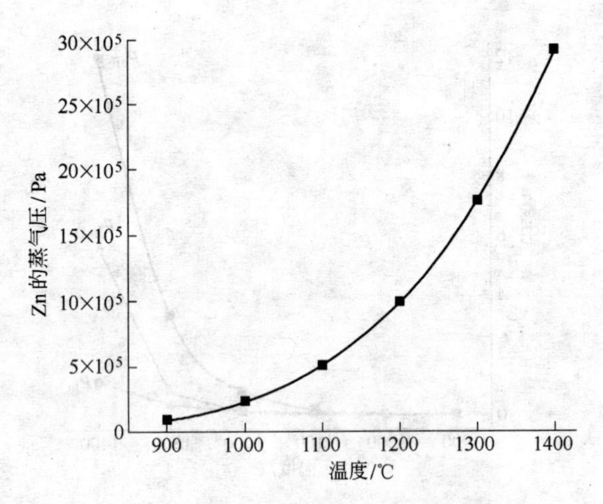

图 19-12 单质 Zn 的蒸气压与温度的关系曲线

炉渣综合样，加入 5g 焦炭，将其均匀混合后置入 5 号石墨坩埚内，放入井式坩埚电炉中，升温至 1300℃后，保温 30 min，此时物料无法熔化，说明Ⅰ类炼铅炉渣的熔点较高，需通过配置适当的渣型，降低其熔点。

如前所述，物料不熔或流动性恶化的原因通常是 SiO_2 含量过高或有尖晶石类的结晶体析出。根据炉渣离子理论，此时加入碱性物质如 FeO、CaO 等，能破坏硅氧阴离子链，使炉渣黏度下降。

经计算，Ⅰ类含铟鼓风炉炼铅炉渣的硅酸度为 1.3，试验选择用加入助熔剂 FeO 来降低此类炉渣的熔点。根据热力学原理，熔渣中 FeO、Fe_3O_4 和 $2FeO \cdot SiO_2$ 的还原需要相当强的还原性气氛，在 1250～1300 ℃温度、气相中含 CO 84%～87%的条件下，FeO 仍较难还原，即使局部有金属铁的还原，也会按下式氧化：

$$Fe+(ZnO)=Zn\uparrow+(FeO) \tag{19-6}$$

热力学研究还表明，炉渣中含 Zn 大于 3%时，铁的氧化物不会还原为金属。只有在渣含锌过低，还原气氛过大，且渣含 SiO_2 过低时，才会有铁还原析出形成积铁或 Fe-Zn、Fe-Sn 合金。

试验中，选定Ⅰ类含铟鼓风炉炼铅炉渣熔炼时，炉渣的硅酸度为 1.2。据此可计算出Ⅰ类含铟鼓风炉炼铅炉渣与加入助熔剂的配比为1000 g炉渣/36 g FeO。经过渣型调整后的Ⅰ类含铟鼓风炉炼铅炉渣，在烟化温度1300 ℃时顺利熔化，此时炉渣流动性良好，烟化反应剧烈，坩埚开口处火焰呈淡蓝色。若降低温度在1200 ℃以下时，Ⅰ类含铟鼓风炉炼铅炉渣熔化后黏度较大，炉渣与不锈钢管粘结严重，并且有积铁现象。

19.5.2.4 焦炭耗量

试验选择空气过剩系数α值为1，由烟化炉反应：

$$ZnO+CO(C)=Zn\uparrow+CO_2(CO) \tag{19-7}$$

及表19-13中，焦炭中的含炭量计算，若烟化处理1000 g Ⅰ类含铟鼓风炉炼铅炉渣，则需要20 g焦炭作为还原剂。

19.5.2.5 温度条件

烟化法中，温度条件对锌、铟挥发速度有重要的影响。其他条件一定时，温度越高，金属的挥发效果越好，挥发速度越快，炉渣中金属的质量分数越低。实际上，熔炼过程中，温度也不宜过高，如熔炼温度高于1350 ℃时，助熔剂FeO可能会被碳还原，形成积铁或锌—铁、锡—合金，同时消耗过多的还原剂，也会降低烟化炉的使用寿命。如烟化温度过低，熔渣会发黏，金属氧化物的还原速度变慢，金属挥发速度降低，炉渣流动性变坏，CO浓度增大，炉温下降，燃料的利用率也将下降，放渣时甚至有结炉的危险，因此选定适宜的冶炼温度相当重要。

表19-18、表19-19给出了在不同温度下，Ⅰ类含铟鼓风炉炼铅炉渣烟化60 min时，烟化渣中锌、铟的质量分数。

表19-18 不同烟化温度下烟化渣中锌的质量分数

烟化温度/℃	1220	1240	1260	1280	1300
烟化渣中锌质量分数/%	1.70	1.42	0.93	0.48	0.24

表19-19 不同烟化温度下烟化渣中的铟质量分数

试验温度/℃	1220	1240	1260	1280	1300
烟化渣中铟质量分数/g·t^{-1}	41.19	23.68	20.56	18.71	17.83

根据表 19-18、表 19-19 的数据，可绘制出烟化法处理Ⅰ类含铟鼓风炉炼铅炉渣时，烟化温度与烟化渣中锌、铟质量分数的关系曲线，如图 19-13、图 19-14 所示。

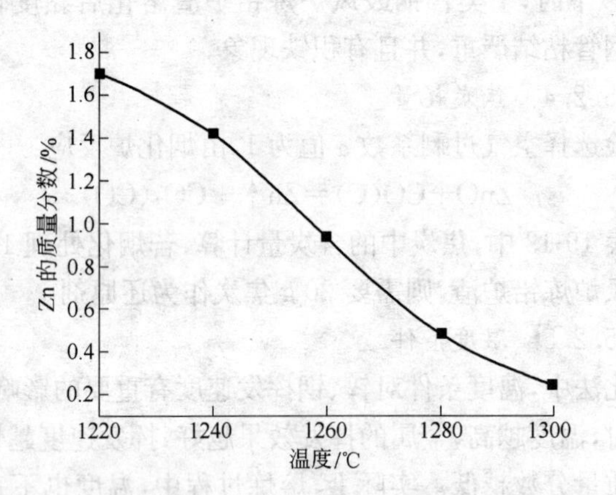

图 19-13　烟化温度与烟化渣中锌质量分数的关系曲线

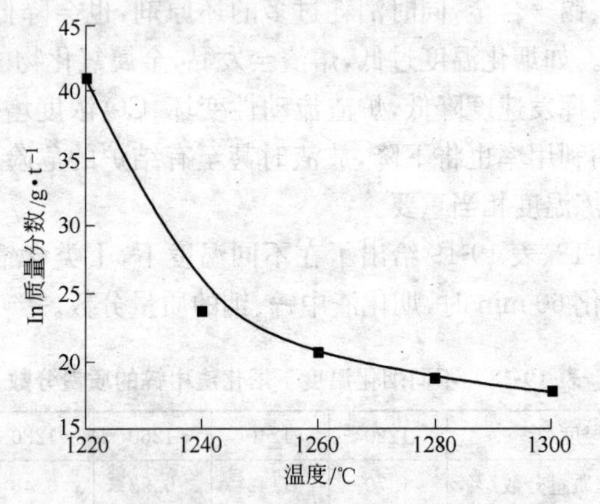

图 19-14　烟化温度与烟化渣中铟质量分数的关系曲线

试验控制烟化温度 1250 ℃，在通入煤气 60 min 后，烟化渣中锌的含量已降至 1.18%、铟的含量为 21.83 g/t，由此确定Ⅰ类炉渣的烟化温度为 1250 ℃。

19.5.2.6 烟化时间

如前所述，吹炼时间是一个重要的工艺参数，吹炼时间的长短直接影响着金属的挥发率，时间越短，烟化作业的生产效率越高。烟化温度为 1250 ℃时，Ⅰ类含铟鼓风炉炼铅炉渣吹炼时间与锌、铟挥发率的关系见表 19-20、表 19-21。

表 19-20 不同吹炼时间下锌的挥发率

吹炼时间/min	20	40	60	80
锌的挥发率/%	56	71	83	85

表 19-21 不同吹炼时间下铟的挥发率

吹炼时间/min	20	40	60	80
铟的挥发率/%	60	66	77	80

根据表 19-20、表 19-21 的数据，可绘制出烟化法处理Ⅰ类含铟鼓风炉炼铅炉渣时，吹炼时间与锌、铟挥发率的关系曲线，如图 19-15、图 19-16 所示，由图可见，随着吹炼时间的延长，Ⅰ类渣中锌、铟的挥发率不断升高，但吹炼 60 min 以后，锌、铟挥发率的上升不再明显，由此确定Ⅰ类含铟鼓风炉炼铅炉渣适宜的吹炼时间为 60 min，此时炉渣中锌的挥发率为 83%，铟的挥发率为 77%。

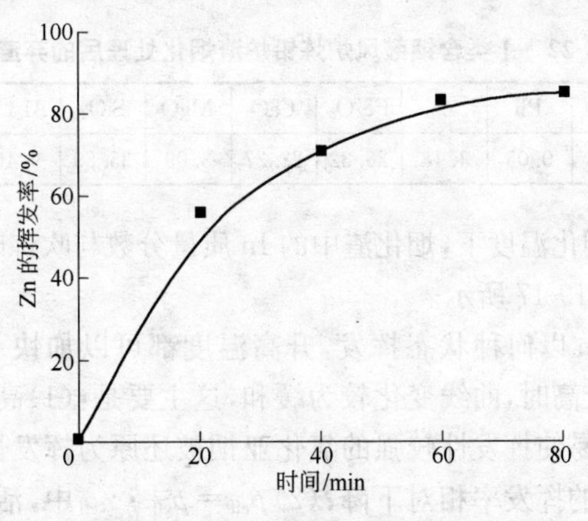

图 19-15 吹炼时间与锌挥发率的关系曲线

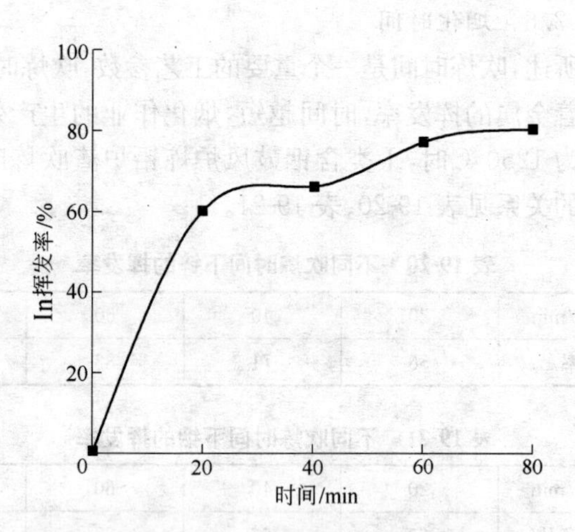

图 19-16　吹炼时间与铟挥发率的关系曲线

19.5.2.7　试验结果和讨论

称取 500 g Ⅰ类炉渣，配入 18 gFeO，10 g 焦炭，充分混匀后置入 5 号坩埚中，放入井式电炉内进行烟化试验。试验中，控制炉内温度 1250 ℃，空气过剩系数 α 值为 1，通入煤气时间 60 min。多次试验后，烟化渣综合样的分析结果见表 19-22。试验中，锌的挥发率为 83%，铟的挥发率为 77%，此时，铅的挥发率为 91%。

表 19-22　Ⅰ类含铟鼓风炉炼铅炉渣烟化处理后的弃渣成分

元　　素	Pb	Zn	Fe_2O_3	CaO	MgO	SiO_2	Al_2O_3	In
质量分数/%	0.05	1.18	26.32	22.27	3.09	35.59	9.46	21.83 g/t

不同烟化温度下，烟化渣中的 In 质量分数与吹炼时间的关系曲线，如图 19-17 所示。

无论 In 以何种状态挥发，升高温度都可以加快 In 的挥发。熔炼温度较高时，曲线变化较为缓和，这主要是：(1)高温时，还原气氛强烈，易使挥发性较强的氧化亚铟被还原为挥发性较弱的金属铟，使铟的挥发率相对下降；(2) $p_{eff}=p_{eff}^{\ominus}\cdot\alpha_{eff}$ 中，活度 α_{eff} 随着挥发的进行逐渐下降。在炉渣熔体中，根据炉渣共存理论和亨利

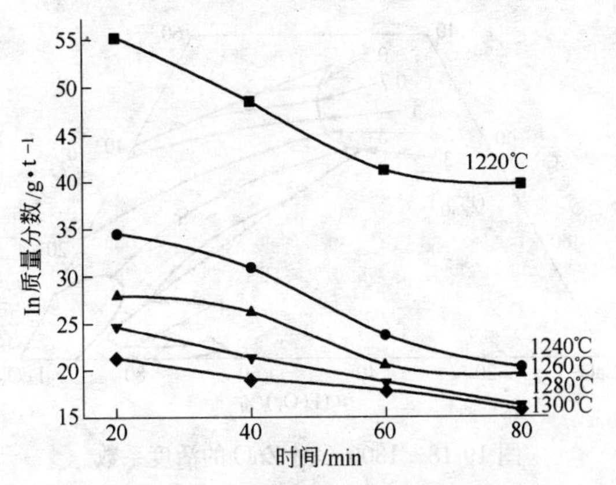

图 19-17 不同烟化温度下烟化渣中的
铟质量分数与吹炼时间的关系曲线

公式,活度与质量百分之一的浓度相等,活度的计算方法为:

$$\alpha_{MO}=\chi_{MO}=\chi_{M}^{2+}+\chi_{O}^{2-} \tag{19-8}$$

随着铟的不断挥发,会降低χ_{M}^{2+}、χ_{O}^{2-}的数值,从而减小了铟的有效活度,进而阻碍了铟的继续挥发。

在吹炼 60 min 以后,温度对 In 挥发的影响不再明显,其主要原因是铅、锌等的不断挥发,使烟化渣中 SiO_2 的含量相对增加、黏度变大,In 的扩散阻力增大,进一步的挥发变得困难,因此,在铟的挥发过程中,控制反应器内的弱还原气氛(也称弱氧化气氛)尤为重要。

日本学者曾对 $CaO-SiO_2-FeO_x$ 渣系中的 ZnO 活度进行过研究,给出了 1300 ℃时 ZnO 的活度系数图,如图 19-18 所示,从图中可以看到,ZnO 的活度系数随 FeO_x 质量分数的增加而增加,随 SiO_2 质量分数的增加而降低。

不同烟化温度下,烟化渣中的 Zn 质量分数与吹炼时间的关系曲线,如图 19-19 所示。锌的挥发与烟化温度、反应器内的气氛及形态有很大关系。高温和强还原气氛对锌化合物的还原和挥发有利。此外,锌还原、挥发的难易程度还与锌在炉渣中与其他组成

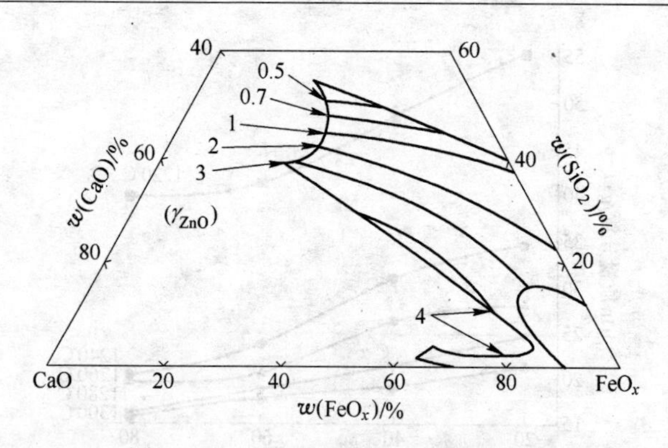

图 19-18　1300 ℃时 ZnO 的活度系数

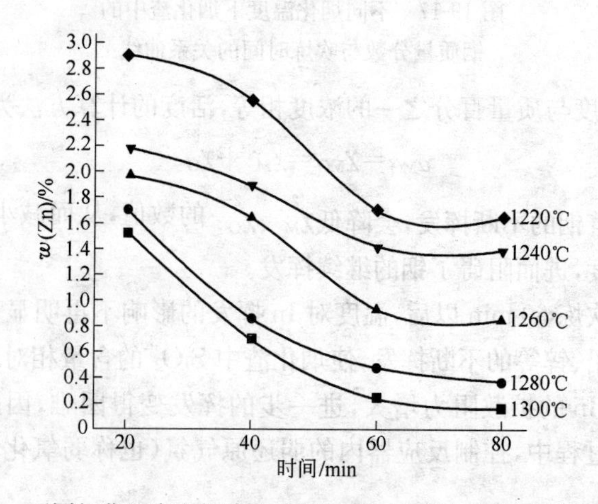

图 19-19　不同烟化温度下烟化渣中的锌质量分数与吹炼时间的关系曲线

的结合形态有关，熔渣中 SiO_2 质量分数过高对锌的挥发不利，随着铅、锌等的不断挥发而从炉渣中除去，炉渣中 SiO_2 质量分数将不断升高，其黏度也不断增大，试验后期甚至出现了喷吹压力变大，堵塞钢管管口，试验结束倒渣时炉渣与坩埚粘结等现象。

19.5.3　Ⅱ类含铟鼓风炉炼铅炉渣的烟化试验

19.5.3.1　铅的挥发性能

如前所述，单质铅的熔点 600 K，沸点 2013 K，铅的蒸气压可按下式计算：

$$\lg p_{Pb}^{\ominus} = -10130/T - 0.985\lg T + 13.285 \quad (601\sim1798\ K) \qquad (19\text{-}9)$$

由上式计算出的铅蒸气压与温度的关系见表 19-23，根据表 19-23 的数据可绘制出铅蒸气压随温度变化的关系曲线，如图 19-20 所示。

表 19-23 铅蒸气压与温度的关系

温度/℃	900	1000	1100	1200	1300	1400
$p_{Pb}^{\ominus}$/Pa	0.422×10^2	1.858×10^2	6.552×10^2	19.37×10^2	49.69×10^2	113.4×10^2

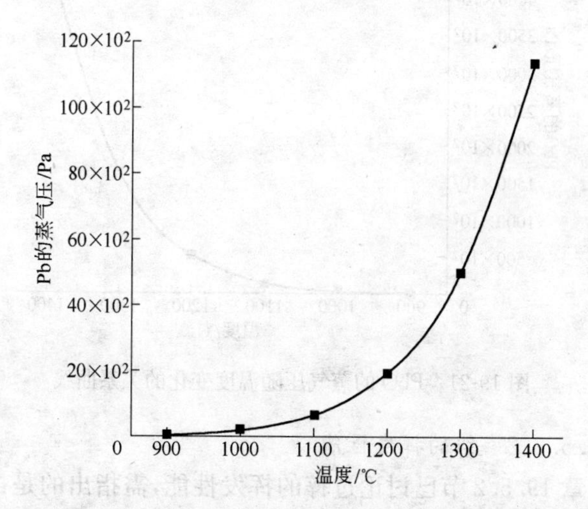

图 19-20 单质 Pb 的蒸气压随温度变化的关系曲线

氧化铅的蒸气压可分段求得：

$$\lg p_{PbO}^{\ominus} = -13480/T - 0.92\lg T - 0.00035T + 16.505 \quad (298\sim1155\ K) \qquad (19\text{-}10)$$

$$\lg p_{PbO}^{\ominus} = -13480/T - 0.92\lg T - 0.00035T + 16.505 \quad (1155\sim1743\ K) \qquad (19\text{-}11)$$

根据上两式，可计算出氧化铅的蒸气压与温度的关系见表 19-24，根据表 19-24 的数据可绘制出氧化铅蒸气压随温度变化的关系曲线，如图 19-21 所示。由图 19-20 和图 19-21 的对比可知，氧化铅的蒸气压比铅的蒸气压大得多，说明氧化铅具有更强的挥发性能。

表 19-24　氧化铅蒸气压与温度的关系

温度/℃	900	1000	1100	1200	1300	1400
$p_{PbO}^{\ominus}$/Pa	4.037×10^2	26.6×10^2	130.7×10^2	508.2×10^2	1637×10^2	4515×10^2

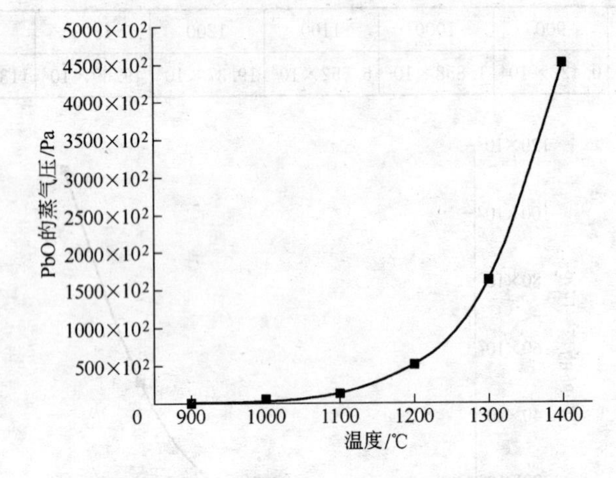

图 19-21　PbO 的蒸气压随温度变化的关系曲线

19.5.3.2　锌的挥发性能

本章 19.5.2 节已讨论过锌的挥发性能，需指出的是：锌及氧化锌在熔渣中，单质 Zn 的蒸气压较大，而铅及氧化铅在熔渣中，PbO 的蒸气压较大，四种物质比较，单质 Zn 的蒸气压最大，锌及氧化铅的蒸气压随温度的变化情况见表 19-25。

表 19-25　Zn 和 PbO 蒸气压随温度的变化情况

温度/℃	900	1000	1100	1200	1300	1400
$p_{Zn}^{\ominus}$/Pa	93.2×10^3	233.4×10^3	507.8×10^3	987.8×10^3	1756×10^3	2901×10^3
$p_{PbO}^{\ominus}$/Pa	0.4037×10^3	2.66×10^3	13.07×10^3	50.82×10^3	163.7×10^3	451.5×10^3

根据表 19-25 可绘制出 Zn 和 PbO 的蒸气压随温度变化的关系曲线，如图 19-22 所示。从图 19-22 中可更加明显的看到，单质 Zn 属最易挥发的物质。

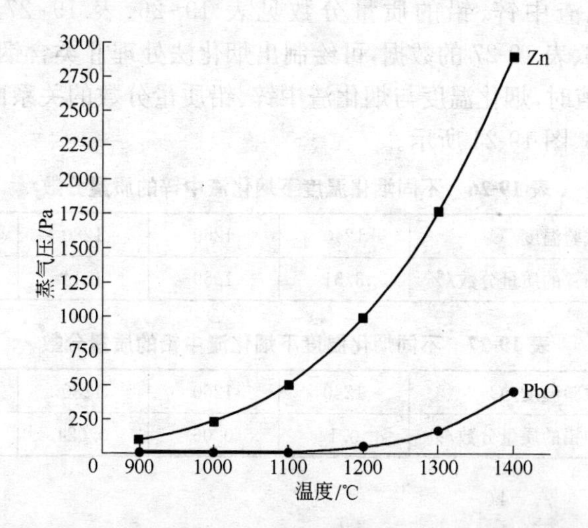

图 19-22 Zn 和 PbO 的蒸气压随温度变化的关系曲线

19.5.3.3 物料的熔点及流动性考查

称取 450g Ⅱ类含铟鼓风炉炼铅炉渣综合样，加入 5 g 焦炭，将其均匀混合后置入 5 号石墨坩埚内，放入井式坩埚电炉中，升温至 1300 ℃后，保温 20 min，此时物料顺利熔化，保温停留 10 min 后，迅速取出坩埚，倾倒出熔体，观察其流动性，此时，物料不与坩埚粘结。

按照Ⅱ类含铟鼓风炉炼铅炉渣的化学组成：CaO 20%、FeO 20.6%、SiO_2 21.93%估算，其矿物组成属于 CaO · FeO · SiO_2 结构，熔点约为 1230 ℃。

经计算，Ⅱ类含铟鼓风炉炼铅炉渣的硅酸度为 1.2，因此试验中，未加入助熔剂而直接进行烟化试验。

19.5.3.4 工艺条件确定

焦炭耗量：仍选择空气过剩系数 α 值为 1，经计算，采用表

19-13的焦炭，烟化处理 1000 gⅡ类含铟鼓风炉炼铅炉渣，焦炭耗量为 45 g。

温度条件：不同温度下，Ⅱ类含铟鼓风炉炼铅炉渣烟化 60min 时，烟化渣中锌、铅的质量分数见表 19-26、表 19-27。根据表 19-26、表 19-27 的数据，可绘制出烟化法处理Ⅱ类含铟鼓风炉炼铅炉渣时，烟化温度与烟化渣中锌、铅质量分数的关系曲线，如图 19-23、图 19-24 所示。

表 19-26　不同烟化温度下烟化渣中锌的质量分数

试验温度/℃	1240	1260	1280	1300
烟化渣中锌的质量分数/%	3.51	1.69	1.14	0.68

表 19-27　不同烟化温度下烟化渣中铅的质量分数

试验温度/℃	1240	1260	1280	1300
烟化渣中铅的质量分数/%	0.1	0.06	0.024	0.021

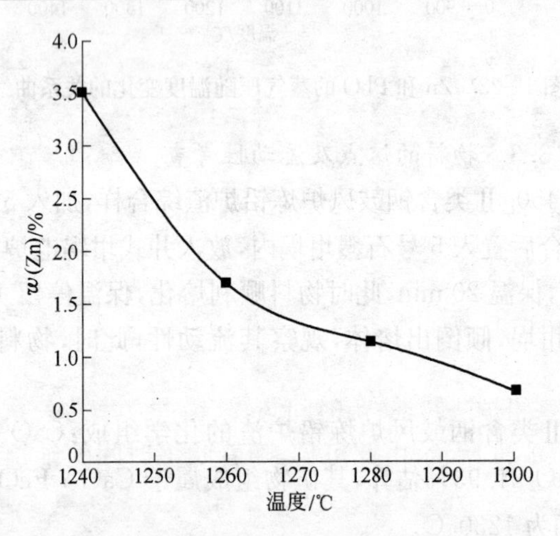

图 19-23　烟化温度与烟化渣中锌质量分数的关系曲线

试验控制烟化温度 1270 ℃，在通入煤气 60 min 后，烟化渣中锌的质量分数已降至 1.3%、铅的含量 0.3%，由此确定Ⅱ类炉渣的烟化温度为 1270 ℃。

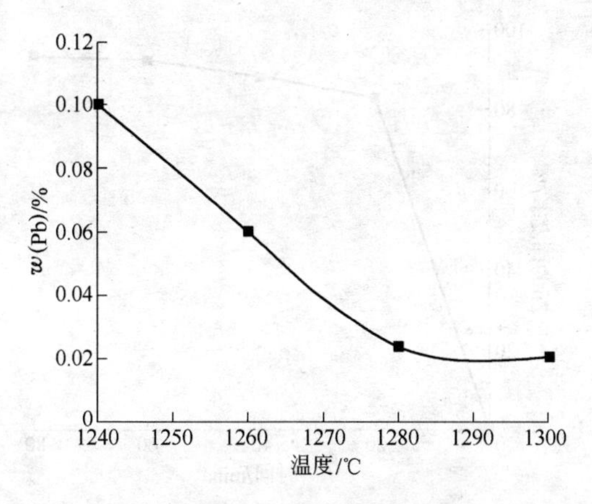

图 19-24 烟化温度与烟化渣中铅的质量分数的关系曲线

烟化时间：表 19-28、表 19-29 是烟化温度为 1270 ℃时，Ⅱ类含铟鼓风炉炼铅炉渣吹炼时间与锌、铅挥发率的关系。

表 19-28 不同吹炼时间下锌的挥发率

吹炼时间/min	20	40	60	80
锌的挥发率/%	83	88	92	93

表 19-29 不同吹炼时间下铅的挥发率

吹炼时间/min	20	40	60	80
锌的挥发率/%	92	94	95	97

根据表 19-28、表 19-29 的数据，可绘制出烟化法处理Ⅱ类含铟鼓风炉炼铅炉渣时，吹炼时间与锌、铅挥发率的关系曲线，如图 19-25、图 19-26 所示，由此可见，随着吹炼时间的延长，Ⅱ类渣中锌、铅的挥发率不断升高，但吹炼 40 min 以后，锌、铅挥发率的上升不再明显，由此确定Ⅱ类含铟鼓风炉炼铅炉渣适宜的吹炼时间为 40 min，此时炉渣中锌的挥发率为 88%，铅的挥发率为 94%。

19.5.3.5 试验结果和讨论

称取 500 gⅡ类炉渣，配入 23 g 焦炭，充分混匀后置入 5 号坩埚中，放入井式电炉内进行烟化试验。试验中，控制炉内温度

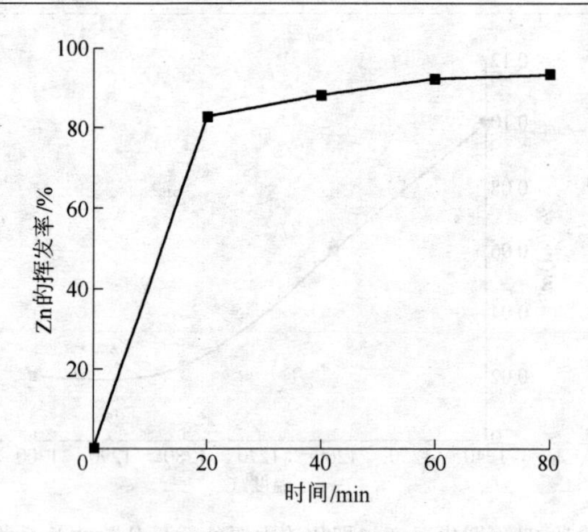

图 19-25 吹炼时间与锌挥发率的关系曲线

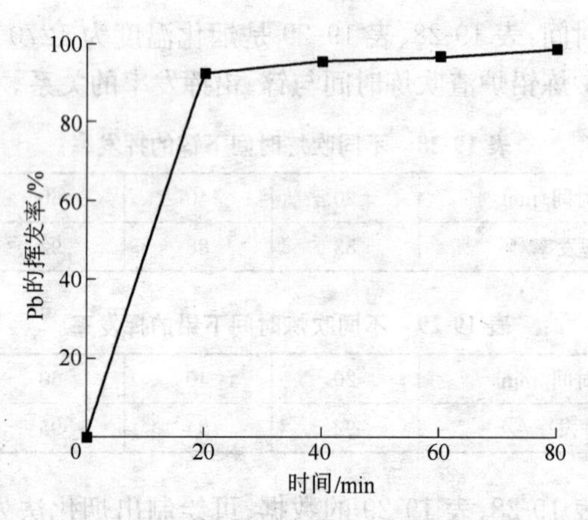

图 19-26 吹炼时间与铅挥发率的关系曲线

1270 ℃,空气过剩系数 α 值为 1,通入煤气时间 40 min。多次试验后,烟化渣综合样的分析结果见表 19-30。试验中,锌的挥发率为 88%,铅的挥发率为 94%,铟的挥发率为 50%。

表 19-30 Ⅱ类含铟鼓风炉炼铅炉渣烟化处理后的弃渣成分

元 素	Pb	Zn	Fe_2O_3	CaO	MgO	SiO_2	Al_2O_3	In
质量分数/%	0.033	1.36	27.20	23.55	3.36	36.88	8.46	25.83 g/t

图 19-27 不同烟化温度下，烟化渣中的 Pb 质量分数与吹炼时间的关系曲线。

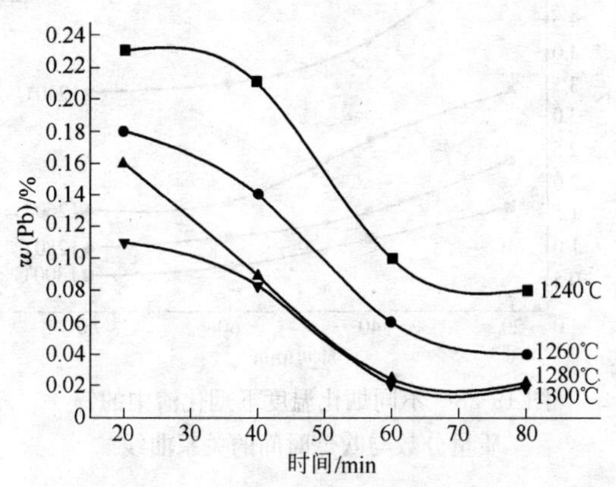

图 19-27 不同烟化温度下烟化渣中的铅质量分数与吹炼时间的关系曲线

如第 17 章所述，烟化法处理鼓风炉炼铅炉渣时，铅的挥发较显著。烟化过程中，铅和锌的氧化物还原是主要反应。热力学研究也表明，由于金属铅及其化合物易于挥发，而且 PbS 又易为其他金属（如锌和铁等）置换而形成金属铅，而铅单质的熔点低，因此，烟化时，铅主要金属铅的形态挥发。熔渣组成对铅挥发速度影响的研究表明，熔渣中 SiO_2 质量分数过高对铅的挥发也不利。随着炉渣中 SiO_2 质量分数的相对增加，铅的挥发速度减慢。

不同烟化温度下，烟化渣中的 Zn 质量分数与吹炼时间的关系曲线如图 19-28 所示。

锌的挥发，除与烟化温度、反应器内气氛及锌的形态有关外，其还原挥发的难易程度还与锌在鼓风炉炉渣中存在的形态有关，当温度在 1200℃以上时，ZnO 和 $ZnO \cdot Fe_2O_3$ 的还原已经相当完全，硅酸锌也大部分还原。ZnO 还原动力学表明，当 C/ZnO 之比大于 0.75 时，ZnO 的还原程度就可达 99.98%，但当 C/ZnO 之比为 0.5 时，ZnO 的还原程度只有 72.9%，因此，ZnO 的还原还必须保证有足够的还原气氛。

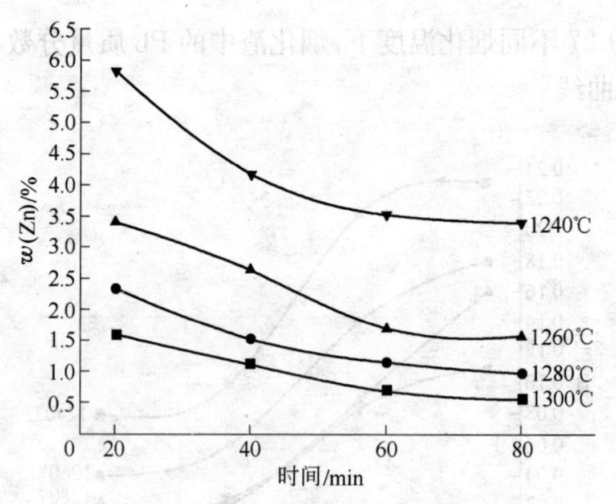

图 19-28　不同烟化温度下烟化渣中的锌质量分数与吹炼时间的关系曲线

19.5.4　小结

对两类含铟鼓风炉炼铅炉渣，采用烟化法进行处理，工艺路线合理可行，适宜的烟化工艺条件为：

(1) 对Ⅰ类含铟鼓风炉炼铅炉渣，配料比为炉渣：熔剂 FeO：焦炭＝1000：36：20。在适宜的烟化温度 1250 ℃下，吹炼时间 60 min，控制空气过剩系数为 1，此时锌的挥发率为 83%，铟的挥发率为 77%，铅挥发率为 91%；

(2) 对Ⅱ类含铟鼓风炉炼铅炉渣，配料比为炉渣：焦炭＝1000：45。在适宜的烟化温度 1270 ℃下，吹炼时间 40 min，控制空气过剩系数为 1，此时锌的挥发率为 88%，铅的挥发率为 94%，铟的挥发率为 50%。铟挥发率偏低，主要以回收铅、锌为主。

两类炉渣的试验研究表明：

(1) 对于 FeO/SiO_2 小于 1 的Ⅰ类炉渣，其熔点较高，硅酸度较大，属酸性渣，但这类炉渣通过添加碱性熔剂，调整渣型后，仍然可以顺利地进行烟化处理；

(2) 对于 FeO/SiO_2 约等于 1 的Ⅱ类炉渣，其熔点较低、流动性较好，此类炉渣适宜直接进行烟化处理，并有较高的金属回收率。

参考文献

1 彭容秋主编.重金属冶金学.长沙:中南工业大学出版社,1994
2 雷霆等.云南冶金,1999(3):1～7
3 中国冶金百科全书编委会.中国冶金百科全书(有色金属冶金).北京:冶金工业出版社,1999
4 彭容秋等.世界有色金属,1992(14):2～5
5 孙润臣等.世界有色金属,1990(4):11～12,14
6 周国军等.大冶科技,1990(2):1～8
7 中国有色金属工业总公司等.第一届重有色金属冶炼年评报告会议论文集.重有色冶炼编辑部,1987,11,63～74,170～175
8 中国有色金属学会重有色金属冶金学术委员会编.中国有色金属学会重有色金属冶金学术委员会第二届学术年会论文集.1996,10,249～256
9 中国有色金属学会重有色金属冶金学术委员会编.全国重冶新技术新工艺成果交流大会文集.1998,11,208～212
10 B.AB等.大冶科技,1990(2):34～38
11 王吉坤.有色金属(冶炼部分),1994(4):44～48
12 П.AM等.大冶科技,1990(2):24～26
13 K. Ito. Steel Research,1989(3),(4):151
14 黄位森主编.锡.北京:冶金工业出版社,2001
15 北京有色冶金设计研究总院等编.重有色金属冶炼设计手册(锡锑汞贵金属卷).北京:冶金工业出版社,1995
16 中国有色金属学会重冶学术委员会.中国重有色金属工业发展战略研讨会暨重冶学委会第四届学术年会论文集.2003,1～9
17 有色金属提取冶金手册编辑委员会编.有色金属提取冶金手册(锡锑汞).北京:冶金工业出版社,1999
18 Wright P A, Extractive Metallurgy of Tin(Second Completely Revised Edition),Elsevier Scientific Publishing Company,Amsterdam,1982
19 张宗远.云锡科技,1998(1):19～46
20 Dai Yongnian. Metallurgical Processes for Early Twenty First Century. Edited by H.Y. Sohn. The Minerals,Metals & Materials Society,USA, 1994, 421～427
21 戴永年.有色金属(冶炼部分),1986(3):30～38

22 戴永年等. 昆明工学院学报,1994(6):26~32
23 戴永年. 有色金属(季刊),1980(2):73~79
24 Dai Yongnian. 昆明工学院学报,1989(3):16~27
25 戴永年等. 昆明工学院学报,1982(1):138~146
26 辛良佐编译. 铌钽冶金. 北京:冶金工业出版社,1982
27 戴永年. 冶金经济分析,1982(1):15~17
28 陈维东主编. 国外有色冶金工厂(锡). 云南个旧:云南锡业公司,1986,1~16
29 B T K Barry. C T Thwaites. Tin and its Alloys and Compounds. Halsted Press,New York,1983
30 赵天从编. 重金属冶金学. 北京:冶金工业出版社,1981
31 何海成. 有色金属,1988(1):12
32 周先荡. 有色金属,1991(5):1
33 邓吴充. 有色金属,1980(4):52
34 秦中良. 有色冶炼,1986(9):1
35 李时晨. 有色冶炼,1986(5):1
36 黄位森等. 有色冶炼,1982(11):14
37 吴正芬. 有色冶炼,1989(2):36
38 黄希祜. 钢铁冶金原理. 北京:冶金工业出版社,1981
39 Ohn M Floyd. The Physical Chemistry of Tin Extraction,Lead-Zinc-Tin,Vol. 80,508~531
40 虞觉奇等编译. 二元合金状态图集. 上海:上海科学技术出版社,1987
41 黄治家等. 固体碳还原二氧化锡机理. 第二届冶金反应动力学学术会议论文集,1984,10~18
42 Colin R, Drowart J, Verhaegon G. Mass-Spectrometric Study of the Vaporization of Tin Oxides. Transactions of the Faraday Society,1965,61(7): 1364~1371
43 Mills K C. Thermodynamic Data for in Organic Sulphides,Selenides and Tellurides. London: Butterworths,1974. 845p. ISBN 0 408 70537 X
44 浙江大学等编. 硅酸盐物理化学. 北京:中国建筑工业出版社,1980
45 [英]. J J 摩勒著. 化学冶金. 北京:冶金工业出版社,1987
46 [苏]. A. 伏尔斯基等著. 冶金过程理论(火法冶金过程). 北京:冶金工业出版社,1979

47 赵天从主编. 有色金属提取冶金手册. 北京:冶金工业出版社,1992

48 [美]. J. 舍克里著. 冶金中的流体流传现象. 北京:冶金工业出版社,1985

49 郭克毅等. 矿物珍品. 北京:地质出版社,1996

50 傅崇说. 有色冶金原理. 北京:冶金工业出版社,1997

51 彭容秋主编. 锡冶金. 长沙:中南大学出版社,2005

52 赵天从. 锑. 北京:冶金工业出版社,1987

53 Harris W E. The Waelz Process. Trans. AIME,1211936: 702

54 Манцевич М Н, Мызенков Ф, Обжиг в печи кипящего слоя для получения возгонов из хвосты обогащения и кеки гидрометаллургической схемы производства, см. реф. No. 70, с. 135

55 汪承恭. 中国金属学会重有色金属冶金学术委员会(锡锑汞年会论文集),1982,5(3):77~80

56 杨维良. 中国金属学会重有色金属冶金学术委员会(锡锑汞年会论文集),1982,5(3):76

57 傅崇说等. 中国金属学会重有色金属冶金学术委员会(锡锑汞年会论文集),1982,5(3):99

58 刘国藻. 湖南省发展有色金属优势学术讨论会论文集,1992,10: 219~220

59 周维陶. 中国金属学会重有色金属冶金学术委员会(锡锑汞年会论文集),1982,5(3):73~74

60 Lysenko V A, Gel V I Pilot-plant tests of burners for the flash melting of sulfide materials, Tsvetn. Metallurgy. 1981(3):29

61 Solozhenkin P M, et al. Leaching of antimony from antimony-containing raw material, USSR pat. 1981,10, No. 872586

62 Jaroslau D, Jivi K. Separation of antimony from bismuth in the processing of antimony-bismuth materials, Czech. Pat. 15 Sep. 1982,9 No. 202856

63 Grigor'ev Yu O, et al. Leaching of antimony from manganese-antimony deposits during treatment of sulfide-alkaline electrolytes, Tsvetn. Metallurgy, 1984(2): 24

64 杨显万等著. 矿浆电解原理. 北京:冶金工业出版社,1996

65 谢祥林等. 有色金属科学技术进展. 长沙:中南工业大学出版社,1994

66 Kurkchi U M. Electrochemical preparation of antimony trioxide in solutions of alkali metal nitrates, Tsvetn. Metallurgy, 1981(2):34

67 Kleshchov D G, et al. ,Formation of antimony pentoxide during thermolysis of antimony pentoxide hydrate in a closed system, Izv. Akad. Nauk SSSR Neorg. Mater. ,1983(19): 1505
68 Nippon Seiko K K. Ultrafine antimony trioxide production and apparatus for the process,Jpn. Pat. . 1984,1 No. 59181116
69 Vladimir M. Recent advances in flame retardation of textiles, J. Ind. Fabr,1984(3):36
70 Wiliams I G. Flame retarded polyamides-development, types and applications,Plast. Rubber Process,1984(4): 239
71 雷霆,王吉坤.有色金属(季刊),1998(2):51~57
72 雷霆,王吉坤.有色金属(冶炼)部分,1998(5):9~12
73 Chen H. Erzmctall,1993,46(6): 377~386
74 E EИ,田占欣.大冶科技,1990(2):9~11
75 Г AB,田占欣.大冶科技,1990(2):17~19
76 K BH,田占欣.大冶科技,1990(2):27~30
77 B AB,田占欣.大冶科技,1990(2):34~38
78 傅政.世界有色金属,1990(24):5~6
79 周洪武等.有色金属(冶炼),1991(6):18~20
80 王成刚等.有色金属(冶炼),1993,(2):24~29
81 傅政等.有色金属(冶炼),1989(4):16~24
82 黄显亮等.有色冶炼,1988,17(7):5~8
83 罗振乾等.云南冶金,1987(3):46~50
84 缪兴国等.有色金属(冶炼),1989(6):6~8
85 李楚河等.冶金丛刊,1990(5):23~25
86 浙江大学等编.硅酸盐物理化学.北京:中国建筑工业出版社,1980
87 石野俊夫等(溶融盐委员会编).溶融盐物性表. Printed in Japan,电气化学协会,昭和 38 年 3 月 31 日,533
88 雷霆,王吉坤.熔池熔炼—连续烟化法处理高钨电炉锡渣和低品位锑矿.昆明:云南科技出版社,2004
89 朱从杰,雷霆,张汉平著.锑的选矿和冶炼新技术.昆明:云南科技出版社,2006
90 铅锌冶金学编委会.铅锌冶金学.北京:科学出版社,2003
91 邱定藩.有色金属科技进步与展望——纪念《有色金属》创刊 50 周年.北

京:冶金工业出版社,1999
92 徐鑫坤,魏昶.铅冶金学.昆明:云南科技出版社,1996
93 印永嘉.物理化学简明手册.北京:高等教育出版社,1998
94 戴自希.世界铅锌资源的分布、类型和勘查准则.世界有色金属,2005(3):15～23
95 戴自希、张家睿.世界铅锌资源和开发利用现状.世界有色金属,2004(3):22～29
96 刘大星等.锌湿法冶金技术的国内外现状及发展趋势.有色金属,2001
97 绪方喜显,坂田政民.彦岛制炼(株)の亚铅制炼,资源と素材,1993,109(12):1039
98 刘大星.锌湿法冶金技术的国内外现状及发展趋势.有色金属,2001
99 日本金属学.有色金属冶金学.北京:冶金工业出版社,1988
100 H Y 索恩,D B 乔治,A D 曾凯尔等.包晓波,邓文基等译.黄其兴校.硫化矿冶金的进展.北京:冶金工业出版社,1991
101 Kubaschewski O, Alcock C B. Metallurgical Thermochemistry. Marcel Ddkker, Inc. New York, 1987:157～178
102 重有色金属冶炼设计手册编委会.重有色金属冶炼设计手册(铅锌卷).北京:冶金工业出版社,1996
103 姚允斌等.物理化学手册.上海:上海科学技术出版社,1995
104 李获.电化学原理.北京:航天航空大学出版社,2002(3):419～430
105 蒋继穆.我国铅冶炼现状及改造思路.有色冶炼,2000,20(5):1～3
106 彭容秋.铅锌冶金学.北京:科学出版社,2003
107 李裕后.从烟化炉炉渣中回收镓的研究概况.有色矿冶,2004,20(5):27
108 康文兰.烟化炉结构与烟化过程关系的探索.有色金属设计,1995,(3):34
109 毛月波,祝明星.富氧在有色冶金中的应用.北京:冶金工业出版社,1988
110 K S Izbakhanov.苏联契姆肯特炼铅厂天然气和汽化冷却在炉渣烟化上的应用.有色冶炼,1991,20(3):27～29
111 聂春分.烟化熔炼过程中的燃料燃烧.湖南有色金属,2002,18(2):14～17
112 段景堂.2000 m^2 布袋收尘器收尘系统的改进.有色金属(冶炼部分),2002(2):42～43

113 白桦.有色冶金炉窑的余热利用.有色冶金节能,2001(6):8～10
114 王钊炎.烟化炉—余热锅炉收尘系统的改造.有色冶金节能,2002(2):42
115 任一兵.一种新型蓄热器的应用效果简析.节能技术,2004,22(2):62～63
116 张寿明,缪尔康,李伟等.烟化炉综合控制系统.冶金自动化,2002(5):42～45
117 张寿明,张云生,张付杰.烟化炉吹炼终点火焰图像特征研究.有色金属(冶炼部分),2004(3):37～40
118 张寿明,缪尔康,李伟等.红外测温仪在烟化炉温度测量中的应用.控制工程,2003(4):42～45
119 包晓波,黄其兴.世界锌技术经济.北京:冶金工业出版社,1996
120 马永刚.铅锌精矿短缺制约我国铅锌工业的长足发展.世界有色金属,2002(2):14～19
121 刘世友.铟的生产、应用和开发,稀有金属和硬质合金.1994(119):49～51
122 殷芳喜.我厂铟的回收方法及工艺改进.有色冶炼,1997(6):36～38
123 周令治.稀散金属冶金.北京:冶金工业出版社,1988
124 李岳泰.铟锗回收方法及其改进.重有色冶炼,1993(2):14～22
125 欧阳智武.提高锌浸出渣挥发率的基本原理和实践.株冶科技,2000,28(1):5
126 陶政修,唐耀文.湿法炼锌渣中回收锌铟的研究.湖南有色金属,2006,22(3):23～25
127 雷霆.烟化泡沫渣特性研究.有色冶炼,2002(5):6～8
128 单唯林,朱宝战,朱伟勇等.铜精矿熔池熔炼渣型的研究——SiO_2-Fe_3O_4-CaO-MgO.有色冶炼,1987,44
129 李灿,唐文武.烟化熔炼中粉煤的燃烧过程及空气系数的确定.冶金能源,2001,20(2):33～37
130 张银堂,陈志飞,宁顺明.In_2O_3 还原挥发的热力学计算.中国有色金属学报,2002,12(3):592～594
131 G Bsyer, Hans G Widemann. Thermal analysis of chalcopyrite roasting reactions [J]. J. Thermochimica Acta, 1992 (198):303
132 张鉴.北京钢铁学院学报,1984,6(1):21

133 陶东平.液态合金和熔融炉渣的性质——理论·模型·计算.昆明:云南科技出版社,1997
134 S NAKAZAWA.资源と素材,1999,115(10):781
135 戴永年,赵忠.真空冶金.北京:冶金工业出版社,1988
136 H Y Sohn,郑蒂基译.提取冶金速率过程,北京:冶金工业出版社,1984
137 北京有色冶金设计研究院主编.世界有色金属工厂及公司概况.北京:冶金工业出版社,1982
138 任鸿九等编著.有色金属熔池熔炼.北京:冶金工业出版社,2001
139 彭容秋主编.铅冶金.长沙:中南大学出版社,2004
140 彭容秋主编.锌冶金.长沙:中南大学出版社,2005
141 雷霆,张玉林,王少龙编著.锗的提取方法.北京:冶金工业出版社,2007
142 王吉坤,何蔼平编著.现代锗冶金.北京:冶金工业出版社,2005
143 王树楷编著.铟冶金.北京:冶金工业出版社,2006